教育部高等学校电子信息类专业教学指导委员会规划教材

高等学校电子信息类专业系列教材

EDA Technology and Applications Based
on Qsys and VHDL

EDA技术与应用

基于Qsys 和VHDL

刘昌华　编著

Liu Changhua

U0390896

清华大学出版社

北京

内 容 简 介

本书从教学和工程应用的角度介绍 EDA 技术的基本概念、应用特点、可编程逻辑器件、Quartus Ⅱ 13.0、Qsys、Nios Ⅱ EDS 等 EDA 开发工具的基本使用方法和技巧,还介绍了常用逻辑单元电路的 VHDL 建模技术,并通过大量设计实例详细地介绍基于 EDA 技术的层次化设计方法。书中列举的设计实例都经由 Quartus Ⅱ 13.0 工具编译通过,并在 DE2-115 开发平台上通过了硬件测试,可直接使用。

本书的特点是以数字电路和系统设计为主线,着眼于实用性,紧密联系数字电路和系统的实践性教学环节和科研实际,结合丰富的实例,按照由浅入深的学习规律,循序渐进,逐步引入相关 EDA 技术和工具,内容通俗易懂、重点突出。

本书共 6 章,各章均配有思考与练习,第 3~5 章给出了相关实验,便于读者学习和教学使用。本书可作为高等院校电子、通信、自动化及计算机等专业 EDA 应用技术的教学用书,也可作为电子设计工程师技术培训的参考用书。

图书在版编目(CIP)数据

EDA 技术与应用:基于 Qsys 和 VHDL/刘昌华编著.—北京:清华大学出版社,2017
(高等学校电子信息类专业系列教材)
ISBN 978-7-302-45695-7

Ⅰ.①E… Ⅱ.①刘… Ⅲ.①电子电路—电路设计—计算机辅助设计 Ⅳ.①TN702.2

中国版本图书馆 CIP 数据核字(2016)第 289161 号

责任编辑:刘　星　战晓雷
封面设计:李召霞
责任校对:时翠兰
责任印制:何　芊

出版发行:清华大学出版社
　　　　网　　　址:http://www.tup.com.cn,http://www.wqbook.com
　　　　地　　　址:北京清华大学学研大厦 A 座　　　邮　　编:100084
　　　　社 总 机:010-62770175　　　　　　　　　　邮　　购:010-62786544
　　　　投稿与读者服务:010-62776969,c-service@tup.tsinghua.edu.cn
　　　　质 量 反 馈:010-62772015,zhiliang@tup.tsinghua.edu.cn
　　　　课 件 下 载:http://www.tup.com.cn,010-62795954
印 刷 者:三河市君旺印务有限公司
装 订 者:三河市新茂装订有限公司
经　　销:全国新华书店
开　　本:185mm×260mm　　　印　张:21.25　　　字　数:518 千字
版　　次:2017 年 3 月第 1 版　　　印　次:2017 年 3 月第 1 次印刷
印　　数:1~2000
定　　价:49.00 元

产品编号:072031-01

序

我国电子信息产业销售收入总规模在2013年已经突破12万亿元,行业收入占工业总体比重已经超过9%。电子信息产业在工业经济中的支撑作用凸显,更加促进了信息化和工业化的高层次深度融合。随着移动互联网、云计算、物联网、大数据和石墨烯等新兴产业的爆发式增长,电子信息产业的发展呈现了新的特点,电子信息产业的人才培养面临着新的挑战。

(1)随着控制、通信、人机交互和网络互联等新兴电子信息技术的不断发展,传统工业设备融合了大量最新的电子信息技术,它们一起构成了庞大而复杂的系统,派生出大量新兴的电子信息技术应用需求。这些"系统级"的应用需求,迫切要求具有系统级设计能力的电子信息技术人才。

(2)电子信息系统设备的功能越来越复杂,系统的集成度越来越高。因此,要求未来的设计者应该具备更扎实的理论基础知识和更宽广的专业视野。未来电子信息系统的设计越来越要求软件和硬件的协同规划、协同设计和协同调试。

(3)新兴电子信息技术的发展依赖于半导体产业的不断推动,半导体厂商为设计者提供了越来越丰富的生态资源,系统集成厂商的全方位配合又加速了这种生态资源的进一步完善。半导体厂商和系统集成厂商所建立的这种生态系统,为未来的设计者提供了更加便捷却又必须依赖的设计资源。

教育部2012年颁布了新版《高等学校本科专业目录》,将电子信息类专业进行了整合,为各高校建立系统化的人才培养体系,培养具有扎实理论基础和宽广专业技能的、兼顾"基础"和"系统"的高层次电子信息人才给出了指引。

传统的电子信息学科专业课程体系呈现"自底向上"的特点,这种课程体系偏重对底层元器件的分析与设计,较少涉及系统级的集成与设计。近年来,国内很多高校对电子信息类专业课程体系进行了大力度的改革,这些改革顺应时代潮流,从系统集成的角度,更加科学合理地构建了课程体系。

为了进一步提高普通高校电子信息类专业教育与教学质量,贯彻落实《国家中长期教育改革和发展规划纲要(2010—2020年)》和《教育部关于全面提高高等教育质量若干意见》(教高【2012】4号)的精神,教育部高等学校电子信息类专业教学指导委员会开展了"高等学校电子信息类专业课程体系"的立项研究工作,并于2014年5月启动了《高等学校电子信息类专业系列教材》(教育部高等学校电子信息类专业教学指导委员会规划教材)的建设工作。

Preface

其目的是为推进高等教育内涵式发展,提高教学水平,满足高等学校对电子信息类专业人才培养、教学改革与课程改革的需要。

本系列教材定位于高等学校电子信息类专业的专业课程,适用于电子信息类的电子信息工程、电子科学与技术、通信工程、微电子科学与工程、光电信息科学与工程、信息工程及其相近专业。经过编审委员会与众多高校多次沟通,初步拟定分批次(2014—2017 年)建设约 100 门课程教材。本系列教材将力求在保证基础的前提下,突出技术的先进性和科学的前沿性,体现创新教学和工程实践教学;将重视系统集成思想在教学中的体现,鼓励推陈出新,采用"自顶向下"的方法编写教材;将注重反映优秀的教学改革成果,推广优秀的教学经验与理念。

为了保证本系列教材的科学性、系统性及编写质量,本系列教材设立顾问委员会及编审委员会。顾问委员会由教指委高级顾问、特约高级顾问和国家级教学名师担任,编审委员会由教育部高等学校电子信息类专业教学指导委员会委员和一线教学名师组成。同时,清华大学出版社为本系列教材配置优秀的编辑团队,力求高水准出版。本系列教材的建设,不仅有众多高校教师参与,也有大量知名的电子信息类企业支持。在此,谨向参与本系列教材策划、组织、编写与出版的广大教师、企业代表及出版人员致以诚挚的感谢,并殷切希望本系列教材在我国高等学校电子信息类专业人才培养与课程体系建设中发挥切实的作用。

吕志伟 教授

前 言

我们正处在信息的时代，事物的发展和技术的进步，对传统的教育体系和人才培养模式提出了新的挑战。面向 21 世纪的高等教育正在对专业结构、课程体系、教学内容和教学方法进行系统的和整体的改革，教材建设是改革的重要内容之一。随着信息技术的飞速发展，各行各业对信息学科人才的需求越来越大。为社会培养更多的具有创新能力，解决实际问题能力和高素质的信息学科人才，是目前高等教育的重要任务之一。

本书以 Altera 公司的 Quartus Ⅱ 13.0 平台和 VHDL 为主介绍了 EDA 的设计方法，结合丰富的实例，按照由浅入深的学习规律，循序渐进，逐步引入相关 EDA 技术和工具，内容通俗易懂、重点突出。教学内容具有基础性和时代性，从理论与实践两方面解决了与后续课程的衔接，具有系统性强、内容新颖、适用性广的特点，希望能对 EDA 技术的教学和科研起到促进作用。全书概念清晰，语言流畅，可读性强，并配有大量的图表，以增强表述效果。

本书共 6 章，各章主要内容如下：

第 1 章介绍 EDA 技术的发展历程，EDA 设计流程及其涉及的领域与发展趋势，互联网上的 EDA 资源。

第 2 章介绍 PROM、PLA、PAL、GAL、CPLD、FPGA 等各种可编程逻辑器件的电路结构、工作原理、使用方法和可编程逻辑器件的未来发展方向。

第 3 章介绍 Quartus Ⅱ 13.0 设计流程和设计方法，重点介绍了基于原理图输入和基于文本输入的设计流程，定制元件工具 MegaWizard 管理器的使用，时序分析工具和逻辑分析仪的使用，并给出了相关的习题与实验供读者练习以加深理解。

第 4 章以示例形式介绍 VHDL 语言的基础知识与设计方法。

第 5 章介绍了 Nios Ⅱ 处理器系统的基本结构，Qsys 技术的基本概念，Nios Ⅱ 软核处理器，基于 Qsys 技术的软硬件设计方法。

第 6 章通过 VHDL 实现的设计实例，进一步介绍 EDA 技术在组合逻辑、时序逻辑、状态机设计和存储器设计方面的应用；并给出了相关习题与设计型和研究型实验供读者练习以加深理解。

武汉轻工大学 Altera 公司 EDA/SOPC 联合实验室在 2011 年创建时就得到了 Altera 公司的大力支持，作为联合实验室成员，本书作者较早地在教学和科研实践中使用了这些产品，具有一定的教学和实践经验。本书是作者总结多年从事理论教学与实验教学的经验，从传授知识和培养能力的目标出发，结合课程教学的特点、难点和要点编写而成的。

Foreword

　　本书提供教学课件和相关源代码,请在清华大学出版社网站的本书页面上下载。

　　本书由刘昌华编著,在编写本书的过程中,参考了许多同行专家的专著和文章,武汉轻工大学 Altera 公司 EDA/SOPC 联合实验室和武汉轻工大学数学与计算机学院嵌入式系统研究室的老师均提出了许多宝贵意见,并给予了大力支持和鼓励,在此一并表示感谢。

　　EDA 技术发展迅猛,应用领域不断扩大,鉴于编者水平有限,书中难免会有一些不足之处,敬请各位专家批评指正。如果有关于本书的问题,请通过电子邮件 liuch@whpu.edu.cn 与作者联系。

刘昌华

2016 年 8 月 18 日

目 录

Contents

第 **1** 章

EDA 概 述

【学习目标】

通过对本章内容的学习,能够了解 EDA 技术的主要内容和 EDA 工具各模块的主要功能,理解 EDA 技术的层次化设计方法与流程,掌握 EDA 技术的设计流程。

【教学建议】

理论学时:2 学时。重点讲解 EDA 技术发展与主要内容,EDA 技术的层次化设计方法与设计流程,常用的 EDA 软件。

1.1 EDA 技术及其发展

20 世纪后半期,随着集成电路和计算机的不断发展,电子技术面临着严峻的挑战。由于电子技术发展周期不断缩短,专用集成电路(Application Specific IC,ASIC)的设计面临着难度不断提高与设计周期不断缩短的矛盾。为了解决这个问题,要求设计者必须采用新的设计方法和使用高层次的设计工具。在此情况下,EDA(Electronic Design Automation,电子设计自动化)技术应运而生。

1.1.1 EDA 技术的发展历程

EDA 技术是以计算机为工作平台,以 EDA 软件工具为开发环境,以硬件描述语言为设计语言,以可编程器件为实验载体,以 ASIC(Application-Specific Integrated Circuit)、SoC(System on Chip)芯片为目标器件,以数字系统设计为应用方向的电子产品自动化设计过程。

随着现代半导体的精密加工技术发展到深亚微米($0.18\sim0.35\mu m$)阶段,基于大规模或超大规模集成电路技术的定制或半定制 ASIC 器件大量涌现并获得广泛的应用,使整个电子技术与产品的面貌发生了深刻的变化,极大地推动了社会信息化的发展进程。而支撑这一发展进程的主要基础之一就是 EDA 技术。

EDA 技术在硬件方面融合了大规模集成电路制造技术、IC 版图设计技术、ASIC 测试和封装技术、CPLD/FPGA 技术等；在计算机辅助工程方面融合了计算机辅助设计(CAD)、计算机辅助制造(CAM)、计算机辅助测试(CAT)技术及多种计算机语言的设计概念；而在现代电子学方面则容纳了更多的内容，如数字电路设计理论、数字信号处理技术、系统建模和优化技术等。因此 EDA 技术为现代数字系统理论和设计的表达与应用提供了可能性，它已不是某一学科的分支，而是一门综合性学科，EDA 技术打破了计算机软件与硬件间的壁垒，使计算机的软件技术与硬件实现、设计效率和产品性能合二为一，它代表了数字电子设计技术和应用技术的发展方向。

EDA 技术伴随着计算机、集成电路、电子系统设计的发展，经历了 3 个发展阶段。

1. CAD 阶段

20 世纪 70 年代发展起来的 CAD(Computer Aided Design)阶段是 EDA 技术发展的早期阶段，在集成电路制作方面，MOS 工艺得到广泛应用，可编程逻辑技术及其器件已经问世，计算机作为一种运算工具已在科研领域得到广泛应用，人们在计算机上进行电路图的输入、存储及 PCB 版图设计的 EDA 软件工具，从而使人们摆脱了用手工进行电子设计时的大量繁难、重复、单调的计算与绘图工作，并逐步取代人工进行电子系统的设计、分析与仿真。

2. CAE 阶段

CAE(Computer Aided Engineering，计算机辅助工程)是在 CAD 工具逐步完善的基础上发展起来的，在 20 世纪 80 年代开始应用。此时集成电路设计技术进入了 CMOS(互补场效应管)时代，复杂可编程逻辑器件已进入商业应用，相应的辅助设计软件也已投入使用。

在这一阶段，人们已将各种电子线路设计工具如电路图输入、编译与连接、逻辑模拟、仿真分析、版图自动生成及各种单元库都集成在一个 CAE 系统中，以实现电子系统或芯片从原理图输入到版图设计输出的全程设计自动化。利用现代的 CAE 系统，设计人员在进行系统设计的时候，已可以把反映系统互连线路对系统性能的影响因素，如板级电磁兼容、板级引线走向等影响物理设计的制约条件一并考虑进去，使电子系统的设计与开发工作更贴近产品实际，更加自动化，更加方便和稳定可靠，极大地提高了工作效率。

3. EDA 阶段

20 世纪 90 年代后期，出现了以硬件描述语言、系统级仿真和综合技术为特征的 EDA(Electronics Design Automation)技术。随着硬件描述语言 HDL 的标准化得到进一步的确立，计算机辅助工程、辅助分析、辅助设计在电子技术领域获得更加广泛的应用。与此同时，电子技术在通信、计算机及家电产品生产中的市场和技术需求极大地推动了全新的电子自动化技术的应用和发展。在这一阶段，电路设计者只需要完成对系统功能的描述，就可以由计算机软件进行系列处理，最后得到设计结果，并且修改设计如同修改软件一样方便，利用 EDA 工具可以极大地提高设计效率。

这时的 EDA 工具不仅具有电子系统设计的能力，而且能提供独立于工艺和厂家的系统级设计能力，具有高级抽象的设计构思手段。因此，可以说 20 世纪 90 年代 EDA 技术是电子电路设计的革命。

1.1.2　EDA 技术的主要内容

EDA 技术涉及面广，内容丰富，从教学和实用的角度看，主要有以下 4 个方面内容：一是大规模可编程逻辑器件；二是硬件描述语言；三是软件开发工具；四是实验开发系统。大规模可编程逻辑器件是利用 EDA 技术进行电子系统设计的载体；硬件描述语言是利用 EDA 技术进行电子系统设计的主要表达手段；软件开发工具是利用 EDA 技术进行电子系统设计的智能化、自动化设计工具；实验开发系统是利用 EDA 技术进行电子系统设计的下载工具及硬件验证工具。利用 EDA 技术进行数字系统设计，具有以下特点：

（1）全程自动化。用软件方式设计的电子系统到硬件系统的转换，是由开发软件自动完成的。

（2）工具集成化。具有开放式的设计环境，这种环境也称为框架结构（framework），它在 EDA 系统中负责协调设计过程和管理设计数据，实现数据与工具的双向流动。它的优点是可以将不同公司的软件工具集成到统一的计算机平台上，使之成为一个完整的 EDA 系统。

（3）操作智能化。使设计人员不必学习许多深入的专业知识，也可免除许多推导运算即可获得优化的设计成果。

（4）执行并行化。由于多种工具采用了统一的数据库，一个软件的执行结果马上可被另一个软件所使用，使得原来要串行的设计步骤变成了同时并行的过程，也称为"同时工程"（concurrent engineering）。

（5）成果规范化。都采用硬件描述语言，它是 EDA 系统的一种设计输入模式，可以支持从系统级到门级的多层次硬件描述。

1.1.3　EDA 技术的发展趋势

EDA 技术在进入 21 世纪后，得到了更大的发展，突出表现在以下几个方面：

（1）使电子设计成果以自主知识产权的方式得以明确表达和确认成为可能。

（2）使仿真和设计两方面支持标准硬件描述语言、功能强大的 EDA 软件不断推出。

（3）电子技术全方位纳入 EDA 领域，除了日益成熟的数字技术外，传统的电路系统设计建模理念发生了重大的变化：软件无线电技术的崛起，模拟电路系统硬件描述语言的表达和设计的标准化，系统可编程模拟器件的出现，数字信号处理和图像处理的全硬件实现方案的普遍接受，软硬件技术的进一步融合等。

（4）EDA 使得电子领域各学科——模拟与数字、软件与硬件、系统与器件、专用集成电路 ASIC 与 FPGA、行为与结构等的界限更加模糊，更加互为包容。

（5）更大规模的 FPGA 和 CPLD（Complex Programmable Logic Device，复杂可编程逻辑器件）器件不断推出。

（6）基于 EDA 工具的 ASIC 设计标准单元已涵盖大规模电子系统及 IP 核模块。

（7）软件 IP 核在电子行业的产业领域、技术领域和设计应用领域得到进一步确认。

（8）单片电子系统 SoC（System on Circuit）高效、低成本设计技术的成熟。

总之，随着系统开发对 EDA 技术的目标器件的各种性能要求的提高，ASIC 和 FPGA 将在更大程度上相互融合。这是因为虽然标准逻辑器件 ASIC 芯片尺寸小，功能强大，耗电省，但设计复杂，并且有批量生产要求；可编程逻辑器件开发费用低廉，能在现场进行编程，但体积大，功能有限，而且功耗较大。因此，FPGA 和 ASIC 正在走到一起，互相融合，取长补短。由于一些 ASIC 制造商提供具有可编程逻辑的标准单元,可编程器件制造商重新对标准逻辑单元发生兴趣,而有些公司采取两头并进的方法,从而使市场开始发生变化,在 FPGA 和 ASIC 之间正在诞生一种"杂交"产品,以满足成本和上市速度的要求。例如将可编程逻辑器件嵌入标准单元。

目前也在进行将 ASIC 嵌入可编程逻辑单元的工作。许多 PLD 公司开始为 ASIC 提供 FPGA 内核,PLD 厂商与 ASIC 制造商结盟,为 SoC 设计提供嵌入式 FPGA 模块,使未来的 ASIC 供应商有机会更快地进入市场,利用嵌入式内核获得更长的市场生命期。传统 ASIC 和 FPGA 之间的界限正变得模糊。系统级芯片不仅集成 RAM 和微处理器,也集成 FPGA,整个 EDA 和 IC 设计工业都正朝这个方向发展。

1.2   硬件描述语言

硬件描述语言(Hardware Description Language,HDL)是硬件设计人员和电子设计自动化工具(EDA)之间的界面。其主要目的是用来编写设计文件建立电子系统行为级的仿真模型,即利用计算机的巨大计算能力对用 HDL 建模的复杂逻辑进行仿真,然后再自动综合以生成符合要求且在电路结构上可以实现的逻辑网表(netlist)。根据网表和某种工艺的器件自动生成具体电路,然后生成该工艺条件下这种具体电路的延时模型,仿真验证无误后用于制造 ASIC 芯片或写入 FPGA 器件中。

在 EDA 技术领域中把用 HDL 语言建立的数字模型称为软核(soft core),把用 HDL 建模和综合后生成的网表称为固核(hard core),对这些模块的重复利用缩短了开发时间,提高了产品开发率,提高了设计效率。

随着 PC 平台上的 EDA 工具的发展,PC 平台上的 HDL 仿真综合性能已相当优越,这就为大规模普及这种新技术铺平了道路,随着电子系统向集成化、大规模、高速度的方向发展,HDL 语言将成为电子系统硬件设计人员必须掌握的语言。

1.2.1   硬件描述语言的起源

硬件描述语言种类很多,有的从 Pascal 发展而来,也有一些从 C 语言发展而来。有些 HDL 成为 IEEE 标准,但大部分是本企业标准。在 HDL 形成发展之前,已有了许多程序设计语言,如汇编语言、C 语言、Pascal、FORTRAN、PROLOG 等。这些语言运行在不同硬件平台、不同的操作环境中,它们适合于描述过程和算法,不适合作硬件描述。CAD 的出现,使人们可以利用计算机进行建筑、服装等行业的辅助设计,而电子辅助设计也同步发展起来。在利用 EDA 工具进行电子设计时,基于逻辑图设计越来越复杂的电子系统已显得力不从心。任何一种 EDA 工具都需要一种硬件描述语言来作为 EDA 工具的工作语言。众多的 EDA 工具软件开发者各自推出了自己的 HDL 语言。在我国比较有影响的硬件描述语言有 ABEL-HDL、Verilog HDL、AHDL 和 VHDL,表 1-1 给出了常见 HDL 语言的主要特点和常用 EDA 平台列表。

表 1-1 常见 HDL 语言列表

HDL 语言	主 要 特 点	常用 EDA 平台	适 用 范 围
ABEL-HDL	早期的硬件描述语言,支持逻辑电路的逻辑方程、真值表和状态图	Lattice:PDS,DATAIO:Synario Xilinx:Foundation WebPack	PAL、GAL、CPLD
Verilog HDL	基于 C 语言的 HDL,易学易用	Altera:MAX+plus Ⅱ/Quartus Ⅱ Xilinx:Foundation;ISE;Vivado ModelSim	ASIC,IP Core 适合于 RTL 级和门级细节
AHDL	一种模块化的高级语言,是 Altera 公司发明的 HDL,适于描述复杂的组合逻辑、组运算、状态机、真值表和参数化逻辑	Altera:MAX+plus Ⅱ/Quartus Ⅱ	Altera 公司的 CPLD/FPGA
VHDL	源于美国国防部提出的超高速集成电路计划,是 ASIC/PLD 设计的标准化硬件描述语言	Altera:MAX+plus Ⅱ/Quartus Ⅱ Xilinx:Foundation; Vivado ModelSim	全部,适合行为级、RTL 级和门级
SystemC	基于 C/C++ 的 HDL,解决了硬件软件设计长期分家的局面,能在系统级、门级、RTL 级各个层次上进入硬件的模型设计和软件概念设计,能用共同的语言设计硬件和软件	C、C++ 、MATLAB	系统级/算法级和功能级设计

Verilog HDL 语言是在 1983 年由 GDA(Gateway Design Automation)公司开发的,1989 年 CDS(Cadence Design System)公司收购了 GDA 公司,Verilog HDL 语言成为 CDS 公司的私有财产。1990 年,CDS 公司公开了 Verilog HDL 语言,成立了 OVI(Open Verilog Internation)组织来负责的 Verilog HDL。IEEE 于 1995 年制定了 Verilog HDL 的 IEEE 标准,即 Verilog HDL 1364—1995。Verilog HDL 的增强版本于 2001 年批准为 IEEE 标准,即 Verilog HDL 1364—2001。Verilog HDL 最初是想用来做数字电路仿真和验证的,后来添加了逻辑电路综合功能。

VHDL(Very high speed integrated Hardware Description Language)语言是超高速集成电路硬件描述语言,在 20 世纪 80 年代后期由美国国防部开发,并于 1987 年 12 月由 IEEE 标准化(定为 IEEE 1076—1987 标准),之后 IEEE 又对 87 版本进行了修订,于 1993 年推出了较为完善的 93 版本(被定为 ANSI/IEEE 1076—1993 标准),使 VHDL 的功能更强大,使用更方便,2008 年又推出了 IEEE 1076—2008 标准。

1.2.2 HDL 语言的特征

HDL 语言既包含一些高级程序设计语言的结构形式,同时也兼顾描述硬件线路连接的具体构件,通过使用结构级或行为级描述,可以在不同的抽象层次描述设计语言。采用自顶向下的数字电路设计方法主要包括 3 个领域、5 个抽象层次,如表 1-2 所示。

表 1-2　HDL 抽象层次描述表

抽象层次	行 为 领 域	结 构 领 域	物 理 领 域
系统级	性能描述	部件及它们之间的逻辑描述	芯片
算法级	I/O 应答接口	硬件模型数据结构	部件之间的物理连接、电路板、背板等
寄存器传输级	并行操作、寄存器传输、状态表	算术运算部件、多路选择器、寄存器总线、微存储器	芯片、宏单元
逻辑域	用布尔方程描述	门电路、触发器、锁存器	标准单元布局图
电路级	微分方程表达	晶体管、电阻、电容、电感	晶体管布局图

HDL 语言是并发的，即具有在同一时刻执行多任务的能力。一般来讲，编程语言是非并行的，但在实际硬件中，许多操作都是在同一时刻发生的，所以 HDL 语言具有并发的特征。HDL 语言还有时序的概念，在硬件电路中从输入到输出总是有延迟存在的，为描述这些特征，HDL 语言需要建立时序的概念，因此使用 HDL 除了可以描述硬件电路的功能外，还可以描述其时序要求，在 EDA 设计中用 HDL 语言做设计输入变得日益广泛，EDA 工具可以用来将 HDL 代码转化为描述电路的实现。

目前最主要的硬件描述语言是 VHDL 和 Verilog HDL，均为 IEEE 的技术标准。两种语言的差别并不大，它们的描述能力也是类似的，掌握其中一种语言以后，可以通过短期的学习，较快地学会另一种语言。如果是 ASIC 设计人员，则应掌握 Verilog，因为在 IC 设计领域，90% 以上的公司都采用 Verilog 进行设计。对于 CPLD/FPGA 设计者而言，两种语言可以自由选择。目前，VHDL 已经成为世界上各家 EDA 工具和集成电路厂商普遍认同和共同推广的标准化硬件描述语言。1995 年我国国家技术监督局制定的《CAD 通用技术规范》推荐 VHDL 作为我国电子设计自动化硬件描述语言的国家标准，本书选择 VHDL 语言作为 EDA 设计的电路综合语言。

1.3　EDA 技术的层次化设计方法与流程

EDA 技术的出现使数字系统的分析与设计方法发生了根本的变化。数字系统采用的基本设计方法主要有三种：直接设计、自顶向下设计、自底向上设计。直接设计就是将设计看成一个整体，将其设计成为一个单电路模块，它适合小型、简单的设计。而一些功能较复杂的大型数字系统设计适合自顶向下或自底向上的设计方法。自顶向下的设计方法就是从设计的总体要求入手，将设计划分为不同的功能子模块，每个模块完成特定的功能，这种设计方法首先确定顶层模块的设计，再进行子模块的详细设计，而在子模块的设计中可以调用库中已有的模块或设计过程中保留下来的实例。自底向上的设计方法与自顶向下的设计方法恰恰相反。

1.3.1　EDA 技术的层次化设计方法

在 EDA 设计中往往采用层次化的设计方法，分模块、分层次地进行设计描述。描述系统总功能的设计为顶层设计,描述系统中较小单元的设计为底层设计。整个设计过程可理解为从硬件的顶层抽象描述向最底层结构描述的一系列转换过程,直到最后得到可实现的硬件单元描述为止。层次化设计方法比较自由,既可采用自顶向下设计,也可采用自底向上设计,可在任何层次使用原理图输入和硬件描述语言 HDL 设计。

1. 自底向上设计方法

自底向上(bottom-up)设计方法的中心思想是:首先根据对整个系统的测试与分析,由各个功能块连成一个完整的系统,由逻辑单元组成各个独立的功能模块,由基本门构成各个组合与时序逻辑单元。

自底向上设计方法的特点是:从底层逻辑库中直接调用逻辑门单元;符合硬件工程师传统的设计习惯。其缺点是:在进行底层设计时缺乏对整个电子系统总体性能的把握;在整个系统完成后,要进行修改较为困难;设计周期较长。随着设计规模与系统复杂度的提高,这种方法的缺点更突出。

传统的数字系统的设计方法一般都是自底向上的,即首先确定构成系统的最底层的电路模块或元件的结构和功能,然后根据主系统的功能要求,将它们组成更大的功能块,使它们的结构和功能满足高层系统的要求,依此类推,直至完成整个目标系统的 EDA 设计。

例如,对于一般数字系统的设计,使用自底向上的设计方法,必须首先决定使用的器件类别,如 74 系列的器件、某种 RAM 和 ROM、某类 CPU 以及某些专用功能芯片等,然后是构成多个功能模块,如数据采集、信号处理、数据交换和接口模块等,直至最后利用它们完成整个系统的设计。

2. 自顶向下设计方法

自顶向下(top-down)设计方法的中心思想是:系统层是一个包含输入输出的顶层模块,并用系统级、行为描述加以表达,同时完成整个系统的模拟和性能分析;整个系统进一步由各个功能模块组成,每个模块由更细化的行为描述加以表达;由 EDA 综合工具完成到工艺库的映射。

自顶向下设计方法的特点:结合模拟手段,可以从开始就掌握实现目标系统的性能状况;随着设计层次向下进行,系统的性能参数将进一步得到细化与确认;可以根据需要及时调整相关的参数,从而保证设计结果的正确性,缩短设计周期;当规模越大时,这种方法的优越性越明显;须依赖 EDA 设计工具的支持及昂贵的基础投入;逻辑综合及以后的设计过程的实现均需要精确的工艺库的支持。

现代数字系统一般采用自顶向下的层次化设计方法,即从整个系统的整体要求出发,自上而下地逐步将系统设计内容细化,即把整个系统分割为若干功能模块,最后完成整个系统的设计。系统设计从顶向下大致可分为 3 个层次:

(1)系统层。用概念、数学和框图进行推理和论证,形成总体方案。

(2)电路层。进行电路分析、设计、仿真和优化,把框图与实际的约束条件与可测性条件结合,实行测试和模拟(仿真)相结合的科学实验研究方法,产生直到门级的电路图。

(3)物理层。真正设计电路的工具。同个的电路可以有多种不同的实现方法。物理层包括 PCB、IC、PLD 或 FPGA 和混合电路集成以及微组装电路的设计等。

在电子设计领域,自顶向下的层次化设计方法只有在 EDA 技术得到快速发展和成熟应用的今天才成为可能,自顶向下的层次化设计方法的有效应用必须基于功能强大的 EDA

工具,具备集系统描述、行为描述和结构描述功能为一体的硬件描述语言 HDL,以及先进的 ASIC 制造工艺和 CPLD/FPGA 开发技术。当今,自顶向下的层次化设计方法已经是 EDA 技术的首选设计方法,是 CPLD/FPGA 开发的主要设计手段。

1.3.2　EDA 技术的设计流程

利用 EDA 技术进行数字系统设计的大部分工作是在 EDA 软件平台上完成的,EDA 设计流程包含设计准备、设计输入、设计处理、设计校验和器件下载,以及相应的功能仿真、时序仿真、器件测试。

1. 设计准备

设计准备是指设计者按照自顶向下的概念驱动式设计方法,依据设计目标要求,确定系统所要完成的功能及复杂程度、器件资源的利用、成本等工作,如方案论证、系统设计和器件选择等。

2. 设计输入

设计输入是由设计者对器件所实现的数字系统的逻辑功能进行描述,主要有原理图输入、真值表输入、状态机输入、波形输入、HDL 文本输入等方法。对初学者推荐使用原理图输入法,HDL 文本输入法。

1) 原理图输入法

原理图输入法是基于传统的硬件电路设计思想,把数字逻辑系统用逻辑原理图来表示的输入方法,即在 EDA 软件的图形编辑界面上绘制能完成特定功能的电路原理图,使用逻辑器件(即元件符号)和连线等来描述设计,原理图描述要求设计工具提供必要的元件库和逻辑宏单元库,如与门、非门、或门、触发器以及各种含 74 系列器件功能的宏功能块和用户自定义设计的宏功能块。

原理图编辑绘制完成后,原理图编辑器将对输入的图形文件进行编排之后再进行编译,以适用于 EDA 设计后续流程中所需要的底层数据文件。

用原理图输入法的优点是显而易见的。首先,设计者进行数字逻辑系统设计时不需要增加新的相关知识;第二,该方法与 PROTEL 作图相似,设计过程形象直观,适用于初学者和教学;第三,对于较小的数字逻辑电路,其结构与实际电路十分接近,设计者易于把握电路全局;第四,由于设计方式属于直接设计,相当于底层电路布局,因此易于控制逻辑资源的耗用,节省集成面积。

然而,使用原理图输入法的缺点同样十分明显。第一,电路描述能力有限,只能描述中、小型系统。一旦用于描述大规模电路,往往难以快速有效地完成。第二,设计文件主要是电路原理图,如果设计的硬件电路规模较大,从电路原理图来了解电路的逻辑功能是非常困难的;而且文件管理庞大且复杂,大量的电路原理图将给设计人员阅读和修改硬件设计带来很大的不便。第三,由于图形设计方式并没有得到标准化,不同 EDA 软件中图形处理工具对图形的设计规则、存档格式和图形编译方式都不同,因此兼容性差,性能优秀的电路模块移植和再利用很困难。第四,由于原理图中已确定了设计系统的基本电路结构和元件,留给综合器和适配器的优化选择空间已十分有限,因此难以实现设计者所希望的面积、速度及不同风格的优化,这显然偏离了 EDA 的本质,无法实现真正意义上的自顶向下的设计方案。

2) HDL 文本输入法

硬件描述语言(HDL)是用文本形式描述设计,常用的语言有 VHDL 和 Verilog HDL。这种方式与传统的计算机软件语言编辑输入基本一致,就是将使用了某种硬件描述语言的电路设计文本进行编辑输入。可以说,应用 HDL 的文本输入方法克服了上述原理图输入法存在的所有弊端,为 EDA 技术的应用和发展打开了广阔的天地。

在一定条件下,常混合使用这两种方法。目前有些 EDA 工具(如 Quartus Ⅱ)可以把图形的直观性与 HDL 的优势结合起来。如状态图输入的编辑方式,即利用图形化状态机输入工具,用图形的方式表示状态图,当填好时钟信号名、状态转换条件、状态机类型等要素后,就可以自动生成 VHDL 或 Verilog HDL 程序。在原理图输入方式中,连接用HDL 描述的各个电路模块,直观地表示系统总体框架,再用 EDA 工具生成相应的VHDL/Verilog HDL 程序。总之,HDL 文本输入设计是最基本、最有效和通用的输入设计方法。

3. 设计处理

设计处理是 EDA 设计流程中的中心环节,在该阶段,编译软件将对设计输入文件进行逻辑优化、综合,并利用一片或多片 CPLD/FPGA 器件自动进行适配,最后产生编程用的数据文件。该环节主要包含设计编译、逻辑综合优化、适配和布局、生成编程文件。

1) 设计编译

设计输入完成后,立即进行设计编译。EDA 编译器首先从工程设计文件间的层次结构描述中提取信息,包含每个低层次文件中的错误信息,如原理图中信号线漏接,信号有多重来源,文本输入文件中的关键字错误或其他语法错误,并及时标出错误的位置,供设计者排除纠正。然后进行设计规则检查,检查设计有无超出器件资源或规定的限制,并给出编译报告。

2) 逻辑综合优化

所谓综合(synthesis)就是把抽象的实体结合成单个或统一的实体。设计文件编译过程中,逻辑综合就是把设计抽象层次中的一种表示转化为另一种表示的过程。实际上,编译设计文件过程中的每一步都可称为一个综合环节。设计过程通常从高层次的行为描述开始,到最低层次的结构描述结束,每一个综合步骤都是上一层次的转换,分别如下:

(1) 从自然语言转换到 HDL 语言算法表示,即自然语言综合。

(2) 从算法表示转换到寄存器传输级(Register Transport Level,RTL),即从行为域到结构域的综合,即行为综合。

(3) 从 RTL 级表示转换到逻辑门(包括触发器)的表示,即逻辑综合。

(4) 从逻辑门表示转换到版图表示(ASIC 设计),或转换到 FPGA 的配置网表文件,可称为版图综合或结构综合。有了版图信息,就可以把芯片生产出来了;有了配置网表文件,就可以使对应的 FPGA 变成具有专门功能的电路器件。

一般来说,综合仅针对 HDL 而言。利用 HDL 综合器对设计进行编译综合是十分重要的一步,因为综合过程将把软件设计的 HDL 描述与硬件结构挂钩,是将软件转化为硬件电路的关键,是文字描述与硬件实现的一座桥梁。综合就是将电路的高级语言转换成低级的,可与 CPLD/FPGA 的基本结构相对应的网表文件或程序。

在综合之后,HDL 综合器一般都可以生成一种或多种格式的网表文件,如 EDIF、

VHDL、Verilog 等标准格式,在这种网表文件中用各种格式描述电路的结构。如在 VHDL 网表文件中采用 VHDL 的语法,用结构描述的风格重新解释综合后的电路结构。

整个综合过程就是将设计者在 EDA 平台上编辑输入的 HDL 文本、原理图或状态图描述,依据给定的硬件结构组件和约束控制条件进行编译、优化、转换和综合,最终获得门级电路甚至更底层的电路描述网表文件。由此可见,综合器工作前,必须给定最后实现的硬件结构参数,它的功能就是将软件描述与给定的硬件结构用某种网表文件的方式对应起来,成为相互对应的映射关系。

3) 适配和布局

适配器也称结构综合器,它的功能是将由综合器产生的网表文件配置于指定的目标器件中,使之产生最终的下载文件,如 JEDEC、JAM 格式的文件。适配器所选定的目标器件必须属于原综合器指定的目标器件系列。通常,EDA 软件中的综合器可由专业的第三方 EDA 公司提供,而适配器须由 CPLD/FPGA 供应商提供,因为适配器的适配对象直接与器件的结构细节相对应。

逻辑综合通过后,必须利用适配器将综合后的网表文件针对某一具体的目标器件进行逻辑映射操作,其中包括底层器件配置、逻辑分割、逻辑优化、逻辑布局、布线操作。

适配和布局工作是在设计检验通过后,由 EDA 软件自动完成的,它以最优的方式对逻辑元件进行逻辑综合和布局,并准确实现元件间的互连,同时 EDA 软件会生成相应的报告文件。

4) 生成编程文件

适配和布局完成后,可以利用适配所产生的仿真文件作精确的时序仿真,同时产生可用于编程使用的数据文件。对 CPLD 来说,是产生熔丝图文件,即 JEDEC 文件;对于 FPGA 来说,则生成流数据文件(Bit-stream Generation,BG)。

4. 设计校验

设计校验过程是对所设计的电路进行检查,以验证所设计的电路是否满足指标要求。验证的方法有 3 种:模拟(又称仿真)、规则检查和形式验证。规则检查是分析电路设计结果中各种数据的关系是否符合设计规则。形式验证是利用理论证明的方法来验证设计结果的正确性。由于系统的设计过程是分若干层次进行的,对于每个层次都有设计验证过程对设计结果进行检查。模拟方法是目前最常用的设计验证法,它是指从电路的描述抽象出模型,然后将外部激励信号或数据施加于此模型,通过观测此模型的响应来判断该电路是否实现了预期的功能。

模型检验是数字系统 EDA 设计的重要工具,整个设计中近 80% 的时间是在做仿真,设计校验过程包括功能模拟(compile)、时序模拟(simulate)。功能模拟是在设计输入完成以后,选择具体器件进行编译以前进行的逻辑功能验证,时序模拟是在选择具体器件进行编译以后,进行时序关系仿真。

1) 功能模拟

功能模拟是直接对 HDL、原理图描述或其他描述形式的逻辑功能进行测试模拟,以了解其实现的功能是否满足原设计的要求的过程,对所设计的电路及输入的原理图进行编译,检查原理图中各逻辑门或各模块的输入、输出是否有矛盾;扇入扇出是否合理;各单元模块有无未加处理的输入信号端、输出信号端。仿真过程不涉及任何具体器件的硬件特性。

2）时序模拟

时序模拟是通过设计输入波形（wave editor）进行仿真校验。通过仿真校验结果，设计者可对存在的设计错误进行修正。值得一提的是，一个层次化设计中最底层的图元或模块必须首先进行仿真模拟，当其工作正确以后，再进行高一层次模块的仿真模拟，直到最后完成系统设计任务，仿真模拟的结果是可以给出正确的输出波形。

3）定时分析

定时分析（timing analyzer）不同于功能模拟和时序模拟。它只考虑所有可能发生的信号路径的延时，对设计的时序性能进行分析，并与时序要求对比，以保证电路在时序上的正确性，而功能模拟和时序模拟是以特定的输入信号来控制模拟过程的，因而只能检查特定输入信号的传输路径延时。定时分析可以分析时序电路的性能（延迟、最小时钟周期、最高的电路工作频率），计算从输入引脚到触发器、锁存器和异步 RAM 的信号输入所需要的最少时间和保持时间。

5. 器件下载

把适配后生成的下载数据文件，通过编程电缆或编程器向 CPLD 或 FPGA 进行下载，以便进行硬件调试和验证。编程是指将实现数字系统已编译数据放到具体的可编程器件中，对 CPLD 来说，是将熔丝图文件，即 JEDEC 文件下载到 CPLD 器件中去；对于 FPGA 来说，是将生成流数据文件 BG 配置到 FPGA 中。

器件编程需要一定的条件，如编程电压、编程时序、编程算法等。普通 CPLD 和 OPT FPGA 需要专用的编程器完成器件的编程工作。基于 SRAM 的 FPGA 可由 EPROM 或其他存储器进行配置。在系统可编程器件（ispPLD）可用计算机通过一条编程电缆现场对器件编程，无需专用编程器。

通常，将对 CPLD 的下载称为编程（program），对 FPGA 中的 SRAM 进行直接下载的方式称为配置（configure），但对于 OTP FPGA 的下载和对 FPGA 的专用配置 ROM 的下载仍称为编程。

6. 实验验证

实验验证是将已编程的器件与它的相关器件和接口相连，以验证可编程器件所实现的逻辑功能是否满足整个系统的要求。最后是将含有载入了设计的 FPGA 或 CPLD 的硬件系统进行统一测试，以便最终验证设计项目在目标系统上的实际工作情况，以排除错误，改进设计。实验验证可以在 EDA 硬件实验开发平台上进行，如本书所采用的 Altera DE2-115 开发系统。

1.4　EDA 工具软件简介

EDA 工具软件在 EDA 技术应用中占据极其重要的地位，EDA 的核心是利用计算机实现电路设计的自动化，因此基于计算机环境下的 EDA 工具软件的支持是必不可少的。

EDA 工具软件品种繁多，目前在我国得到应用的有 PSPICE、OrCAD、PCAD、Protel、Viewlogic、Mentor、Graphics、Synopsys、Cadence、MicroSim、Edison、Tina 等。这些软件功能都很强，一般都能应用于几个方面，大部分软件都可以进行电路设计与仿真，PCB 自动布局布线，可输出多种网表文件，与其他厂商的软件共享数据等等。EDA 工具软件按主要功能与应用领域可分为电子电路设计工具、仿真工具、PCB 设计软件、IC 设计软件、PLD 设计工具及其他 EDA 软件。IC 设计和 PLD 设计代表当今电子技术的发展水平。Altera 公司 PLD 设计软件 Quartus Ⅱ 是本书所使用的 EDA 工具软件。

目前世界上具有代表性的 PLD 生产厂家有 Altera、Xilinx 和 Lattice 公司。一些小型化、简单的 PLD 设计工具主要由生产器件的厂家提供，而一些功能强大、大型化的 PLD 设计工具是由软件公司和生产器件的厂家合作开发的。

1.4.1　Altera 公司的 EDA 开发工具

Quartus Ⅱ 是 Altera 公司推出的一款综合性 PLD/FPGA 开发软件，内置强大的综合器和仿真器，支持原理图、VHDL、Verilog HDL 以及 AHDL 等多种设计文件的输入，可轻松完成从设计输入到硬件配置的整个 PLD 设计流程。Quartus Ⅱ 具有运行速度快、界面统一、功能集中、易学易用等特点，完美支持 Windows XP、Linux 以及 UNIX 等系统，拥有强大的设计能力和直观易用的接口，受到越来越多的数字系统设计者欢迎。

Quartus Ⅱ 13.0 与以前的版本相比，它支持面向高端 28nm Stratix V FPGA 和 SoC 的设计，可将最难收敛的设计编译时间平均缩短 50%，提高了设计人员的效率。新版全面支持面向 Stratix V FPGA 的设计，实现了业界所有 FPGA 中的最高时钟频率(Fmax)，比起同类竞争产品有两个速率等级的优势。其特点如下：

(1) OpenCL 的 SDK 为没有 FPGA 设计经验的软件编程人员打开了强大的并行 FPGA 加速设计新世界。从代码到硬件实现，OpenCL 并行编程模型提供了最快的方法。与其他硬件体系结构相比，Quartus Ⅱ 使 FPGA 的软件编程人员能以极低的功耗实现很高的性能。

(2) Qsys 系统集成工具提供对基于 ARM 的 Cyclone V SoC 的扩展支持。现在，Qsys 可以在 FPGA 架构中生成业界标准 AMBA 总线、AHB 总线和 APB 总线接口。而且，这些接口符合 ARM 的 TrustZone 技术要求，支持客户在安全的关键系统资源和其他非安全系统资源之间划分整个基于 SoC-FPGA 的嵌入式系统。

(3) DSP Builder 设计工具支持系统开发人员在 DSP 设计中高效地实现高性能定点和浮点算法。新特性包括更多的 math.h 函数，提高了精度，增强了取整参数，为定点和浮点 FFT 提供可参数赋值的 FFT 模块，还有更高效的折叠功能，提高了资源共享能力。

Quartus Ⅱ 设计软件最新版本为 Quartus Ⅱ 软件 15.0，是在 CPLD、FPGA 和 HardCopy ASIC 设计方面业界性能和效能最好的软件之一。这一新版软件扩展了 Altera 28-nm FPGA 支持，包括对 Arria V 和 Cyclone V FPGA 的编译支持，还增强了对 Stratix V FPGA 的支持。Quartus Ⅱ 软件 13.1 版增加了支持 Altera 系统级调试工具——系统控制台。系统控制台提高了调试的抽象级，能够与 Altera SignalTap Ⅱ 嵌入式逻辑分析器等底层调试工具协同工作，从而大幅度缩短验证时间。这种可配置的交互式系统控制台工具包含在 Quartus Ⅱ 软件 11.1 版中，满足多种系统调试需求。通过系统控制台，设计人员可以分析并解释数据，监视系统在真实条件下的性能。基于 TCL 语言，设计人员使用系统控制台可以在高级编程环境中迅速构建验证脚本，或者定制图形用户界面，支持 Qsys(下一代

SOPC Builder 工具)系统复杂的仪表测试和验证解决方案。这一工具用于设计的仿真、实验测试和开发阶段,只需要很少的资源,能够减少硬件编译步骤,提高设计人员的效能。

1.4.2　Xilinx 公司的 EDA 开发工具

赛灵思(Xilinx Inc)是 All Programmable 器件、SoC 和 3D IC 的全球领先供应商。赛灵思公司行业领先的产品与新一代设计环境以及 IP 核完美地整合在一起,可满足客户对可编程逻辑乃至可编程系统集成的广泛需求。赛灵思公司 2007 年推出业界应用最广泛的集成软件环境(ISE)设计套件的最新版本 ISE 9.1i。新版本专门为满足业界当前面临的主要设计挑战而优化,这些挑战包括时序收敛、设计人员生产力和设计功耗。除了运行速度提高 2.5 倍以外,ISE 9.1i 还新采用了 SmartCompile 技术,因而可在确保设计中未变更部分实施结果的同时,将硬件实现的速度再提高多达 6 倍。同时,ISE 9.1i 还优化了其最新 65nm Virtex-5 平台独特的 ExpressFabric 技术,可提供比竞争对手的解决方案平均高出 30% 的性能指标。对于功耗敏感的应用,ISE 9.1i 还可将动态功耗平均降低 10%。

ISE 是使用 Xilinx 的 FPGA 的必备的设计工具。目前官方提供下载的最新版本是 14.4。它可以完成 FPGA 开发的全部流程,包括设计输入、仿真、综合、布局布线、生成 BIT 文件、配置以及在线调试等,功能非常强大。ISE 除了功能完整、使用方便外,它的设计性能也非常好,以 ISE 9.x 来说,其设计性能比其他解决方案平均快 30%,它集成的时序收敛流程整合了增强性物理综合优化,提供最佳的时钟布局、更好的封装和时序收敛映射,从而获得更高的设计性能。

赛灵思公司于 2012 年推出以 IP 及系统为中心的新一代设计环境 Vivado 设计套件,致力于在未来十年加速 All Programmable 器件的设计生产力。Vivado 不仅能加速可编程逻辑和 I/O 的设计速度,而且还可提高可编程系统的集成度和实现速度,让器件能够集成 3D 堆叠硅片互联技术、ARM 处理系统、模拟混合信号(AMS)和绝大部分半导体 IP 核。Vivado 设计套件突破了可编程系统集成度和实现速度两方面的重大瓶颈,将设计生产力提高到同类竞争开发环境的 4 倍。

Vivado 设计套件包括高度集成的设计环境和新一代系统到 IC 级别的工具,这些均建立在共享的可扩展数据模型和通用调试环境基础上。这也是一个基于 AMBA、AXI4 互联规范、IP-XACT IP 封装元数据、工具命令语言(TCL)、Synopsys 系统约束(SDC)等有助于根据客户需求量身定制设计流程并符合业界标准的开放式环境。赛灵思公司构建的 Vivado 工具将各类可编程技术结合在一起,可扩展实现多达 1 亿个等效 ASIC 门的设计。

为了解决集成的瓶颈问题,Vivado IDE 采用了用于快速综合和验证 C 语言算法 IP 的 ESL 设计,实现可重用的标准算法和 RTL IP 封装技术,标准 IP 封装和各类系统构建块的系统集成,可将仿真速度提高 3 倍的模块和系统验证功能,以及可将性能提升百倍以上的硬件协同仿真功能。

为了解决实现的瓶颈,Vivado 工具采用层次化器件编辑器和布局规划器,速度提升了 3～15 倍且为 SystemVerilog 提供业界领先支持的逻辑综合工具,速度提升了 4 倍且确定性更高的布局布线引擎,以及通过分析技术可最小化时序、线长、路由拥堵等多个变量的"成本"(cost)函数。此外,增量式流程能让工程变更通知单(ECO)的任何修改只需对设计的一小部分进行重新实现就能快速处理,同时确保性能不受影响。最后,Vivado 工具通过利用最新共享的可扩展数据模型,能够估算设计流程各个阶段的功耗、时序和占用面积,从而达到预先分析,进而优化自动化时钟门等集成功能。

Vivado 设计套件 2012.3 版本的推出,扩展了赛灵思支持 Kintex-7 和 Virtex-7 All Programmable FPGA 的目标参考设计(TRD)组合,进一步提高了设计人员的生产力。TRD 提供了预验证的性能优化型基础架构设计,设计人员可在此基础上进行修改和扩展以满足他们的定制需求。

Kintex-7 FPGA 基础目标参考设计通过全面集成的 PCIe 设计展示了 Kintex-7 FPGA 的功能,该设计采用性能优化的 DMA 引擎和 DDR3 存储控制器,能提供 10Gb/s 的端到端性能。

Kintex-7 FPGA 连接功能目标参考设计每个方向的性能高达 20Gb/s,采用带有 Gen2 x8 PCIe 端点的双网络接口卡(NIC)、多通道数据包 DMA、用于缓冲的 DDR3 存储器以及符合 10Gb/s 以太网 MAC 协议和 10GBASE-R 标准要求的物理层接口。

Kintex-7 FPGA 嵌入式目标参考设计提供了完整的处理器子系统,并配套提供 GbE、DDR3 存储控制器、显示控制器及其他标准处理器外设。

Kintex-7 FPGA DSP 目标参考设计包含高速模拟接口,提供数字上/下变频超频功能,可运行在 491.52MHz 的频率上。

Vivado Design Suite 2013.3 版本通过增强型 IP 集成功能,在易用性方面取得了重大进步,并提供超过 230 个 LogiCORE 和 SmartCORE IP 核。经过这次版本升级,实现了设计和赛灵思 IP 的系统级协同优化。例如,设计人员现在可以在整个设计过程中与以太网 MAC 或 PCIe 等连接功能 IP 共享时钟资源。如果要进行 IP 升级,则可以方便地从顶层访问 IP 内部的收发器调试端口。设计人员不仅可以通过使用 Vivado 逻辑分析器提供的新功能在运行时间对 AXI 系统进行完全的读/写访问,而且还可以借助先进的触发器功能进行硬件调试,以检测和捕获复杂事件。

Vivado Design Suite 2013.3 套件还进一步简化了 IP 与修订控制系统的集成,并能够在 Cadence Incisive Enterprise 仿真器和 Synopsys VCS 仿真器配合下自动运行验证流程。

1.4.3 其他仿真软件

1. ModelSim 仿真软件

ModelSim 仿真软件是 Model 公司开发的一种快速方便的 HDL 仿真器,支持 VHDL 和 Verilog HDL 的编辑、编译和仿真。该软件为调试设计提供了强有力的支持。

ModelSim 有一系列产品,它可以在 UNIX 和 Windows 平台上工作,目前主要分为 ModelSim SE、ModelSim VHDL、ModelSim LNI、ModelSim PLUS。Altera 公司也有 OEM 版的 ModelSim。

ModelSim 是一款强大的仿真软件,不仅仅支持对 HDL 的仿真,还可以支持 SystemC、C 语言的调试和仿真,使设计人员可以采用更灵活的手段来完成设计。

在仿真过程中,ModelSim 可以独立完成 HDL 代码的仿真,还可以结合 FPGA 开发软件对设计单元进行时序仿真,得到更加真实的仿真结果。多数 FPGA 厂商都提供了和 ModelSim 的接口,使得设计者在器件的选择和结果的掌控上更加得心应手。

2. 综合工具

在综合工具方面,Synopsys 的 FPGA Express、Cadence 的 Synphty 和 Mentor 的 Leonardo 这三家的 FPGA 综合软件垄断了市场。

NativeLink 是实现 Quartus Ⅱ 与第三方 EDA 软件接口的工具(该工具需要 License 授权方可使用)。目前 Quartus Ⅱ 软件包并不直接集成第三方 EDA 软件,而仅仅集成与这些 EDA 工具的软件接口。例如,NativeLink 即可实现与 Quartus Ⅱ 软件的无缝链接,通过 NativeLink,双方在后台进行参数与命令交互,而设计者完全不用关心 NativeLink 的操作细节,NativeLink 提供给设计者的是具有良好互动性的用户界面。简单来说,NativeLink 包含外部文件和 API 程序,前者是指 WYSIWYG(What You See Is What You Get,所见即所得)的网表文件、交叉指引文件及时序文件。

SOPC Builder 软件配合 Quartus Ⅱ,为设计者提供了一个标准化的 SOPC 图形设计环境,利用它可以完成集成 CPU 的 FPGA 芯片的开发工作,SOPC Builder 允许选择和自定义系统模块的各个组件和接口,Qsys 是下一代 SOPC Builder 的工具,目前已完全取代了 SOPC Builder。

DSP Builder 是 Quartus Ⅱ 与 Mathlab/Simulink 的接口,它是一个图形化的 DSP 开发工具,利用 IP 核在 Mathlab 中快速完成数字信号处理的仿真和最终 FPGA 实现。DSP Builder 允许系统、算法和硬件设计者共享公共开发平台。

Software Builder 是 Quartus Ⅱ 内嵌的软件开发环境,用以将软件源代码转换为配置 Exalibur 单元的 Flash 格式文件或无源格式文件。

1.5　IP 核

现代人的生活已经离不开芯片,手机、计算机、电视、数码相机等这些使我们的生活能够正常运转而又变得丰富多彩的"日用品"都离不开芯片。将不同芯片的功能全部集成于 SoC(系统级芯片)中,是目前 EDA 技术发展的一个重要方向,而 SoC 设计的关键技术就是 IP 核。

IP 核(Intellectual Property core)就是知识产权模块,美国 Dataquest 咨询公司将半导体产业的 IP 定义为用于 ASIC 或 CPLD/FPGA 中预先设计好电路功能模块,是一段具有特定电路功能的硬件描述语言程序,该程序与集成电路工艺无关,可以移植到不同的半导体工艺中去生产集成电路芯片。

IP 核可以在不同的硬件描述级实现,由此产生了 3 类 IP 核:软核、硬核和固核。这种分类主要依据产品交付的方式,而这 3 种 IP 核实现方法也各具特色。

1. IP 软核

IP 软核(也称软 IP)是用 VHDL、Verilog 等硬件描述语言描述的功能块,但是并不涉及用什么具体电路元件实现这些功能。软 IP 通常是以硬件描述语言 HDL 源文件的形式出现,应用开发过程与普通的 HDL 设计也十分相似,具有很大的灵活性,只是所需的开发软硬件环境比较昂贵。借助 EDA 综合工具可以与其他外部逻辑电路合成一体，根据不同的半导体工艺，设计成具有不同功能的器件，软 IP 的设计周期短，设计投入少，由于不涉及物理实现，为后续设计留有很大的发挥空间。

软 IP 是以综合形式交付的，因而必须在目标工艺中实现，并由系统设计者验证。其优点是源代码灵活，可重定目标于多种制作工艺，在新功能级中重新配置。

2．IP 硬核

IP 硬核（也称硬 IP）是设计阶段的最终产品——掩膜。以经过完全的布局布线的网表形式提供，这种硬核既具有可预见性，同时还可以针对特定工艺或购买商进行功耗和尺寸上的优化。尽管硬核由于缺乏灵活性而可移植性差，但由于无须提供寄存器转移级（RTL）文件，因而更易于实现 IP 保护。硬 IP 最大的优点是确保性能，如速度、功耗等。然而，硬 IP 难以转移到新工艺或集成到新结构中，是不可重配置的。

3．IP 固核

固核则是软核和硬核的折中。大多数应用于 FPGA 的 IP 内核均为软核，软核有助于用户调节参数并增强可复用性。软核通常以加密形式提供，这样实际的 RTL 对用户是不可见的，但布局和布线灵活。在这些加密的软核中，如果对内核进行了参数化，那么用户就可通过头文件或图形用户接口（GUI）方便地对参数进行操作。对于那些对时序要求严格的内核（如 PCI 接口内核），可预布线特定信号或分配特定的布线资源，以满足时序要求。这些内核可归类为固核，由于内核是预先设计的代码模块，因此这有可能影响包含该内核的整体设计。由于内核的建立（setup）、保持时间和握手信号都可能是固定的，因此其他电路在设计时都必须考虑与该内核正确地接口。如果内核具有固定布局或部分固定的布局，那么这还将影响其他电路的布局。

我国于 2002 年成立了"信息产业部集成电路 IP 核标准工作组"，负责制定我国 IP 核技术标准；后来又成立了"信息产业部软件与集成电路促进中心"和"上海硅知识产权交易中心"，由哈尔滨工业大学承担的课题"集成电路 IP 核技术标准研究"是"十五"国家重大科技专项之一。该课题通过对国际上 IP 组织制定的标准进行深入研究，从国内产业需求出发，规划出了现阶段 IP 标准体系。该体系包括 4 大类标准：IP 核交付使用文档规范/标准、IP 核复用设计标准、IP 核质量评估标准和 IP 核知识产权保护标准。这 4 大类标准可以解决目前 IP 设计企业的基本需求。

1.6　互联网上的 EDA 资源

Altera 公司的中文论坛 http：//www. alteraforum. com. cn/是笔者经常访问的一个关于 EDA 技术的专业 FPGA 设计中文网站。Altera 论坛成立于 2011 年，旨在将 Altera 用户联系在一起，互相学习。在 Altera 论坛中，用户分享 Altera 产品相关的项目、新闻和构思，进一步丰富彼此在 Altera 产品上的使用经验。

其他相关常用的网址如下：

- Altera 公司的中文官方网站 http：//www. altera. com. cn/。
- 赛灵思中文网站 http：//china. xilinx. com/。

- OpenHW 开源硬件社区 http：//www.openhw.org/module/forum/forum.php。
- Lattice 公司官方网站 http：//www.latticesemi.com.cn/。
- 友晶公司官方网站 http：//www.terasic.com.cn/cn。
- 美国康乃尔大学 EDA 课程 http：//people.ece.cornell.edu/land/courses/ece5760/。
- 哥伦比亚大学 http：//www1.cs.columbia.edu/~sedwards/classes/2009/4840/index.html。
- FPGA 设计中文网站 http：//www.fpgadesign.cn。
- OpenCore 公司网站 http：//www.mentor.com，该网站属硬件开发类网站，提供免费的 IP 核下载及相关源代码，是硬件爱好者交流经验的好地方。
- Accelera 网址 http：//www.accelera.org，是 OVI(Open Verilog International) 和 VI(VHDL International)组织在 2000 年成立的官方网站，该网站主要提供有关硬件描述语言的最新信息、标准和设计方法。

1.7　本章小结

现代电子产品正在以前所未有的革新速度向功能多样化、体积最小化、功耗最低化的方向迅速发展。它与传统电子产品在设计上的显著区别之一就是大量使用大规模可编程逻辑器件，以提高产品性能，缩小产品体积，降低产品价格；区别之二就是广泛使用计算机技术，以提高电子设计自动化程度，缩短开发周期，提高产品竞争力。EDA 技术正是为适应现代电子产品设计要求，吸引多学科最新成果而形成的一门新技术。

EDA 技术已有近 40 年的发展历程，经历了 3 个阶段：

(1) 20 世纪 70 年代的计算机辅助设计(CAD)阶段，人们借助于计算机进行电路图的输入、存储及 PCB 版图设计。

(2) 20 世纪 80 年代的计算机辅助工程(CAE)阶段，CAE 除了有纯粹的图形绘制功能外，又增加了电路功能设计和结构设计，并通过电气连接网表将两者结合起来，实现了工程设计。

(3) 20 世纪 90 年代的电子电路设计自动化(EDA)阶段。

EDA 技术包括大规模可编程逻辑器件、硬件描述语言、软件开发工具、实验开发系统等方面内容。国际上流行的硬件描述语言有 Verilog HDL 语言和 VHDL 语言。EDA 技术的出现使数字系统的分析与设计方法发生了根本的变化，采用的基本设计方法主要有 3 种：直接设计、自顶向下(top-down)设计、自底向上(bottom-up)设计。在 EDA 设计中往往采用层次化的设计方法，分模块、分层次地进行设计描述。描述系统总功能的设计为顶层设计，描述系统中较小单元的设计为底层设计。利用 EDA 技术进行系统的设计的大部分工作是在 EDA 软件平台上完成的，EDA 设计流程包含设计准备、设计输入、设计处理、设计校验和器件下载，以及相应的功能仿真、时序仿真、器件测试。

关于 EDA 设计工具介绍了 Altera 公司 PLD 设计软件 Quartus Ⅱ 的特点、基本功能、支持器件、系统配置，以及可与其配合使用的 EDA 工具和互联网上的 EDA 资源。

1.8　思考与练习

1-1　简述 EDA 技术的发展历程。

1-2　EDA 技术的主要内容是什么？

1-3　在 EDA 技术中自顶向下的设计方法的意义何在？ 如何理解"顶"的含义？

1-4　FPGA/CPLD 在 ASIC 设计中有什么用处？

1-5　EDA 的基本工具有哪些？

1-6　什么是 HDL？ 目前被 IEEE 采纳的 HDL 有哪些？

1-7　VHDL 有哪些特点？

1-8　Verilog HDL 语言有哪些特点？

1-9　列表比较 VHDL 与 Verilog HDL 的优缺点。

1-10　简述 Quartus Ⅱ 13.0 的特点、基本功能、支持的器件、系统配置、支持的操作系统以及可与其配合使用的 EDA 工具。

第 **2** 章

可 编 程 逻 辑 器 件

【学习目标】

通过对本章内容的学习,了解可编程逻辑器件 PLD 的发展历程及特点,理解 PLD 的基本原理,CPLD 和 FPGA 的基本结构,掌握 Altera 公司的典型 CPLD/FPGA 器件的性能与使用方法。

【教学建议】

理论学时:2 学时。重点讲解可编程逻辑器件的发展历程、特点、分类和基本原理,CPLD 和 FPGA 的基本结构,以及 Altera 公司的典型 CPLD/FPGA 器件的性能与使用方法。

2.1 可编程逻辑器件的发展历程及特点

2.1.1 可编程逻辑器件的发展历程

数字电子领域中常用的逻辑器件有 3 种:标准逻辑器件(standard chip)、定制逻辑器件(custom chip)、可编程逻辑器件(Programmable Logic Device,PLD)。标准逻辑器件是具有标准逻辑功能的通用 SSI、MSI 集成电路,例如 TTL 工艺的 54/74 系列和随后发展起来的 CMOS 工艺的 CD 4000 系列中的各种基本逻辑门、触发器、选择器分配器、计数器、寄存器等。定制逻辑器件是由制造厂按用户提出的逻辑要求专门设计和制造的,这一类芯片是专为特殊应用所生成,也称专用集成电路(ASIC),适合在大批量定型生产的产品中使用,常见的有存储器、CPU 等。可编程逻辑器件是近几年才发展起来的一种新型集成电路,是当前数字系统设计的主要硬件基础,该器件内含可由用户配置的电路,可在更大范围内实现不同的逻辑电路,这些器件具有通用化的结构,包括一个可编程的开关集合,允许用户以多种方式修改芯片的内部电路,设计者可通过适当选择开关的配置来实现在特定应用中所需的功能。

最早的可编程逻辑器件是 1970 年出现的 PROM,它由全译码的与阵列和可编程的或阵列组成,其阵列规模大,速度低,主要用作存储器。20 世纪 70 年代中期出现 PLA (Programmable Logic Array,可编程逻辑阵列),它由可编程的与阵列和可编程的或阵列组成,由于其编程复杂,开发起来有一定难度。20 世纪 70 年代末,推出 PAL(Programmable Array Logic,可编程阵列逻辑),它由可编程的与阵列和固定的或阵列组成,采用熔丝编程方式,双极型工艺制造,器件的工作速度很高,由于它的结构种类很多,设计灵活,因而成为第一个普遍使用的可编程逻辑器件。20 世纪 80 年代初,Lattice 公司发明了 GAL(Generic Array Logic,可编程通用阵列逻辑)器件,采用输出逻辑宏单元(OLMC)的形式和 EECMOS 工艺,具有可擦除、可重复编程、数据可长期保存和可重新组合结构等特点,GAL 产品构件性能比 PAL 产品性能更优越,因而在 20 世纪 80 年代得到广泛使用。

GAL 和 PAL 同属低密度的简单 PLD,规模小,难以实现复杂的逻辑功能。从 20 世纪 80 年代末开始,随着集成电路工艺水平的不断提高,PLD 突破了传统的单一结构,向着高密度、高速度、低功耗以及结构体系更灵活的方向发展,相继出现了各种不同结构的高密度 PLD。

20 世纪 90 年代以后,高密度 PLD 在生产工艺、器件编程和测试技术等方面都有了飞速发展。例如 CPLD 的集成度一般可达数千甚至上万门。Altera 公司推出的 EPM9560,其密度达 12 000 个可用门,包含多达 50 个宏单元,216 个用户 I/O 引脚,并能提供 15ns 的脚至脚延时,16 位计数的最高频率为 118MHz。目前 CPLD 的集成度最多可达 25 万个等效门,最高速度以达 180MHz。FPGA 的延时可以小于 3ns。目前世界各著名半导体公司,如 Altera、Xilinx、Lattice 等,均可提供不同类型的 CPLD、FPGA 产品,新的 PLD 产品不断面世。

2.1.2 可编程逻辑器件的特点

可编程逻辑器件的出现,对传统采用标准逻辑器件(门、触发器和 MSI 电路)设计数字系统产生了很大变化。采用 PLD 设计数字系统有以下特点。

1. 减小系统体积

由于 PLD 具有相当高的密度,用一片 PLD 以实现一个数字系统或子系统,整个系统的规模明显减小,从而使制成的设备体积小,重量轻。

2. 增强了逻辑设计的灵活性

在系统的研制阶段,由于设计错误或任务的变更而修改设计的事情经常发生。使用不可编程逻辑器件时,修改设计是很麻烦的事。使用 PLD 器件后情况就不一样了,由于 PLD 器件引脚灵活,不受标准逻辑器件功能的限制,而且可擦除可编程,只要通过适当编程,便能使 PLD 完成指定的逻辑功能。在系统完成定型之前,都可以对 PLD 的逻辑功能进行修改后重新编程,这给系统设计提供了极大的灵活性。

3. 提高了系统的处理速度和可靠性

由于 PLD 的延迟时间很小,一般从输入引脚到输出引脚的延迟时间仅几个纳秒,这就使 PLD 构成的系统具有更高的运行速度。同时由于用 PLD 设计系统减少了芯片和印制板数量以及相互连线,从而增强了系统的抗干扰能力,提高了系统的可靠性。

4. 缩短了设计周期,降低了系统成本

由于 PLD 用"编程"代替了标准逻辑器件的组装,开发工具先进,自动化程度高,在对 PLD 的逻辑功能进行修改时,也无须重新布线和更换印制板,从而大大缩短了一个系统的设计周期,加快了产品投放市场的速度,增强了产品的竞争力。同时由于大大节省工作量,也有效地降低了成本。

5. 系统具有加密功能

某些 PLD 器件本身就具有加密功能,设计者在设计时只要选中加密项,PLD 就被加密,使器件的逻辑功能无法被读出,有效地防止设计内容被抄袭,使器件具有保密性。

6. 有越来越多的知识产权(IP)核心库的支持

用户可利用这些预定义和预测试的软件 IP 模块在可编程逻辑器件内迅速实现系统功能。IP 核包括复杂的 DSP 算法、存储器控制器、总线接口和成熟的软核微处理器等。此类 IP 核为客户节约了大量的时间和费用。

2.2　可编程逻辑器件分类

随着微电子技术的发展,可编程逻辑器件的品种越来越多,型号越来越复杂。每种器件都有各自的特征和共同点,根据不同的分类标准,主要有以下几种类别。

2.2.1　按集成度分

按芯片内包含的基本逻辑门数量来区分不同的 PLD,一般可分两大类。

1. 低密度可编程逻辑器件

低密度可编程逻辑器件的结构具有以下共性:

(1) 内部含有的逻辑门数量少,一般含几十门至 1000 门等效逻辑门。

(2) 基本结构均建立在两级与-或门电路的基础上。

(3) 输出电路是由可编程定义的输出逻辑宏单元。低密度可编程逻辑器件主要包含一些早期出现的 PLD,如 PROM、PLA、PAL、GAL 等。

2. 高密度可编程逻辑器件

高密度可编程逻辑器件主要包括 CPLD 和 FPGA 两种。

1) CPLD(Complex PLD,复杂 PLD)

CPLD 是 EPLD 的改进产品,产于 20 世纪 80 年代末,CPLD 的内部至少含有可编程逻辑宏单元、可编程 I/O (输入/输出)单元、可编程内部连线。这种结构特点也是高密度可编程逻辑器件的共同特点。CPLD 是一种基于乘积项的可编程结构的器件,部分 CPLD 器件内还设有 RAM、FIFO 存储器,以满足存取数据的应用要求。

还有部分 CPLD 器件具有 ISP(In System Programmable,在系统可编程)能力。具有 ISP 能力的器件安装到电路板上后,可对其进行编程。在系统编程时,器件的输入、输出引脚暂时被关闭,编程结束后,恢复正常状态。

2) FPGA(Field Programmable Gate Array,现场可编程门阵列)

FPGA 是 20 世纪 90 年代发展起来的。这种器件的密度已超 25×10^4 门水平,内部门延时小于 3ns。这种器件具有的另一个突出的特点是现场编程。所谓现场编程,就是在 FPGA 工作的现场,不通过计算机,就能把存于 FPGA 外的 ROM 中的编程数据加载给 FPGA,也就是说,通过简单的设备就能改变 FPGA 中的编程数据,从而改变 FPGA 执行的逻辑功能。FPGA 内的编程数据是存于 FPGA 内的 RAM 上的,一旦掉电,存于 RAM 上的编程数据就会流失;来电后,就要在工作现场重新给 FPGA 输入编程数据,以使 FPGA 恢复正常工作。当前 CPLD 和 FPGA 是高密度可编程逻辑器件的主流产品。

2.2.2 按编程特性分

可编程逻辑器件的功能信息是通过对器件编程存储到可编程逻辑器件内部的。PLD 编程技术有两大类:一类是一次性编程 PLD,另一类是可多次编程 PLD。

1. 一次性编程 PLD

一次性编程(One Time Programmable,OTP)的器件采用非熔丝(anti-fuse)开关,即用可编程低阻电路元件(PLICE)作为可编程的开关元件,它由一种特殊介质构成,位于层连线的交叉点上,形似印制板上的一个通孔,其直径仅为 $1.2\mu m$。在未编程时,PLICE 呈现大于 $100M\Omega$ 的高阻,当加上 8V 电压之后,该介质击穿,接通电阻小于 $1k\Omega$,等效于开关接通。这类 PLD 的集成度、工作频率和可靠性都较高。其缺点是只允许编程一次,编程后不能修改。

2. 可多次编程 PLD

可多次编程的 PLD 是利用场效应晶体管作为开关元件,这些开关的通、断受本器件内的存储器控制。控制开关元件的存储器存储着编程的信息,通过改写该存储器的内容便可实现多次编程,可分为如下几种类型。

1) EPROM

这类器件外壳上有一个石英窗,利用紫外光将编程信息擦除,电可编程,但编程电压较高,可在编程器上对器件多次编程。

2) E^2PROM

这类器件用电擦除,需要在编程器上对 E^2PROM 进行改写来实现编程。因为 E^2PROM 采用电可擦除,所以速度较 EPROM 快。E^2RPOM 以字为单位来进行改写,它不仅具有 RAM 的功能,还具有非易失性的特点,可以重复擦写。目前大多数 E^2PROM 内部具有升压电路,只需要单电源供电便能实现读/写擦除等任务。

3) 在系统编程(ISP)PLD

这类器件内的 E^2PROM 或闪速存储器(flash)用来存储编程信息。这种器件内有产生编程电压的电源泵,因而,不需要在编程器上编程,可直接对装在印制板上的器件进行编程。目前,基于乘积项的 CPLD 基本上都是基于 E^2PROM 和 Flash 工艺制造的,上电即可工作,不需要外挂 ROM。

4) 在线可重配置(In-Circuit Reconfiguration,ICR)器件

这类器件用静态随机存取存储器(SRAM)存储编程信息,不需要在编程器上编程,直接在印制板上对器件编程,SRAM 为易失性元件,一旦掉电,被存储的数据便会丢失,其速度

是最快的,因此也非常昂贵。FPGA 一般都采用这样的结构,编程信息存于外挂的 EPROM、E²PROM 或系统的软、硬盘上,系统工作之前,将存在于器件外部的编程信息输入到器件内的 SRAM,再开始工作。

2.2.3　按结构分

前面提到的可编程逻辑器件基本上都是从与或阵列和门阵列发展而来的,所以可编程逻辑器件从结构上可分两大类。

1. 乘积项结构器件

其基本结构是与或阵列。大部分简单的 PLD 和 CPLD 都属于此类。如 Altera 公司的 Max7000 系列和 Max3000 系列(E²PROM 工艺)、Xilinx 公司的 XC9500 系列(Flash 工艺)和 Lattice 公司的 ISP 器件(E²PROM 工艺)。

2. 查找表结构器件

其基本结构是简单的查找表(Look Up Table,LUT),通过查找表构成阵列形式。通常有 4 输入、5 输入甚至 6 输入的查找表,FPGA 都属于这个范畴,不过目前有一些 CPLD 也开始采用这种结构,如 Lattice 公司的 XO 系列、Altera 公司的 MAX Ⅱ 系列。

2.3　简单 PLD

简单 PLD 主要指早期的可编程逻辑器件,它们是可编程只读存储器(PROM)、可编程逻辑阵列(PLA)、可编程阵列逻辑(PAL)、通用阵列逻辑(GAL)。它是由与阵列和或阵列组成的,能够以积之和的形式实现布尔逻辑函数。因为任何一个组合逻辑都可以用与-或表达式来描述,所以简单 PLD 能够完成大量的组合逻辑功能,并且具有较高的速度和较好的性能。

2.3.1　PLD 中阵列的表示方法

目前使用的可编程逻辑器件基本上都是由输入缓冲、与阵列、或阵列和输出结构 4 部分组成的,其基本结构如图 2-1 所示。其中与阵列和或阵列是核心,与阵列用来产生乘积项,或阵列用来产生乘积项之和形式的函数。输入缓冲可以产生输入变量的原变量和反变量,输出结构可以是组合电路输出、时序电路输出或是可编程输出结构,输出信号还可通过内部通道反馈到输入端。

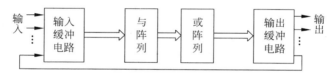

图 2-1　PLD 的基本结构

大部分简单 PLD 器件的主体是与阵列和或阵列,根据这两个阵列的可编程性,简单 PLD 器件又分为 3 种:

① 与阵列固定型,或阵列可编程型;

② 与、或阵列都可编程型;

③ 与阵列可编程,或阵列固定型。

PLD 器件的电路逻辑图表示方式与传统标准逻辑器件的逻辑图表示方式既有相同或相似的部分,亦有其独特的表示方式。

其输入缓冲器的逻辑图如图 2-2 所示,它的两个输出 B 和 C 分别是其输入的原码反码。三输入与门的两种表示法如图 2-3 所示。图 2-3(a)是传统表示法;图 2-3(b)是 PLD 表示法,在 PLD 表示法中 A、B、C 称为 3 个输入项,与门的输出 ABC 称为乘积项。

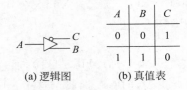

A	B	C
0	0	1
1	1	0

(a) 逻辑图   (b) 真值表

图 2-2   输入缓冲器

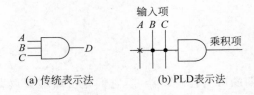

(a) 传统表示法   (b) PLD表示法

图 2-3   与门的两种表示法

PLD 的连接方式如图 2-4 所示。图 2-4(a)实点连接表示固定连接;可编程连接用交叉点上的"×"表示,如图 2-4(b)所示,即交叉点是可以编程的,编程后交叉点或呈固定连接或呈不连接;若交叉点上无"×"符号和实点(如图 2-4(c)所示),则表示不能进行连接,即此点在编程前表示不能进行连接的点,在编程后表示不连接的点。

(a) 固定连接   (b) 可编程连接   (c) 固定不连接

图 2-4   PLD 的连接方式

二输入或门的两种表示方法如图 2-5 所示。

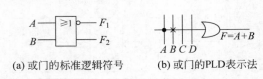

(a) 或门的标准逻辑符号   (b) 或门的PLD表示法

图 2-5   或门的两种表示法

用上述 PLD 器件的逻辑电路图符构成的 PLD 阵列图如图 2-6、图 2-7 所示。阵列图是用以描述 PLD 内部元件逻辑连接关系的一种特殊逻辑电路。

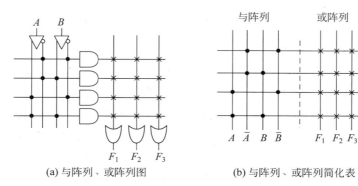

(a) 与阵列、或阵列图　　　　　　(b) 与阵列、或阵列简化表

图 2-6　PLD 阵列图 1——与阵列和或阵列

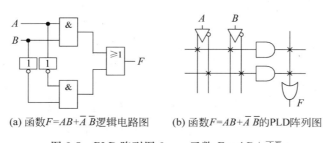

(a) 函数 $F=AB+\overline{A}\,\overline{B}$ 逻辑电路图　　(b) 函数 $F=AB+\overline{A}\,\overline{B}$ 的 PLD 阵列图

图 2-7　PLD 阵列图 2——函数 $F=AB+\overline{A}\overline{B}$

2.3.2　PROM

最初,PROM 是作为计算机存储器设计和使用的,它所具有的 PLD 器件功能是后来才发现的。根据其物理结构和制造工艺的不同,PROM 可分为 3 类:

① 固定掩膜式 PROM,其中又分双极型和 MOS 型两种;

② 双极型 PROM,又包括熔丝型和结破坏型;

③ MOS 型 PROM,又分为 UVCMOS 工艺的 EPROM 和 EECMOS 工艺的 E^2PROM。固定掩膜式 PROM 只能用于特定场合,灵活性较差,使其应用受到很大限制,因此,这里只介绍后两种。

1. 熔丝型 PROM

熔丝型 PROM 的基本单元是发射极连有一段镍铬熔丝的三极管,这些基本单元组成了 PROM 的存储矩阵。在正常工作电流下,这些熔丝不会烧断,当通过几倍于工作电流的编程电流时,熔丝就会立即熔断。在存储矩阵中熔丝被熔断的单元,当被选中时构不成回路,因而没有电流,表示存储信息 0;熔丝被保留的存储单元,当被选中时形成回路,三极管导通,有回路电流,表示存储信息 1。因此,熔丝型阳 PROM 在出厂时,其存储矩阵中的信息应该是全为 1。

2. 结破坏型 PROM

结破坏型 PROM 与熔丝型 PROM 的主要区别是存储单元的结构。结破坏型 PROM

的存储单元是一对背靠背连接的二极管。对原始的存储单元来说,两个二极管在正常工作状态都不导通,没有电流流过,相当于存储信息为 0。当写入(或改写)时,对要写入 1 的存储单元,用恒流源产生的 100~150mA 的电流通过二极管,把反接的一只击穿短路,只剩下正向连接的一只,这就表示写入了 1;对于要写入 0 的单元,只要不加电流即可。

3. EPROM 器件

上述两种 PROM 的编程(即写入)是一次性的。如果在编程过程中出错,或者经过实践后需对其中的内容作修改时,就只能再换一片新的 PROM 重编程。为解决这一问题,可擦除可编程的只读存储器 EPROM 应运而生,并获得广泛应用。图 2-8 是一个 4×2 的 PROM 结构示意图。PROM 的地址线 A_1A_0 是与阵列的两个输入变量,经不可编程的与阵列产生 A_1A_0 的 4 个最小项(乘积项)。从图 2-8 中可以看出,这种结构的 PLD 器件或阵列是可编程的,而与阵列固定且为全译码形式。即当输入端数为 n 时,与阵列中有 $2n$ 个与门。因此,对每一种可能的输入组合,均可得到一组相应的最小项输出。随着输入端的增加,与阵列的规模会急剧增大。PROM 一般用于组合电路的设计。

2.3.3 PLA 器件

PLA 是一种与-或阵列结构的 PLD 器件。因而不管多么复杂的逻辑设计问题,只要能化为与-或两种逻辑函数,就都可以用 PLA 实现。当然,也可以把 PLA 视为单纯的与-或逻辑器件,通过串联或树状连接的方法来实现逻辑设计问题,但效率极低,达不到使用 PLA 本来的目的。所以,在使用 PLA 进行逻辑设计时,通常是先根据给定的设计要求,系统地列出真值表或与-或形式的逻辑方程,再把它们直接转换成已经格式化了的,与电路结构相对应的 PLA 映像。

1. PLA 的结构

在 PLA 中,与阵列和或阵列都是可编程的。图 2-9 是一个三输入三输出的 PLA 结构示意图,灵活地实现各种逻辑功能。PLA 的内部结构提供了在可编程逻辑器件中最高的灵活性。因为与阵列是可编程的,它不需要包含输入信号的每个组合,只须通过编程产生函数所需的乘积项,所以在 PROM 中由于输入信号增加而使器件规模增大的问题在 PLA 中得以克服,从而有效地提高了芯片的利用率。PLA 的基本结构是与、或两级阵列,而且这两级阵列都是可编程的。

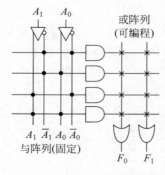

图 2-8 PROM 结构示意图

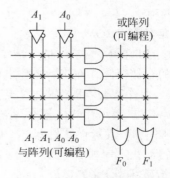

图 2-9 PLA 结构示意图

2. PLA 的种类

按编程的方式划分,PLA 有掩膜式和现场可编程的两种。掩膜式 PLA 的映像是由器件生产厂家用掩膜工艺做到 PLA 器件中去的,因而它仅适用于需要大量同类映像的 PLA 芯片和速度要求特别高的场合。

现场可编程的 PLA(简称 FPLA),可由用户在现场使用编程工具将所需要的映像写入 PLA 芯片中。根据逻辑功能的不同,FPLA 又分为组合型和时序型两种。只由与阵列和或阵列组成的 PLA 称为组合型 PLA,内部含有带反馈的触发器或输出寄存器的 PLA 称为时序型 PLA。

不同型号的 PLA 其容量不尽相同。PLA 的容量通常用其输入端数、乘积项数和输出端数的乘积表示。例如,容量为 14×48×8 的 PLA 共有 14 个输入端、48 个乘积项和 8 个输出端。

3. PLA 的特点

PLA 的与阵列和或阵列都可编程,所以比只有一个阵列可编程的 PLD 更具有灵活性,特别是当输出函数很相似(即输出项很多,但要求独立的乘积项不多)的时候,可以充分利用 PLA 乘积项共享的性能使设计得到简化。

PLA 的与阵列不是全译码方式,因此,对于相同的输入端来说,PLA 与阵列的规模要比 PROM 的小,因而其速度比 PROM 快。

另外,有的 PLA 内部含有触发器,可以直接实现时序逻辑设计。而 PROM 中不含触发器,用 PROM 进行时序逻辑设计时需要外接触发器。但是,由于缺少高质量的开发软件和编程器,器件本身的价格又较贵,因此,PLA 未能像 PAL 和 GAL 那样得到广泛应用。

2.3.4 PAL 器件

PAL 器件的基本结构是与阵列可编程而或阵列固定,如图 2-10 所示,这种结构可满足多数逻辑设计的需要,而且可有较高的工作速度,编程算法也得到简化。图 2-10 是一个二输入二输出的 PAL 结构示意图,其与阵列可编程,或阵列不可编程,在这种结构中,每个输出是若干个乘积项之和,其中乘积项的数目是固定的,这种结构对于大多数逻辑函数是很有效的,因为大多数逻辑函数可以化简为若干乘积项之和,即与-或表达式。

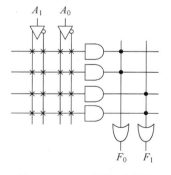

图 2-10 PAL 结构示意图

PAL 的品种和规格很多,使用者可以从中选择最合适的芯片。PAL 编程容易,开发工具先进,价格便宜,通用性强,使系统的性能价格比很高。但是,PAL 的输出结构是固定的,不能编程,芯片选定以后,其输出结构也就选定了,不够灵活,给器件的选择带来一定困难。另外,相当一部分 PAL 是双极型工艺制造的,不能重复编程,一旦出错就无法挽回。通用阵列逻辑(GAL)能较好地弥补 PAL 器件的上述缺陷。

2.3.5 GAL 器件

1985 年,Lattice 公司以 E²PROM 为基础,开发了第一款 GAL,即 GAL16V8。GAL 的基本结构与 PAL 的一样,也是与阵列可编程,或阵列固定,GAL 和 PAL 结构上的不同之处在于,PAL 的输出结构是固定的,而 GAL 的输出结构可由用户来定义。GAL 之所以有用户可定义的输出结构,是因为它的每一个输出端都集成了一个输出逻辑宏单元(Output Logic Macro Cell,OLMC)。图 2-11 是 GAL16V8 结构示意图。由于在电路设计上引入了 OLMC,从而大大增强了 GAL 在结构上的灵活性,使用少数几种 GAL 器件就能取代几乎所有的 PAL,为使用者选择器件提供了很大方便。由于在制造上采用了先进的 E²CMOS 工艺,便 GAL 器件具有可擦除可重复编程的能力,而且擦除改写都很快,编程次数高达 100 甚至上万次。

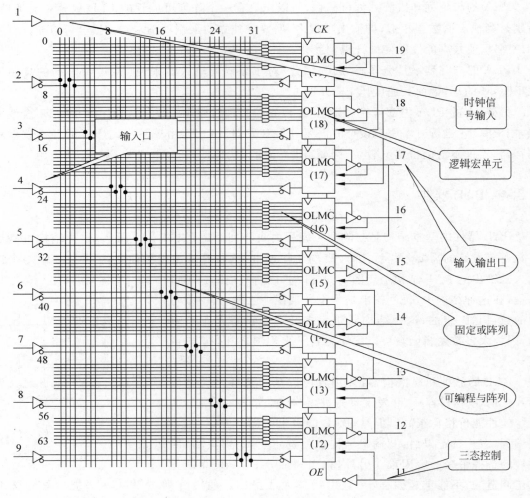

图 2-11   GAL 结构示意图

为便于学习,表 2-1 给出 4 种简单 PLD 器件的结构比较。

表 2-1　几种 PLD 器件的结构比较

器件	与阵列	或阵列	输　出
PROM	固定	可编程	三态,OC
PLA	可编程	可编程	三态,OC,可熔极性
PAL	可编程	固定	三态,寄存器,反馈,I/O
GAL	可编程	固定	用户自定义

2.4　CPLD

CPLD 是复杂可编程逻辑器件(Complex Programmable Logic Device)的简称,是从 PAL、GAL 发展而来的阵列型 PLD 器件,它规模大,可以代替几十甚至上百片通用 IC。

2.4.1　传统的 CPLD 的基本结构

传统的 CPLD 的结构是基于乘积项与或结构,图 2-12 就是乘积项结构,它实际上就是一个与或结构。可编程交叉点一旦导通,即实现了与逻辑,后面带有一个固定编程的或逻辑,这样就形成了一个组合逻辑。图 2-13 为采用乘积项结构来表示的逻辑函数 f 的示意图。图 2-13 中每一个叉(×)表示相连(可编程熔丝导通),可以得到:

$$f = f_1 + f_2 = AC\overline{D} + BC\overline{D}$$

从而实现了一个简单的组合逻辑电路。

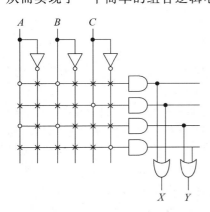

图 2-12　乘积项的基本表示方式

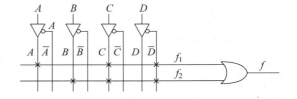

图 2-13　乘积项结构表示的逻辑函数 f

图 2-14 为一个真实(MAX 7000S 系列器件)CPLD 乘积项结构,该结构中主要包括逻辑阵列块(Logic Array Block,LAB)、宏单元(macrocell)、扩展乘积项(Expander Product Term,EPT)、可编程连线阵列(Programmable Interconnect Array,PIA)和 I/O 控制块(I/O Control Block,IOC)。图 2-14 中每 16 个宏单元组成一个逻辑阵列块,可编程连线负责信号的传递,连接所有的宏单元,I/O 控制块负责输入输出的电气特性控制,比如设定集电极开

路输出、摆率控制、三态输出等；全局时钟（global clock）INPUT/GCLK1、带高电平使能的全局时钟 INPUT/OE2/GCLK、使能信号 INPUT/OE2 和清零信号 INPUT/GCLRn 通过 PIA 及专用连线与 CPLD 中的每个宏单元相连，这些信号到每个宏单元的延时最短并且相同。

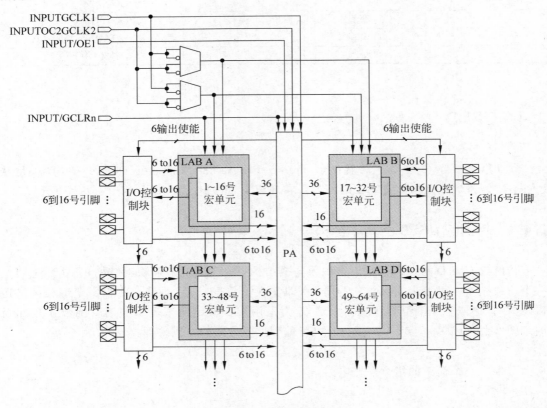

图 2-14　传统 CPLD 的内部结构

宏单元是 CPLD 的基本结构，用来实现各种具体的逻辑功能，宏单元由逻辑阵列、乘积项选择矩阵和可编程触发器构成，其结构如图 2-15 所示。图 2-15 中左边的逻辑阵列是一个与或阵列，连线阵列的每一个交点都是一个可编程熔丝，如果导通就实现与逻辑，其后的乘积项选择矩阵是一个或阵列，两者一起完成组合逻辑。每个宏单元提供 5 个乘积项。通过乘积项选择矩阵实现这 5 个乘积项的逻辑函数，或者使这 5 个乘积项作为宏单元的触发器的辅助输入（清除、置位、时钟和时钟使能）。每个宏单元的一个乘积项还可以反馈到逻辑阵列。宏单元中的可编程触发器可以被单独编程为 D、T、JK 或 RS 触发器。可编程触发器还可以被旁路掉，使信号直接输出给 PIA 或 I/O 引脚，用以实现纯组合逻辑方式工作。

大部分的 CPLD 采用基于乘积项的 PLD 结构，如 Altera 公司的 MAX 系列，Xilinx 公司的 XC9500 和 CoolRunner 系列，Lattice 公司的 ispMACH4K 系列等。这些系列产品的结构大体相似，基本上采用 180～300nm 的工艺技术，I/O 数量较少，采用 TQFP 封装较多，静态电流比较大，多采用两种供电电压，即 5V 和 3.3V。

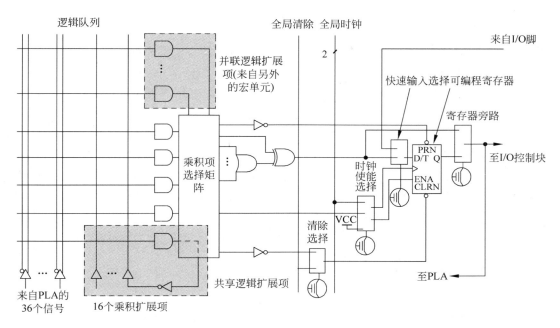

图 2-15　CPLD 宏单元结构图

2.4.2　最新 CPLD 的基本结构

随着科技的发展,电子线路越来越复杂,PCB 的集成度越来越高,以前采用分立元件就可以实现的一些功能不得不集成到 CPLD 中来;另外一方面,科技的发展带来了许多对 CPLD 新的功能需求,传统 CPLD 的发展遇到了瓶颈,现有的 CPLD 硬件结构既不能满足设计的速度要求,也不能满足设计的逻辑要求。这样不得不要求 CPLD 从硬件上进行变革,而最好的参考就是 FPGA,它不仅内嵌的逻辑单元数量巨大,而且实现的速度比传统 CPLD 提高了几个数量级。

进入 21 世纪后,电子技术的发展使得 CPLD 和 FPGA 之间的界限越来越模糊。随着 Lattice、Altera 和 Xilinx 三大公司在这方面的不断发展,相继推出了 XO 系列(Lattice 公司)、MAX Ⅱ系列(Altera 公司)和 CoolRunner Ⅱ系列(Xilinx 公司)等新产品。与传统的 CPLD 相比,这一代 CPLD 在工艺技术上普遍采用 $180\sim130\mathrm{nm}$ 的技术,结合了传统 CPLD 非易失和瞬间接通的特性,同时创新性地应用了原本只用于 FPGA 的查找表结构,突破了传统宏单元器件的成本和功耗限制。这些 CPLD 较传统 CPLD 而言,不仅功耗降低了,而且逻辑单元数(也就是等价的宏单元数)大大地增加了,工作速度也大有提高。从封装的角度来看,最新的 CPLD 结构有着许多种不同的封装形式,包括 TQFP 和 BGA 封装等。最新的 CPLD 还对传统的 I/O 引脚进行了优化,面向通用的低密度逻辑应用。设计人员甚至可以用这些 CPLD 来替代低密度的 FPGA、ASSP 和标准逻辑器件等。限于篇幅,各公司最新 CPLD 产品信息可参考其官网上的相关产品技术白皮书。

2.5　FPGA

　　FPGA 是基于查找表结构的 PLD 器件,由简单的查找表组成可编程逻辑门,再构成阵列形式,通常包含 3 类可编程资源:可编程逻辑块、可编程 I/O 块、可编程内连线。可编程逻辑块排列成阵列,可编程内连线围绕逻辑块。FPGA 通过对内连线编程,将逻辑块有效地组合起来,实现用户要求的特定功能。

　　现场可编程逻辑门阵列(FPGA)与 PAL、GAL 从器件相比,优点是可以实时地对外加或内置的 RAM 或 EPROM 编程,实时地改变器件功能,实现现场可编程(基于 EPROM 型)或在线重配置(基于 RAM 型)。FPGA 是科学实验、样机研制、小批量产品生产的最佳选择。

2.5.1　传统 FPGA 的基本结构

　　FPGA 在结构上包含 3 类可编程资源:可编程逻辑功能块(Configurable Logic Block, CLB),可编程 I/O 块(I/O Block,IOB)和可编程互连资源(Interconnect Resource,IR)。如图 2-16 所示,可编程逻辑功能块是实现用户功能的基本单元,它们通常排列成一个阵列,散布于整个芯片;可编程 I/O 块完成芯片上逻辑与外部封装脚的接口,常围绕着阵列布置于芯片四周,可编程内部互连包括各种长度的线段和编程连接开关,它们将各个可编程逻辑块或 I/O 块连接起来,构成特定功能的电路。不同厂家生产的 FPGA 在可编程逻辑块的规模、内部互连线的结构和采用的可编程元件上存在较大的差异。较常用的是 Xilinx 公司和 Altera 公司的 FPGA 器件。

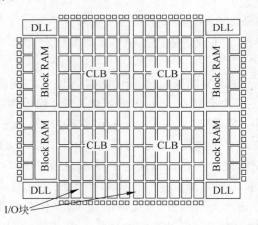

图 2-16　FPGA 的基本结构

　　查找表型 FPGA 的可编程逻辑功能块是查找表(LUT),由查找表构成函数发生器,通过查找表来实现逻辑函数。LUT 本质上就是一个 RAM,N 个输入项的逻辑函数可以由一个 2^N 位容量的 RAM 实现,函数值存放在 RAM 中,RAM 的地址线起输入线的作用,地址即输入变量值,RAM 输出为逻辑函数值,由连线开关实现与其他功能块的连接。

目前查找表型 FPGA 产品有 Altera 公司的 FLEX 10、Cyclone、Cyclone Ⅱ、Cyclone Ⅲ、Cyclone Ⅳ 系列，Xilinx 公司的 Spartan、Virtex 系列等。这些产品中多使用 4 输入的 LUT，所以每一个 LUT 可以看成一个有 4 位地址线的 16×1 存储器。如图 2-17 所示，用查找表实现 $Q = AC \cdot NOT(D) + BC \cdot NOT(D)$，这个存储器中存储了所有可能的结果，然后由输入来选择哪个结果应该输出。用户通过原理图或者 HDL 语言来描述一个逻辑电路时，CPLD/FPGA 的综合软件和布局布线软件会自动计算逻辑电路中所有可能的结果，并且把结果事先写入 RAM。这样对输入信号进行逻辑运算就相当于输入一个地址进行查表，找出并输出地址对应的内容。

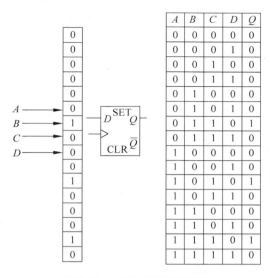

图 2-17　查找表逻辑示意图

传统的 FPGA 由于采用的是不同于 CPLD 的乘积项结构的查找表结构，RAM 的速度比与非门的速度要快很多，所以传统 FPGA 的速度会比传统 CPLD 的速度快很多。而且它们的容量大，运行速度快，集成度高，I/O 引脚多，I/O 电平复杂，IP 核丰富。不论是 Altera 公司的 Cyclone 系列、Lattice 公司的 XP 系列还是 Xilinx 公司的 Spartan 3 系列产品，基本上都采用 4 输入的查找表结构。下面以 Altera 公司的 Cyclone 系列 FPGA 芯片为例来说明传统的 FPGA 的结构特点。

逻辑单元(LE)是 Cyclone 系列 FPGA 芯片的最小单元。如图 2-18 所示，每个 LE 含有一个 4 输入的 LUT、一个可编程的具有同步使能的触发器、进位链和级联链。LUT 是一种函数发生器，它能快速计算 4 个变量的任意函数。每个 LE 可驱动局部的以及快速通道的互连。

LE 中的可编程触发器可设置成 D、T、JK 或 RS 触发器。该触发器的时钟、清除和置位控制信号可由专用的输入引脚、通用 I/O 引脚或任何内部逻辑驱动。对于纯组合逻辑，可将该触发器旁路，LUT 的输出直接驱动 LE 的输出。

由于 LUT 主要适合用 SRAM 工艺生成，因此目前大部分 FPGA 都是基于 SRAM 工艺，而基于 SRAM 工艺的芯片在掉电后信息就会丢失，必须外加一片专用的配置芯片，上电时由该专用配置芯片把数据加载到 FPGA 中，FPGA 才可以正常工作。

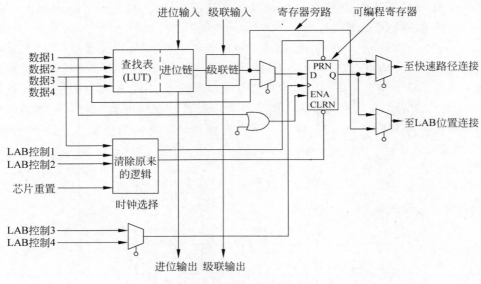

图 2-18   Cyclone 系列器件的 LE

2.5.2 最新 FPGA 的基本结构

目前 FPGA 设计已经进入了 28～90nm 工艺设计阶段,人们对速度和性能的要求不断提高,特别是最近新的协议层出不穷,许多协议的速度已经接近甚至超过 10GHz,如 PCI-E3.0接口等,这就要求在传统 FPGA 的硬件结构上进行一系列变革。

一方面,针对传统 FPGA 安全性差的特点,许多 FPGA 嵌入了 Flash,增加了 Flash 制程;另一方面,针对速度的提高和容量的增大,FPGA 开始寻求使用与传统 4 输入的查找表相比更快的 6 输入的查找表构成 FPGA 的基本逻辑单元,通过采用 6 输入的查找表可以在提高逻辑密度的同时提高运行的速度。例如,2004 年 Altera 公司在 Stratix Ⅱ 和 Stratix Ⅱ GX 型 FPGA 中引入了自适应逻辑模块(ALM)体系结构,采用了高性能 8 输入分段式查找表来替代 4 输入查找表,这也是 Altera 公司目前最新的高端 FPGA 所采用的结构。2010 年 Altera 公司推出了 Stratix Ⅴ 的 FPGA,在所有 28nm FPGA 中实现了最大带宽和最高系统集成度,非常灵活,器件系列包括兼容背板,芯片至芯片和芯片至模块的 14.1Gb/s(GS 和 GX)以及支持芯片至芯片和芯片至模块的 28Gb/s(GT)收发器,950K 逻辑单元(LE),以及 3926 个精度可调数字信号处理(DSP)模块。

2011 年推出的 Cyclone Ⅴ 系列 FPGA 基于 28nm 技术设计,为工业、无线、固网、广播和消费类应用提供市场上系统成本最低、功耗最低的 FPGA 解决方案。该系列集成了丰富的硬核知识产权(IP)模块,可以更低的系统总成本和更短的设计时间完成更多的工作。Cyclone Ⅴ 系列中的 SoC FPGA 实现了独特的创新技术,例如,以硬核处理器系统(HPS)为中心,采用了双核 ARM Cortex-A9 MPCore 处理器,以及丰富的硬件外设、多端口存储器控制器、串行收发器和 PCI-E 端口等,从而降低了系统功耗和成本,减小了电路板面积,广泛适合于工业、军事、航空航天、民用消费品市场。

总之,FPGA 的逻辑资源十分丰富,可以实现各种功能电路和复杂系统,它是门阵列市

第 2 章　可编程逻辑器件　　　　**35**

场快速发展的部分。许多功能更加强大、速度更快、集成度更高的芯片也在不断问世。为实现系统设计的进一步的目标——片上系统芯片(SoC)准备了条件。

2.6　可编程逻辑器件的发展趋势

可编程逻辑器件正处于高速发展的阶段。新型的 FPGA/CPLD 规模越来越大,成本越来越低。高性价比使可编程逻辑器件在硬件设计领域扮演着日益重要的角色。低端 CPLD 已经逐步取代了 74 系列等传统的数字元件,高端的 FPGA 也在不断地夺取 ASIC 的市场份额,特别是目前大规模 FPGA 多数支持可编程片上系统(SOPC),与 CPU 或 DSP Core 的有机结合使 FPGA 已经不仅仅是传统的硬件电路设计手段,而逐步升华为系统级实现工具。

下一代可编程逻辑器件硬件上的发展趋势可总结如下:最先进的 ASIC 生产工艺将被更广泛地应用于以 FPGA 为代表的可编程逻辑器件;越来越多的高端 FPGA 产品将包含 DSP 或 CPU 等处理器内核,从而 FPGA 将由传统的硬件设计手段逐步过渡为系统级设计平台;FPGA 将包含功能越来越丰富的硬核(hard IP core),与传统 ASIC 进一步融合,并通过结构化 ASIC 技术加快占领部分 ASIC 市场;低成本 FPGA 的密度越来越高,价格越来越合理,将成为 FPGA 发展的中坚力量。这 4 个发展趋势可简称为先进工艺、处理器内核、硬核与结构化 ASIC、低成本器件。

2.6.1　先进工艺

FPGA 本身是一款 IC 产品。从最早的数字逻辑功能的可编程阵列逻辑(PAL)和通用阵列逻辑(GAL)发展到复杂可编程逻辑器件(CPLD),直至今日可以完成超大规模的复杂组合逻辑与时序逻辑的现场可编程逻辑器件(FPGA)只用了短短的几十年时间。一方面可编程逻辑器件的应用场合越来越广泛,设计者对 FPGA 等可编程逻辑器件提出了更苛刻的要求,希望 CPLD/FPGA 的封装越来越小,速度越来越快,器件密度越来越高,有丰富的可编程单元可供使用,并要求基础功能强大的 ASIC 硬核,以便实现复杂系统的单片解决方案。另一方面,CPLD、FPGA 等可编程逻辑器件的可观利润又要求生产商不断降低器件成本,从而在激烈的市场竞争中立于不败之地。这一切都要求可编程器件生产商不断将最新、最尖端的 IC 设计方法与制造工艺运用于 CPLD/FPGA 的新产品中。

如今 FPGA 已进入到 28nm 时代,在 28nm 时代 FPGA 的容量足以满足整个系统所需,节省了功率元件和存储器。但是,工艺工程师、电路设计人员、芯片设计人员和规划人员必须一起协同工作,才能在越来越困难的技术环境中进一步提高系统性能和能效。这种变化对整个半导体行业产生了深远的影响,推高了工程成本,增加了风险。大部分系统开发人员很难使用专用芯片系统(SoC),这同时也改变了 FPGA 企业的本质及其与用户的关系。

随着工艺的提升,大部分系统设计无法承受 ASIC 的成本,越来越多的系统设计人员采用 FPGA 来替代 ASIC、ASSP 或者微处理器来实现解决方案,因此 FPGA 能够更简单、直接地拓展新的市场领域,对 FPGA 提出的要求就是服务于很多客户。解决这一难题的唯一方法是深入了解用户的系统设计,找到最能满足应用需求以及市场规模要求的共性领域。

三大器件制造商在自己的新型器件上都逐步采用了 28nm、Low KDielectric 和 Copper Metal 等制造工艺，Altera 公司目前已经采用这些先进工艺的 FPGA 器件族是 Stratix Ⅴ；Xilinx 公司目前已经采用这些先进工艺的 FPGA 器件族是 Virtex-7 LX2000T。

2.6.2　处理器内核

电路设计主要有偏硬和偏软两种应用。偏硬的应用数字逻辑硬件电路，其特点是要求信号实时或高速处理，处理调度相对简单，前面提到 CPLD/FPGA 已经逐步取代传统数字逻辑硬件电路，成为偏硬部分的主要设计手段。偏软的应用即数字逻辑运算电路，其特点是电路处理速度要求相对较低，允许一定的延迟，但是处理调度相对复杂，其主要设计手段是 CPU 或者 DSP。偏硬电路的核心特点是实时性要求高，偏软电路的核心特点是调度复杂。

偏硬和偏软的两种电路是可以互通的，比如目前有一些高速 DSP，其工作频率达到千兆级，高速的运算速度使其延迟与传统硬件并行处理方式可以相比。而在 FPGA 内部也可以用 Register 和 LUT 实现微处理器以完成比较复杂的调度运算，但是将消耗很多的逻辑资源。所以目前有一个市场趋势，即 FPGA 和 DSP（或 CPU）互相抢夺应用领域，如在第 3 代移动通信（3G）领域，有 3 种解决方案，分别为纯 ASIC 或 FPGA、FPGA（或 ASIC）加 DSP、纯 DSP。其实选择系统方案的关键是看系统灵活性、实时性等指标的要求。

FPGA 和 DSP（或 CPU）等处理器既有竞争的一面，也有互相融合的一面，比如目前很多高端 FPGA 产品都集成了 DSP 或 CPU 的运算 Block。例如 Altera 公司的 Stratix/Stratix GX/Stratix Ⅱ 系列 FPGA 集成了 DSP Core，配合通用逻辑资源可以实现 Nios 等微处理器功能，另外 Altera 公司还与 ARM 公司积极合作，在其 FPGA 上实现双核 ARM Cortex-A9 MPCore 处理器的功能，Altera 公司的 SOPC 设计工具为 DSP Builder、SOPC Builder 及 Qsys。Lattice 公司的 ECP 系列 FPGA 中的 DSP Block 和 AlteraStratix 系列 FPGA 中的内嵌 DSP Block 结构基本一致，其功能也十分相似，Lattice 公司的 DSP 设计工具是 MATLAB 的 Simulink。Xilinx 公司的 Virtex 2/Virtex 2 Pro 系列 FPGA 中集成了 PowerPC 450 的 CPU Core，可以实现如 PowerPC、Micro Blaze 等处理器 Core，Xilinx 公司 Virtex 4 系列器件族同时集成了 DSP Block 和 PowerPC Block，Xilinx 公司的 SOPC 开发工具是 EDK 和 Platform Studio。另外，Xilinx 公司的低成本 FPGA Spartan 3 系列器件族虽然没有集成 DSP 或 CPU Block，但是内嵌了大量高速乘法器的 Hard Core。需要注意的是，Altera、Xilinx 都是在其高端 FPGA 器件中内嵌 DSP/CPU Block，只有 Lattice 公司另辟蹊径，在其低成本 FPGA 上内嵌了 DSP Block，这两种不同目标市场的 FPGA 内嵌 DSP/CPU 解决方案为用户提供了更贴切的选择。

必须强调的是这类内嵌在 FPGA 中的 DSP 或 CPU 处理模块的硬件主要由一些加、乘、快速进位链、流水线和多路选择器等结构组成，加上用逻辑资源和 RAM 块实现的软核部分，就组成了功能较强大的软计算中心。但是由于其并不具备传统 DSP 和 CPU 的各种译码机制、复杂的通信总线、灵活的中断和调度机制等硬件结构，所以还不是真正意义上的 DSP 或 CPU。如果要实现完整的 Nios Ⅱ、ARM、PowerPC 和 Micro Blaze 等处理器 Core，还需要消耗大量的 FPGA 逻辑资源。在应用这类 DSP 或 CPU Block 时应该注意其结构特点，扬长避短，选择合适的应用场合。这种 DSP 或 CPU Block 比较适合实现 FIR 滤波器、编码解码、FFT(快速傅里叶变换)等运算。对于某些应用,通过在 FPGA 内部实现多个 DSP 或 CPU 运算单元并行运算,其工作效率可以达到传统 DSP 和 CPU 的几百倍。

FPGA 内部嵌入 CPU 或 DSP 等处理器,使 FPGA 在一定程度上具备了实现软硬件联合系统的能力,FPGA 正逐步成为 SoC 的高效设计平台。

2.6.3　硬核与结构化 ASIC

高端 FPGA 的另一个重要特点是集成了功能丰富的 Hard IP Core。这些 Hard IP Core 一般完成高速、复杂的设计标准。通过这些 Hard IP Core,FPGA 正在逐步进入一些过去只有 ASIC 能完成的设计领域。

FPGA 一般采用同步时钟设计,ASIC 有时采用异步逻辑设计;FPGA 一般采用全局时钟驱动,ASIC 一般采用门控时钟树驱动;FPGA 一般采用时序驱动方式在各级专用布线资源上灵活布线,而 ASIC 一旦设计完成后,其布线即固定下来。正是因为这些显著区别,ASIC 设计与 FPGA 设计相比有以下优势:

(1) 功耗更低。ASIC 由于其门控时钟结构和异步电路设计方式,功耗非常低。这点对于一些简单设计并不明显,但是对于大规模器件和复杂设计就变得十分重要。目前有些网络处理器 ASIC 的功耗在数十瓦以上,如果用超大规模 FPGA 完成这类 FPGA 设计,其功耗将不可思议。

(2) 能完成高速设计。ASIC 适用的设计频率范围比 FPGA 广泛得多。目前 FPGA 宣称的最快频率不过 500MHz,而对于大规模器件,资源利用率高一些的设计想达到 250MHz 都是非常困难的。而很多数字 ASIC 的工作频率在 10GHz 以上。

(3) 设计密度大。由于 FPGA 的底层硬件结构一致,在实现用户设计时会有大量单元不能充分利用,所以 FPGA 的设计效率并不高。与 ASIC 相比,FPGA 的等效系统门和 ASIC 门的设计效率比约为 1:10。

ASIC 与 FPGA 相比的这 3 个显著优势将传统 FPGA 排除在很多高速、复杂、高功耗设计领域之外。但 FPGA 与 ASIC 相比的优点又十分明显,其优点如下:

(1) FPGA 比 ASIC 设计周期短。FPGA 的设计流程比 ASIC 简化许多,而且 FPGA 可以重复开发,其设计与调试周期比传统 ASIC 设计显著缩短。

(2) FPGA 比 ASIC 开发成本低。ASIC 的 NRE(Non-Recurring Engineering,一次性工程费用)非常高,而且一旦 NRE 失败,必须耗巨资重新设计。加之 ASIC 开发周期长,人力成本激增,所以 FPGA 的开发成本与 ASIC 相比不可同日而语。

(3) FPGA 比 ASIC 设计灵活。因为 FPGA 易于修改,可重复编程,所以 FPGA 更适用于那些不断演进的标准。

如何能使 FPGA 和 ASIC 两者扬长避短,互相融合呢? 解决方法有两种思路:一是在 FPGA 中内嵌 ASIC 模块,以完成高速、大功耗、复杂的设计部分,而对于其他低速、低功耗、相对简单的电路则由传统的 FPGA 逻辑资源完成,这种思路体现了 FPGA 向 ASIC 的融合;二是在 ASIC 中集成部分可编程的灵活配置资源,或者继承成熟的 FPGA 设计,将之转换为 ASIC,这种思路是 ASIC 向 FPGA 的融合,被称为结构化 ASIC。

FPGA 内嵌 Hard IP Core 极大地扩展了 FPGA 的应用范围,降低了设计者的设计难度,缩短了开发周期。比如在前面提到的,在越来越多的高端 FPGA 器件内部集成了 SerDes 的 Hard IP Core,如 Altera 公司的 Stratix GX 器件族内部集成了 3.1875Gb/s SerDes;Xilinx 公司的对应器件族是 Virtex Ⅱ Pro 和 Virtex Ⅱ ProX;Lattice 公司器件的专用 HardCore 的比重更大。有两类器件族支持 SerDes 功能,分别是 Lattice 公司高端 SC 系列 FPGA 和现场可编程系统芯片(Field Programmable System Chip,FPSC)。另外很多针对通信领域的高端 FPGA 中还集成了许多支持 SONET/SDH、3G、PCI 和 ATCA 等多种标准的应用单元,以及 QDR/DDR 控制器等通用典型硬件单元。

结构化 ASIC 的形式多种多样。与 FPGA 相关的形式主要有两种,一是如 Altera 公司的 HardCopy 和 Xilinx 公司的 EasyPath 的设计方法,另一种是如 Lattice 公司的 MACO 的设计方法。前者的基本思路是:对于某个成熟的 FPGA 设计,将其中没有使用的时钟资源、布线资源、专用 Hard IP Core、Block RAM 等资源简化或者省略,使 FPGA 成为满足设计需求的最小配置,从而降低了芯片面积,简化了芯片设计,节约了生产成本。后者的基本思路是:将成熟的 Soft IP Core 转换为 ASIC 的 Hard IP Core,在 FPGA 的某些层专门划分出空白的 ASIC 区域,叫作 MACO,调试完成后,将设计中所用到的 Soft IP Core 对应的 Hard IP Core 适配到 MACO 块中,从而减少了通用逻辑资源的消耗,则可以选取规模较小的 FPGA 完成较复杂的高速设计。

总之,市场趋势是 FPGA 设计与 ASIC 设计技术进一步融合,FPGA 通过 Hard IP Core 和结构化 ASIC 之路加快占领传统 ASIC 市场份额。

2.6.4　低成本器件

低成本是 FPGA 发展的另一个主要趋势。FPGA/CPLD 因其价格昂贵,以前仅仅应用在高端数字逻辑电路,特别是一些通信领域。但是高端应用毕竟曲高和寡,CPLD/FPGA 器件商发现最大的市场份额存在于中低端市场,于是推出低成本的 CPLD 和 FPGA。CPLD 目前发展已经日趋成熟,其价格也逐步合理,从 16 个 MC(宏单元)到 512 个 MC 的 CPLD 价格从十几元人民币到几十元人民币不等。目前竞争最激烈的是低端 FPGA 市场。

低端 FPGA 简化了高端 FPGA 的许多专用和高性能电路,器件密度一般从几千个 LE (1 个 LUT4+1 个 Register)到数万个 LE,器件的内嵌 Block RAM 一般较少,器件 I/O 仅仅支持最通用的一些电路标准,器件 PLL 或 DLL 的适用范围较低,器件工作频率较低。但是这些低端 FPGA 器件已经能够满足绝大多数市场需求。Altera 公司的低端 FPGA 主要有 5 个系列:传统的 Cyclone 系列,改进后的低成本、高性能 Cyclone Ⅱ、Cyclone Ⅲ、Cyclone Ⅳ、Cyclone Ⅴ系列,以及 MAX Ⅱ系列(虽 MAX Ⅱ的市场定位是针对 CPLD 市场,但是因其结构仍然为 4 输入 LUT 和寄存器结构,所以其本质是规模非常小的 FPGA)。Lattice 公司的低端 FPGA 主要有 3 个系列:EC 系列、ECP 系列(低成本 FPGA 加上 DSP Block)、XP 系列(SRAM 加 Flash 工艺,内嵌程序存储空间)。Xilinx 公司的低端 FPGA 主要有 3 个系列:传统的 Spartan 系列(Spartan、Spartan XL 等),Spartan 2 系列(包括 Spartan 2E 器件族等),以及最新推出的 Spartan 3 系列。目前低端市场的竞争非常激烈,随着低成本器件的不断推陈出新,FPGA 将渗透到数字电路的各个领域,特别是工业、无线、固网、广播和消费类应用等领域。电路设计将逐步走向归一化,一般数字逻辑系统将由 CPU、

DSP、CPLD/FPGA 等主要器件构成。

2.7　本章小结

可编程逻辑器件(PLD)是目前数字系统设计的主要硬件基础,简单 PLD 主要指早期的可编程逻辑器件,它们是可编程只读存储器(PROM)、可编程逻辑阵列(PLA)、可编程阵列逻辑(PAL)、通用阵列逻辑(GAL)。CPLD 是由 GAL 发展而来的,是基于乘积项结构的 PLD 器件,可以看作是对原始可编程逻辑器件的扩充。FPGA 是基于查找表结构的 PLD 器件,由简单的查找表组成可编程逻辑门,再构成阵列形式,功能由逻辑结构的配置数据决定。

本章主要内容如下:

(1) 可编程逻辑器件的发展历程和特点。20 世纪 70 年代中期出现 PLA,它由可编程的与阵列和可编程的或阵列组成。20 世纪 70 年代末,推出 PAL,它由可编程的与阵列和固定的或阵列组成。20 世纪 80 年代初,Lattice 公司发明了 GAL 采用输出逻辑宏单元(OLMC)的形式和 EECMOS 工艺,具有可擦除、可重复编程、数据可长期保存和可重新组合结构等特点。20 世纪 90 年代以后,随着工艺的发展,CPLD/FPGA 便应运而生。

(2) 可编程逻辑器件分类。按集成度 PLD 可分为低密度可编程逻辑器件和高密度可编程逻辑器件;按编程特性 PLD 可分为一次性编程(OTP)PLD 和可多次编程 PLD;PLD 从结构上可分为乘积项结构器件和查找表结构器件。

(3) 简单 PLD 原理和结构。简单 PLD 原理主要指早期的可编程逻辑器件,它们是可编程只读存储器(PROM)、可编程逻辑阵列(PLA)、可编程阵列逻辑(PAL)、通用阵列逻辑(GAL)。

(4) CPLD 及其乘积项结构的原理和主要 CPLD 器件电路结构。介绍了 FPGA 及其查找表结构的原理和主要 FPGA 器件。

(5) 下一代可编程逻辑器件硬件上的四大发展趋势:先进工艺、处理器内核、硬核与结构化 ASIC、低成本器件。随着设计的复杂度越来越高,设计工艺也越来越先进,CPLD/FPGA 的硬件结构也在不断向前发展,CPLD/FPGA 之间也在不断融合。另外,不同厂商的 CPLD/FPGA 的硬件结构也有不同,在具体设计时需要找到相关的文档进行了解。

2.8　思考与练习

2-1　试述 PROM、EPROM 和 E^2PROM 的特点。

2-2　用适当规模的 EPROM 设计 2 位二进制乘法器,输入乘数和被乘数(取值分别为 A[1..0]和 B[1..0]),输出为 4 位二进制数(取值为 C[3..0]),并说明所用 EPROM 的容量。

2-3　用 ROM 实现下列代码转换器:

(1) 二进制码至 2421 码。

(2) 循环码至余 3 码。

2-4 试设计一个用 PAL 实现的比较器,用来比较两个 2 位二进制数 A_1A_0 和 B_1B_0 时,当 $A_1A_0 > B_1B_0$ 时 $Y_1 = 1$;当 $A_1A_0 = B_1B_0$ 时,$Y_2 = 1$;当 $A_1A_0 < B_1B_0$ 时,$Y_3 = 1$。

2-5 用适当的 PAL 器件设计一个 3 位二进制数乘方电路。

2-6 GAL 和 PAL 有哪些异同之处?各有哪些特点?

2-7 PLD 按照集成度、结构和编程工艺分别可以分为哪几类?

2-8 传统 CPLD 的基本结构有哪些主要特点?

2-9 传统 FPGA 的基本结构有哪些主要特点?

2-10 什么是乘积项结构?什么是查找表结构?

第 3 章

Quartus Ⅱ 开发系统

【学习目标】

通过对本章内容的学习,了解 Quartus Ⅱ 13.0 的特点;理解 Quartus Ⅱ 设计流程;掌握基于原理图输入的 Quartus Ⅱ 设计,基于文本输入的 Quartus Ⅱ 设计,可定制宏功能模块的 Quartus Ⅱ 设计,静态时序分析工具的使用,嵌入式逻辑分析仪的使用方法。

【教学建议】

理论教学:4 学时,实验教学:10 学时。本章通过 8 个实例详细介绍 Quartus Ⅱ 设计流程和设计方法技巧,重点介绍原理图输入与文本输入设计流程,定制元件工具 MegaWizard管理器的使用,时序分析器的使用,SignalTap Ⅱ Logic Analyzer(逻辑分析仪)的使用,最后给出了 5 个基本实验供学生练习。

3.1 Quartus Ⅱ 简介

Altera 的 Quartus Ⅱ 是业内领先的 PLD 设计软件,具有最全面的开发环境和无与伦比的性能表现。也是 Altera 公司继 MAX+plus Ⅱ 之后开发的一种针对其公司生产的系列 CPLD/FPGA 器件的设计、仿真、编程的工具软件。本章以 Quartus Ⅱ 13.0 为例,介绍 Quartus Ⅱ 13.0 软件的特点和使用方法及其在数字系统设计中的应用。

3.1.1 Quartus Ⅱ 13.0 的特点

Altera 公司推出的 Quartus Ⅱ 13.0 软件实现了性能最好的 FPGA 和 SoC 设计,提高了设计人员的效能,使 28nm 的 FPGA 和 SoC 用户的编译时间平均缩短 25%。与以前的软件版本相比,该版本面向高端 28nm Stratix Ⅴ FPGA,最难收敛的设计编译时间平均缩短 50%。Quartus Ⅱ 13.0 支持面向 Stratix Ⅴ FPGA 的设计,还增强了包括基于 C 语言的开发套件、基于系统 IP 核以及基于模型的高级设计流程。

- OpenCL 的 SDK 为没有 FPGA 设计经验的软件编程人员打开了强大的并行 FPGA 加速设计新世界。从代码到硬件实现,OpenCL 并行编程模型提供了最快的方法。与其他硬件体系结构相比，FPGA 的软件编程人员以极低的功耗实现了很高的性能。

- Qsys 系统集成工具提供对基于 ARM 的 Cyclone V SoC 的扩展支持。现在，Qsys 可以在 FPGA 架构中生成业界标准 AMBA 总线、AHB 总线和 APB 总线接口。而且，这些接口符合 ARM 的 TrustZone 技术要求，支持设计者在安全的关键系统资源和其他非安全系统资源之间划分整个基于 SoC-FPGA 的系统。

- DSP Builder 设计工具支持系统开发人员在 DSP 设计中高效地实现高性能定点和浮点算法。新特性包括更多的 math.h 函数，提高了精度，增强了取整参数，为定点和浮点 FFT 提供可参数赋值的 FFT 模块，还有更高效的折叠功能，提高了资源共享能力。

关于 Quartus Ⅱ 13.0 软件特性的详细信息，请访问 Altera 公司的 Quartus Ⅱ 软件新增功能网页。

3.1.2 Quartus Ⅱ 13.0 系统安装许可与技术支持

要使用 Altera 提供的软件，需要设置并获取 Altera 订购许可。Altera 提供多种类型的软件订购。客户在购买开发工具包时，将收到用于 PC 的 Quartus Ⅱ 软件免费版本，并获得有关该软件许可的指令。如果没有有效的许可文件，应请求新的许可文件；还可以选择 30 天试用版，用以评估 Quartus Ⅱ 软件，但它没有编程文件支持。要使用 30 天试用版，在启动 Quartus Ⅱ 软件后，请选择 Enable 30-day evaluation period 选项。30 天试用期结束后，客户必须取得有效的许可文件才能使用该软件，如图 3-1 所示。

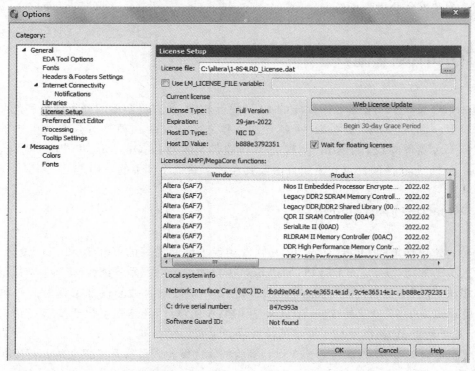

图 3-1 Quartus Ⅱ 软件许可文件示意图

Quartus Ⅱ软件分为 Quartus Ⅱ订购版软件和 Quartus Ⅱ网络版软件。

Quartus Ⅱ网络版是 Quartus Ⅱ软件的免费入门级版本，支持选定器件。可以从 Altera 网站 www.altera.com.cn 获取 Quartus Ⅱ网络版软件。Quartus Ⅱ订购版软件目前最高版本为 Quartus Ⅱ 15.0。本书采用的是 Quartus Ⅱ 13.0。

1. Quartus Ⅱ 13.0 软件的安装步骤

（1）将从官网中下载的 QuartusProgrammerSetup-13.0.1.232.exe 复制到计算机硬盘中，双击该文件，即可弹出安装向导界面。

（2）单击安装向导界面 Next 按钮，将出现 License 界面，选择 I accept the agreement，再单击 Next 按钮，出现安装路径设置界面，可根据需要选择路径或默认安装。

（3）在下一步操作中选择所需的器件系列和 EDA 工具，从 10.0 版本开始，软件与器件库是分别安装的，必须安装所需要的器件库。例如，本书选择的器件安装包为 cyclone_web-13.0.1.232.qdz 和 cyclonev-13.0.1.232.qdz，仿真工具 ModelSimSetup-13.0.1.232。

（4）继续单击 Next 按钮，弹出指定 MATLAB 安装路径对话框，若主机已安装 MATLAB，可使用安装向导检测出安装路径。

（5）下一步将给出安装选定部件所需的硬盘空间，以及当前指定驱动器上可用空间。单击 Next 按钮，即可开始安装 Quartus Ⅱ软件了。

2. 安装 USB-Blaster 驱动程序

将 DE2-115 开发板 Blaster 接口 J9（开发板最左侧）接好 USB 连接线，另一头插入计算机的 USB 接口。当 Quartus Ⅱ软件安装完成后，将给出提示界面，并显示安装成功与否，应当仔细阅读全部提示。为保证 DE2-115 开发板的正常使用，还需安装 USB-Blaster 驱动程序，通过添加系统新硬件方式，在弹出的对话框中，单击"浏览"按钮，选择驱动程序所在的子目录（位于 Quartus Ⅱ软件的安装目录下），例如，C：\altera\13.0sp1\quartus\drivers\usb-blaster，再单击"下一步"按钮即可完成硬件驱动程序的安装。

安装完成后，右击桌面上"我的电脑"，选择"属性"，再进入"硬件"标签页，单击"设备管理器"打开对话框，单击"通用串行总线控制器"设备选项，查看安装是否成功。

3. 获取 Quartus Ⅱ 13.0 软件许可的基本步骤

（1）启动 Quartus Ⅱ软件后，如果软件检测不到有效的 ASCII 文本许可文件 license.dat，将出现包含 Request updated license file from the web 选项的提示信息。此选项显示 Altera 网站的"许可"部分，它允许请求许可文件。可以进入 Altera 网站 www.altera.com/licensing 的"许可"部分。

（2）选择相应许可类型的链接，指定请求的信息。

（3）通过电子邮件收到许可文件之后，将其保存至系统的一个目录中。

（4）启动 Quartus Ⅱ软件，但尚未指定许可文件位置，将出现 Specify valid license file 选项。此选项显示 Options 对话框的 License Setup 选项卡，如图 3-1 所示。

3.1.3　Quartus Ⅱ设计流程

Quartus Ⅱ软件拥有 FPGA 和 CPLD 设计的所有阶段的解决方案。Quartus Ⅱ软件允许在设计流程的每个阶段使用 Quartus Ⅱ图形用户界面、EDA 工具界面或命令行界面。与以往 EDA 工具相比,设计者可以使用 Quartus Ⅱ 软件完成设计流程的所有阶段,它更适合于团队基于模块的层次化设计方法。

EDA 设计的最大特点是其迭代性很强,并不是一个简单顺序流程,其设计流程主要包含需求分析与模块划分、设计输入、逻辑综合、逻辑实现与布局布线、时序仿真与验证、器件编程和调试,设计者在测试验证中一旦发现问题,往往需要回到前面的步骤重新审查和修改,然后编译综合、仿真验证,直到最终设计符合要求。

1. 需求分析与模块划分

任何一个项目的前期准备工作都是从需求分析开始的,需求明确了,把功能定义弄清楚,设计者才可进一步进行可行性分析,模块划分的原则是以功能为主,有时也按数据流来划分,虽然 FPGA 的处理是并行的,但是任何事物的处理都是一个有序的过程,一个数据流在 FPGA 内部经常会做多次处理后输出,多次处理的过程可考虑分成多个模块实现。分模块不仅有利于分工的需要,更有利于日后代码的升级、维护及设计的综合优化和保密。

2. 设计输入(Design Entry)

Quartus Ⅱ 软件的工程由所有设计文件和与设计有关的设置组成。设计者可以使用 Quartus Ⅱ Block Editor、Text Editor、MegaWizard Plug-In Manager(Tools 菜单)和 EDA 设计输入工具,建立包括 Altera 宏功能模块、参数化模块库(LPM)函数和知识产权(IP)函数在内的设计。可以使用 Settings 对话框(Assignments 菜单)设定初始设计约束条件。图 3-2 给出了 Quartus Ⅱ 常见的设计输入流程。

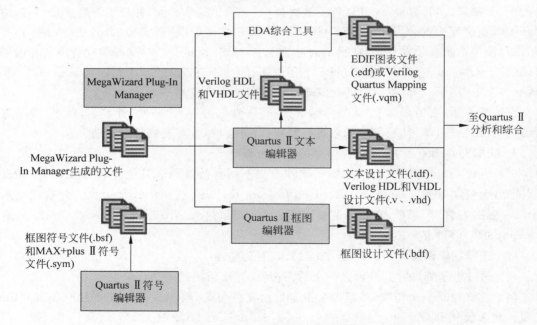

图 3-2　Quartus Ⅱ 设计输入流程

1) 块编辑器

块编辑器(Block Editor)主要用于以原理图(schematic file)和结构图(block diagram)的形式输入和编辑图形设计信息。Quartus Ⅱ Block Editor 读取并编辑原理图设计文件和 MAX+plus Ⅱ 图形设计文件。可以在 Quartus Ⅱ 软件中打开图形设计文件并将其另存为原理图设计文件。

　　每个原理图设计文件包含块和符号，这些块和符号代表设计中的逻辑，Block Editor 将每个流程图、原理图或符号代表的设计逻辑融合到工程中。可以用原理图设计文件中的块建立新设计文件，可以在修改块和符号时更新设计文件，也可以在原理图设计文件的基础上生成块符号文件(.bsf)和 HDL 文件。还可以在编译之前分析原理图设计文件是否出错。块编辑器还提供有助于设计者在原理图设计文件中连接块和基本单元(包括总线和节点连接以及信号名称映射)的一组工具。可以更改块编辑器的显示选项，如更改导向线和网格间距、橡皮带式生成线、颜色和屏幕元素、缩放以及不同的块和基本单元属性。块编辑器的以下功能可以帮助设计者在 Quartus Ⅱ 软件中建立原理图设计。

　　(1) 对 Altera 提供的宏功能模块进行实例化。MegaWizard Plug-In Manager (Tools 菜单)用于建立或修改包含宏功能模块自定义变量的设计文件。这些自定义宏功能模块变量是基于 Altera 提供的包括 LPM 函数在内的宏功能模块。宏功能模块以原理图文件中的符号块表示。

　　(2) 插入块和基本单元符号。流程图使用称为块的矩形符号代表设计实体以及相应的已分配信号，在从上到下的设计中很有用。块是用代表相应信号流程的管道连接起来的。可以将流程图专用于工程的设计，也可以将流程图与图形单元相结合。Quartus Ⅱ 软件提供可在块编辑器中使用的各种逻辑功能符号，包括基本单元、参数化模块库(LPM)函数和其他宏功能模块。

　　(3) 从块或原理图设计中建立文件。若要层次化设计工程，可以在块编辑器中使用 Create/Update 命令(File 菜单)，从原理图设计文件中的块开始，建立其他原理图设计文件、AHDL 包含文件、Verilog HDL 和 VHDL 设计文件以及 Quartus Ⅱ 块符号文件。还可以从原理图设计文件本身建立 Verilog 设计文件、VHDL 设计文件和块符号文件。

　　2) 符号编辑器

　　符号编辑器(Symbol Editor)用于查看和编辑代表宏功能、宏功能模块、基本单元或设计文件的预定义符号，每个符号编辑器文件代表一个符号。对于每个符号文件，均可以从包含 Altera 宏功能模块和 LPM 函数的库中选择。可以自定义这些块符号文件，然后将这些符号添加到使用块编辑器建立的原理图中。符号编辑器用于读取并编辑符号文件(.sym)，并将它们转存为块符号文件。

　　3) 文本编辑器

　　Quartus Ⅱ 的文本编辑器(Text Editor)是一个灵活的工具，用于以 AHDL、VHDL 和 Verilog HDL 语言以及 TCL 脚本语言输入文本型设计。还可以使用文本编辑器输入、编辑和查看其他 ASCII 文本文件，包括 Quartus Ⅱ 软件或由 Quartus Ⅱ 软件建立的那些文本文件。可以用文本编辑器将任何 AHDL 语句或节段模板、TCL 命令，或任何支持 VHDL、Verilog HDL 构造模板插入当前文件中。AHDL、VHDL 和 Verilog HDL 模板为输入 HDL 语法提供了一个简便的方法，可以提高设计输入的速度和准确度。

　　Verilog 设计文件和 VHDL 设计文件可以包含 Quartus Ⅱ 支持的语法、语义的任意组合。它们还可以包含 Altera 提供的逻辑功能，包括基本逻辑单元和宏功能模块，以及用户自定义的逻辑功能。在文本编辑器中，使用 Create/Update 命令 (File 菜单)从当前的 Verilog HDL 或 VHDL 设计文件建立框图符号文件，然后将其合并到框图设计文件中。同样,可以建立代表 Verilog HDL 或 VHDL 设计文件的 AHDL 包含文件,并将其合并到文本设计文件中或另一个 Verilog HDL 或 VHDL 设计文件中。

4) 配置编辑器

建立工程和设计之后,可以使用 Quartus Ⅱ 软件中的 Settings 对话框指定初始设计的约束条件,例如引脚分配、器件选项、逻辑选项和时序约束条件。

使用 Settings 对话框(Assignments 菜单)可以进行编译器、仿真器和软件构件设置、时序设置以及修改工程设置,如图 3-3 所示。总之,使用 Settings 对话框可以执行以下类型的任务。

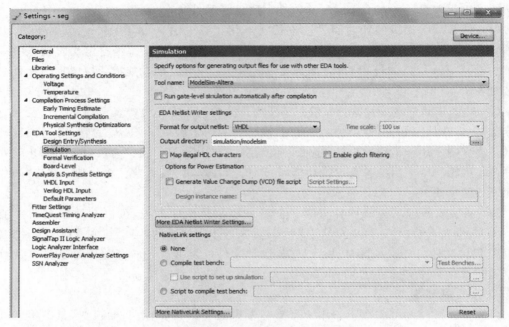

图 3-3　Settings 对话框可以执行的任务

5) 其他 EDA 设计输入工具

设计者还可选用 SOPC Builder、Qsys 或 DSP Builder 产生系统级的设计,选用 Software Builder 产生 Excalibur 器件处理器或 Nios Ⅱ 嵌入式处理器的软件或编程文件。表 3-1 中列出了 Quartus Ⅱ 软件的部分设计文件类型。

表 3-1　Quartus Ⅱ 软件支持的设计文件类型

类　型	描　述	扩展名
框图设计文件	使用 Quartus Ⅱ 框图编辑器建立的原理图设计文件	bdf
EDIF 输入文件	使用任何标准 EDIF 网表编写程序生成的 200 版 EDIF 网表文件	edf,edif
图形设计文件	使用 MAX+plus Ⅱ Graphic Editor 建立的原理图设计文件	gdf
文本设计文件	以 Altera 硬件描述语言(AHDL)编写的设计文件	tdf
Verilog 设计文件	包含使用 Verilog HDL 定义的设计逻辑的设计文件	v,vlg,verilo
VHDL 设计文件	包含使用 VHDL 定义的设计逻辑的设计文件	vh,vhd,vhdl
波形设计文件	建立和编辑用于波形或文本格式仿真的输入向量,描述设计中的逻辑行为	vwf

续表

类　　　型	描　　　述	扩展名
逻辑分析仪文件	SignalTapⅡ逻辑分析仪文件,记录设计的内部信号波形	stp
编译文件	编译结果文件. sof,下载到 FPGA 上可执行; . pof 用于修改 FPGA 加电启动项	sof,pof
接口文件	Qsys 对 NiosⅡ SBT 的接口文件,用于生成 System. h	sopcinfo
配置文件	Qsys 配置文件,记录 Qsys 系统中的各器件配置信息	qsys
路径文件	Qsys 路径指定文件,用于记录自定义 Qsys 模块的路径	qip

3. 功能仿真验证

电路设计完成后,可选用专用仿真工具进行功能仿真,验证电路功能是否符合设计要求。本文所指的专用仿真工具主要是 ModelSim,通过功能仿真及时发现设计中的错误,在系统设计前期即可修改完成,以提高设计可靠性。(注意：在 QuartusⅡ 10.0 以前的版本还提供 QuartusⅡ Simulator 进行设计的功能与时序仿真,QuartusⅡ 10.0 以后的版本将不再提供自带的仿真器。)

QuartusⅡ 软件可通过 NativeLink 功能使时序仿真与 EDA 仿真工具完美集成。NativeLink 功能允许 QuartusⅡ 软件将信息传递给 EDA 仿真工具,并具有从 QuartusⅡ 软件中启动 EDA 仿真工具的功能。

Altera 为包含 Altera 特定组件的设计提供功能仿真库,并为在 QuartusⅡ 软件中编译的设计提供基于最下层单元的仿真库。可以使用这些库在 QuartusⅡ 软件支持的 EDA 仿真工具中对含有 Altera 特定组件的任何设计进行功能或时序仿真。此外,Altera ModelSim 软件中的仿真提供编译前功能与时序仿真库。Altera 为使用 Altera 宏功能模块以及标准参数化模块库(LPM)的设计提供功能仿真库。Altera 还为 ModelSim 软件中的仿真提供了 altera_mf 预编译的版本和 220model 库。表 3-2 给出了与 EDA 仿真工具配合使用的功能仿真库。对于 VHDL 设计,Altera 为具有 Altera 特定的参数化功能的设计提供 VHDL 组件声明文件,有关信息请参阅表 3-2。

表 3-2　功能仿真库

库　名　称	描　　　述
220model. v,220model. vhd,220model_87. vhd	LPM 功能的仿真模型(220 版)
220pack. vhd	220model. vhd 的 VHDL 组件声明
altera_mf. v,altera_mf. vhd altera_mf_87. vhd,altera_mf_components. vhd	Altera 特定宏功能模块的仿真模型和 VHDL 组件声明
sgate. v,sgate. vhd,sgate_pack. vhd	用于 Altera 特定的宏功能模块和知识产权功能的仿真模型

4. 逻辑综合

逻辑综合(Synthesis)也称为综合优化,是指将 HDL 语言、原理图等设计输入转换成由门电路、触发器、存储器等基本逻辑单元组成的逻辑连接(网表),并根据目标器件与需求优化所生成的逻辑连接,输出 EDA 网表文件,供 FPGA 厂家通过布局布线来实现。

Quartus Ⅱ 软件的全程编译（Processing | Start Compilation）包含综合（Analysis & Synthesis）过程，也可以单独启动（Processing | Start）综合过程。Quartus Ⅱ 软件还允许在不运行内置综合器的情况下进行 Analysis & Elaboration。可以使用（Processing | Start）的 Quartus Ⅱ Analysis & Synthesis 模块分析设计文件和建立工程数据库。Analysis & Synthesis 使用 Quartus Ⅱ 内置综合器综合 Verilog 设计文件（. v）或 VHDL 设计文件（. vhd）。也可以使用其他 EDA 综合工具综合 Verilog HDL 或 VHDL 设计文件，然后再生成可以与 Quartus Ⅱ 软件配合使用的 EDIF 网表文件（. edf）或 VQM 文件（. vqm）。

5. 逻辑实现与布局布线

逻辑综合的结果本质上是一些由与门、或门、非门、触发器和存储器等基本逻辑单元组成的逻辑网表，它与芯片实际配置情况还是有差距的。此时应该使用 FPGA 厂商提供的软件工具，将综合输出的逻辑网表适配到具体的 FPGA 芯片，该过程称为逻辑实现。在逻辑实现过程中，最主要的过程是布局布线。所谓布局，是指将逻辑网表中的元件符号合理地适配到 FPGA 内部的固有硬件结构上；布线则是根据布局的拓扑结构，利用 FPGA 内部的各种连线资源，合理、正确地连接各个元件的过程。

布局布线的输入文件是综合后的网表文件，Quartus Ⅱ Fitter 即 PowerFit Fitter，执行布局布线功能，在 Quartus Ⅱ 软件中可参考 fitting 项。适配器（Fitter）使用由 Analysis & Synthesis 建立的数据库，将工程的逻辑和时序要求与器件的可用资源相匹配。它将每个逻辑功能分配给最好的逻辑单元位置，进行布线和时序分析，并选择相应的互连路径和引脚分配。

Quartus Ⅱ 软件提供数个工具来帮助分析编译和布局布线的结果。Message 窗口和 Report 窗口提供布局布线结果信息。时序逼近布局图和 Pin Planner 还允许查看布局布线结果和进行必要的调整。此外，Design Assistant 可以帮助设计者根据一组设计规则检查设计的可靠性。完整的增量编译使用以前的编译结果以节省编译时间。

6. 时序仿真与验证

将布局布线的延时信息反标注到设计网表中后进行的仿真叫作时序仿真（简称后仿真）。Quartus Ⅱ 的时序分析工具对所设计的所有路径延时进行分析，并与时序要求进行对比，以保证电路在时序上的正确性。

TimeQuest Timing Analyzer 是新一代 ASIC 功能时序分析仪，支持业界标准的 Synopsys 设计约束（SDC）格式。TimeQuest 时序分析仪帮助用户建立、管理、分析复杂的时序约束，迅速完成高级时序验证，提供了快速的按需交互式数据报告，设计者只需对关键通路进行更详细的时序分析，其具体使用流程可阅读参考文献[10]。

Quartus Ⅱ 软件的网表优化选项可用于在综合及布局布线期间进一步优化设计。在 Settings 对话框的 Compilation Process Settings 选项中选择 Physical Synthesis Optimizations 页面来指定综合和物理综合的网表优化选项。增量编译（Incremental Compilation）也可以用来实现时序逼近。

7. 编程配置和在线调试

设计开发的最后步骤就是在线调试或者将生成的配置文件写入芯片中进行测试。示波器和逻辑分析仪是逻辑设计的主要调试工具。传统的逻辑功能板级验证方式是使用逻辑分析仪分析信号，设计时要求 FPGA 和 PCB 设计人员保留一定数量的 FPGA 引脚作为测试引脚,编写 FPGA 代码时将需要观察的信号作为模块的输出,在综合时再把这些信号锁定到测试引脚上,然后将逻辑分析仪的探头连接到这些测试脚,设定触发条件,进行观察。如本章将介绍的 Quartus Ⅱ的嵌入式逻辑分析仪 SignalTap Ⅱ,可通过该嵌入式逻辑分析仪实时获取 FPGA 内部实际工作的时序波形。

使用 Quartus Ⅱ软件成功编译项目工程之后,就可以对 Altera 器件进行编程或配置。Quartus Ⅱ Compiler 的 Assembler 模块生成编程文件,Quartus Ⅱ Programmer 可以用它与 Altera 编程硬件一起对器件进行编程或配置。还可以使用 Quartus Ⅱ Programmer 的独立版本对器件进行编程和配置。Assembler 自动将 Fitter 的器件、逻辑单元和引脚分配转换为该器件的编程图像,这些图像以目标器件的一个或多个 Programmer 对象文件(.pof)或 SRAM 对象文件(.sof)的形式存在。可以在包括 Assembler 模块的 Quartus Ⅱ软件中启动全程编译,也可以单独运行,还可以指示 Assembler 或 Programmer 以其他格式生成编程文件。

3.2　Quartus Ⅱ 13.0 设计入门

本节根据 3.1.3 节的 Quartus Ⅱ 13.0 的设计流程,以一位半加器的原理图(如图 3-4 所示)输入设计为例,介绍 Quartus Ⅱ 13.0 的基本使用方法。

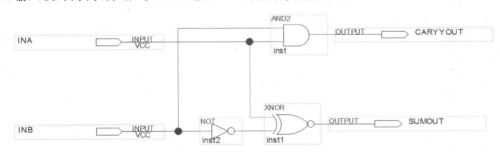

图 3-4　半加器 H_ADDER 原理图

3.2.1　启动 Quartus Ⅱ 13.0

从操作系统"开始"菜单中选择"所有程序"|Altera|Quartus Ⅱ 13.0 的图标,即可出现如图 3-5 所示的 Quartus Ⅱ 13.0 图形用户界面。该界面由标题栏、菜单栏、工具栏、资源管理窗口、编译状态显示窗口、信息显示窗口和工程工作区等部分组成。

1. 标题栏

标题栏显示当前工程项目的路径和工程项目的名称。

2. 菜单栏

菜单栏由文件(File)、编辑(Edit)、视窗(View)、工程(Project)、资源分配(Assignments)、操作(Processing)、工具(Tools)、窗口(Window)和帮助(Help)9 个下拉菜单组成。限于篇幅本节仅介绍几个核心下拉菜单。

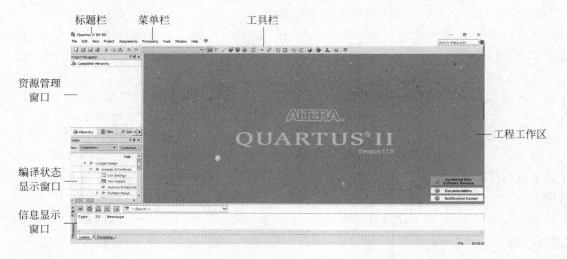

图 3-5　Quartus Ⅱ 13.0 图形用户界面

1）文件（File）菜单

该下拉菜单中包含如下几个常用命令。

（1）New：新建输入文件，该命令打开新建输入文件对话框，如图 3-6 所示。

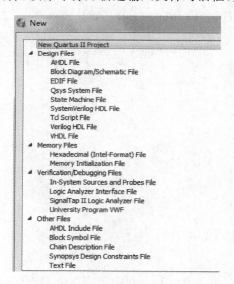

图 3-6　新建输入文件对话框

New 对话框中包含如下选项：

- New Quartus Ⅱ Project：新建工程向导，此向导将引导设计者如何创建工程、设置顶层设计单元、引用设计文件、器件设置等。
- Design Files：可选择 AHDL File、Block Diagram/Schematic File、EDIF File、Qsys System File、State Machine File、Tcl Script File、SystemVerilog HDL File、Verilog HDL File、VHDL File 9 种硬件设计文件类型。
- Memory Files：可选择 Hexadecimal(Intel-Format) File、Memory Initalization File。

- Verification/Debugging Files：可选择 In-System Sources and Probes File、Logic Analyzer Interface File、SignalTap II Logic Analyzer File、University Program VWF。
- Other Files：可选择 AHDL Include File、Block Symbol File、Chain Description File、Sysnopsys Design Constrains File、Text File 等其他类型的新建文件类型。

（2）Open Project：打开已有的工程项目。

（3）Close Project：关闭工程项目。

（4）Create/Update：用户设计的具有特定应用功能的模块经过模拟仿真和调试证明无误后，可执行该命令，建立一个默认的图形符号（Create Symbol Files for Current File）后再放入用户的设计库中，供后续的高层设计调用。

2）工程（Project）菜单

该菜单的主要功能如下：

（1）Add Current File to Project：将当前文件加入到工程中。

（2）Revisions：创建或删除工程。在其弹出的窗口中单击 Create 按钮创建一个新的工程；或者在创建好的几个工程中选择一个，单击 Set Current 按钮，把选中的工程置为当前工程。

（3）Archive Project：为工程归档或备份。

（4）Generate Tcl File for Project：为工程生成 Tcl 脚本文件。

（5）Generate Powerplay Early Power Estimatior File：生成功率分析文件。

（6）Locate：将 Assignment Editor 中的节点或源代码中的信号在 Timing Closure Floorplan、编译后的布局布线图、Chip Editor 或源文件中定位其位置。

（7）Set as Top-level Entity：把工程工作区打开的文件设定为顶层文件。

（8）Hierarchy：打开工程工作区显示的源文件的上一层或下一层源文件及顶层文件。

3）资源分配（Assignments）菜单

该菜单的主要功能是对工程的参数进行配置，如引脚分配、时序约束、参数设置等。

（1）Device：设置目标器件型号。

（2）Pins：打开分配引脚对话框，给设计的信号分配 I/O 引脚。

（3）Classic Timing Analysis Settings：打开典型时序约束对话框。

（4）EDA Tool Settings：设置 EDA 工具。

（5）Settings：打开参数设置页面，可切换到使用 Quartus II 软件开发流程的每个步骤所需的参数设置页面。

（6）Assigment Editor：分配编辑器，用于分配引脚、设定引脚电平标准、设定时序约束等。

（7）Remove Assigments：删除设定的类型分配。

（8）Demote Assigments：降级使用当前不严格的约束，使编译器更高效地编译分配和约束。

（9）允许用户在工程中反标引脚、逻辑单元、LogicLock、节点、布线分配。

（10）Import Assigments：将 Excel 格式的引脚分配文件.csv 导入当前工程中。

4）操作（Processing）菜单

该菜单包含了对当前工程执行的各种设计流程，如开始编译（Start Compilation）、开始行布局布线（Fitter）、开始运行仿真（Start Simulation），以及对设计进行时序分析（Timing

Analyzer)，设置 Powerplay Power Analyzer 等。

5）工具（Tools）菜单

该菜单调用 Quartus Ⅱ中的集成工具，如 MegaWizard Plug-In Manager(IP 核及宏功能模块定制向导)、Chip Editor(低层编辑器)、RTL View、SignalTap Ⅱ Logic Analyzer(逻辑分析仪)、In System Memory Contant Editor(在系统存储器内容编辑器)、Programmer(编程器)、Liscense Setup(安装许可文件)。

（1）MegaWizard Plug-In Manager：为了方便设计者使用 IP 核及宏功能模块，Quartus Ⅱ软件提供了此工具(亦称为 MegaWizard 管理器)，该工具可以帮助设计者建立或修改包含自定义宏功能模块变量的设计文件，并为自定义宏功能模块变量指定选项，定制需要的功能。

（2）Chip Editor：Altera 在 Quartus Ⅱ 4.0 及其以上的版本中提供该工具，它是在设计后端对设计进行快速查看和修改的工具。Chip Editor 可以查看编译后布局布线的详细信息，它允许设计者利用资源特性编辑器(Resource Properties Editor)直接修改布局布线后的逻辑单元(LE)、I/O 单元(IOE)或 PLL 单元的属性和参数，而不是修改源代码，这样一来就避免了重新编译整个设计过程。

（3）RTL View：在 Quartus Ⅱ中，设计者只需运行完 Analysis and Elaboration(分析和解析，检查工程中调用的设计输入文件及综合参数设置)命令，即可观测设计的 RTL 结构，RTL View 显示了设计中的逻辑结构，使其尽可能地接近源设计。

（4）SignalTap Ⅱ Logic Analyzer：它是 Quartus Ⅱ中集成的一个内部逻辑分析软件。使用它可以观察设计的内部信号波形，方便设计者查找引起设计缺陷的原因。SignalTap Ⅱ逻辑分析仪是第二代系统级调试工具，可以捕获和显示实时信号行为，允许观察系统设计中硬件和软件之间的交互作用。Quartus Ⅱ允许选择要捕获的信号、开始捕获信号的时间以及要捕获多少数据样本。还可以选择将数据从器件的存储器块通过 JTAG 端口送至 SignalTap Ⅱ逻辑分析器，或是至 I/O 引脚以供外部逻辑分析器或示波器使用。可以使用 MasterBlaster、ByteBlasterMV、ByteBlaster Ⅱ、USB-Blaster 或 EthernetBlaster 通信电缆下载配置数据到器件上。这些电缆还用于将捕获的信号数据，从器件的 RAM 资源上传至 Quartus Ⅱ软件。

（5）In-System Memory Contant Editor：In-System Memory Content Editor 使设计者可以在运行时查看和修改设计的 RAM、ROM，或独立于系统时钟的寄存器内容。调试节点使用标准编程硬件通过 JTAG 接口与 In-System Memory Content Editor 进行通信。可以通过 MegaWizard Plug-In Manager（Tools 菜单）使用 In-System Memory Content Editor 来设置和实例化 lpm_rom、lpm_ram_dq、altsyncram 和 lpm_constant 宏功能模块，或通过使用 lpm_hint 宏功能模块参数，直接在设计中实例化这些宏功能模块。该菜单可用于捕捉并更新器件中的数据。可以在 Memory Initialization File（.mif）、十六进制（Intel-Format）文件（.hex），以及 RAM 初始化文件（.rif）格式中导出或导入数据。

（6）Programmer：通过该菜单可完成器件进行编程和配置。

（7）Liscense Setup：该页面将给出一个选项来指定有效许可文件。

3. 工具栏

工具栏（Tool Bar）中包含了常用命令的快捷图标，将鼠标移到相应图标时，在鼠标下方出现此图标对应的含义，而且每种图标在菜单栏均能找到相应的命令菜单。设计者可以根据需要将自己常用的功能定制为工具栏上的图标。

4. 资源管理窗口

资源管理窗口用于显示当前工程中所有相关的资源文件。资源管理窗口左下角有 3 个标签,分别是结构层次(Hierarchy)、文件(Files)、设计单元(Design Units)。结构层次窗口在工程编译前只显示顶层模块名,工程编译后,此窗口按层次列出了工程中所有的模块,并列出了每个源文件所用资源的具体情况。顶层可以是设计者生成的文本文件,也可以是图形编辑文件。文件窗口列出了工程编译后所有的文件,文件类型如图 3-6 所示。

5. 工程工作区

在 Quartus II 中实现不同的功能时,此区域将打开相应的操作窗口,显示不同的内容,进行不同的操作。

6. 编译状态显示窗口

编译状态显示窗口显示模块综合、布局布线过程及时间。模块(Module)列出工程模块,过程(Process)显示综合、布局布线进度条,时间(Time)表示综合、布局布线所耗费的时间。

7. 信息显示窗口

信息显示窗口显示 Quartus II 软件综合、布局布线过程中的信息,如开始综合时调用源文件、库文件、综合布局布线过程中的定时、告警、错误等,如果是告警和错误,则会给出具体的原因,方便设计者查找及修改错误。

3.2.2 设计输入

一个 Quartus II 的项目由所有设计文件和与设计有关的设置组成。设计者可以使用 Quartus II Block Editor、Text Editor、MegaWizard Plug-In Manager (Tools 菜单)和 EDA 设计输入工具建立包括 Altera 宏功能模块、参数化模块库(LPM)函数和知识产权(IP)函数在内的设计。其设计步骤如下。

1. 建立工作库目录文件夹

EDA 设计是一个复杂的过程,项目的管理很重要,良好清晰的目录结构可以使工作更有条理性,任何一项设计都是一项工程(project),都必须首先为此工程建立一个放置于此工程相关的所有文件的文件夹。本设计项目建立的工作库目录文件夹为 D:\chapter3\fulladder,此文件夹将被 EDA 软件默认为工作库(work library),不同的设计项目最好放在不同的文件夹中,同一工程的所有文件都必须放在同一文件夹中(文件夹名不能用中文,且不可带空格)。

2. 建立新工程

使用 New Project Wizard (File 菜单)建立新工程。建立新工程时,可以为工程指定工作目录、工程名称以及顶层设计实体的名称,还可以指定要在工程中使用的设计文件、其他源文件、用户库和 EDA 工具,以及目标器件。其详细步骤如下:

(1) 选择 File|New Project Wizard 命令,即打开建立新工程对话框,如图 3-7 所示,单击对话框最上一栏右侧的"…"按钮,找到项目所在的文件夹,再单击"打开"按钮,即出现图 3-7 所示的设置情况。其中,第 1 行的 D:/chapter3/fulladder/h_adder 表示工程所在的工作库目录文件夹;第 2 行表示新建工程的工程名 H_adder,此工程名可以取任何其他的名称,也可以用顶层文件实体名作为工程名;第 3 行是顶层文件的实体名,默认与工程名相同。

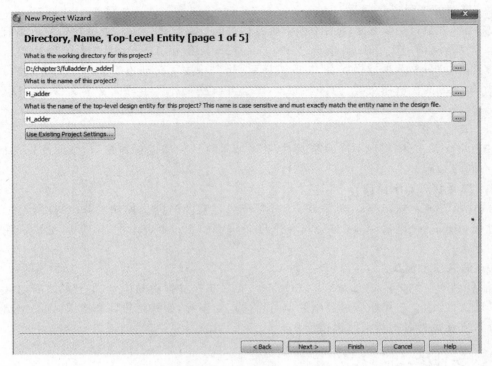

图 3-7　建立新工程对话框

（2）单击 Next 按钮，在弹出的对话框中单击 File name 栏中的"…"，将与工程相关的所有文件加入工程中，单击 Add 按钮可加入此工程，如图 3-8 所示。

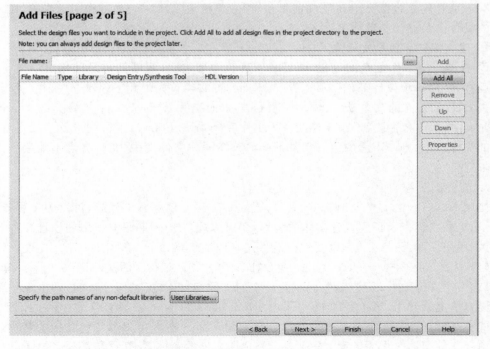

图 3-8　添加文件到当前工程

添加的文件可以是原理图文件、HDL 文件、EDIF、VQM 文件等格式。若新建工程中需要使用特殊的或用户自定义的库，则需要单击 Add Files 对话框下面的 User Libraries 按钮添加相应的库文件。如果没有文件需要添加到新工程中，直接单击 Next 按钮进入下一步。

（3）选择目标芯片（用户必须选择与开发板相对应的 FPGA 器件型号），这时弹出选择目标芯片的窗口，首先在 Family 栏选择目标芯片系列，在此选择 Cyclone IV E 系列，如图 3-9 所示。再次单击 Next 按钮，选择此系列的具体芯片 EP4CE115F29C7，这里 EP4CE115 表示 Cyclone IV E 系列及此器件的规模，F 表示 FBGA 封装，C7 表示速度级别。

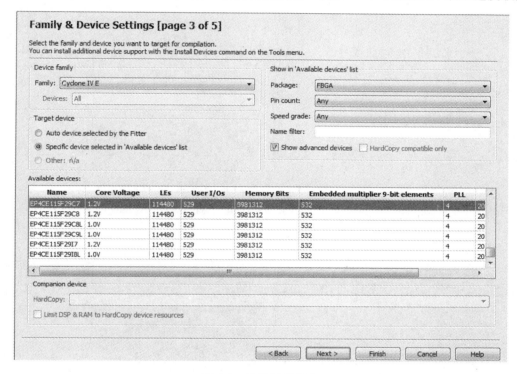

图 3-9　选择目标芯片

（4）选择仿真器和综合器。单击图 3-9 中 Next 按钮，可从弹出的窗口中选择仿真器和综合器类型，如果都选 None，表示选择 Quartus II 中自带的仿真器和综合器，如图 3-10 所示。

（5）单击 Next 按钮后进入下一步，弹出图 3-11 所示的工程设置统计窗口。

（6）结束设置。最后单击 Finish 按钮，即表示已设定好此工程，并出现工程管理窗口，该窗口主要显示该工程项目的层次结构和各层次的实体名。（在工程设计向导的任一对话框可直接单击 Finish 按钮完成新工程的创建，所有参数的设定可以选择 Quartus II 主菜单 Assignments|Setting 命令完成。）

3. 编辑设计文件，输入源程序

（1）新的设计工程创建好，在主菜单中，选择 File|New 命令。在 New 窗口中的 Design Files 中选择硬件设计文件类型为 Block Diagram\Schematic File，得到图 3-12 所示的图形编辑窗口。

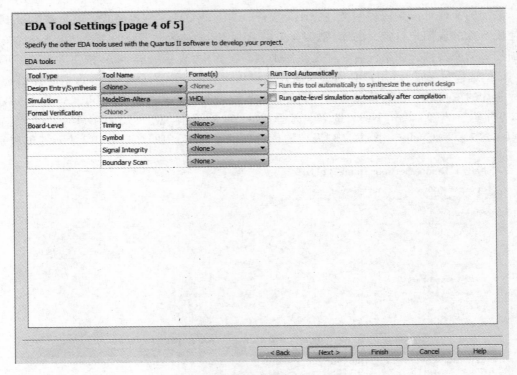

图 3-10　仿真器和综合器选择界面

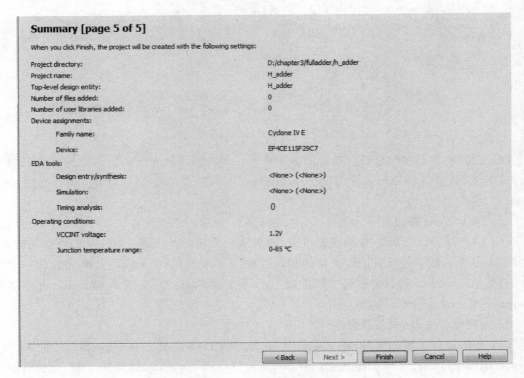

图 3-11　工程设置统计窗口

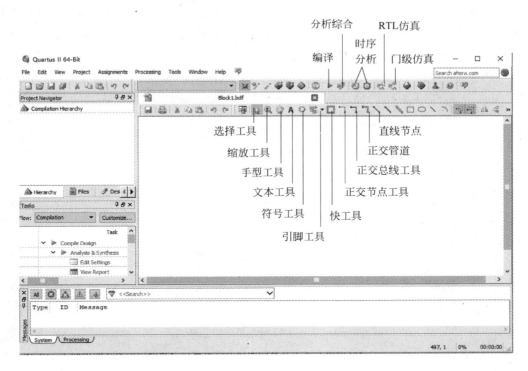

图 3-12　Quartus Ⅱ图形编辑窗口

（2）在原理图空白处双击，弹出 Symbol 选择窗（或右击，选择 Insert｜Symbol 命令），出现元件选择对话框，如图 3-13 所示。在图 3-13 中可以看到，Quartus Ⅱ为实现不同的逻辑功能提供了大量的基本单元符号和宏功能模块（LPM），设计者可以在原理图编辑器中直接调用，单击 Libraries 中单元库前面的箭头可展开符号，直到库中所有图元以列表形式显示出来，选择所需的图元，此处选择了 AND2，该符号将显示在图 3-13 右侧，单击 OK 按钮，所选符号将显示在图 3-13 的图形编辑区内，在合适位置单击可放置符号 AND2。

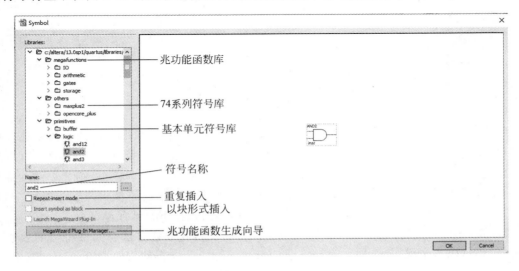

图 3-13　元件选择对话框

　　为了设计半加器,可参考图 3-4 所示的半加器原理图,重复上述步骤分别选择元件与门 AND2(1 个)、异或门 XOR(1 个)和非门 NOT(1 个)。最终可得到设计半加器的原理图文件,如图 3-14 所示。

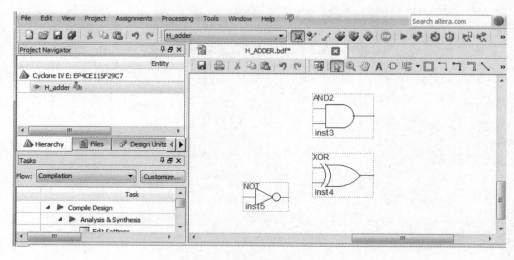

图 3-14　半加器的原理图文件

(3) 建立完整的原理图设计文档。

　　要建立一个完整原理图设计文档,在调入所需的元件以后,还须根据设计需要完成符号之间的连线,并根据信号输入输出类型放置输入引脚、输出引脚或双向引脚,如图 3-15 所示。

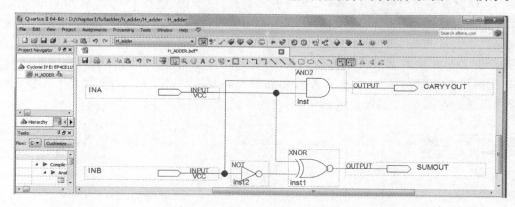

图 3-15　完整的半加器原理图文档

　　① 连线。符号之间的连线包括信号线(node line)和总线(bus line)。如果需要连接两个端口,则将鼠标移动到其中一个端口上,这时鼠标指示符会自动变为“＋”形状,一直按着鼠标的左键并拖动鼠标到达第二端口,松开左键,即可在两个端口间画出一条连线。Quartus Ⅱ 软件会自动根据端口属性确定是单信号连接还是总线连接。在连线过程中,当需要在某个地方拐弯时,只需在该处放开鼠标左键,然后再按下左键拖动即可。

　　② 放置引脚。引脚包括输入、输出或双向 3 种类型,其放置方法与元件符号的放置方法一样,也可以右击模块,选取 generate pin for symbol ports 自动添加端口。

　　③ 为引线和引脚命名。引线的命名方法是:在需要命名的引线上单击,此时引线处于

选中状态,同时引线上方将出现闪烁的光标,然后输入引线的名字。对单个信号线的命名可用字母数字组合的形式,如 A0、A1、clk_50、pll。对于 n 位总线的命名,可以采用 C$[n-1..0]$ 的形式。

引脚的命名输入方法是:在已放置的引脚的 pin_name 处双击,然后输入该引脚的名字,命名的方法与引线命名一样。引脚也分单信号线引脚和总线引脚。

④ 图形编辑器选项设置。

在 Quartus II 的 Tools 的菜单选择 Options 命令,则弹出各种编辑器的设置对话框。可从 Category 栏中选择 Block\Symbol Editor,根据需要设置图形编辑器窗口的选项,如背景色、符号颜色、各种文字字体、网格控制。本文选择默认设置。

⑤ 文件存盘。

选择 File|Save As 命令,找到已设立的文件夹,存盘文件名为 H_adder.bdf,然后将该设计文件添加到当前工程中(勾选对话框中的 Add file to current project 复选框),单击 Save 按钮即可将文件保存到指定目录中。

3.2.3　编译综合

Quartus II 默认把所有编译结果放在工程根目录中,Quartus II 编译器由一系列处理模块构成,这些模块负责对设计项目检错、逻辑综合、结构综合、输出结果的编辑配置以及时序分析。在这一过程中,将设计项目适配到 CPLD/FPGA 器件中,同时产生多种用途的输出文件,如功能和时序仿真、器件编程的目标文件等。编译器首先从工程设计文件间的层次结构描述中提取信息,显示每个低层次文件中的错误信息,供设计者排除。而后将这些层次构建一个结构化的、以网表文件表达的电路原理图文件,并把各层次中的所有文件结合成一个数据包,以便更有效地处理。

1. 编译器选项设置

编译前,设计者可以通过各种不同的设置,告诉编译器使用各种不同的综合和适配技术,以便提高设计项目的工作速度,优化器件的资源利用率。Quartus II 的所有选项都可在 Setting 选项中设置,在编译过程中及编译完成后,设计者可从编译报告窗中获取详细的编译结果,以便及时调整设计方案,如图 3-16 所示。

1) 目标器件设置

对项目进行编译时,需要为设计项目指定一个器件系列,然后设计人员可以指定一个目标器件(本书全程选择 Cyclone IV E 系列的 EP4CE115F29C7 芯片),也可以让编译器在适配过程中自动选择。

2) 编译过程设置

在 Setting 对话框中选择 Compilation Process Settings,则显示编译过程设置界面,编译过程设置包括编译速度、编译所用磁盘空间及其他选项,为使编译速度更快,可以打开 Use smart compilation 选项;为节省空间可打开 Preserve fewer node names to save disk space 选项;其他选项保留默认设置或根据需要设置。

Compilation Process Settings 中的 Physical Synthesis Optimizations 将适配过程和综合过程紧密结合起来,打破了传统的综合和适配完全分离的编译过程,要设置该选项,在

图 3-16   编译设置窗口

Setting 对话框 Compilation Process Settings 中选择 Physical Synthesis Optimizations 选项，如图 3-17 所示。

Optimize for performance(physical synthesis)选项功能说明如下：

（1）组合逻辑的物理综合(Perform physical synthesis for combinational logic)。勾选该项可以让 Quartus Ⅱ 适配器重新综合设计以减少关键路径上的延迟。通过交换逻辑单元(LE)中的查找表(LUT)端口，物理综合技术可以减少关键路径经过符号单元的层数，从而达到时序优化的目的，该选项还可以通过查找表复制的方式优化关键路径上的延时。但该选项仅影响查找表形式的组合逻辑结构，逻辑单元中的寄存器部分保持不动，而且寄存器模块、DSP 模块及 I/O 单元的输入不能交换。

（2）寄存器重定时的物理综合(Perform register retiming)选项。勾选该项可以让 Quartus Ⅱ 适配器移动组合逻辑两边的寄存器来平衡时延。图 3-17 中的 Fitter netlist optimizations 选项中的寄存器复制选项 Perform register duplication 允许 Quartus Ⅱ 适配器在布局基础上复制寄存器，该选项对组合逻辑也有效。

（3）Effort level 选项设置功能包含 3 个选项：Fast、Normal、Extra。默认为 Normal；Extra 选项的使用比 Normal 有更多的编译时间以获得较好的编译性能；而 Fast 选项使用最少的编译时间，但达不到 Normal 选项的编译性能。

3）Analysis & Synthesis Settings

该选项可以优化设计的分析综合过程。在 Setting 对话框中选择 Analysis & Synthesis Settings，则显示分析综合设置(Analysis & Synthesis Settings)界面，如图 3-18 所示。

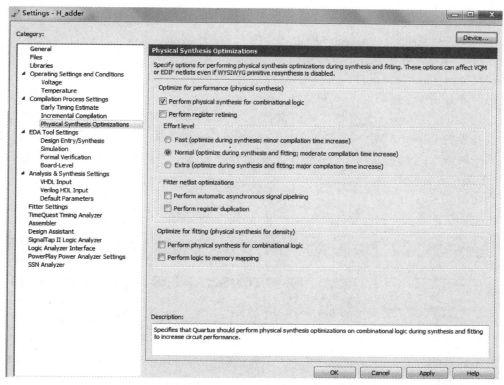

图 3-17　Setting 对话框 Physical Synthesis Optimizations 选项

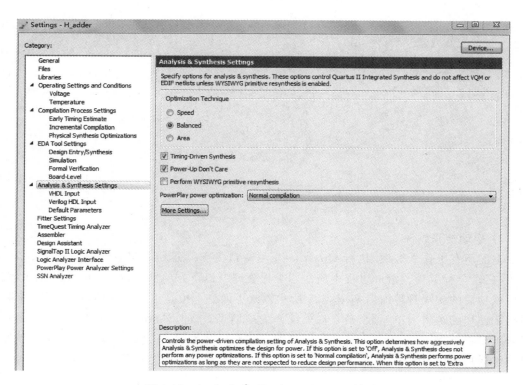

图 3-18　Analysis & Synthesis Settings 界面

Optimization Technique 选项指定在逻辑优化时编译器优先考虑以下条件：

(1) Speed，编译器以设计实现的工作速度 Fmax 优先。

(2) Balanced，编译器折中考虑速度与资源占用情况（默认设置）。

(3) Area，编译器使设计占有尽可能少的器件资源。

在图 3-18 中，选择 Analysis & Synthesis Settings 下的 VHDL Input 和 Verilog HDL Input，也可以指定 Quartus Ⅱ 的库映射文件（.lmf）。如果在综合过程中使用了网表文件，可以选择设置 Perform WYSIWYG primitive resynthesis 选项，该选项可指导 Quartus Ⅱ 软件对原子网表（atom netlist）中的逻辑单元映射分解为（un-map）逻辑门，然后重新映射（re-map）到 Altera 特性图元。

4) Fitter Settings

Fitter 设置选项可控制器件及编译速度，如图 3-19 所示，一般选用默认设置。

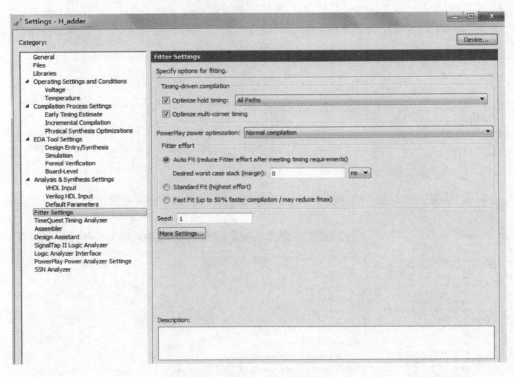

图 3-19　Fitter Settings 界面

2. 启动全程编译

上面所有工作做好后，执行 Quartus Ⅱ 主窗口的 Processing 菜单的 Start Compilation 命令，启动全程编译。编译过程中应注意工程管理窗口下方的 Processing 栏中的编译信息。编译成功后的工程管理窗口如图 3-20 所示。此界面左上角是工程管理窗口，显示此工程的结构和使用的逻辑宏单元数，最下栏是编译处理信息，中间（Compilation Report 栏）是编译报告项目选择菜单，单击其中各项可了解编译和分析结果，最右边的 Flow Summary 栏则显示硬件耗用统计报告。

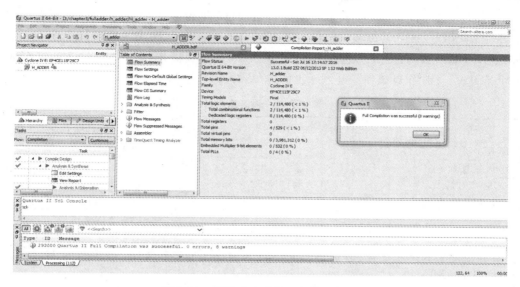

图 3-20　编译成功后的工程管理窗口

3. 项目编译结果分析

　　Quartus II编译器包含多个独立的模块，各模块可独立运行，也可选择 Processing 菜单的 Start Compilation 命令，或单击工具栏上的快捷键按钮启动全程编译。在设计项目的编译过程中，状态窗口和消息窗口会自动显示出来。在状态窗口中将显示全程编译中各个模块和整个编译进程的进度以及所用时间。

　　在编译过程中如果出现设计错误，可以在消息窗口选择错误信息，在错误信息上双击，从弹出的菜单中选择 Locate in Design File 命令，在设计文件中定位错误所在地方。在右键菜单中选择 Help 命令，可以查看错误信息帮助，修改全部错误，直到全部成功。

　　在编译报告左边窗口单击可展开要查看的编译报告详细信息，选择要查看的部分，报告内容将在右边窗口中显示出来。

4. 包装元件入库

　　全程编译以后，选择 Tools|Chip Planner 命令，可以在底层芯片规划图中观察或调用适配结果。当编译结果正确无误后，选择 File→Create /update→Create Symbol Files for Current File，将当前文件变成了一个包装好的单一元件（H_adder. bsf），并放置在工程路径指定的目录中以备后用。

3.2.4　硬件测试

　　为了能对所设计的半加器电路进行硬件测试，应将其输入输出信号锁定在开发系统的目标芯片引脚上，并重新编译，然后对目标芯片进行编程下载，完成 EDA 的最终开发。不失一般性，本设计选用的 EDA 开发平台为 DE2-115（详细内容请参照附录 A），其详细流程如下。

1. 确定引脚编号

　　在前面的编译过程中，Quartus II 自动为设计选择输入输出引脚，而在 EDA 开发平台上,FPGA 与外部的连线是确定的,要让电路在 EDA 平台上正常工作,必须为设计分配引脚。本书选择 DE2-115 开发板,查阅附录 A 可得半加器电路输入输出引脚分配,如表 3-3 所示。用 SW0、SW1 表示二进制输入序列 INA、INB,输出 SUMOUT(和)进位输出 CARRYOUT 分别用 DE2-115 开发板上的绿色发光二极管 LEDG[0]和 LEDG[1]表示。

表 3-3 半加器电路输入输出引脚分配表

信 号 名	引脚号 PIN	对应器件名称
INA(加数)	PIN_AB28	SW0
INB(被加数)	PIN_AC28	SW1
SUMOUT(和)	PIN_E21	发光二极管 LEDG[0]
CARRYOUT(进位输出)	PIN_ E22	发光二极管 LEDG[1]

2. 引脚锁定

引脚锁定的方法有 3 种,分别是手工分配、使用 qsf 文件和使用 csv 文件导入。

1) 手工分配引脚

在 Assignments 菜单中,选定 Pin Planner 项,弹出对话框 Pin Planner 编辑窗,如图 3-21所示,在该对话框下方 All Pins 列表中包含所有引脚信息。双击某个引脚对应的 Location 栏,在弹出的下拉列表中选择本工程要锁定的信号名 INA 对应的引脚号 PIN_ AB28,用同样的方法锁定其余 3 个引脚。分配结果如图 3-21 所示。

最后,执行 File 菜单下的 Save 命令,保存引脚锁定信息,然后再全程编译一次,编译成功后的界面如图 3-22 所示。

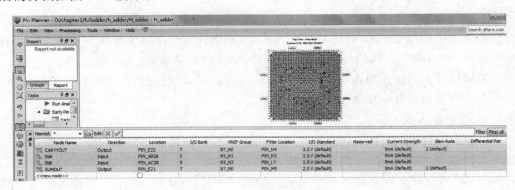

图 3-21 Pin Planner 编辑窗

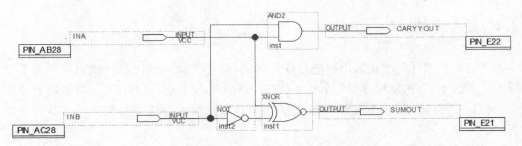

图 3-22 引脚分配编译成功的原理图

2）使用 qsf 文件

引脚分配的结果可导出到 .qsf 文件中，用于其他工程的引脚分配。引脚较多时，可以用 qsf 文件进行引脚锁定，使用 qsf 文件进行引脚锁定只需要全程编译一次即可（Start Compilation），方法如下：

用记事本打开 H_adder.qsf，将以下命令添加到 H_adder.qsf 文件中，保存并编译即可完成引脚锁定。

```
set_location_assignment PIN_AB28 -to INA
set_location_assignment PIN_AC28 -to INB
set_location_assignment PIN_E22 -to CRRYOUT
set_location_assignment PIN_E21 -to SUMOUT
```

3）使用 csv 文件自动导入

第 3 种方法是修改 .CSV 文件进行引脚锁定。在主菜单中选择 Assignments|Import Assignment 菜单，导入 DE2-115 系统光盘中提供的文件名为 De2_115_pin_assignment.csv 的引脚配置文件，如果要用文件中的引脚配置，需要在 H_adder.bdf 中将节点 INA 改为 sw[0]，INB 改为 s[1]，SUMOUT 改为 LEDG[0]，CARRYOUT 改为 LEDG[1]，并重新编译。如引脚配置文件中含有大量本实验没有用到的引脚，在编译时将会出现大量警告，此时删除多余引脚再编译即可消除警告。

3. 编程与配置 FPGA

完成引脚锁定工作后，选择编程模式和配置文件。DE2-115 平台上内嵌了 USB-Blaster 下载组件，可以通过 USB 线与 PC 相连，并且通过两种模式配置 FPGA：一种是 JTAG 模式，通过 USB-Blaster 直接配置 FPGA，但掉电后，FPGA 中的配置内容会丢失，再次上电需要对 FPGA 重新配置；另一种是 AS 模式，通过 USB-Blaster 对 DE2-115 平台上的串行配置器件 EPCS64 进行编程，平台上电后，EPCS64 自动配置 FPGA。

JTAG 模式的下载步骤如下：

（1）打开电源。为了将编译产生的下载文件配置到 FPGA 中进行测试，首先将 DE2-115实验系统和 PC 之间用 USB-Blaster 通信线连接好，将 RUN/PROG 开关拨到 RUN，打开电源即可。

（2）打开编程窗和配置文件。执行 Tools 菜单中的 Programmer 命令，在弹出的编程窗 Mode 栏中有 4 种编程模式可以选择：JTAG、Passive Serial、Active Serial Programming 和 In-Socket Programming。为了直接对 FPGA 进行配置，选 JTAG 模式，单击下载文件右侧第一个小方框，如果文件没有出现或者有错，单击左侧 Add File 按钮，选择下载文件标识符 H_adder.sof。

（3）选择编程器。若是初次安装的 Quartus Ⅱ，在编程前必须进行编程器的选择操作，究竟选择 ByteBlasterMV 或 USB-Blaster[USB-0]哪一种编程方式取决于 Quartus Ⅱ对实验系统上的编程口的测试。在编程窗中，单击 Setup 按钮可设置下载接口方式，这里选择 USB-Blaster[USB-0]。方法是单击编程窗上的 Hardware Setup 对话框；选择此框的 Hardware settings 页，再双击此页中的选项 USB-Blaster[USB-0]，单击 Close 按钮关闭对话框即可。

（4）文件下载。最后单击下载标识符 Start 按钮。当 Progress 显示出 100%，并且在底部的处理栏中出现 Configuration Succeeded 时,表示编程成功。

4. 硬件测试

成功下载文件 H_adder. sof 后。通过实验板上的输入开关 sw[0]、sw[1]得到不同的输入,观测 LEDG[0]、LEDG[1]的输出,对照真值表检查半加器电路的输出是否正确。

3.3　基于原理图输入的 Quartus Ⅱ 设计

利用原理图输入设计的优点是,设计者不必具备编程技术、硬件描述语言等知识就能迅速入门,并能完成较大规模数字逻辑电路的 EDA 设计。

Quartus Ⅱ可提供比 MAX+plus Ⅱ功能更强大、更直观快捷、操作更灵活的原理图输入设计功能。同时还提供更丰富的适用于各种需要的库单元供设计者使用,包括基本逻辑元件(如与非门、触发器)、宏功能元件(如 74 系列的全部器件)、多种特殊的逻辑宏功能(Macro-Function)和及类似于 IP 核的参数化功能模块 LPM(Library of Parameterized Modules),但更为重要的是,Quartus Ⅱ还提供了原理图输入多层次设计功能,使得用户能设计更大规模的电路系统以及使用方便、精度良好的时序仿真器。

【**例 3-1**】　利用 3.2 节所设计的半加器电路 H_adder 设计一位全加器,其原理图如图 3-23所示。

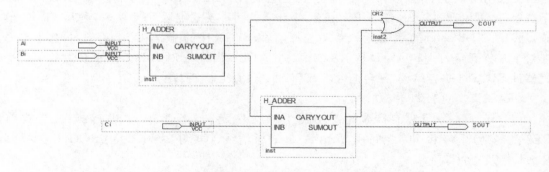

图 3-23　由两个半加器构成的一位全加器原理图(截屏图)

解:根据 3.2 节所述的在 Quartus Ⅱ平台上使用原理图输入法设计数字逻辑电路的基本流程,本例的设计步骤如下。

(1)建立工作库目录文件夹以便设计工程项目的存储。本设计工程项目建立的工作库目录文件夹为 D: \chapter3\fulladder。

(2)建立新工程。选择 File|New Project Wizard 命令,打开建立新工程对话框,单击对话框最上一栏右侧的"..."按钮,找到项目所在的文件夹,再单击 Open 按钮,即出现图 3-7 所示的对话框。其中,第 1 行表示工程所在的工作库目录文件夹;第 2 行表示新建工程的工程名 fulladder_g,此工程名可以取任何其他的名称,也可以用顶层文件实体名作为工程名;第 3 行是顶层文件的实体名,默认与工程名相同。

(3)添加 3.2 节所设计的半加器 H_adder 文件到当前所建工程中,如图 3-24 所示。

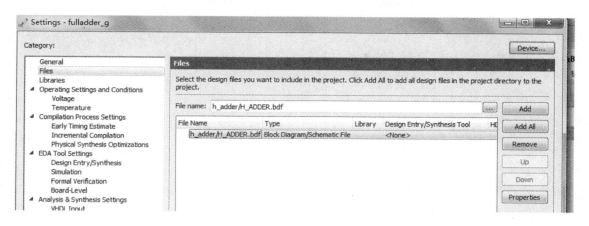

图 3-24　添加文件到新工程中

（4）编辑设计文件。

① 打开 Quartus II，执行 File|New 命令，进入 Quartus II 图形编辑窗。

② 在图形编辑窗中的任何一个位置右击，在出现的快捷菜单中选择 Insert|Symbol，将弹出输入元件对话框。

③ 直接在图 3-25 所示的输入元件对话框的 File name 下直接输入已设计好库的元件名 H_ADDER。

图 3-25　调用所设计半加器元件 H_ADDER

④ 为了设计全加器，参考图 3-23，重复步骤②，分别选择元件 H_ADDER、或门 OR2、输入 INPUT、输出 OUTPUT。在调入所需的元件以后，还须根据设计需要完成符号之间的连线，并根据信号输入输出类型放置输入引脚、输出引脚或双向引脚，如图 3-26 所示，最终可得到设计一位全加器的原理图文件。

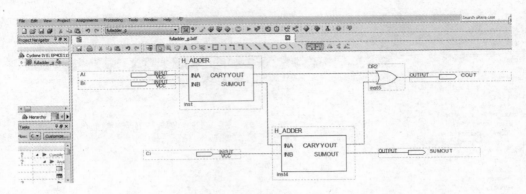

图 3-26　一位全加器的原理图文件

⑤ 文件存盘。将所设计的原理图以文件名 fulladder_g.bdf 存盘,并将该文件添加到当前工作项目中。

(5) 编译综合。上面所有工作做好后,执行 Quartus Ⅱ 主窗口的 Processing|Start Compilation 选项,启动全程编译。

(6) 引脚锁定。用记事本打开 fulladder_g.qsf,将以下命令添加到该文件中,执行 File 菜单下的 Save 命令,引脚锁定后,必须再编译一次,将引脚锁定信息编译到下载文件 fulladder_g.sof 中,如图 3-27 所示。

```
set_location_assignment PIN_AB28 -to Ai      --SW[0],加数
set_location_assignment PIN_AC28 -to Bi      --SW[1],被加数
set_location_assignment PIN_AC27 -to Ci      --SW[2],进位输入
set_location_assignment PIN_E21 -to COUT     --LEDG[0],发光二极管(进位输出)
set_location_assignment PIN_E22 -to SUMOUT   --LEDG[1],发光二极管(和输出)
```

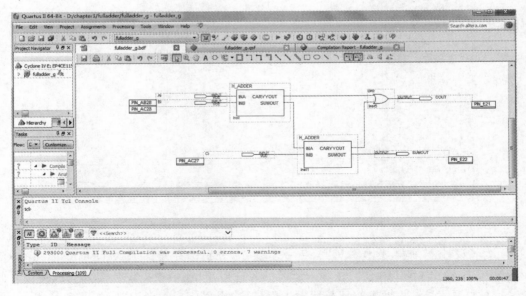

图 3-27　引脚分配编译成功后的原理图文件

（7）编程与配置 FPGA。

参考 3.2.4 节的叙述和附录 A,可实现设计电路到目标芯片的硬件测试和编程下载,成功下载文件 fulladder_g.sof 后。通过 DE2-115 实验板上的输入开关 sw[0]、sw[1]、sw[2]得到不同的输入,观测 LEDG[0]、LEDG[1] 的输出,对照二进制加法进位的规则检查一位全加器电路的输出是否正确。

【例 3-2】　应用 Quartus Ⅱ 宏功能元件 74283 设计 4 位并行加法器,并将运算结果用 DE2-115 的七段数码管显示。

解：根据 3.2 节内容,在 Quartus Ⅱ 平台上,使用原理图输入法设计数字逻辑电路的基本流程包括编辑设计文件、建立工程项目、编译综合、仿真测试、硬件测试、编程下载等,一个 4 位并行加法器可由 1 片宏功能元件 74283 组成,其显示部分可用 7447(共阳极七段译码器)。设计步骤如下：

步骤 1：编辑设计文件。

（1）建立工作库目录文件夹为 D：/chapter3/example3-2/,以便设计项目的存储。

（2）输入源程序。

① 打开 Quartus Ⅱ,选择 File|New 命令。在 New 窗口中的 Device Design Files 中选择硬件设计文件类型为 Block Diagram/Schematic File,单击 OK 按钮后进入 Quartus Ⅱ 图形编辑窗。

② 在图形编辑窗中的任何一个位置右击,在出现的快捷菜单中,选择其中的输入元件项 Insert|Symbol,将弹出如图 3-25 所示的输入元件对话框。

③ 在图 3-25 所示的输入元件对话框中,Quartus Ⅱ 列出了存放在 C：/alerta/quartus13.0sp1/Quartus Ⅱ/libraries 文件夹中的各种元件库。其中 meagfunctions 是参数化功能模块(LPM)元件库,该元件库中包含算法类型(arithmetic)、门类型(gates)、I/O 类型(IO)、存储类型(storage)等功能模块；others 主要是 maxplus2 老式宏功能元件库,包括加法器、编码器、译码器、计数器和寄存器等 74 系列的全部器件；Primitives 是基本逻辑元件库,包括缓冲器(buffer)、基本逻辑门(logic)、输入输出引脚(pin)、触发器(storage)等。

④ 单击"…"按钮,在元件选择窗口的符号库 libraries 中,选择 others|maxplus2 老式宏功能元件库中的 74283、7447,输入 input 引脚,输出 output 引脚。此元件将显示在窗口中,然后单击 OK 按钮,即可将元件调入图形编辑窗。

（3）连接符号命名引脚。

① 根据题意,4 位并行加法器可由 1 个 74283 元件、1 个 7447 元件及相应输入引脚 input 和输出引脚 output 组成,移动功能模块使它们排列整齐,为画连接线做好准备。

② 双击输入或输出引脚中原来的名称,使其变黑就可以用键盘将输入端的名称改为 A[3..0]、B[3..0]、CIN,输出端名称改为 HEX0[6..0]、cout。

③ 将鼠标指针引向输入或输出引脚的末端,鼠标的选择指针会变成十字形的画线指针,按下鼠标左键定义线的起点,按住左键拖动鼠标,在引脚的末端和功能模块相应的引脚之间画一条线,松开鼠标左键,即连好一条线。

④ 右击可选择相应的线型(Line)。对于单节点连线,如 CIN、cout,选择 Node Line；对于多节点连线,即总线,如 A[3..0]、B[3..0]、HEX0[6..0],选择 Bus Line。

⑤ 通过文字连接节点与总线。在原理图输入设计中,可通过文字将功能模块对应的总

线输入输出节点与输入(input)或输出(output)总线引脚连接起来,命名的原则就是总线中的每个支线都与某个节点拥有相同的名字,即通过赋予支线适当的名字将节点与总线在逻辑上连接起来,而无须在图中做物理上的连接。4 位并行加法器的最后原理图文件如图 3-28 所示。

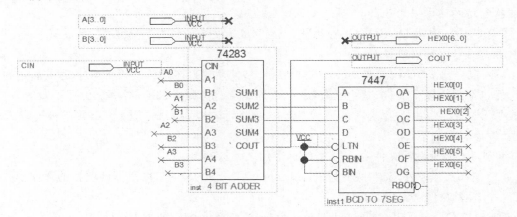

图 3-28　基于 74283 模块的 4 位并行加法器原理图

（4）文件存盘。选择 File|Save As 命令,找到已建立的文件夹 D:/chapter3/example3_2/,将已设计好的原理图以文件名 example3_2.bdf 存盘。

步骤 2：建立新工程项目。

单击 Save As 命令后,出现"Do you want to create a new project with the file?"提示框,单击 Yes 按钮,即可按 3.2.2 节的步骤建立新工程,建立新工程时注意将当前文件添加到该工程中(Add Current File to Project)。

步骤 3：编译综合。上面所有工作做好后,执行 Quartus Ⅱ 主窗口的 Processing 菜单的 Start Compilation 选项,启动全程编译。编译过程中应注意工程管理窗下方的 Processing 栏中的编译信息。如果编译成功,可得图 3-29 所示的界面,单击 OK 按钮即可。

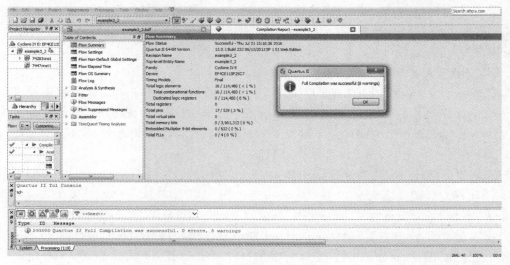

图 3-29　编译成功的界面

步骤 4：引脚锁定。

完成上述操作后，可参考 3.2.5 节的叙述，实现设计电路到目标芯片的硬件测试和编程下载流程，本例用 qsf 文件进行引脚锁定。用记事本打开 example3_2.qsf，按表 3-4 及例 3-1 的方法修改文件后，存盘即可，完成引脚锁定后，再次执行 Star Compilation，生成 sof 目标文件。

表 3-4　例 3-2 电路输入输出引脚分配表

信 号 名	引脚号 PIN	对应器件名称
A[3..0]（四位加数）	PIN_AD27	SW[3]
	PIN_AC27	SW[2]
	PIN_AC28	SW[1]
	PIN_AB28	SW[0]
B[3..0]（四位被加数）	PIN_AB26	SW[4]
	PIN_AD26	SW[5]
	PIN_AC26	SW[6]
	PIN_AB27	SW[7]
CIN（进位输入）	PIN_AC25	SW[8]
HEX0[0]	PIN_G18	七段数码管输出
HEX0[1]	PIN_F22	
HEX0[2]	PIN_E17	
HEX0[3]	PIN_L26	
HEX0[4]	PIN_L25	
HEX0[5]	PIN_J22	
HEX0[6]	PIN_H22	
COUT（进位输出）	PIN_ E21	发光二极管 LEDG[0]

步骤 5：编程下载。选择菜单项 Tools | Programmer 打开程序下载环境，选择 USB-Bluster 下载方式，将 example3_2.sof 文件列表中 Program/Configure 属性勾上，单击 Start 按钮，开始下载程序，完成后下载程序显示为 100%。

步骤 6：硬件测试。在开发板上拨动 ED2-115 上的开关 SW[3]、SW[2]、SW[1]、SW[0]（加数 A[3..0]）、SW[7]、SW[6]、SW[5]、SW[4]（被加数 B[3..0]）、SW[8]（进位输入 CIN），可观测到加法运算后在七段数码管上的显示结果是否符合设计要求。

3.4　基于文本输入的 Quartus Ⅱ 设计

基于硬件描述语言 VHDL 的数字电路设计是一个从抽象到实际的过程。从原则上说，VHDL 可以用于各种应用场合的数字系统自动设计，包括定制和半定制集成电路的设计。这些不同系统的设计过程还是有相当差别的。基于 VHDL 文本输入的数字电路的 Quartus Ⅱ设计的过程包括系统设计、设计输入、综合、布局布线、仿真。

首先进行的是系统设计，要对系统的性能作出正确的描述，在系统设计过程中应该对系统进行层次式的分解，将系统分解为各种功能模块，并对功能模块的性能和接口进行正确的描述。在系统设计的基础上进行各个功能模块的逻辑设计,以保证能够正确地实现模块所要求的逻辑功能。这种功能级的设计也是要通过硬件描述语言来完成的,主要是要求正确地描述模块的功能和逻辑关系,但不考虑逻辑关系的具体实现。

　　在完成功能设计后,应该对设计进行逻辑模拟,就是通过软件的方法,对所设计的模块输入逻辑信号,计算输出响应,以验证设计在功能上是否正确,是否得到系统设计中所要求的模块功能。逻辑模拟可以在没有实现具体的逻辑模块前,通过软件的方法验证设计的正确性,可以有效地提高设计的效率,降低设计的成本。

　　如果逻辑模拟得到了满意的结果,就可以进行具体的逻辑综合。逻辑综合要和所使用的逻辑部件结合进行。采用小规模集成电路和采用大规模集成电路的综合方法是不同的,采用 CPLD/FPGA 和采用门阵列的综合方法也是不同的。

　　完成逻辑综合后,可以进行具体的物理设计,也就是通常所说的布局和布线设计。在使用 CPLD/FPGA 等半定制器件进行设计时,则是要将逻辑综合的结果用 CPLD/FPGA 器件的内部逻辑器件来实现,并且寻求这些逻辑器件之间的最佳布线和连接。

　　在布局和布线完成之后,一般还要对设计的结果再作一次时间特性的模拟。在完成物理设计后,电路上所使用的器件的大小、布线的长短都可以具体确定,这时候进行的时间特性的模拟就可以比较准确地反映最后产品的时间特性。如果模拟的结果还有问题,就应该重新进行逻辑综合,或者重新进行逻辑设计。

　　因此 VHDL 设计完成后,必须利用 EDA 软件中的综合器、适配器、时序仿真器和编程器等工具进行相应的处理和下载,才能将此项设计在 CPLD/FPGA 上完成硬件实现并进行硬件测试。本节将通过一个实例详细介绍基于 VHDL 文本输入的数字逻辑电路的 Quartus II 设计方法和技巧。

　　【例 3-3】　利用 VHDL 设计 DE2-115 开发板上七段数码显示译码器电路,并给出仿真结果。

　　解:根据题意,其设计过程如下。

　　(1) 编辑设计文件。

　　① 七段译码器显示的原理。在一些电子设备中,需要将 8421 码代表的十进制数显示在数码管上,如图 3-30 所示。数码管内的各个笔画段由 LED(发光二极管)制成。每一个 LED 均有一个阳极和一个阴极,当某 LED 的阳极接高电平,阴极接地时,该 LED 就会发光。对于共阳极数码管,各个 LED 的阳极全部连在一起,接高电平;阴极由外部驱动,故驱动信号为低电平有效;共阴数码管则相反,使用时必须注意区分。DE2-115 使用的是共阳极数码管。

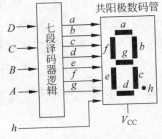

图 3-30　七段译码电路框图

　　② 七段译码器逻辑电路的 VHDL 建模。七段译码器逻辑电路的 VHDL 模型如图 3-31所示。该 VHDL 设计描述了库(LIBRARY)说明,实体(ENTITY)说明,结构体(ARCHITECTURE)说明 3 个层次。七段译码器逻辑电路的功能是将一位 8421 码译为驱动数码管各电极的 7 个输出量 $a \sim g$。输入量 DCBA(INA)是 8421 码,$g \sim a$(oSEG[6..0])是 7 个输出端,分别与数码管上的对应笔画段相连。在 $g \sim a$ 中,输出 0 的能使对应的笔画段发光,否则对应的笔画段熄灭。例如,要

使数码管显示"0"字形,则 g 段不亮,其他段都亮,即要 $gfedcba=1000000$。h 是小数点,另用一条专线驱动,不参加译码。

```
LIBRARY IEEE ;
USE IEEE.STD_LOGIC_1164.ALL ;
ENTITY example3_3 IS
    PORT ( INA    : IN    STD_LOGIC_VECTOR(3 DOWNTO 0);
                oSEG : OUT STD_LOGIC_VECTOR(6 DOWNTO 0) ) ;
END ;
ARCHITECTURE one OF example3_3 IS
BEGIN
    PROCESS( INA )
    BEGIN
        CASE INA IS                                            --0--        "6543210"
            WHEN "0000" => oSEG <= "1000000";   --0     |      |
            WHEN "0001" => oSEG <= "1111001";   --1     |5    1|
            WHEN "0010" => oSEG <= "0100100";   --2     |      |
            WHEN "0011" => oSEG <= "0110000";   --3       --6--
            WHEN "0100" => oSEG <= "0011001";   --4     |      |
            WHEN "0101" => oSEG <= "0010010";   --5     |4    2|
            WHEN "0110" => oSEG <= "0000010";   --6     |      |
            WHEN "0111" => oSEG <= "1111000";   --7       --3--
            WHEN "1000" => oSEG <= "0000000";   --8
            WHEN "1001" => oSEG <= "0010000";   --9
            WHEN "1010" => oSEG <= "0001000" ;
            WHEN "1011" => oSEG<= "0000011" ;
            WHEN "1100" => oSEG <= "1000110" ;
            WHEN "1101" => oSEG <= "0100001" ;
            WHEN "1110" => oSEG <= "0000110" ;
            WHEN "1111" => oSEG <= "0001110" ;
            WHEN OTHERS => NULL ;
        END CASE ;
    END PROCESS ;
END ;
```

图 3-31　七段数码管译码显示输出 VHDL 代码

③ 建立工作库目录,文件夹为 D:/chapter3/example3_3/。

④ 输入源程序。打开 Quartus II,选择 File|New 命令。然后在 VHDL 文本编辑窗中输入图 3-31 所示的七段译码器 VHDL 代码 example3_3. vhd。

⑤ 文件存盘。选择 File|Save As 命令,找到已建立的文件夹 D:/chapter3/example3_3/,VHDL 文件的存盘文件名应与实体名一致,即均为 example3_3. vhd。

(2) 建立工程项目。选择 File|New Project Wizard 命令,打开建立新工程对话框。单击对话框最上一栏右侧的"…"按钮,找到项目所在的文件夹 D:/chapter3/example3_3/,选中已存盘的文件 example3_3. vhd,再单击 Open 按钮,其中第一行的 D:/chapter3/

example3_3/表示工程所在的工作库目录文件夹；第二行表示该工程的工程名，此工程名可以取任何其他的名称，也可以用顶层文件实体名作为工程名；第三行是顶层文件的实体名，此处即为 example3_3。

（3）编译。执行 Quartus Ⅱ 主窗口的 Processing 菜单的 Start Compilation 命令，启动全程编译。

（4）引脚锁定。完成上述操作后，可参考 3.2.4 节的叙述，实现设计电路到目标芯片的硬件测试和编程下载流程，本例用 qsf 文件进行引脚锁定。用记事本打开 example3_3.qsf，按表 3-5 及例 3-1 的方法修改文件后，存盘即可。完成引脚锁定后，再次执行 Start Compilation，生成 sof 目标文件。

表 3-5　七段数码管译码电路输入输出引脚分配表

信号名	引脚号 PIN	对应器件名称
INA[3..0]	PIN_AD27,PIN_AC27,PIN_AC28,PIN_AB28	sw[3],sw[2],sw[1],sw[0]
oSEG[6]	PIN_H22	HEX0[6]
oSEG[5]	PIN_J22	HEX0[5]
oSEG[4]	PIN_L25	HEX0[4]
oSEG[3]	PIN_F22	HEX0[3]
oSEG[2]	PIN_E17	HEX0[2]
oSEG[1]	PIN_L26	HEX0[1]
oSEG[0]	PIN_G18	HEX0[0]

（5）编程下载。选择菜单 Tools|Programmer 打开程序下载环境，选择 USB-Bluster 下载方式，将 example3_3.sof 文件列表中 Program/Configure 属性勾上，单击 Start 按钮，开始下载程序，完成后下载程序显示为 100%。

（6）硬件测试。在开发板上拨动 ED2-115 上的开关 sw[3]、sw[2]、sw[1]、sw[0]（输入 INA[3..0]），检查在七段数码管上的显示结果是否符合设计要求，正确的结果应该是在 DE2-115 的第一数码管可以显示 0～F 等 16 个二进制数。

【例 3-4】　利用 VHDL 设计一个 n 位加法器/减法器，并给出 $n=4$ 时的仿真结果。

解：根据题意，其设计过程如下。

（1）编辑设计文件。

① n 位加法器/减法器的 VHDL 建模。

n 位加法器/减法器既可以利用 VHDL 宏函数来设计，也可以直接用 VHDL 程序来设计。本例采用后一种方法。即采用寄存器表示法，用数组 $A[n..0]$ 来表示一组数位，并以位数组表示的布尔表达式进行组合逻辑运算，这样在设计中可以用一个等式来描述对数组中的每一位进行的逻辑运算，因此 n 位加法器/减法器电路可以利用一位全加器所采用的逻辑表达式来完成对 n 位数组的加法。设被加数为 $[A]$、加数为 $[B]$、进位为 $[C_{in}]$、和为 $[S]$，根据一位全加器输出的逻辑表达式，则用寄存器表示法的 n 位加法器的求和等式为

$$[S] = [A] \oplus [B] \oplus [C_{in}] \tag{3-1}$$

进位输出等式为

$$[C_{out}] = [A][B] + [A][C_{in}] + [B][C_{in}] \tag{3-2}$$

需要注意的是，级间的进位信号不是整个电路的输出或者输入，而是中间变量 C，并将

每一个进位位作为它所对应的那一级加法/减法电路的输入,进位数组中的数位可以认为是加法/减法电路的"级联线",该数组在每一级必须有一个进位输入和在最高位有一个进位输出,因此有

$$[C_{\text{out}}] = C[(n+1)..1] \tag{3-3}$$

$$[C_{\text{in}}] = C[n..0] \tag{3-4}$$

② 程序设计。完成 n 位加法器/减法器的 VHDL 建模后,即可进行程序设计。该 VHDL 设计描述了常量说明(PACKAGE)、库(library)说明、实体(ENTITY)说明、结构体(ARCHITECTURE)说明 4 个层次。

```
PACKAGE const IS
    CONSTANT number_of_bits : INTEGER: =4;            -- 设置数据位数为 4
    CONSTANT n : INTEGER: =number_of_bits - 1;        -- 最高有效位 MSB 数值
END const;
USE work.const.all;
ENTITY example3_4 IS
    PORT(  add      : IN    BIT;                      -- 加控制
           sub      : IN    BIT;                      -- 减控制和最低位进位输入
           a        : IN    BIT_VECTOR(n DOWNTO 0);
           bin      : IN    BIT_VECTOR(n DOWNTO 0);
           s        : OUT BIT_VECTOR(n DOWNTO 0);
           carryout : OUT BIT);
END example3_4;
ARCHITECTURE addsubn OF example3_4 IS
    SIGNAL c       : BIT_VECTOR(n+1 DOWNTO 0);        -- 定义中间进位信号
    SIGNAL b       : BIT_VECTOR(n DOWNTO 0);          -- 定义 2 的补码变量
    SIGNAL bnot    : BIT_VECTOR(n DOWNTO 0);
    SIGNAL mode    : BIT_VECTOR(1 DOWNTO 0);
BEGIN
    bnot <= NOT bin;
    mode <= add & sub;
    muxx: WITH    mode SELECT
    b <= bin          WHEN "10",                      -- add
        bnot          WHEN "01",                      -- subb
        "0000"        WHEN OTHERS;
    c(0) <= sub;                                      -- 按位阵列格式读取进位位
    s <= a XOR b XOR c(n DOWNTO 0);                   -- 产生"加法和"数据
    c(n+1 DOWNTO 1)<= (a AND b) OR
                      (a AND c(n DOWNTO 0)) OR
                      (b AND c(n DOWNTO 0));           -- 产生循环进位信号
    carryout <= c(n+1);                               -- 进位输出的最高有效位
END addsubn;
```

③ 建立工作库目录,文件夹为 D：/chapter3/example3_4/。

④ 输入源程序。打开 Quartus Ⅱ,选择 File|New 命令。然后在 VHDL 文本编辑窗中输入 n 位加法器/减法器的 VHDL 源程序 example3_4.vhd。

⑤ 文件存盘。选择 File|Save As 命令,找到已建立的文件夹 D：/chapter3/example3_4/example3_4,VHDL 文件的存盘文件名应与实体名一致,即均为 example3_4.vhd。

　（2）建立工程项目。选择 File|New Project Wizard 命令，即打开建立新工程对话框。详细步骤同例 3-1。

　（3）编译。执行 Quartus Ⅱ 主窗口的 Processing 菜单的 Start Compilation 选项，启动全程编译。

　（4）仿真测试。全程编译正确无误后，在 Quartus Ⅱ 波形文件编辑方式下，完成 n 位加法器/减法器输入的赋值设置，即令 n＝4，[a]＝9，[bin]＝5，[add,sub]＝10 时执行加法（bin＋a）结果为 1110，[add,sub]＝01 时执行减法（bin－a）结果为 0100。s 为和，carryout 为进位或借位输出。其仿真输出波形文件如图 3-32 所示，观察仿真结果可知结果正确。其硬件测试可参照例 3-2 和附录 A 完成。

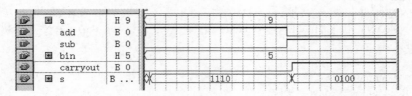

图 3-32　n 位加法器/减法器仿真输出波形文件（n＝4）

3.5　基于 LPM 可定制宏功能模块的 Quartus Ⅱ 设计

　Altera 宏功能模块是复杂或高级构建模块，可以在 Quartus Ⅱ 设计文件中与门和触发器等基本单元一起使用。设计者可以使用 File 菜单下的 MegaWizard Plug-In Manager 功能创建 Altera 宏功能模块、LPM 功能模块。作为 EDIF 标准的一部分，LPM 的形式得到了 EDA 工具的广泛支持。LPM 参数化模型即是 Quartus Ⅱ 软件所自带的 IP 核总汇，有效利用它可以大大减轻工程师的设计负担，避免重复劳动，随着 CPLD/FPGA 的规模越来越大，设计越来越复杂，使用 IP 核是 EDA 设计的发展趋势。

　这些 LPM 函数均基于 Altera 器件的结构作了优化。在实际的工程设计中，必须使用宏功能模块才可以使用一些 Altera 特定器件的硬件功能，例如各类片内存储器（RAM）、数字信号处理（DSP）模块、低电压差分信号（LVDS）驱动器、嵌入式锁相环（PLL）以及收发器（SERDES）电路模块等。这些可以以图形（即原理图输入）或 VHDL（文本输入）模块形式调用的宏功能模块使得基于 Quartus Ⅱ 的数字电路设计的效率和可靠性有了很大的提高。设计者可以根据实际应用的设计需要选择适当的 LPM 模块，并为其设定适当的参数，就能满足实际的设计需要，不过提醒设计者注意的是，Quartus Ⅱ 中的 LPM 模块多数是加密的，所以调用了 LPM 模块的设计文件最终实现的目标器件仅限于 Altera 公司的 CPLD/FPGA 器件，而不能移植到其他 EDA 工具中使用或使用其他公司的目标器件。

　使用 LPM 宏单元来设计数字电路有三大优点：一是 LPM 设计出来的电路与结构无关；二是设计者在利用 LPM 宏单元进行设计的同时，不用担心芯片的利用率和效率等问题，无须用基本的标准逻辑单元构造某种功能，LPM 宏单元也可以让设计者直到设计流程的末端都不用考虑最终的结构，设计输入和模拟都独立于物理结构；三是可以采用图形或硬件描述语言形式方便调用兆功能块（Megafunctions），使得基于 EDA 技术的电子设计的效率和可靠性有了很大的提高。器件的选择只有到逻辑综合或定制期间才需要考虑。为节省设计时间,建议使用宏功能模块,而不是自己对逻辑进行编码。

Quartus Ⅱ中 Altera 公司提供的可参数化宏功能模块和 LPM 函数有以下几类:

(1) 算术组件(arithmetic)。包括累加器、加法器、乘法器、比较器和算术函数。

(2) 门类型(gates)。包括多路复用器和基本门函数。

(3) I/O 组件。包括时钟数据恢复(CDR)、锁相环(PLL)、双数据速率(DDR)、千兆位收发器块(GXB)、LVDS 接收器和发送器、PLL 重新配置(Reconfiguration megafunction)和远程更新宏功能模块(Remote update megafunction)。

(4) 存储编译器(Memory Compiler)。包括存储器 RAM、ROM、FIFO、移位寄存器宏模块。

Altera 公司的 LPM 宏功能模块内容丰富,每一模块的功能、参数含义、使用方法、VHDL 模块参数设置及调用方法可以利用 Help 菜单中的 Megafunction/LPM 命令查询。Altera 推荐使用 MegaWizard 管理器(MegaWizard Plug-In Manager)对宏功能模块进行例化以及建立自定义宏功能模块变量。MegaWizard 管理器允许设计者选择基本宏功能模块,然后为其设置合适的参数及输入输出端口,再生成用户设计所需要的模块文件。该向导将提供一个图形界面,用于为参数和可选端口设置数值,帮助设计者建立或修改包含自定义宏功能模块变量的设计文件,然后可以在顶层设计文件中对这些模块进行例化,用于 Quartus Ⅱ软件以及其他 EDA 设计输入和综合工具中。

要运行 MegaWizard 管理器,可以利用 Quartus Ⅱ主窗口中 Tools|MegaWizard Plug-In Manager 命令,或在原理图设计文件(∗.bdf)的空白处双击,打开 MegaWizard Plug-In Manager,也可以将 MegaWizard 作为独立的实用程序来运行。

本节将通过示例介绍 LPM 可定制宏功能模块的具体功能,MegaWizard Plug-In Manager 的使用方法,在 Quartus Ⅱ中基于 LPM 模块数字逻辑电路的设计方法和技巧。

【例 3-5】 在 Quartus Ⅱ中为 Cyclone Ⅳ E 系列的 EP4CE115F29C7 芯片定制一个双端口 RAM,其数据宽度为 16 位,地址宽度为 5 位,并给出定制 RAM 的工作特性和读写方法的仿真结果。

解:设计过程如下。

(1) 建立 Quartus Ⅱ工程。

① 新建 Quartus Ⅱ工程 mult_ram,顶层实体名 mult_ram。

② 重新设置编译输出目录为 D:/chapter3/example3_5。

(2) 利用 MegaWizard Plug-In Manager 定制双端口 RAM,其流程如下:

① 新的设计工程创建好以后,在主菜单中选择 File|New 命令。在 New 窗口中的 Design Files 中选择硬件设计文件类型为 Block Diagram/Schematic File,得到图形编辑窗口。

② 在图形编辑窗口空白处双击鼠标,跳出 Symbol 选择窗(或右击并选择 Insert|Symbol 命令),出现元件选择对话框。

③ 在元件选择对话框中,单击 MegaWizard Plug-In Manager(或者在 Quartus Ⅱ主窗口 Tools 菜单中选择 MegaWizard Plug-In Manager 命令),出现如图 3-33 所示的界面,可选择以下操作模式:

• Create a new custom megafunction variation,创建一个新的宏功能块模块。

- Edit an exiting custom megafunction variation，修改编辑一个已存在的宏功能块模块。
- Copy an exiting custom megafunction variation，复制一个已存在的宏功能块模块。

④ 本例选择创建一个新的宏功能块模块，在图 3-33 中，单击 Next 按钮后，出现图 3-34 的宏功能块模块选择对话框。该对话框左侧列出了可供选择的宏功能块模块类型，有已安装的组件（Installed Plugins）和未安装的组件（Click to open IP MegaStore）。已安装的 Altera 宏功能模块主要有算术组件 Arithmetic、通信组件 Communication（如 8B10B 编解码器）、数字信号处理组件 DSP（如 FFT、FIR）、门类型 Gates（如译码器 DECODE，多路选择器 MUX）、输入输出组件 I/O（如锁相环 PLL）、接口组件 Interface（如以太网接口、PCI 接口、DDR）、存储编译器 Memory Compiler（如 RAM、ROM）等。未安装的部分是 Alter 的 IP 核，它们需要上网下载，然后再安装。

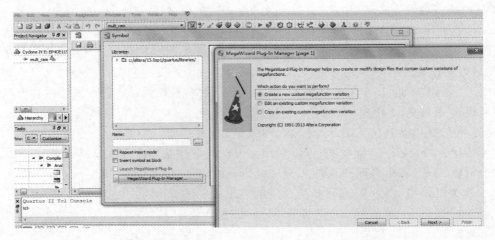

图 3-33　MegaWizard Plug-In Manager 向导对话框

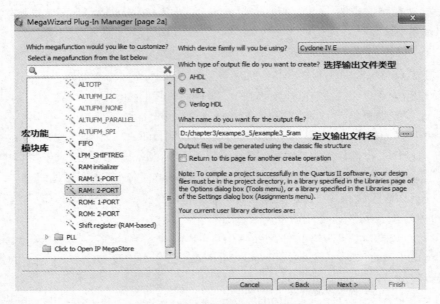

图 3-34　宏功能块模块选择对话框

　　图 3-34 中右边部分包括器件选择、硬件描述语言选择、输出文件的路径和文件名以及库文件的指定,这些库文件是设计者在 Quartus Ⅱ中编译时需要使用的。设计者在使用非系统默认、自己安装的 IP 核时,需指定用户库。

　　⑤ 在图 3-34 左栏 Memory Compiler 项下选择 RAM:2-PORT,在右边选择 Cyclone Ⅳ E 器件和 VHDL 语言方式,然后在下面的栏中指定输出文件存放的路径和文件名 D:/chapter3/example3_5/example3_5ram,单击 Next 按钮进入下一步。

　　在图 3-35 中,设定 RAM 的读/写端口的数量。本例选择一个读端口、一个写端口,存储类型选择字(word,即 8b),单击 Next 按钮进入下一步。

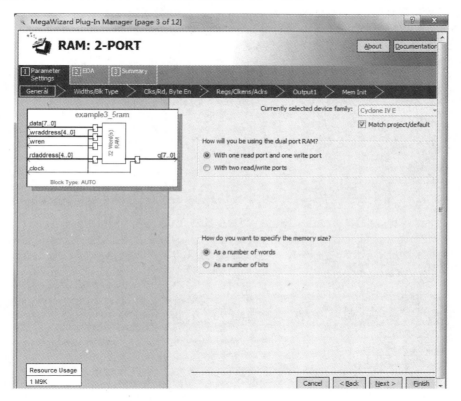

图 3-35　设定 RAM 的读/写端口的数量及存储类型(字或位)

　　⑥ 在图 3-36 中,设定 RAM 的地址宽度、数据位数及所嵌入的 RAM 块的类型。本例选择的地址宽度为 16,即 512 位(32 个字);输入输出数据位数均选为 16;RAM 块的类型将基于所选目标器件的系列确定,如不清楚所选目标器件的系列,可选 Auto,Quartus Ⅱ将会自动适配。

　　⑦ 单击 Next 按钮进入地址锁存控制信号选择界面,如图 3-37 所示,本例中选择单时钟(Signal clock)。单击 Next 按钮进入图 3-38 所示的界面,在 Which ports should be registered 栏选择“读”输出端口 q[15..0]为寄存输出(registered),即输出将延迟一个周期。为简化设计,本例不单独设置输出使能信号 rden 和异步清零信号 aclr。单击 Next 按钮,进入下一界面,如图 3-39 所示,此界面仅针对单时钟读写数据混合输出的 RAM 而言,即读数据的同时将 RAM 中的历史数据也一同输出显示出来。

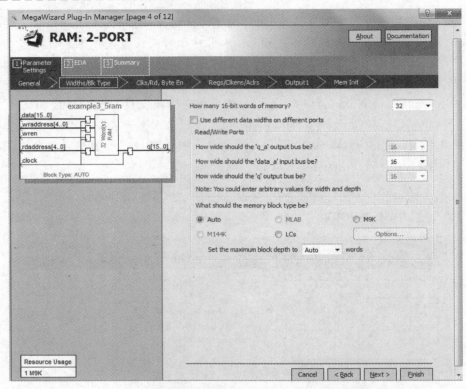

图 3-36　RAM 的地址宽度、数据位数及 RAM 块的类型设定界面

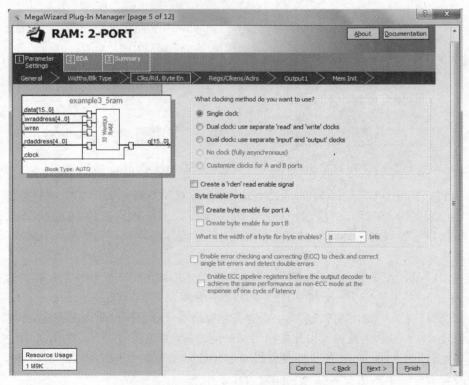

图 3-37　地址锁存控制信号选择界面

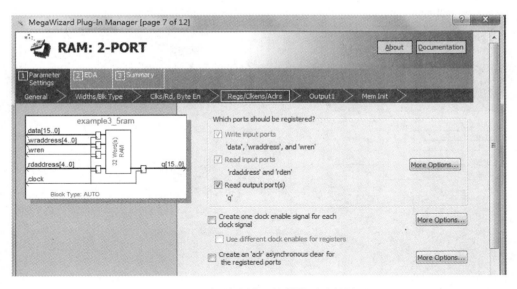

图 3-38　"读"输出端口控制类型选择界面

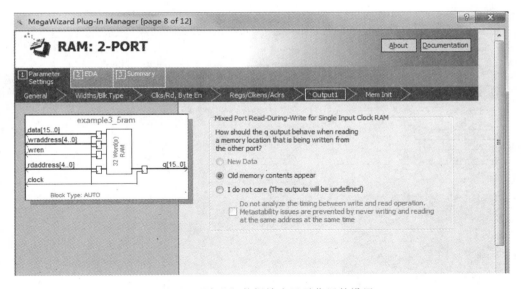

图 3-39　"读/写"数据输出显示位置的设置

⑧ 设置存储器初始化数据。如图 3-40 所示,在存储器芯片的定制中,可指定其初始化数据文件,为说明存储器初始化数据文件的使用方法,选择指定初始化数据文件名为 ram512.mif,并指向文件夹 D:/chapter3/example3_5/。

⑨ 单击 Next 按钮进入如图 3-41 所示的界面,产生全部的可生成文件类型。单击 Finish 按钮完成 RAM 的定制设计工作。

(3) 定制双端口 RAM 初始化数据文件。

Quartus II 能接受的初始化数据文件格式有两种,一种是 Memory Initialization File (.mif)格式,另一种是 Hexadecimal(Intel-Format) File(.hex)格式。实际应用中只要使用

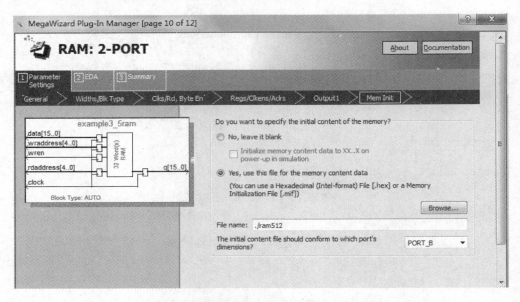

图 3-40　指定 RAM 初始化数据的内容文件

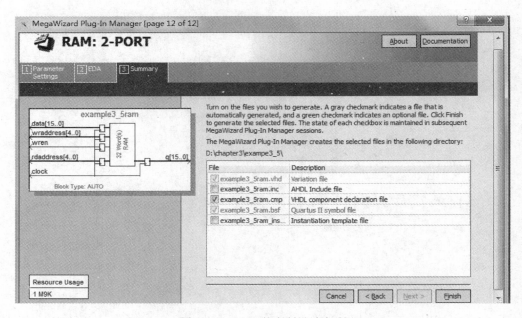

图 3-41　RAM 的定制设计完成

其中一种格式文件即可。不失一般性，下面给出建立 mif 格式文件的方法。

① 选择 RAM 初始化数据文件编辑窗。在 Quartus Ⅱ中选择 File|New 命令，在 New 窗口中选择 Memory Files 页，再选择 Memory Initialization File 项，单击 OK 按钮后，进入 RAM 初始化数据文件编辑窗。

② 在编辑窗中，根据设计的要求，可选 RAM 的数据字（Number of words）为 32 字，数据位宽度（Word size）为 16。

③ 在数据文件编辑窗中，单击 OK 按钮，将出现图 3-42 所示的空的 mif 数据表格，表格

中的数据格式可通过右击窗口边缘后弹出的窗口中选择。此表中任一数据对应的地址为左列与顶行数之和。

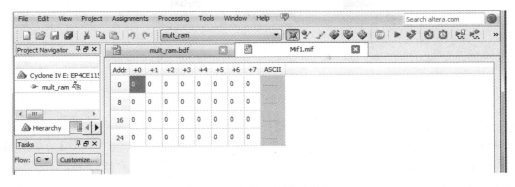

图 3-42　空的 mif 数据表格

④ 将 RAM 的初始化数据填入此表中，在本例中，初始化数据均为 0。

⑤ 文件存盘。在 Quartus Ⅱ中选择 File|Save 命令，保存此数据文件名为 ram512. mif，存盘路径为 D：/chapter3/example3_5/。

也可以使用 Quartus Ⅱ以外的编辑器（如文本编辑器或 C 语言编辑器）设计 mif 文件，在文本编辑器编辑的文件中，地址和数据均为十六进制，冒号左边是地址，右边是对应的数据，并以分号结尾。其格式如下：

```
WIDTH=16;
DEPTH=512;
ADDRESS_RADIX=HEX;
DATA_RADIX=HEX;
CONTENT BEGIN
  0: 00;
  1: 00;
  2: 00;
   ⋮
  2E: 00;
  2F: 00;
END;
```

（4）对定制的 RAM 元件 example3_5ram 进行例化。

为仿真测试 multram 的功能特性，可用原理图输入的方式对 multram 进行例化，即将 example3_5ram. sym 调入 Quartus Ⅱ原理图编辑窗中，右击模块，选取 generate pin for symbol ports 自动添加端口，如图 3-43 所示。读数据地址为 wraddress[4..0]，写数据地址为 rdaddress[4..0]；clock 为读/写时钟脉冲；wren 为读/写控制端，高电平时进行读操作，低电平时进行写操作。以文件名 mult_ram. bdf 存入已设立的文件夹 D：/chapter3/example3_5。

【例 3-6】　在 Quartus Ⅱ中定制一个锁相环元件 PLL，输入频率为 50MHz，输出频率为 40MHz、60MHz、100MHz。

解：FPGA 片内嵌入式锁相环 PLL 可以与输入的时钟信号同步，并以其作为参考信号

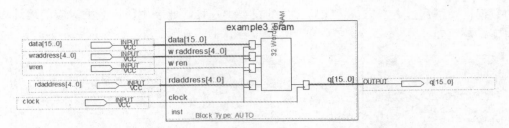

图 3-43   example3_5ram 例化后原理图

实现锁相,从而输出一个或多个同步倍频或分频的片内时钟,以供逻辑系统使用。这种系统片内时钟与来自外部的时钟相比,可以减少时钟延时、变形及片外干扰,还可以改善时钟的建立时间和保持时间,Altera 公司系列器件中的锁相环能对输入的时钟信号相对于某一输出时钟同步乘以或除以一个因子,并提供任意移相和输出信号占空比。其定制步骤如下:

(1) 建立 Quartus Ⅱ工程。

① 新建 Quartus Ⅱ工程 example3_6,顶层实体名 example3_6。

② 重新设置编译输出目录为 D:/chapter3/example3_6。

(2) 利用 MegaWizard Plug-In Manager 定制锁相环 PLL 元件。

① 在 Quartus Ⅱ主窗口 Tools 菜单中选择 MegaWizard Plug-In Manager 命令,选择 Create a new custom megafunction 项。单击 Next 按钮后,在左栏选择 I/O 项下的 ALTPLL,再选择 Cyclone Ⅳ E 和 VHDL 语言方式,最后在下面的栏中指定输出文件存放的路径为 D:/chapter3/example3_6/,文件名为 PLL50,单击 Next 按钮,弹出如图 3-44 所示的界面。

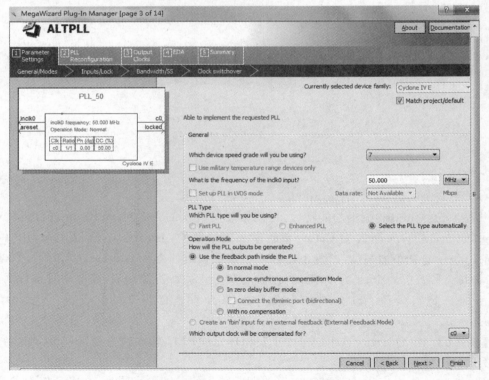

图 3-44   设定 PLL 的参考时钟频率

② 在图 3-44 中,设定 PLL 的参考时钟频率为 50MHz,然后单击 Next 按钮,弹出如图 3-45所示的界面,为简化设计,不做任何勾选,同时也不对 PLL Reconfiguration 做任何设置。

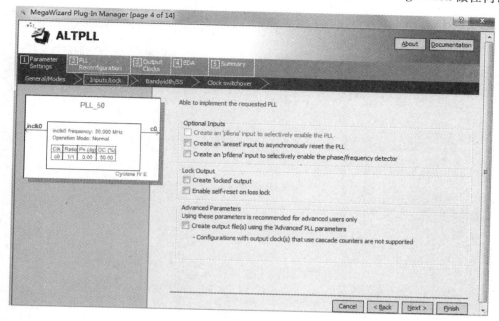

图 3-45　锁相环参数设置界面

③ 在图 3-45 中,单击□Output Clocks,弹出输出时钟 c0(40MHz)的设置界面,如图 3-46所示,选择 Use this clock,并选择第一个输出时钟 c0 相对于输入时钟的倍频因子(multiplication factor)为 4,分频因子(division factor)为 5,即 c0 的片内输出为 40MHz;时钟相移和占空比保持默认。

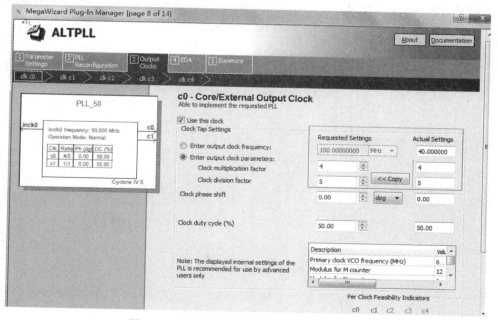

图 3-46　选择 c0 倍频因子为 4 分频因子为 5

④ 以下分别在图 3-47、图 3-48 所示的界面中将输出时钟 c1 和 c2 倍频因子设置为 1 和 2,时钟相移和占空比不变,最后完成了 pll20.vhd 的建立。

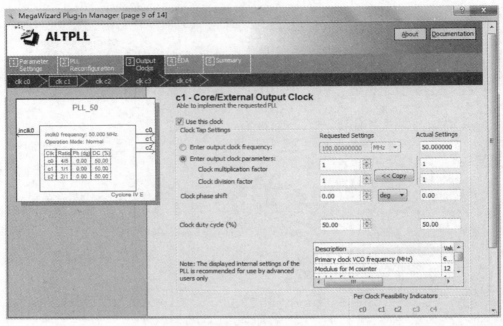

图 3-47　选择 c1 倍频因子为 1

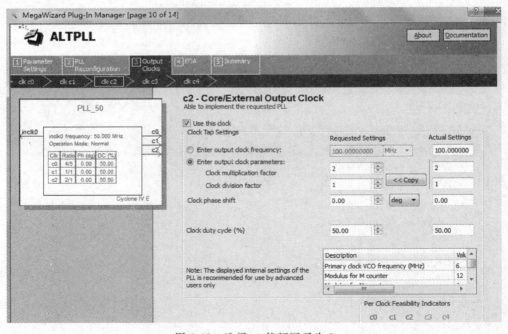

图 3-48　选择 c0 倍频因子为 2

（3）实测 PLL 模块。至此所定制的锁相环模块已生成。对 PLL50 模块例化的方法按前面例 3-5 的流程,请读者自行完成硬件测试工作。

3.6　TimeQuest 时序分析

　　Quartus II 时序分析器(TimeQuest Timing Analyzer)允许用户分析电路设计中所有逻辑的性能,并能协助引导适配器满足设计中的时序要求。在 Quartus II 软件执行全程编译的过程中,时序分析器会自动执行,并在编译报告中给出分析结果。

　　静态时序分析(Static Timing Analysis,STA)的前提是同步逻辑设计:通过路径计算延迟的总和,并比较相对于预定义时钟的延迟。静态时序分析仅关注时序间的相对关系而不是评估逻辑功能。

3.6.1　时序分析的特点

　　随着 FPGA 密度和速率的提高,传统 FPGA 时序分析工具很难满足复杂程度不同的设计需求。新的 TimeQuest 时序分析器可以达到基本和高级时序分析要求,提供完整的 GUI 环境,建立约束和时序报告,支持业界标准的 Synopsys 设计约束(SDC)格式,以及全脚本功能。

　　与标准时序分析器(TAN)相比,TimeQuest(STA)具有明显的优势:

　　(1) 基本时序分析要求。TimeQuest 提供使用方便的 GUI,建立约束,查看时序报告。使 TimeQuest 可以提供和 TAN 相同的流程,不必再学习 SDC 或其他的约束格式。

　　(2) 中间时序分析要求。TimeQuest 能够自然地支持 SDC 格式,简化了 SDC 学习过程,提供按需的交互式报告功能。

　　(3) 高级时序要求。TimeQuest 提供全脚本功能,建立约束,生成报告,管理时序分析流程。TimeQuest 支持高级报告,并且能够建立定制报告。

　　Quartus II 从 6.0 版本开始支持 TimeQuest 时序分析,TimeQuest 支持 MAX II、Cyclone 系列、Stratix 系列和 HardCopy II 器件。在 Quartus II 中选择以上器件时,可以选择使用 TAN 或 STA 分析(注意:Arria II GX、Stratix IV(GX/E)器件仅支持 STA 分析);Altera 建议在 90nm、65nm 和 40nm 工艺节点上所有新设计都使用 TimeQuest。SDC 是约束高速源同步接口(例如 DDR 和 DDR2)和时钟复用设计结构的理想格式,对信号间复杂时序关系可以进行更精细的控制。TimeQuest 实现分析工具所包括的基本参数有时钟建立时间、时钟保持时间、时钟到输出的延时、引脚到引脚的延时、最大时钟频率、延缓时间等。其基本参数如表 3-6 所示。

表 3-6　TimeQuest 时序分析基本参数

时序设置参数	参　数　说　明
时钟建立时间 Tsu	数据信号在时钟信号到达之前必须保持稳定的最小时间,它的约束是数据路径的最大延时,若不满足 Tsu,数据无法进入寄存器
时钟保持时间 Th	时钟信号到达之后数据信号必须保持稳定的最小时间,它的约束是数据路径的最小延时,若不满足 Th,数据无法进入寄存器,Th 限制了数据传输的速度
时钟到输出的延时 t_{CD}	时钟信号在寄存器输入引脚上发生转换后,在由寄存器馈送信号的输出引脚上获得有效输出所需的最大时间

续表

时序设置参数	参 数 说 明
信号跳变抵达窗口	对 latch 寄存器来说，从 previous 时钟对应的 Hold Time 开始，到 current 时钟对应的 Setup Time 结束
信号电平采样窗口	对 latch 寄存器来说，从 current 时钟对应的 Setup Time 开始，到 current 时钟对应的 Hold Time 结束
引脚到引脚的延时 t_{PD}	输入引脚处的信号经过组合逻辑进行传输，出现在外部输出引脚上所需的时间
时序余量（Slack）	该指标衡量时序是否满足设计的程度，正的 Slack 表示满足时序（时序的裕量），负的 Slack 表示不满足时序（时序的欠缺量）
最大时钟频率 f_{MAX}	在不违反时钟建立时间 Tsu 和时钟保持时间 Th 的要求下可以达到的最大时钟频率
最大 t_{CD}	时钟信号在寄存器输入引脚上发生转换后，在由寄存器馈送信号的输出引脚上获得有效输出所需的最短时间，该时间代表外部引脚到引脚的延时
最小 t_{PD}	指定的可接受最小引脚到引脚的延时，即输入引脚信号通过组合逻辑传输并出现在外部输出引脚上所需的时间

3.6.2　时序分析的基本概念

TimeQuest 根据 Data Arrival Time 和 Data Required Time 之差计算出时序余量（Slack）。当时序余量为负值时，发生时序违规（timing violation）。需要特别指出的一点是：由于时序分析是针对时钟驱动的电路进行的，所以分析的对象一定是"寄存器-寄存器对"。在分析涉及 I/O 的时序关系对时，看似缺少一个寄存器分析对象，构不成"寄存器-寄存器对"，其实是穿过 FPGA 的 I/O 引脚，在 FPGA 外部虚拟了一个寄存器作为分析对象。

1. Quartus 提供的时序模型

Quartus 提供两种 PVT（Pilot-run Verification Test）条件下的器件时序模型（注：65nm 及以下的高级器件还有其他模型）：

（1）Slow Corner 模型。通过假设最大的环境温度（operating temperature）和 VCCmin 来模拟一条信号路径可能的最慢的情况。

（2）Fast Corner 模型。通过假设最小的环境温度（operating temperature）和 VCCmin 来模拟一条信号路径可能的最快的情况。

这两个模型的意义在于，可以通过 Slow Corner 模型来保证建立时间的时序，通过 Fast Corner 来保证保持时间的时序（对于源同步来说必须使用）。由于一般情况下设计以建立时间违规为主，所以 TimeQuest 默认使用 Slow Corner。

2. TimeQuest 网表基本单元

TimeQuest 需要读入布局布线后的网表才能进行时序分析。读入的网表是由以下一系列的基本单元构成的：

（1）Cell。Altera 器件中的基本结构单元（例如查找表、寄存器、I/O 单元、PLL、存储器块等）。LE 可以看作是 Cell。

（2）Pin。Cell 的输入输出端口。可以认为是 LE 的输入输出端口。注意：这里的 Pin

不包括器件的输入输出引脚,代之以输入引脚对应 LE 的输出端口和输出引脚对应 LE 的输入端口。

（3）Net。同一个 Cell 中,从输入引脚到输出引脚经过的逻辑。注意,网表中连接两个相邻 Cell 的连线不被看作 Net,而被看作同一个点,等价于 Cell 的引脚。虽然连接两个相邻 Cell 的连线不被看作 Net,但这个连线还是有其物理意义的,即等价于 Altera 器件中的一段布线逻辑,会引入一定的延迟。

（4）Port。顶层逻辑的输入输出端口。对应已经分配的器件引脚。

（5）Clock。约束文件中指定的时钟类型的引脚。不仅指时钟输入引脚。

（6）Keeper。泛指 Port 和寄存器类型的 Cell。

（7）Node。基本时序网表单元,例如端口、引脚、寄存器和 Keepers。Nodes & Keepers 是 TimeQuest 特有的扩展。

3. TimeQuest 进行时序分析的对象

TimeQuest 进行时序分析的对象是 path（路径）。path 通常分为 3 类:

（1）Clock path。从 Clock Port 或内部生成的 clock 引脚到寄存器 Cell 的时钟输入引脚。

（2）Data path。从输入 Port 到寄存器 Cell 的数据输入引脚,或从寄存器 Cell 的数据输出引脚到另一个寄存器 Cell 的数据输入引脚。

（3）Asynchronous path。从输入 Port 到寄存器 Cell 的异步输入引脚,或从寄存器 Cell 的数据输出引脚到另一个寄存器 Cell 的异步输入引脚。

4. 关键路径与时序优化方法

关键路径通常是指同步逻辑电路中组合逻辑时延最大的路径,也就是说关键路径是对设计性能起决定性影响的时序路径。静态时序分析能够找出逻辑电路的关键路径。通过查看静态时序分析报告,可以确定关键路径。对关键路径进行时序优化,可以直接提高设计性能。对同步逻辑来说,常用的时序优化方法包括 pipeline（增加寄存器）、retiming（移动逻辑）两种。

5. 对建立时间 Tsu 和延时时间 Tco 的简单约束

引脚上的 Tsu/Tco 分为以下 3 个部分:

（1）IOE 走线的延迟。这个延迟在引脚的 Tsu/Tco 延迟中占有相当的比例。Altera 的器件为了降低 Tsu/Tco 在 IOE 上的延迟,专门在 IOE 中设置了两种类型的触发器,即 Fast Input Register（FPGA 的引脚为输入时,用于优化 Tsu）和 Fast Output Register（FPGA 的引脚为输出时,用于优化 Tco）。

（2）内部逻辑走线的延迟。在 Altera 的 FPGA 中由若干个基本资源 LE 构成一个 LAB,例如,Stratix Gx 是 10 个 LE 组成一个 LAB。LAB 横向和纵向排列形成阵列。在 FPGA 中以 LAB 为基本单元,根据走线长度的不同分为 C4（表示横跨 4 个 LAB 的走线资源）、C8、C16、R4、R8、R16、R24 等不同的走线资源,不同的器件支持不同的走线资源。

（3）触发器的 Tsu/Tco 的需求,这里的 Tsu/Tco 是由器件工艺决定的最小的 Tsu/Tco 的要求。在实际的工作环境中受温度、电压的变化有微小的变化。

有 3 种简单的方法对 Tsu 和 Tco 进行约束:

（1）全局时序约束。在 Quartus II 中执行 Assignments | Settings | Timing Analysis

Settings|Classic Timing Analyzer Settings 命令,弹出如图 3-49 所示的界面。设计者可以根据系统 Fmax 的要求去约束 Tsu/Tco。

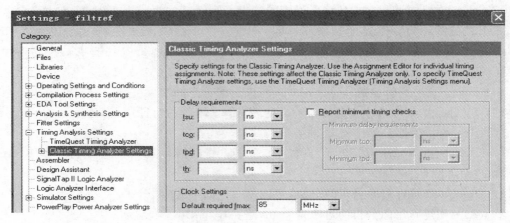

图 3-49　全局时序约束

（2）执行 Assignments|Assignment Editor 命令（Tco/Th Requirement），如图 3-50 所示。

	From	To	Assignment Name	Value	Enabled	
1		clk	Clock Settings	clocka	Yes	
2		clkx2	Clock Settings	clockb	Yes	
3	clk	clkx2	Multicycle	2	Yes	
4	*	*	tsu Requirement		Yes	
5	*	*	th Requirement		Yes	
6	<<new>>	<<new>>	<<new>>			

Edit: th Requirement

图 3-50　Tco/Th 时序需求

（3）执行 Assignments|Assignment Editor 命令（Fast Input/Output Register），选择 All 或者 Logic Options，如图 3-51 所示。

Edit: Fast Output Register

	From	To	Assignment Name	Value	Enabled	
1			Fast Input Register		Yes	
2			Fast Output Register		Yes	
3	<<new>>	<<new>>	<<new>>			

图 3-51　Assignment Editor 约束设置

在图 3-51 中,在 To 中选择对应的引脚,在 Assignment Name 中选择 Fast Input Register 来约束 Tsu,选择 Fast Output Register 来约束 Tco。这也是逻辑工程师通常说的"为减少 Tsu/Tco 的值,放到 IOE 中"。对于 inout 引脚,除了 Fast Input Register/Fast Output Register 约束外,还需要 Fast Output Enable Register。

一般来讲,IOB 中只有少量的逻辑资源,它会有寄存器,但它几乎没有任何组合逻辑资源,因此需被约束到引脚上的寄存器不能有任何组合逻辑;如果输入一进来就是一驱多,输出是经过组合逻辑后直接输出到引脚上的寄存器,则会出现布线不通的问题;但事实上,如果不是资源或功耗要求很高,一般都会采用同步设计方式,而对外接口部分在同步设计中一般被视作异步接口,设计中会对接口做同步处理。

被约束的寄存器除了受组合逻辑影响外,还会受到时钟驱动区域的影响。在设计中为了保证时钟的 Skew 等性能,一般会将时钟加入全局时钟网络或区域时钟网络。如果是全局时钟网络自不必管,它可驱动整个芯片;但如果是区域时钟约束就要注意了,区域时钟的驱动范围是 a single quadrant,即"四分之一"的意思,a single quadrant 驱动的寄存器只能待在这个时钟所属的 1/4 芯片范围内,而不能越界到其他的盘上。例如,Altera 的 FAE 解释为每个 PLL 都有几个专用的外部输入引脚,反过来说就是,从那几个专用时钟引脚进来的时钟应该被安排到它所属的那个 PLL,如果用了别的 PLL,那么理论上它就不能保证时序是最优的了。

3.6.3　使用 TimeQuest 时序分析器约束分析设计

时序分析描述电路怎么运行,而时序约束则告诉工具设计人员希望设计怎么运行。如果没有时序约束,TimeQuest 只实现有限度的部分分析。

使用 TimeQuest Timing Analyzer 进行时序分析的基本步骤有:生成时序网表;读取 SDC 文件(可选);约束设计(可选);更新时序网表;生成时序报告;保存时序约束(可选)。本节通过 1 个实例来说明使用 TimeQuest 的步骤,是否使用全部 6 个步骤取决于你所处的设计流程以及你打算如何使用工具,第 2 步与第 3 步二者必须选择一个。

【例 3-7】　在 Quartus II 中利用例 3-5 所设计的双端口 RAM,和乘法器的宏功能模块 lpm_mult 设计一个流水线乘法器的底层模块,其原理图如图 3-52 所示,请给出其时序分析报告。

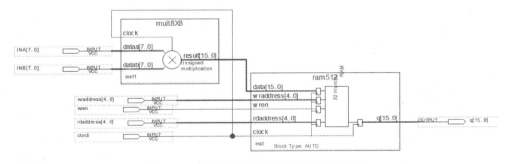

图 3-52　8 位流水线乘法器原理图(截屏图)

解: 在此次流水线乘法器模块的设计中,调用了两个宏功能元件,它们是 8 位乘法器 mult8X8 和 16 位数据输入的双端口 ram512。

8 位乘法器是通过宏模块输入方式直接从元器库中调用,修改相应的参数,包括 4 个端口:clock 是一个时钟端口,作用是接收给定的特定时序脉冲,当来一个上升沿脉冲时,将接收到的数据进行相应逻辑运算;dataa、datab 是两个 8 位标准逻辑位的输入端口,接收两个 8 位输入数据;result[15..0]是一个 16 位标准逻辑位的数据输出端。

双端口 ram512 是调用宏模块 RAM:2-PORT 实现的。该模块输入数据为 data[15..0],

读数据地址为 wraddress[4..0],写数据地址为 rdaddress[4..0],clkock 为读/写时钟脉冲,
wren 为读/写控制端(高电平时进行读操作,低电平时进行写操作)。最后通过原理图输入
方式进行此次仿真的顶层文件设计,其设计步骤如下。

(1) 建立 Quartus Ⅱ 工程。

① 新建 Quartus Ⅱ 工程 piplemult,顶层实体名为 piplemult。

② 重新设置编译输出目录为 D：/chapter3/example3_7。

(2) 利用 MegaWizard Plug-In Manager 定制乘法器模块 LPM_MULT。

① 新的设计工程创建好后,在主菜单中,选择 File|New 命令。在 New 窗口中的 Design
Files 中选择硬件设计文件类型为 Block Diagram/Schematic File,得到图形编辑窗口。

② 在图形编辑窗口空白处双击鼠标,跳出 Symbol 选择窗,选择 MegaWizard Plug-In
Manager 初始对话框,产生如图 3-53 所示的界面。

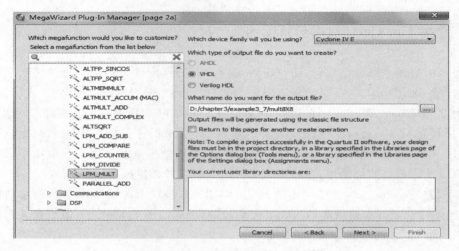

图 3-53　乘法器宏功能模块选择界面

③ 单击 Next 按钮,进入乘法器的输入数据类型配置界面,如图 3-54 所示。

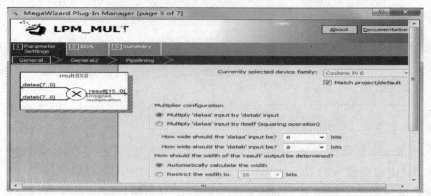

图 3-54　乘法器输入数据类型配置界面

④ 单击 Next 按钮,进入乘法器流水线性能配置界面,如图 3-55 所示。

⑤ 按例 3-5 所示,定制一个双端口存储器 ram512,其数据宽度为 16 位,地址宽度为 5

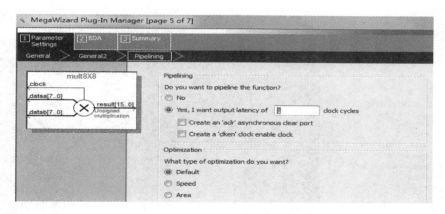

图 3-55　乘法器流水线性能配置界面

位,其输出端口应该去掉,如果不去掉,输出将延迟一个周期。最后根据例 3-1 所示的原理图输入设计步骤,根据图 3-52 所示的原理图完成流水线乘法器的最终连线。

⑥ 编译综合。上面所有工作做好后,执行 Quartus Ⅱ 主窗口的 Processing | Start Compilation 选项,启动全程编译,如图 3-56 所示。

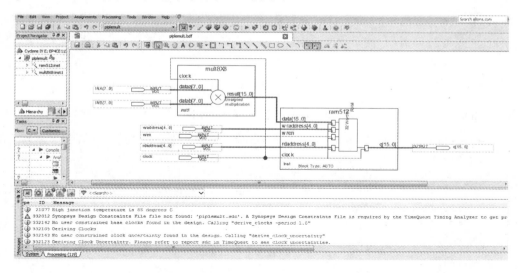

图 3-56　流水线乘法器全程编译结果

(3) 启动 TimeQuest Timing Analyzer 工具。在图 3-56 中选择菜单 Tools | TimeQuest Timing Analyzer 命令,因为 TimeQuest Timing Analyzer 需要 SDC(Synopsys Design Constrain)文件,打开 TimeQuest Timing Analyzer 则会出现 TimeQuest Timing Analyzer GUI 窗口,如图 3-57 所示。

(4) 生成时序网表(Create Timing Netlist)。

在图 3-57 中,选择菜单 Netlist | Create Timing Netlist,在 Create Timing Netlist 对话框中的 Input netlists 处勾选 Post-map 选项(此时 TimeQuest Timing Analyzer 针对编译合成后的 Netlist 作时序分析,如果勾选 Post-fit,则针对布局布线后的 Netlists 作时序分析,并计算路径延时),其他保持默认,单击 OK 按钮后开始创建时序分析网表,图 3-57 左侧

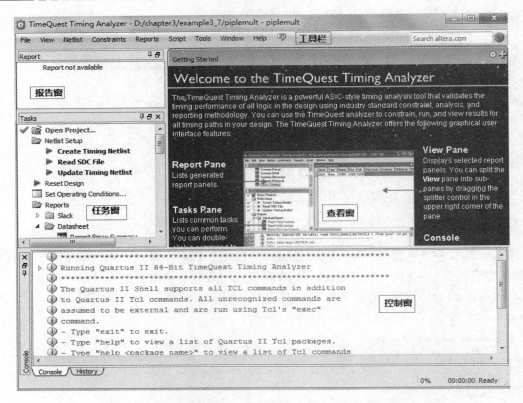

图 3-57 TimeQuest Timing Analyzer 工具启动界面

Tasks 子窗口中的 Create Timing Netlist 将变成绿色,如图 3-58 所示。

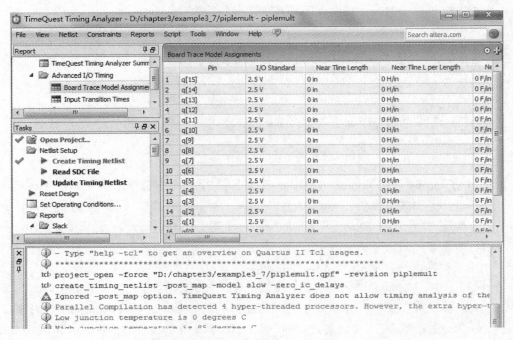

图 3-58 网表成功生成界面

（5）确定 clock 时序需求。

clock 本身分为内部的和虚拟的两类，在 SDC 中声明时钟同样有两种类型：

一种是内部的 clock，它是绝对时钟（absolute clock）或基准时钟（base clock）；另一种是 generated clock，它由设计中另外一个时钟驱动（必须定义其和源时钟的关系），运用在更改输入时钟的功能模块的输出，比如 PLL、clock divider 等。时钟翻转软件会自动识别，除非其由复杂逻辑驱动。需要注意，如果没特别声明，所有 clock 都默认相关。

在 TimeQuest Timing Analyzer 对话框中，选择菜单 Constraints | Create Clock 命令。使用该命令创建一个虚拟时钟时对源选项没有指定值。虚拟时钟用于作为输出最大/最小延时约束的时钟源，即使用虚拟时钟来约束 set_input_delay 和 set_output_delay。如图 3-59 所示，在 Clock name 处输入 clock，在 Period 处输入 20，在 Waveform edges 处的 Rising 与 Falling 处不输入任何值，则默认为工作周期为 50/50（占空比为 50%），单击 Targets 右侧的"…"按钮，出现 Name Finder 对话框，如图 3-60 所示。

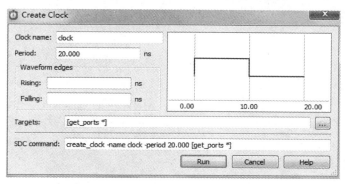

图 3-59　Create Clock 对话框

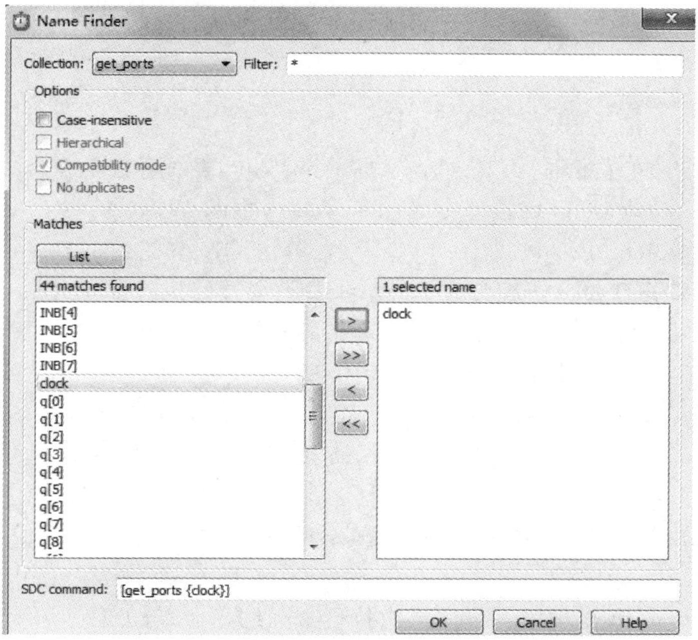

图 3-60　Name Finder 对话框

在图 3-60 中,单击 List 按钮,会出现项目顶层模块的所有引脚名称,在 clock 上双击,可将 clock 选择到右侧列表中。单击 OK 按钮关闭 Name Finder 对话框,返回到 Create Clock 对话框。再单击 Run 按钮,可以看到 TimeQuest Timing Analyzer 界面最下方 Console 子窗口中有加入时钟时序要求的脚本命令。

（6）更新 Timing Netlist。在 TimeQuest Timing Analyzer 界面中,双击左侧 Tasks 子窗口中的 Update Timing Netlist,会看到开始执行更新,完成后变成绿色,如图 3-61 所示。

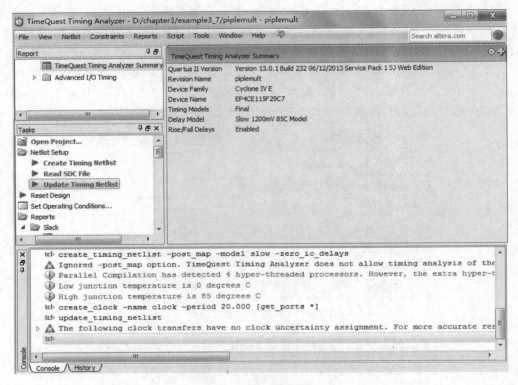

图 3-61　更新 Timing Netlist

（7）保存并产生时序报告。TimeQuest Timing Analyzer 界面的 Tasks 子窗口中,有一个 Write SDC File 功能,可以直接双击 Tasks 子窗口中的 Write SDC File 对话框,在 SDC file name 处输入 piplemult.sdc,如图 3-62 所示,单击 OK 按钮返回到 TimeQuest Timing Analyzer 对话框,双击 Tasks 子窗口中 Report SDC,会开始执行并在 Report SDC 处呈勾选状态,如图 3-63 所示。同理,双击 Tasks 子窗口中 Report Clocks 和 Report Clocks Transfers 分别产生各自的报告,如图 3-64 和图 3-65 所示。

（8）验证并保存。要验证结果是否正确,可双击 Tasks 窗口中的 Reports,在展开的目录中展开 Diagnostic 目录即可。保存结果时,直接双击 Tasks 子窗口中的 Write SDC File 对话框。

（9）添加 TimeQuest 时序约束文件到 Quartus Ⅱ 工程中,在 TimeQuest 中保存好 SDC 文件后,返回 Quartus Ⅱ 界面,选取菜单 Project|add/Remove Files In Project 命令,添加 *.sdc 文件到 piplemult 工程中。最后再次执行全程编译命令即可。

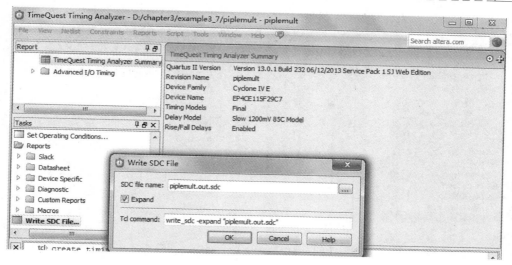

图 3-62　输出保存 piplemult. sdc 文件

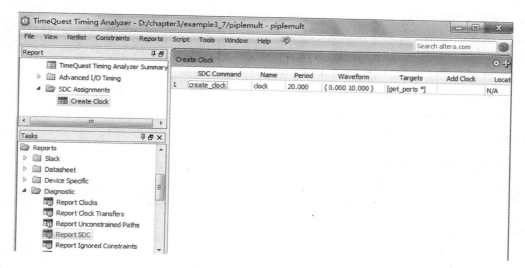

图 3-63　Report SDC 窗口

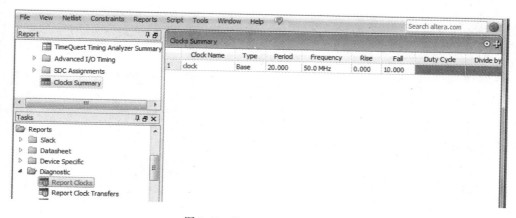

图 3-64　Report Clocks 窗口

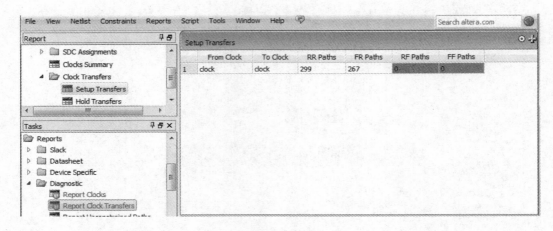

图 3-65　Report Clock Transfers 窗口

（10）查看时序分析报告。运行完时序分析之后，可以在 Quartus Ⅱ 的编译报告窗口
（选择菜单 Processing|Compilation Report 命令）的 TimeQuest Timing Analyzer 中查看时
序分析结果。时序报告的获取必然依赖于进行时序分析的软件，TimeQuest 在做时序分析
时，可以给出所有分析过的 Timing path 的时序报告，一般我们比较关注的是建立时间和保
存时间的相关信息。TimeQuest Timing Analyzer 界面左侧 Tasks 子窗口中，在 Stack 目录
下有各种报告的总结（summary）。如果要获取项目时序报告的总结信息，用鼠标双击该条
目即可。比如要查看 Setup 的 summary，那么双击 Report Setup Summary，报告就会显示
信息窗口中，如图 3-66 所示。

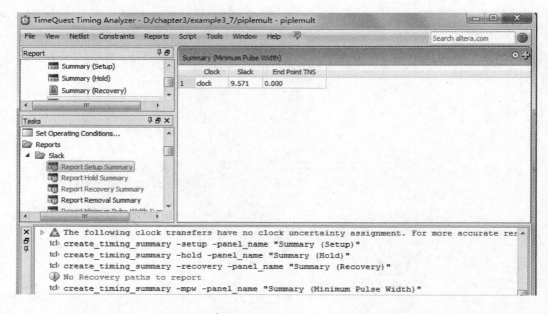

图 3-66　建立时间的 Report Setup Summary

3.7 嵌入式逻辑分析仪的使用

随着 FPGA 容量的增大,FPGA 的设计日益复杂,设计调试成为一个很繁重的任务。为了使得设计尽快投入市场,设计人员需要一种简易有效的测试工具,以尽可能地缩短测试时间。传统的逻辑分析仪在测试复杂的 FPGA 设计时,将会面临以下几点问题。

（1）缺少空余 I/O 引脚。设计中器件的选择依据设计规模而定,通常所选器件的 I/O 引脚数目和设计的需求是恰好匹配的。

（2）I/O 引脚难以引出。设计者为减小电路板的面积,大都采用细间距工艺技术,在不改变 PCB 板布线的情况下引出 I/O 引脚非常困难。

（3）外接逻辑分析仪有改变 FPGA 设计中信号原来状态的可能,难以保证信号的正确性。

（4）传统的逻辑分析仪价格昂贵,将会加重设计方的经济负担。

伴随着 EDA 工具的快速发展,一种新的调试工具 Quartus II 中的 SignalTap II 满足了 FPGA 开发中硬件调试的要求,它具有无干扰、便于升级、使用简单、价格低廉等特点。本节将介绍 SignalTap II 逻辑分析仪的主要特点和使用流程,并以一个实例介绍该分析仪具体的操作方法和步骤。

3.7.1 Quartus II 的 SignalTap II 原理

SignalTap II 是内嵌逻辑分析仪,是把一段执行逻辑分析功能的代码和客户的设计组合在一起编译、布局布线的。在调试时,SignalTap II 通过状态采样将客户设定的节点信息存储于 FPGA 内嵌的 Memory Block 中,再通过下载电缆传回计算机。

SignalTap II 嵌入逻辑分析仪集成到 Quartus II 设计软件中,能够捕获和显示可编程单芯片系统(SOPC)设计中实时信号的状态,这样开发者就可以在整个设计过程中以系统级的速度观察硬件和软件的交互作用。它支持多达 1024 个通道,采样深度高达 128Kb,每个分析仪均有 10 级触发输入输出,从而增加了采样的精度。SignalTap II 为设计者提供了业界领先的 SOPC 设计的实时可视性,能够大大减少验证过程中所花费的时间。

SignalTap II 将逻辑分析模块嵌入到 FPGA 中,如图 3-67 所示。逻辑分析模块对待测节点的数据进行捕获,数据通过 JTAG 接口从 FPGA 传送到 Quartus II 软件中显示。使用 SignalTap II 无需额外的逻辑分析设备,只需将一根 JTAG 接口的下载电缆连接到要调试的 FPGA 器件。SignalTap II 对 FPGA 的引脚和内部的连线信号进行捕获后,将数据存储在一定的 RAM 块中。因此,需要用于捕获的采

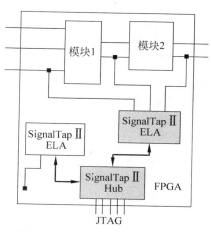

图 3-67 SignalTap II 原理框图

样时钟信号和保存被测信号的一定点数的 RAM 块。

3.7.2 SignalTap Ⅱ使用流程

设计人员在完成设计并编译工程后,建立 SignalTap Ⅱ (.stp)文件并加入工程,配置 STP 文件,编译并下载设计到 FPGA,在 Quartus Ⅱ 软件中显示被测信号的波形,在测试完毕后将该逻辑分析仪从项目中删除。以下为设置 SignalTap Ⅱ 文件的基本流程。

(1) 设置采样时钟。采样时钟决定了显示信号波形的分辨率,它的频率要大于被测信号的最高频率,否则无法正确反映被测信号波形的变化。SignalTap Ⅱ 在时钟上升沿将被测信号存储到缓存。

(2) 设置被测信号。可以使用 Node Finder 中的 SignalTap Ⅱ 滤波器查找所有预综合和布局布线后的 SignalTap Ⅱ 节点,添加要观察的信号。逻辑分析器不可测试的信号包括逻辑单元的进位信号、PLL 的时钟输出、JTAG 引脚信号、LVDS(低压差分)信号。

(3) 配置采样深度,确定 RAM 的大小。SignalTap Ⅱ 所能显示的被测信号波形的时间长度为 Tx,计算公式如下:

$$Tx = N \times Ts$$

N 为缓存中存储的采样点数,Ts 为采样时钟的周期。

(4) 设置 buffer acquisition mode。buffer acquisition mode 包括循环采样存储、连续存储两种模式。循环采样存储也就是分段存储,将整个缓存分成多个片段(segment),每当触发条件满足时就捕获一段数据。该功能可以去掉无关的数据,使采样缓存的使用更加灵活。

(5) 触发级别。SignalTap Ⅱ 支持多触发级的触发方式,它最多可支持 10 级触发。

(6) 触发条件。可以设定复杂的触发条件用来捕获相应的数据,以协助调试设计。当触发条件满足时,在 SignalTap Ⅱ 时钟的上升沿采样被测信号。

完成 STP 设置后,将 STP 文件同原有的设计下载到 FPGA 中,在 Quartus Ⅱ 中 SignalTap Ⅱ 窗口下查看逻辑分析仪捕获结果。SignalTap Ⅱ 可将数据通过多余的 I/O 引脚输出,以供外设的逻辑分析器使用;或输出为 csv、tbl、vcd、vwf 文件格式以供第三方仿真工具使用。

3.7.3 在设计中嵌入 SignalTap Ⅱ逻辑分析仪

在设计中嵌入 SignalTap Ⅱ 逻辑分析仪有两种方法:第一种方法是建立一个 SignalTap Ⅱ 文件(.stp),然后定义 STP 文件的详细内容;第二种方法是用 MegaWizard Plug-In Manager 建立并配置 STP 文件,然后用 MegaWizard 实例化一个 HDL 输出模块。图 3-68 给出用这两种方法建立和使用 SignalTap Ⅱ 逻辑分析仪的过程。

基于 Quartus Ⅱ 设置 SignalTap Ⅱ 文件和采集信号数据的基本步骤如下:

(1) 建立新的 SignalTap Ⅱ 文件。

(2) 向 SignalTap Ⅱ 文件添加实例,并向每个实例添加节点。可以使用 Node Finder 中的 SignalTap Ⅱ 滤波器查找所有预综合和布局布线后的 SignalTap Ⅱ 节点。

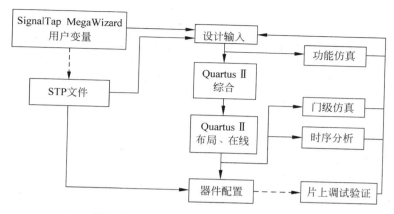

图 3-68　SignalTap II建立和使用流程

（3）分配一个采样时钟。

（4）设置其他选项，例如采样深度和触发级别等。

（5）完全编译工程文件。

（6）下载程序到 FPGA 中。

（7）运行硬件并打开 SignalTap II观察信号波形。

下面通过实例具体说明如何用 SignalTap II来进行 FPGA 设计的验证。

【**例 3-8**】　利用 Quartus II嵌入式逻辑分析仪 SignalTap II分析图 3-69 所示电路的功能。

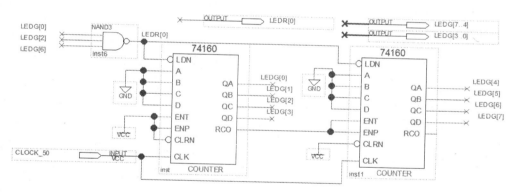

图 3-69　例 3-8 图

解： 在 Quartus II平台上，使用原理图输入法设计数字电路的基本流程包括编辑设计文件，建立工程项目，编译综合，仿真测试，硬件测试，编程下载等过程，其设计步骤如下：

（1）建立工程，并根据图 3-70 完成原理输入（详细步骤请读者参照例 3-1）。

（2）执行 Quartus II主窗口的 Processing 菜单的 Start Compilation 选项，启动全程编译。

（3）引脚锁定。本例使用 .csv 文件进行引脚锁定。

在主菜单中选择 Assignments|Import Assignments 命令，导入 DE2-115 系统光盘中提供的 DE2_115_pin_assignment.csv 引脚配置文件，如图 3-70 所示。

（4）全程编译。完成引脚锁定后，执行 Start Compilation，生成 .sof 目标文件。

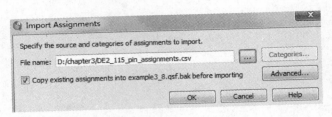

图 3-70　导入 .csv 文件

（5）时序分析。根据例 3-7 的内容完成该电路的时序分析，启动 TimeQuest Timing Analyzer 工具。在图 3-56 中选择菜单 Tools|TimeQuest Timing Analyzer 命令，生成该计数器电路的 SDC（Synopsys Design Constrain）文件 example3_8.out.sdc。重新编译该项目工程可得图 3-71 的时序分析报告，从报告中可知该电路工作的最高工作频率 Fmax 为 497.51MHz。

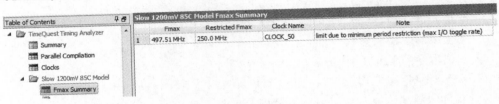

图 3-71　时序分析结果

（6）编程下载。选择菜单项 Tools|Programmer 打开程序下载环境，选择 USB-Blaster 下载方式，如图 3-72 所示，将 example3_8.sof 文件列表中的 Program/Configure 属性勾上，单击 Start 按钮，开始下载程序，完成后下载程序显示为 100%，如图 3-73 所示。

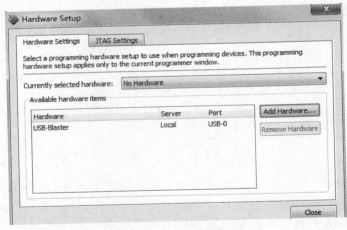

图 3-72　选择编程器

（7）使用 SignalTap Ⅱ 逻辑分析仪。

在一个工程中通过例化一个或多个 SignalTap Ⅱ Instance，将 SignalTap Ⅱ 作为当前项目的子模块。具体步骤如下：

① 打开 SignalTap Ⅱ 编辑窗口。

在 Quartus Ⅱ 软件中，选择 File|New 命令，在弹出的 New 对话框中，选择

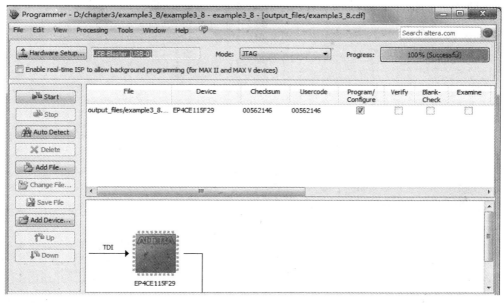

图 3-73　程序下载界面

Verification/Debugging Files 标签页,从中选择 SignalTap II File,单击 OK 按钮确定,弹出一个新的 SignalTap II界面,如图 3-74 所示。(该操作也可以通过 Tools|SignalTap II Logic Analyzer 命令完成,这种方法也可以用来打开一个已经存在的 STP 文件。)

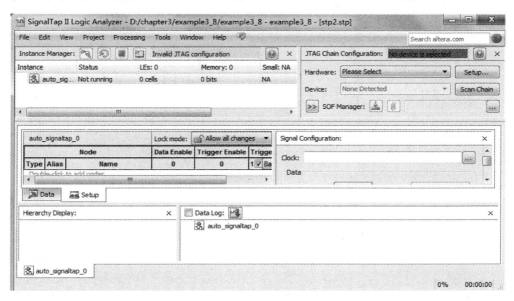

图 3-74　逻辑分析仪操作界面

在该界面中有 6 个子窗口,它们分别是实例管理器(Instance Manager)窗口、JTAG 链路配置(JTAG Chain Configuration)窗口、信号选择和数据显示(Data & Setup)窗口、时钟和触发信号配置窗口(Signal Configuration)、层次显示窗口(Hierarch Display)、数据记录窗口(Data Log)。

② 选择硬件,在图 3-74 右上角 Hardware 下拉菜单中选择 USB-Blaster,选好后系统能自动识别 Device,如图 3-75 所示。

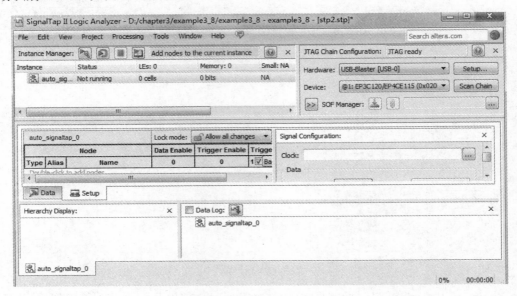

图 3-75　选择硬件环境

③ 在 STP 文件中分配观察节点。

在使用逻辑分析仪时,最重要的是确定待测信号、逻辑分析仪的时钟和触发条件,添加待测信号的步骤如下:

(a) 单击 Instance 栏 auto_signaltap_0,将它重命名为 cnts,即将计数器模块中的待测节点都放在 cnts 这个 Instance 中,此时,Instance 名称从 auto_signaltap_0 重命名为 cnts。通常在一个比较复杂的层次化结构项目中,可以选择一个或几个有问题的模块来创建一个或多个实例(Instance)。

(b) 在(Data &Setup)子窗口空白处双击鼠标,弹出如图 3-76 所示的 Node Finde 窗口,在 Fitter 栏选择 SignalTap Ⅱ: pre-synthesis 或者其他条件。单击 List 按钮列出所有可能的节点,将想观察的节点选择好,本实例选择 Pins:all 列出所有引脚,除 CLOCK_50 外全部导入,单击 OK 按钮确定。总线信号调入时可只调入总线信号名,无关信号不要调入,因为会占用芯片的 RAM 资源。

注意,在图 3-76 中,Filter (过滤器)栏下提供了十多种过滤器,通用的也是官方推荐的 SignalTap Ⅱ: pre-synthesis 和 SignalTap Ⅱ: post-fitting 这两种。pre-synthesis(预综合)提取的信号表示寄存器传输级(RTL)信号,post-fitting(后适配)提取的信号表示物理综合优化以及布局、布线操作后的信号。post-fitting 过滤器并不能"提取"到所有节点,寄存器端口和组合逻辑端口可以被提取到,而一些进位链信号、IP 加密信号则不可以,究竟哪些可以被提取,哪些不可以被提取,详情请参阅相关手册。

④ 设置采集时钟。

在使用 SignalTap Ⅱ 逻辑分析仪进行数据采集之前,首先应该设置采集时钟。采集时钟在上升沿处采集数据。设计者可以使用设计中的任意信号作为采集时钟,但 Altera 建议

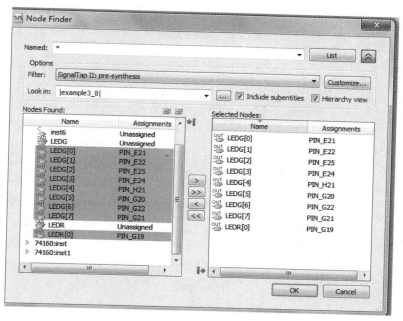

图 3-76　选择待测信号节点

最好使用全局时钟,而不要使用非门控全局时钟。用户如果在 SignalTap II 窗口中没有分配采集时钟,Quartus II 软件会自动建立一个名为 auto_stp_external_clk 的时钟引脚。在设计中用户必须为这个引脚单独分配一个器件引脚,在用户的印刷电路板(PCB)上必须有一个外部时钟信号驱动该引脚。本例中以输入时钟 CLOCK_50 作为逻辑分析仪时钟。手动设置 SignalTap II 采集时钟的步骤如下:

(a) 在 SignalTap II 逻辑分析仪 Signal Configuration 窗口下选择 Clock 标签页。

(b) 单击 Clock 栏后面的 Browse Node Finder 按钮,打开 Node Finder 对话框。

(c) 在 Node Finder 对话框的 Filter 列表中选择 SignalTap II: pre-synthesis,如图 3-76所示。

(d) 在 Named 框中,输入作为采样时钟的信号名称;或单击 List 按钮,在 Nodes Found 列表中选择作为采集时钟的信号 CLOCK_50,单击 OK 按钮确定。在 SignalTap II 窗口中,采样时钟的信号将显示在 Clock 栏中。

(e) 完成后在图 3-77 中指定逻辑分析仪的采样深度(Sample depth)、存储器类型(RAM type)、存储质量(Storage qualifier)、触发条件(Triggle)等。触发条件包括触发信号和触发方式的选择,相关信息可参看 Quartus II 13.0 使用手册,本例采用默认设置。

⑤ 编译嵌入 SignalTap II 逻辑分析仪的设计。

节点分配完成后的界面如图 3-77 所示,然后保存 SignalTap II 文件,并将该文件设置为当前工程的 SignalTap。逻辑分析仪可取名为 example3_8.stp,配置好 STP 文件以后,在使用 SignalTap II 逻辑分析仪之前必须编译 Quartus II 设计工程。

采样深度指定了存储多少个采样数据。采样深度决定后,对于节点列表中列出的每一个信号都获得同样的采样深度,同时 Instance 管理器中的资源占用估算器会自动估算出存储资源使用情况。本例资源使用情况如图 3-77 所示,占用逻辑单元 529 个,占用存储位

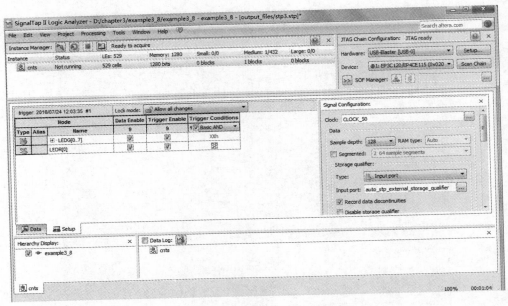

图 3-77　节点分配完成后的界面

1280 位,占用存储块 1 个。

⑥ 捕获数据。

(a) 执行 Quartus Ⅱ 主窗口的 Processing 菜单的 Start Compilation 选项,启动全程编译。

(b) 编程下载。选择菜单项 Tools|Programmer 打开程序下载环境,选择 USB-Bluster 下载方式,将 example3_8. sof 文件下载到开发板中。

(c) 在 SiganlTap Ⅱ 窗口中,选择 Run Analysis 或 AutoRun Analysis 按钮启动 SignalTap Ⅱ 逻辑分析仪。当触发条件满足时,SignalTap Ⅱ 逻辑分析仪开始捕获数据,就可以观测到实际捕获的波形,如图 3-78 所示。分析图 3-78 波形可知,该电路为模值为 45 的同步计数器。

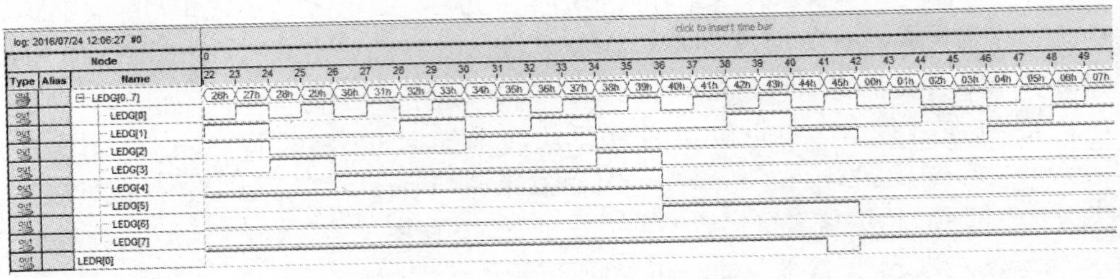

图 3-78　SignalTap Ⅱ 捕获的数字输出波形图

在图 3-78 中,在输出波形上单击可放大波形,右击可缩小波形。右击要观察的总线信号 LEDG[0..7],在右键菜单上可选择 Bus Display Format(总线显示格式)命令,如选择 Unsigned Line Chart 可以形成模拟波形,如图 3-79 所示。

当用 SignalTap 完成项目的板级验证,确认电路中没有问题符合设计要求时,可以进行固化、量化生产或移植到 SoC 时,可以从项目中删除 SignalTap Ⅱ 文件,以节省一部分硬件

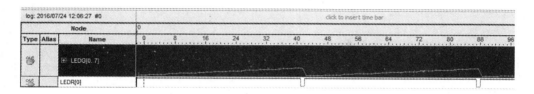

图 3-79　SignalTap Ⅱ捕获的模拟输出波形图

资源,在 Quartus Ⅱ菜单栏选择 Assignments|Setting,如图 3-80 所示。在图 3-80 对话框左侧 Category 栏中选择 SignalTap Ⅱ Logic Analyzer 选项,可选禁止在项目中包含由 SignalTap 生成的硬件模块,即将 Enable SignalTap Ⅱ Logic Analyzer 前的勾选取消即可, 然后再进行一次全程编译,新生成的 SOF 文件不再包含 SignalTap Ⅱ的功能。

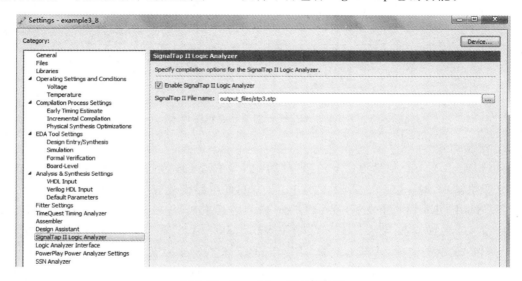

图 3-80　SignalTap Ⅱ文件设置

以上通过例 3-8 介绍了 SignalTap Ⅱ基本使用方法,不失一般性,本例的采样时钟选择了被测电路的工作时钟。但在实际应用中,多数情况下 SignalTap Ⅱ会使用独立的采样时钟或与工作时钟无关的信号。此时可以使用 FPGA 器件内部的锁相环模块为系统添加一个采样时钟,通常采样信号频率要比被采样信号的最高频率高两倍以上。

3.8　实验

3.8.1　实验 3-1：Quartus Ⅱ原理图输入设计法

1. 实验目的

熟悉 Quartus Ⅱ的原理图输入设计的全过程,学习简单组合电路的设计、多层次电路的设计仿真和硬件验证,掌握 EDA 设计的方法,并通过一个 4 位加法器的设计把握利用 EDA

软件进行电子线路设计的详细流程。学会对 DE2-115 实验板上的 FPGA/CPLD 进行编程下载,硬件验证自己的设计项目。

2. 原理提示

实现多位二进制数相加的电路称为加法器。4 个全加器级联,每个全加器处理两个一位二进制数,则可以构成两个 4 位二进制数相加的并行加法器,加法器结构图如图 3-81 所示,由于进位信号是一级一级地由低位向高位逐位产生的,故又称为行波加法器。由于进位信号逐位产生,这种加法器速度很低。最坏的情况是进位从最低位传送至最高位。而 1 位全加器可以按照例 3-1 介绍的方法来完成。

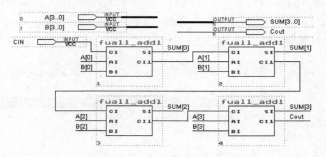

图 3-81   4 位并行加法器逻辑原理图

3. 实验内容

(1) 按照 3.2 节介绍的方法与流程,利用 4 个 1 位全加器完成 4 位串行加法器的设计,包括原理图输入、编译、综合、适配、时序仿真,并将此电路设置成一个硬件符号入库。

(2) 利用 DE2-115 开发板完成硬件测试。用开发板开关 SW[7]、SW[6]、SW[5]、SW[4] 输入 4 位被加数 B[3..0],SW[3]、SW[2]、SW[1]、SW[0] 输入 4 位加数 A[3..0],开关 SW[8] 表示进位输入 CIN,4 个 LED(LEDG[3..0])表示加法器的和,LEDG[4] 显示进位输出 COUT。其引脚编号见表 3-7(参照附录 A)。硬件测试结果以真值表形式表示。

表 3-7   加法器电路输入输出引脚分配表

信号名	引脚号 PIN	对应器件名称
A[3..0]	PIN_AD27,PIN_AC27,PIN_AC28,PIN_AB28	按键 SW[3..0](加数)
B[3..0]	PIN_AB26,PIN_AD26,PIN_AC26,PIN_AB27	按键 SW[7..4](被加数)
CIN	PIN_AC25	SW8
SUM[3..0]	PIN_E24,PIN_E25,PIN_E22,PIN_E21	发光二极管 LEDG[3..0](和)
COUT	PIN_H21	发光二极管 LEDG[4](进位输出)

(3) 为了提高加法器的速度,可改进以上设计的进位方式为并行进位,即利用 74283 设计一个 4 位并行加法器,通过 Quartus Ⅱ 的时间分析器和 Report 文件比较两种加法器的运算速度和资源耗用情况。

4. 实验报告

详细叙述 4 位加法器的设计原理及 EDA 设计流程;给出各层次的原理图及其对应的仿真波形图;给出加法器的延时情况;最后给出硬件测试流程,并记录分析硬件测试结果。

3.8.2　实验 3-2：4-16 线译码器的 EDA 设计

1. 实验目的

熟悉利用 Quartus II 的原理图输入方法设计简单组合电路,掌握 EDA 设计的方法和时序分析方法,利用 EDA 的方法设计并实现一个译码器的逻辑功能,了解译码器的应用。

2. 原理提示

把代码状态的特定含义翻译出来的过程称为译码,实现译码操作的电路称为译码器。译码器的种类很多,常见的有二进制译码器、码制变换器和数字显示译码器。

二进制译码器一般具有 n 个输入端、$2n$ 个输出端和一个(或多个)使能输入端;使输入端为有效电平时,对应每一组输入代码,仅一个输出端为有效电平;有效电平可以是高电平(称为高电平译码),也可以是低电平(称为低电平译码)。常见的 MSI 二进制译码器有 2-4 线(2 输入 4 输出)译码器(如 74139)、3-8 线(3 输入 8 输出,常见芯片为 74138)译码器和 4-16 线(4 输入 16 输出)译码器等。

3. 实验内容

(1) 用宏模块 74138(图 3-82(a))按图 3-79(b)设计一个 4-16 线译码器,包括原理图输入、编译、综合、适配、仿真,并将此电路设置成一个硬件符号入库。

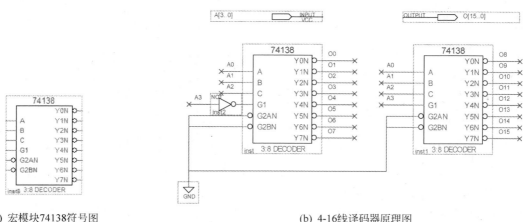

(a) 宏模块74138符号图　　　　　　　　　　(b) 4-16线译码器原理图

图 3-82　实验 3-2 原理图

(2) 在数字信号传输过程中,有时要把数据传送到指定输出端,即进行数据分配,译码器可作为数据分配器使用。请利用 4-16 线译码器和一个 16 选 1 多路选择器宏模块 161MUX 设计一个 4 位二进制数等值比较器,包括原理图输入、编译、综合、适配、时序分析。

(3) 利用 DE2-115 开发板完成硬件测试,引脚编号参见附录 A。

4. 实验报告

详细给出各器件的原理图、工作原理、电路的仿真波形图和波形分析,详述实验过程和实验结果。

3.8.3　实验 3-3：基于 MSI 芯片设计计数器

1. 实验目的

基于 MSI 芯片 74161，利用 Quartus Ⅱ 软件设计并实现一个计数器的逻辑功能，通过电路的仿真和硬件验证，进一步了解计数器的特性和功能。

2. 原理提示

利用集成计数器 MSI 芯片的清零端和置数端实现归零，可以构成按自然态序进行计数的 N 进制计数器的方法。集成计数器中，清零、置数均采用同步方式的有 74LS163；均采用异步方式的有 74LS193、74LS197、74LS192；清零采用异步方式，置数采用同步方式的有 74LS161、74LS160。

基于 MSI 芯片的 N 进制计数器设计流程如下：

（1）用同步清零端或置数端归零构成 N 进制计数器 1。

① 写出状态 S_{N-1} 的二进制代码。

② 求归零逻辑，即求同步清零端或置数控制端信号的逻辑表达式。

③ 画连线图，如图 3-83 所示。

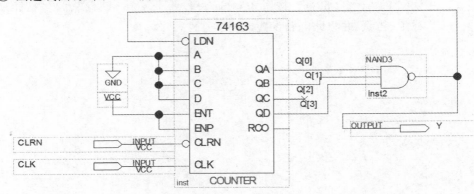

图 3-83　计数器 1

（2）用异步清零端或置数端归零构成 N 进制计数器 2。

① 写出状态 S_N 的二进制代码。

② 求归零逻辑，即求异步清零端或置数控制端信号的逻辑表达式。

③ 画连线图，如图 3-84 所示。

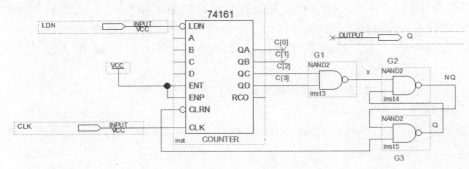

图 3-84　计数器 2

3. 实验内容

(1) 用中规模集成电路 74161 设计同步置数端模 12 加法计数器,包括原理图设计输入、编译、综合、适配、仿真、引脚锁定、下载、硬件测试,并完成其时序分析报告。

(2) 用异步清零端归零方法设计 12 进制计数器,包括原理图设计输入、编译、综合、适配、时序分析、引脚锁定、下载、硬件测试,并完成其时序分析报告。

(3) 通过时序仿真分析图 3-84 中的复位信号产生电路 G2、G3 的作用。

4. 实验报告

详细给出各器件的原理图、工作原理、电路的仿真波形图和时序分析,详述实验过程和实验结果。

3.8.4　实验 3-4:LPM 宏功能模块的使用

1. 实验目的

了解参数可设置宏功能模块 LPM 在 Quartus II 软件中的应用,掌握 LPM 模块的参数设置方法以及设计和应用方法,设计数控分频器。

2. 原理提示

参数可设置的 Altera 宏功能模块库 Megafunction 包含以下 4 个系列:

(1) 算术运算(arithmetic)系列。该系列包含 lpm_compare(比较器)、lpm_abs(绝对值)、lpm_counter(计数器)、lpm_add_sub(加法/减法器)、lpm_divide(除法器)、lpm_mul(乘法器)等函数。

(2) 逻辑门(gates)系列。该系列包含 lpm_and(与门)、lpm_inv(反相器)、lpm_bustri(三态总线)、lpm_mux(多路选择器)、lpm_clshifi(移位器)、lpm_or(或门)、lpm_con_stant(常量发生器)、lpm_xor(异或门)、lpm_decode(译码器)等函数。

(3) 存储器(storage)系列。该系列包含 lpm_latch(锁存器)、lpm_shiftreg(普通移位寄存器)、lpm_ram_dq(RAM)、lpm_ram_dp(双重端口 RAM)、lpm_ram_io(一个端口 RAM)、lpm_ff(触发器)、lpm_rom(只读存储器)、lpm_fifo(一个时钟的 FIFO)、lpm_df(D 触发器)、lpm_fifo_dc(两个时钟的 FIFO)、lpm_tf(T 触发器)等函数。

(4) I/O 系列。该系列包含时钟数据恢复(CDR)、锁相环(PLL)、千兆收发器模块(GXB)。

调用 LPM 宏库非常方便。在 Quartus II 的图形编辑界面中,在空白处双击,然后选择 LPM 所在的目录\library\megafunction,所有的库函数会出现在窗口中,Quartus II 提供的 LPM 中有多种实用的兆功能块,如 lpm_add_sub、lpm_decode、lpm_mult、lpm_rom 等,它们都可以在 mega_lpm 库中看到。每一模块的功能、参数含义、使用方法、硬件描述语言、模块参数设置及调用方法都可以在 Quartus II 的 Help 菜单中查阅。

数控分频器的功能要求是,当其输入端给定不同数据时,其输出脉冲具有相应的对输入时钟的分频比,数控分频器就是利用计数值可并行预置的加法计数器设计完成的,方法是将其计数器的溢出位与预置数加载输入信号相连即可。

在 Quartus II 中打开一个新的原理图编辑窗,从\megafunction\arithmetic 中调出 lpm _counter,该模块提供的功能很丰富,对于某功能,可以选择使用(used)或不使用(unused)。当某功能选择为 unused 时,对应的功能引线就不在图中出现。数控分频器电路原理图如图 3-85 所示。

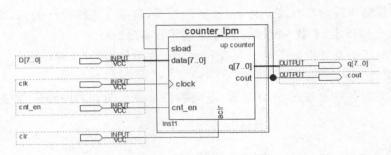

图 3-85　数控分频器电路原理图

在图 3-85 中 lpm_counter 各端口/参数的含义如下:

clock、aclr:分别是计数时钟和异步清零输入端。

cnt_en:计数使能端。

data[7..0]:计数输入端。

q[7..0]:计数输出端。

sload:在 CLK 上升沿同步并行数据载入端。

cout:进位输出。

其工作原理为:当计数器计满(显示"FF")时,由 cout 发出进位信号给并行数据载入信号 sload,使得 8 位并行数据 data[7..0]被加载进计数器中,此后计数器将在 data[7..0](如 data[7..0]=8)数据的基础上进行计数。如为加(UP),则分频比 R="FF"−data[7..0]+1=255−8+1=248,即 clk 每进入 248 个脉冲,cout 输出一个脉冲,实现 248 分频;如为减(down),则分频比 R=data[7..0]+1=8+1=9。

在编译完全通过后,测试设计项目的正确性,即逻辑仿真,利用逻辑分析仪 SignalTap Ⅱ 测试其输出波形,如图 3-86 所示。

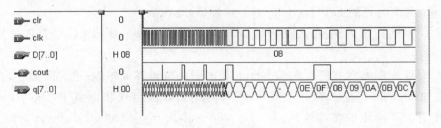

图 3-86　数控分频器输入输出波形

3. 实验内容

(1) 根据图 3-85 在 Quartus Ⅱ 平台上完成 8 位数控分频器电路原理图的输入、编译、综合、适配、仿真、引脚锁定、下载、硬件测试,然后进行波形分析,并记录不同置数 D[7..0]条件下的输出分频比和输出波形。

（2）利用 SignalTap II 观察数控分频器的输出并和时序仿真结果作比较。

（3）在 Quartus II 平台上利用 MegaWizard Plug-In Manager 完成 8 位数控分频器电路原理图的输入、编译、综合、适配、时序仿真。

4. 实验报告

详细给出各器件的原理图、工作原理、电路的仿真波形图和波形分析，详述实验过程和实验结果。

3.8.5　实验 3-5：Quartus II 设计正弦信号发生器

1. 实验目的

熟悉 Quartus II 及其 LPM_ROM 与 FPGA 硬件资源的使用方法，学习 SignalTap II 测试技术、多层次电路的设计仿真和硬件验证。

2. 原理提示

正弦信号发生器由 3 部分组成：数据计数器（或地址发生器）、数据 ROM 和 D/A。性能良好的正弦信号发生器要求此 3 部分具有高速性能，且数据 ROM 在高速条件下占用最少的逻辑资源，设计流程最便捷，波形数据获最方便。图 3-87 所示是此信号发生器结构图，顶层文件 SINGT. VHD 在 FPGA 中实现，它包含两个部分：一个是由 5 位计数器作为 ROM 的地址信号发生器；另一个是正弦数据 ROM。ROM 由 LPM_ROM 模块构成。地址发生器的时钟 CLK 的输入频率 f_0 与每周期的波形数据点数（在此选择 64 点）、D/A 输出频率 f 的关系是 $f = f_0/64$。

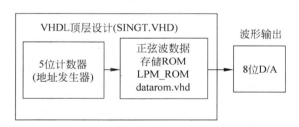

图 3-87　正弦信号发生器结构图

正弦信号发生器顶层文件参考源程序如下：

```
LIBRARY IEEE;                                           --正弦信号发生器顶层文件
USE IEEE. STD_LOGIC_1164. ALL;
USE IEEE. STD_LOGIC_UNSIGNED. ALL;
ENTITY SINGT IS
    PORT (CLK : IN STD_LOGIC;                           --信号源时钟
        DOUT : OUT STD_LOGIC_VECTOR (7 DOWNTO 0) ); --8 位波形数据输出
END;
ARCHITECTURE DACC OF SINGT IS
COMPONENT data_rom          --调用波形数据存储器 LPM_ROM 文件：data_rom.vhd 声明
    PORT(address : IN STD_LOGIC_VECTOR (5 DOWNTO 0); --6 位地址信号
        inclock : IN STD_LOGIC ;                        --地址锁存时钟
```

```
            q : OUT STD_LOGIC_VECTOR (7 DOWNTO 0));
END COMPONENT;
SIGNAL Q1 : STD_LOGIC_VECTOR (5 DOWNTO 0);          --设定内部节点作为地址计数器
BEGIN
    PROCESS(CLK )                                    --LPM_ROM 地址发生器进程
        BEGIN
            IF CLK'EVENT AND CLK = '1' THEN
                Q1 <= Q1+1;                          --Q1 作为地址发生器计数器
            END IF;
    END PROCESS;
    u1 : data_rom PORT MAP(address=> Q1, q => DOUT, inclock=> CLK); --例化
END;
```

3. 实验内容

在 Quartus Ⅱ 中,利用 MegaWizard Plug-In Manager 完成波形数据 ROM 的定制和 ROM 的初始化文件的设计,用以下 C 程序生成 ROM 初始化数据文件 sin_rom. sim,按照例 3-7 的步骤所建立的数据文件如图 3-88 所示。ROM 的数据宽度为 8,地址线宽度为 6,定制完成后的 ROM 元件(data_rom. vhd)符号如图 3-89 所示。

```
# include < stdio. h>
# include "math. h"
main()
{   int i; float s;
    for (i=0; i< 1024; i++)
    { s= sin(atan(1) * 8 * i/1024);
        printf("%d: %d; \n",I,(int)((s+1) * 1023/2));
    }
}
```

Addr	+0	+1	+2	+3	+4	+5	+6	+7
0	255	254	252	249	245	239	233	225
8	217	207	197	186	174	162	150	137
16	124	112	99	87	75	64	53	43
24	34	26	19	13	8	4	1	0
32	0	1	4	8	13	19	26	34
40	43	53	64	75	87	99	112	124
48	137	150	162	174	186	197	207	217
56	225	233	239	245	249	252	254	255

图 3-88　正弦波数据文件

4. 实验报告

详细给出各层次的原理图、工作原理、电路的仿真波形图和波形分析,详述实验过程和实验结果。

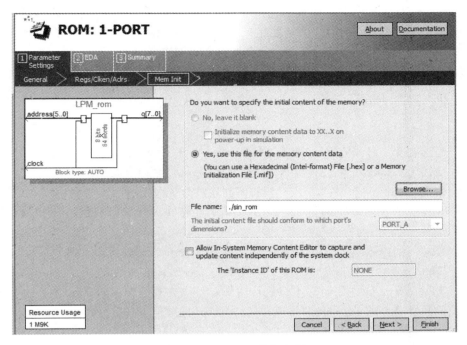

图 3-89　ROM 元件的定制

3.9　本章小结

Quartus II EDA 工具软件拥有针对 FPGA 和 CPLD 设计的所有阶段的解决方案。Quartus II 允许在设计流程的每个阶段使用 Quartus II 图形用户界面、EDA 工具界面或命令行界面。可以使用 Quartus II 软件完成设计流程的所有阶段。其设计流程主要包含设计输入、综合、布局布线、仿真、时序分析、仿真、编程和配置，离开了 EDA 工具，电路设计的自动控制是不可能实现的。

Quartus II 设计输入有多种方式，如基于原理图的图形输入，基于 HDL 的文本输入和波形输入，或采用图形和文本混合输入。还可采用层次化设计方式，将多个底层设计文件合并成一个设计文件等。

设计处理是 Quartus II 设计中的核心环节。在设计处理阶段，编译软件将对设计输入文件进行逻辑化简、综合、优化和适配，最后产生编程文件。

设计检验过程包括功能（Functional）仿真、时序（Timing）仿真及采用 Fast Timing 模型进行的时序仿真。这项工作是在设计处理过程中同时进行的。

编程下载是指将设计处理中产生的编程数据文件通过开发平台放到具体的 CPLD/FPGA 器件中去。设计可以通过软件仿真实现，也可以通过 EDA 硬件开发平台进行。

在 EDA 设计中往往采用层次化的设计方法，分模块、分层次地进行设计描述。描述系统总功能的设计为顶层设计，描述系统中较小单元的设计为底层设计。整个设计过程可理解为从硬件的顶层抽象描述向最底层结构描述的一系列转换过程，直到最后得到可实现的硬件单元描述为止。层次化设计方法比较自由,既可采用自顶向下(top-down)的设计,也可采用自底向上(bottom-up)设计,可在任何层次使用原理图输入和硬件描述语言(HDL)设计。

3.10 思考与练习

3-1 简述基于 FPGA/CPLD 器件的 Quartus Ⅱ 开发流程。

3-2 简述 Quartus Ⅱ 中设计输入中的引脚锁定及时序约束的方法。

3-3 使用 Quartus Ⅱ 中的仿真工具如何创建波形矢量文件?

3-4 Altera 的宏功能模块是由 MegaWizard 生成的吗?如何在设计中定制这些宏功能模块?

3-5 Altera 的 FPGA 主要有哪些配置方式?Altera 的配置器件有哪些?

3-6 Quartus Ⅱ 可以生成的配置文件有哪些?各起什么作用?

3-7 在 Quartus Ⅱ 中如何对工程进行编辑、编译,并查看编辑报告?

3-8 简述功能仿真、时序仿真的基本概念和实现过程。

3-9 仿真和综合在 FPGA/CPLD 设计中的作用和目的是什么?

3-10 用原理图输入法设计一个奇偶校验器,其中校验位为 1 位,数据位为 4 位。

3-11 用原理图输入法,利用 74283 和基本门电路设计一个 4 位二进制加法/减法器,并仿真验证设计结果。

3-12 在 Quartus Ⅱ 中,用原理图输入法,利用 4-16 线译码器和一个 16 选 1 多路选择器 161mux 设计一个 4 位二进制数等值比较器。

3-13 在 Quartus Ⅱ 中,用原理图输入法设计一个边沿 D 触发器,并给出仿真结果。

3-14 在 Quartus Ⅱ 中,用原理图输入法,利用 D 触发器设计一个模 6 的扭环形计数器,对其输出增加译码电路,并给出仿真结果。

3-15 在 Quartus Ⅱ 中,用宏功能元件 74161、宏功能模块 LPM_DECODE 及基本门电路设计 12 路顺序脉冲发生器,包括原理图输入、编译、综合和仿真。

3-16 FIFO(First In First Out)是一种存储电路,用来存储、缓冲在两个异步时钟之间的数据传输。使用异步 FIFO 可以在两个不同时钟系统之间快速而方便地实时传输数据。在网络接口、图像处理、CPU 设计等方面,FIFO 具有广泛的应用。在 Quartus Ⅱ 中,利用宏功能模块设计向导 MegaWizard Plug-In Manager 完成 8 位数据输入 FIFO 模块的定制设计和验证,给出仿真波形图,通过波形仿真解释 FIFO 输出信号"空""未满""满"的标志信号是如何变化的。

3-17 在 Quartus Ⅱ 中定制一个锁相环 PLL 元件,该锁相环将原始时钟 CLK_IN 经移相处理后,输出相位依次相差 $90°$ 的 4 路时钟信号 clk0、clk90、clk180、clk270,利用逻辑分析仪输出信号,并给出输出。

3-18 在 Quartus Ⅱ 中,利用混合输入方式的层次化设计方法,设计一个对正交输入信号 I 求模的运算电路。求模运算的简化经验公式为

$$\frac{3}{8} \times \text{MAX}[I, Q] + \frac{5}{8} \times \text{MIN}[I, Q]$$

输入输出数据的有效位数为 12 位,全部运算采用无符号数,给出仿真结果。

3-19　试设计一个 8 路安全监视系统,来监视 8 个门的开关状态,每个门的状态可通过 LED 显示,为减少长距离内铺设多根传输线,可组合使用多路选择器和多路分配器实现该系统,其参考示意图如图 3-90 所示。

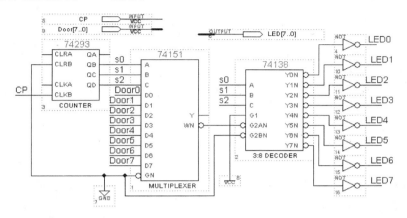

图 3-90　题 3-19 图

3-20　用一片 74194 和适当的逻辑门构成可产生序列 10011001 的序列发生器,如图 3-91 所示,用 Quartus II 软件仿真验证其正确性。

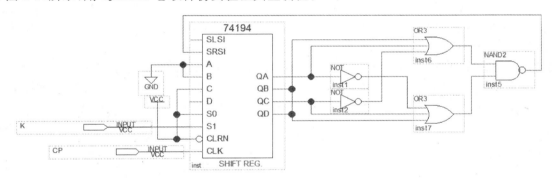

图 3-91　题 3-20 图

3-21　图 3-92 是一个 DDS(Direct Digital Synthesizer)顶层原理图,该 DDS 由一个 32 位相位累加器和一个单端口 ROM 组成。其中 DDS 的频率控制字为 32 位,相位累加器的位数为 32 位,将 FPGA 的内部 RAM 作为 ROM 空间,地址位为 12 位。试利用 Quartus II 的 SignalTap II 测试技术分析该 DDS 在频率控制字为 00800000H 时 DDS 的输出波形。

设计提示:相位累加器是 DDS 的核心,其性能好坏决定了整个系统的性能。普通相位累加器由 32 位加法器和 32 位寄存器级联构成,由它产生波形存储器的离散地址值。同时它也作为后面波形存储器的地址计数器。本题的 Phase_adder 采用 LPM 的宏单元 LPM_ADD_SUB 参数模块,通过设计向导 MegaWizard Plug-In Manager 例化完成。该模块将总线地址设为 32 位,选择 Addition only,同时设置一个时钟周期的输出延时,即相位累加器通过寄存器锁存输出,其他项保持默认设置。

波形存储器 ROM_sim 通过设计向导 MegaWizard Plug-In Manager 选择 ROM:

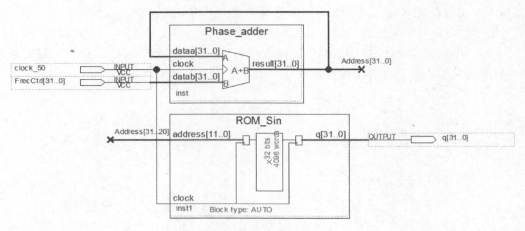

图 3-92   题 3-21 图

1-PORT 例化完成。该存储器字数为 4096，字宽为 10，其输出数据端设置成无寄存器。一个周期的正弦波数据可参看实验 3-5。

3-22   在 Quartus Ⅱ 中利用 LPM_ROM 设计一个 16 节拍的时序控制器，该时序控制器输出的 8 个时序信号为 S[7..0]，ROM 表中从地址 0 到 F 的 16 个单元的数据依次为 DE、3A、85、AF、19、7B、00、ED、3C、FF、B8、C7、27、6A、D2、5B，请利用逻辑分析仪观察仿真 ROM 每个输出端 S[7..0]的波形图。

设计提示：ROM 是只读存储器，一般用于存储那些在系统正常操作中不改变的数据表，如三角函数表和代码转换表，也可以用于产生时序和控制信号。数字系统可以通过这些数据表查找到相应的值，对于 ROM 的每个输出端来说，则产生时序控制的节拍信号。

一个 16 节拍的 8 输出时序控制器可由一个 16×8 的 PLM_ROM 构成，该 ROM 的地址输入端则由一个模 16 加法计数器驱动，其原理图如图 3-93 所示，输出波形如图 3-94 所示。

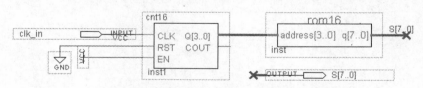

图 3-93   基于 ROM 结构的 16 节拍的时序控制器原理图

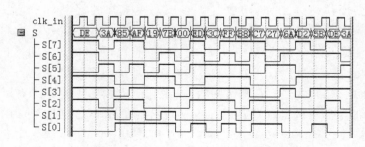

图 3-94   时序控制器输出波形图

第**4**章

VHDL 设计基础

【学习目标】

通过对本章内容的学习,了解 VHDL 发展历程及特点,层次化的 VHDL 设计流程;理解 VHDL 程序的基本单元、基本结构和语法;掌握 VHDL 的程序设计,描述方法,顺序语句和并行语句的使用方法,层次化设计的基本思想和原则。

【教学建议】

理论教学:2~4 学时,实验教学:8~10 学时。重点讲解 VHDL 的基本组成,VHDL 语言基本要素,VHDL 两类基本的描述语句——顺序语句和并行语句。可让学生通过一些简单而典型的 VHDL 设计示例学习相关的 VHDL 语言现象和语法规则并巩固本章知识点,从而降低 VHDL 的学习难度。最后给出了 5 个基本实验供学生练习。

4.1 VHDL 的基本组成

VHDL 可以用于描述任何数字逻辑电路与系统,可以在各种开发平台上使用,包括标准 PC 和工作站环境,它支持自顶向下(top-down)设计和自底向上(bottom-up)设计,具有多层次描述系统硬件功能的能力。VHDL 可以实现从系统的数学模型直到门级元件电路。可以进行与制造工艺无关的编程,其语法严格规范,设计成果便于复用和交流。因此 VHDL 在 EDA 技术中具有十分重要的地位。

一个完整的 VHDL 程序通常包含实体(Entity)、构造体(Architecture)、配置(Configuration)、包集合(Package)和库(Library)5 个部分。实体、构造体、配置和包集合是可以进行编译的源程序单元,库用于存放已编译的实体、构造体、包集合、配置。

4.1.1 实体

实体是一个 VHDL 程序的基本单元,由实体说明和结构体两部分组成。设计实体是最重要的数字逻辑系统抽象,它类似于电路原理图中所定义的模块符号,而不具体描述该模块的功能。它可以代表整个电子系统、一块电路板、一个芯片或一个门电路,既可以代表像微处理器那样复杂的电路,也可以代表像单个逻辑门那样简单的电路。设计实体由两部分组成:接口描述和一个或多个结构体。

接口描述即为实体说明,任何一个 VHDL 程序必须包含一个且只能有一个实体说明。实体说明定义了 VHDL 所描述的数字逻辑电路的外部接口,它相当于一个器件的外部视图,有输入端口和输出端口,也可以定义参数。电路的具体实现不在实体说明中描述,而是在结构体中描述的。相同的器件可以有不同的实现,但只对应唯一的实体说明。

实体的一般格式如下:

ENTITY 实体名 IS
　[GENERIC(类属表);]
　[PORT(端口表);];
END [ENTITY] [实体名];

1. 实体说明

实体说明主要描述一些参数的类属。参数的类属说明必须放在端口说明之前,这是 VHDL 标准所规定的。

一个基本设计单元的实体说明以"ENTITY 实体名 IS"开始,至"END 实体名"结束。例如,在例 4-1 中一个四路数据分配器的实体说明从 ENTITY demulti_4 IS 开始,至 END demulti_4 结束。

【例 4-1】 描述四路数据分配器的设计实体。

```
ENTITY demulti_4 IS
PORT(D               : IN    STD_LOGIC;
      S               : IN    STD_LOGIC_VECTOR(1 downto 0);
      Y0,Y1,Y2,Y3    : OUT STD_LOGIC);
END demulti_4;
```

在层次化系统设计中,实体说明是整个模块或整个系统的输入输出(I/O)。在一个器件级的设计中,实体说明是一个芯片的输入输出(I/O)。

实体说明在 VHDL 程序设计中描述一个元件或一个模块与设计系统的其余部分(其余元件、模块)之间的连接关系,可以看作一个电路图的符号。因为在一张电路图中,某个元件在图中与其他元件的连接关系是明显直观的。图 4-1 是实体 demulti_4 四路数据分配器的元件符号图。

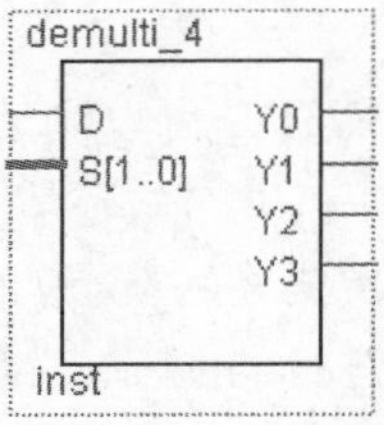

图 4-1　例 4-1 实体元件符号图

2. 类属参数说明(可选项)

类属参数是一种端口界面常数,以一种说明形式放在实体或结构体中。类属参数说明必须放在端口说明之前,用于指定参数。类属参数一般用来指定 VHDL 程序中的一些可以人为修改的参数值,比如指定信号的延迟时间值、数据线的宽度以及计数器的模数等。

类属说明的一般书写格式如下:

GENERIC(常数名 :数据类型 [:设定值]
　　　　 { ;常数名 :数据类型 [:设定值]});

类属参数说明语句是以关键词 GENERIC 引导一个类属参数表,在表中提供时间值或数据线的宽度等静态信息,类属参数表说明用于设计实体和其外部环境通信的参数和传递信息,类属在所定义的环境中的地位与常数相似,但性质不同。常数只能从设计实体内部接受赋值,且不能改变,但类属参数却能从设计实体外部动态地接受赋值,其行为又类似于端口(PORT),设计者可以从外面通过类属参数的重新定义来改变一个设计实体或一个元件的内部电路结构和规模。例 4-2 给出了类属参数说明语句的一种典型应用,它为迅速改变数字逻辑电路的结构和规模提供了便利的条件。

【例 4-2】　利用类属参数说明设计 N 输入的与门。

```
LIBRARY IEEE;
  USE IEEE.STD_LOGIC_1164.ALL;
  ENTITY andn IS
    GENERIC ( n : INTEGER );                        --定义类属参量及其数据类型
    PORT(a : IN    STD_LOGIC_VECTOR(n-1 DOWNTO 0); --用类属参量限制矢量长度
          c : OUT STD_LOGIC);
  END;
  ARCHITECTURE behav OF andn IS
    BEGIN
      PROCESS (a)
        VARIABLE int : STD_LOGIC;
      BEGIN
        int := '1';
          FOR I IN a'LENGTH - 1 DOWNTO 0 LOOP
            IF a(i) = '0' THEN int := '0';
            END IF;
          END LOOP;
          c <= int ;
      END PROCESS;
  END;
```

3. 端口表

端口表(PORT)是对设计实体外部接口的描述,即定义设计实体的输入端口和输出端口。端口即为设计实体的外部引脚,说明端口对外部引脚信号的名称、数据类型和输入输出方向。端口表的组织结构必须有一个名字、一个通信模式和一个数据类型。在使用时,每个端口必须定义为信号(signal),并说明其属性,每个端口的信号名必须唯一,并在其属性表中说明数据传输通过该端口的方向和数据类型。

端口表的一般格式如下:

PORT([SIGNAL]端口名:[方向]子类型标识[BUS][: =静态表达式],…);

1) 端口名

端口名是赋予每个外部引脚的名称。在 VHDL 程序中有一些已有固定意义的保留字。除了这些保留字,端口名可以是任何以字母开头的包含字母、数字和下画线的一串字符。为了简便,通常用一个或几个英文字母来表示,如 D、Y0、Y1 等。而 1A、Begin、N♯3 是非法端口名。

2) 端口方向

端口方向用来定义外部引脚的信号方向是输入还是输出。例如,例 4-1 中 D 是输入引脚,用 IN 说明;而 Y0 为输出引脚,用 OUT 说明。

VHDL 语言提供了如下端口方向类型:

(1) IN。输入,信号自端口输入到构造体,而构造体内部的信号不能从该端口输出。

(2) OUT。输出,信号从构造体内经端口输出,而不能通过该端口向构造体输入信号。

(3) INOUT。双向端口,既可输入也可输出。

(4) BUFFER。同 INOUT,既可输入也可输出,但限定该端口只能有一个源。

(5) LIKAGE。不指定方向,无论哪个方向都可连接。

3) 数据类型

VHDL 中有多种数据类型。常用的有:布尔代数型(BOOLEAN),取值可为真(true)或假(false);位型(BIT),取值可为 0 或 1;位矢量型(Bit-vector);整型(INTEGER),它可作循环的指针或常数,通常不用于 I/O 信号;无符号型(UNSIGNED);实型(REAL)等。另外还定义了一些常用类型转换函数,如 CONV_STD_LOGIC_VECTOR(x,y)。

一般,由 IEEE std_logic_1164 所约定的,EDA 工具支持和提供的数据类型为标准逻辑(standard logic)类型。标准逻辑类型也分为布尔型、位型、位矢量型和整数型。为了使 EDA 工具的仿真、综合软件能够处理这些逻辑类型,这些标准必须从实体的库中或 USE 语句中调用标准逻辑型(STD_LOGIC)。在数字系统设计中,实体中最常用的数据类型就是位型和标准逻辑型。

在例 4-1 中,D 和 S[1..0]为模块的输入端口,定义的数据类型为标准逻辑型 STD_LOGIC;Y0、Y1、Y2、Y3 为模块的输出端口,定义的数据类型也为标准逻辑型。一个常用的实体说明如例 4-3 所示。

【例 4-3】 七段译码器的实体说明,输入 INA[3..0]为二进制码,输出 oSEG[6..0]为七段译码输出。

```
ENTITY LED7S IS
  PORT(INA        : IN STD_LOGIC_VECTOR(3 DOWNTO 0);
       oSEG       : OUT STD_LOGIC_VECTOR(6 DOWNTO 0));
  END ;
```

4.1.2　构造体

结构体用于描述系统的行为、系统数据的流程或者系统组织结构形式。实体只定义了设计的输入和输出,构造体则具体地指明了设计单元的行为、元件及内部的连接关系。构造体对基本设计单元具体的输入输出关系可以用 3 种方式进行描述,即行为描述(基本设计单元的数学模型描述,采用进程语句,顺序描述被称为设计实体的行为)、寄存器传输描述(数据流描述,采用进程语句顺序描述数据流在控制流作用下被加工、处理、存储的全过程)和结构化描述(逻辑元器件连接描述,采用并行处理语句描述设计实体内的结构组织和元件互连关系,适合于层次化的描述方法)。不同的描述方式只体现在描述语句上,而构造体的结构是完全一样的。

一个构造体的一般书写格式如下：

```
ARCHITECTURE 构造体名 OF 实体名 IS
    〔定义语句〕内部信号、常数、数据类型、函数等的定义；
BEGIN
    〔并行处理语句〕；
END 构造体名；
```

构造体可以自由命名，但通常按照设计者使用的描述方式命名为 behavioral（行为）、dataflow（数据流）或者 structural（结构）。命名格式如下：

```
ARCHITECTURE behavior OF fulladd_v1 IS     --用结构体的行为命名
ARCHITECTURE dataflow OF fulladd_v1 IS     --用结构体的数据流命名
ARCHITECTURE structural OF fulladd_v1 IS   --用结构体的结构命名
```

上述几个结构体都属于设计实体 fulladd_v1，每个结构体有着不同的名称，使得阅读 VHDL 程序的人能直接从结构体的描述方式了解功能，定义电路行为。因为用 VHDL 写的文档不仅是 EDA 工具编译的源程序，而且最初主要是项目开发文档供开发商、项目承包人阅读的。这就是硬件描述语言与一般软件语言不同的地方之一。

定义语句位于 ARCHITECTURE 和 BEGIN 之间，用于对构造体内部所使用的信号、常数、数据类型和函数进行定义。结构体的信号定义和实体的端口说明一样，应有信号名称和数据类型定义，但不需要定义信号模式，不用说明信号方向，因为是结构体内部连接用信号。

并行处理语句位于语句 BEGIN 和 END 之间，这些语句具体地描述了构造体的行为。在刚开始，设计者往往采用行为描述法。

【例 4-4】 图 4-2、图 4-3 给出了一位全加器的真值表和原理图，请基于 VHDL 模型给出一位全加器结构体的行为描述。

C_i	B	A	S	C_o
0	0	0	0	0
0	0	1	1	0
0	1	0	1	0
0	1	1	0	1
1	0	0	0	1
1	0	1	0	1
1	1	0	0	1
1	1	1	1	1

图 4-2　一位全加器真值表

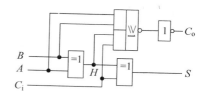

图 4-3　一位全加器原理图

解：根据结构体行为描述的思想和一位全加器真值表，利用 CASE 语句可直接描述该全加器的逻辑功能。其 VHDL 模型如下：

```
LIBRARY IEEE;
USE IEEE.STD_LOGIC_1164.ALL;
ENTITY fulladd_v1 IS
    PORT (Ci,Bi,Ai    : IN    STD_LOGIC;
          S,Co        : OUT   STD_LOGIC);
```

```
END fulladd_V1;
ARCHITECTURE behavior OF fulladd_v1 IS
    signal temp_sum: STD_LOGIC_VECTOR(2 downto 0);
BEGIN
  temp_sum <= Ci&Bi&Ai;
  process(temp_sum)
  begin
    CASE temp_sum is
      when "000" => S<='0'; Co <= '0';
      when "001" => S<='1'; Co <= '0';
      when "010" => S<='1'; Co <= '0';
      when "011" => S<='0'; Co <= '1';
      when "100" => S<='1'; Co <= '0';
      when "101" => S<='0'; Co <= '1';
      when "110" => S<='0'; Co <= '1';
      when "111" => S<='1'; Co <= '1';
      when others => null;
    end case;
  end process;
END ARCHITECTURE behavior;
```

在该构造体中,不包括任何电路的结构信息,仅描述输入输出间的逻辑关系(如真值表)。该例中只看到一个进程模型,就是行为描述方式。一般来说,采用行为描述方式的 VHDL 语言程序主要用于系统数学模型的仿真或者系统工作原理的仿真。

对于该实体,根据图 4-3 可以用另外一种方法来描述它。在图 4-3 中,可以得到和 S 和进位输出 C_o 的逻辑表达式(4-1)、式(4-2),其 VHDL 实体的寄存器描述方式如例 4-5 所示。

$$S = A \oplus B \oplus C_i \tag{4-1}$$
$$C_o = AB + (A+B)C_i \tag{4-2}$$

【例 4-5】 一位全加器结构体的寄存器描述。

```
ARCHITECTURE logicfunc OF fulladd_V2 IS
    signal x: STD_LOGIC;
BEGIN
    s <= Ai XOR Bi XOR Ci;          --全加器逻辑表达式
    x <= (Ai AND Bi);
    Co <= x OR(Ci AND Ai)OR(Ci AND Bi);
END logicfunc;
```

【例 4-6】 半加器结构体的 VHDL 寄存器描述。

```
ARCHITECTURE data_flow OF H_ADDER IS
BEGIN
    S <= Ai XOR Bi ;
    Co <= Ai AND Bi ;
END data_flow;
```

例 4-5 和例 4-6 的描述方式即为寄存器描述方式。寄存器描述方式是一种明确规定寄存器的描述方法。与行为描述方式相比,寄存器描述方式接近电路的物理实现,因此可以进行逻辑综合。

　　结构体的结构化描述法是也层次化设计中常用的一种方法,图 4-4 是一个由半加器构成的一位全加器的逻辑电路图,对于该逻辑电路,其对应的结构化描述程序如例 4-7 所示。

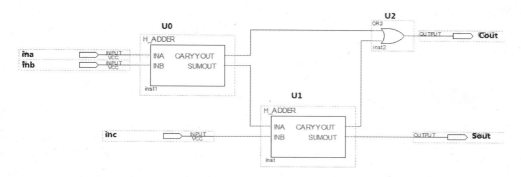

图 4-4　一位全加器的逻辑电路图

【**例 4-7**】　一位全加器的结构化 VHDL 描述法。

```
LIBRARY IEEE;
USE IEEE.STD_LOGIC_1164.ALL;
ENTITY fulladd_v3 IS
     PORT (inc,ina,inb      : IN        STD_LOGIC;
           Sout,Cout        : OUT       STD_LOGIC);
END fualladd_v3;
ARCHITECTURE structural OF fualladd_v3 IS
   COMPONENT H_ADDER
     PORT (Ai,Bi           : IN        STD_LOGIC;
           S,Co            : OUT       STD_LOGIC);
   END COMPONENT;
   COMPONENT OR_2
      PORT (Ai,Bi          : IN        STD_LOGIC;
            C              : OUT       STD_LOGIC);
   END COMPONENT;
SIGNAL C1,C2,C3: STD_LOGIC;
BEGIN
   U0: H_ADDER PORT MAP(ina,inb,C1,C2);
   U1: H_ADDER PORT MAP(C1,inc,Sout,C3);
   U2: OR_2 port map(c2,c3,Cout);
END ARCHITECTURE structural;
```

　　在一位全加器的实体设计中,实体说明仅说明了该实体的 I/O 关系,而设计中采用的标准元件 2 输入或门 OR_2 和用户自己定义的 H_ADDER 是库元件。本例中通过元件例化语句 COMPONENT 将设计好的实体定义为一个元件。它的输入关系也就是 OR_2 与 H_ADDER的实体说明,是用 USE 从句的方式从库中调用的。

　　一个复杂的电子系统可以分解成许多子系统,子系统再分解成模块。层次化设计可以使设计多人协作,并行同时进行。层次化设计的每个层次都可以作为一个元件,再构成一个模块或构成一个系统,每个元件可以分别仿真,然后再整体调试。结构化描述不仅是一个设计方法,而且是一种设计思想,是大型电子系统设计高层主管人员必须掌握的。

除了一个常规的门电路在标准化后作为一个元件可放在库中调用外,用户自己定义的特殊功能的元件 H_ADDER 也可以放在库中,以方便调用。这个过程称为例化。要注意的是,元件的例化不仅仅是常规门电路,这和标准化元件的含义不一样,即任何一个用户设计的实体,无论功能多么复杂,复杂到一个数字系统,如一个 CPU,还是多么简单,简单到一个门电路,如一个倒相器,都可以标准化成一个更加复杂的文件系统。

4.1.3　程序包

包集合存放各设计模块能共享的数据类型、常数、子程序等。程序包说明像 C 语言中的 include 语句一样,用来单纯地包含设计中经常要用到的信号定义、常数定义、数据类型、元件语句、函数定义和过程定义等,是一个可编译的设计单元,也是库结构中的一个层次。要使用程序包,必须首先用 USE 语句说明。例如:

```
USE WORK.HANDY.all;
ENTITY addern IS
  PORT(X  : IN BITVECT3;
       Y  : BITVECT2);
END logsys;
```

程序包 HANDY 中的所有声明对实体 addern 都是可见的。

该程序包由两部分组成:程序包说明和程序包体。程序包说明为程序包定义接口,声明包中的类型、元件、函数和子程序,其方式与实体定义模块接口非常相似。程序包体规定程序的实际功能,存放说明中的函数和子程序,程序包说明部分和程序包体单元的一般格式如下:

```
PACKAGE 程序包名 IS
      [说明语句];
END 程序包名;--程序包体名总是与对应的程序包说明的名字相同
PACKAGE BODY 程序包名 IS
      [说明语句];
END BODY;
```

程序包结构中,程序包体并非总是必需的,程序包首可以独立定义和使用。

【例 4-8】　一个完整的程序包的范例。

```
PACKAGE HANDY IS                                        --程序包首开始
    SUBTYPE BITVECT3 IS BIT_VECTOR(0 TO 2);             -- 定义子类型
    SUBTYPE BITVECT2 IS BIT_VECTOR(0 TO 1);
    FUNCTION MAJ3(X: BIT_VECTOR(0 TO 2)) RETURN BIT;    --定义函数首
END HANDY;
PACKAGE BODY HANDY IS
    FUNCTION MAJ3(X: BIT_VECTOR(0 TO 2))                --定义函数体
        RETURN BIT IS
    BEGIN
```

```
    RETURN (X0 AND X1) OR (X0 AND X2) OR (X1 AND X2);
  END MAJ3;
END HANDY;                                          -- 程序包首结束
```

程序包常用来封装属于多个设计单元共享的信息,常用的预定义的程序包有 STD_ LOGIC_1164、STD_LOGIC_ARITH、STANDARD、TEXTIO、STD_LOGIC_UNSIGNED 和 STD_LOGIC_SIGNED。

4.1.4　库

库有两种。一种是用户自行生成的 IP 库,有些集成电路设计中心开发了大量的工程软件,有不少好的设计范例,可以重复引用,所以用户自行建库是专业 EDA 公司的重要任务之一。另一种是 PLD、ASIC 芯片制造商提供的库,比如常用的 74 系列芯片、RAM 和 ROM 控制器、计数器、寄存器、I/O 接口等标准模块,用户可以直接引用,而不必从头编写。

1. 库的定义和语法

VHDL 库是经编译后的数据的集合,在库中存放包集合定义、实体定义、结构体定义和配置定义。库的功能类似于 UNIX 和 MS-DOS 操作系统中的目录,使设计者可以共享已经编译过的设计成果。库中存放设计的数据,通过其目录可查询、调用。在 VHDL 程序中,库的说明总是放在设计单元的最前面。

库的语法形式如下:

LIBRARY 库名;

USE 子句使库中的元件、程序包、类型说明、函数和子程序对本设计成为可见。USE 子句的语法形式如下:

USE 库名.逻辑体名;

例如:

LIBRARY ieee;
USE ieee.std_logic_1164.all;

以上程序使库中的程序包 std_logic_1164 中的所有元件可见,并允许调用。

2. 库的种类

在 VHDL 程序中存在的库分为两类:一类是设计库,另一类是资源库。设计库对当前项目是默认可见的,无须用 LIBRARY 子句、USE 子句声明,所有当前所设计的资源都自动存放在设计库中。资源库是常规元件和标准模块存放库。使用资源库需要声明要使用的库和程序包。资源库只可以被调用,但不能被用户修改。

1) 设计库

STD 库和 WORK 库属于设计库的范畴。STD 库为所有的设计单元所共享、隐含定义、默认和可见。STD 库是 VHDL 的标准库,在库中存放有 Standard 和 Textio 两个程序包。在用 VHDL 编程时,Standard 程序包已被隐含地全部包含进来,故不需要 USE std. standard. all；语句声明；但在使用 Textio 包中的数据时,应先说明库和包集合名,然后才可使用该包集合中的数据。例如:

```
LIBRARY std;
USE std.textio.all;
```

WORK 库是 VHDL 语言的工作库,用户在项目设计中设计成功、正在验证、未仿真的中间文件都放在 WORK 库中。

2) 资源库

STD 库和 WORK 库之外的其他库均为资源库,它们是 IEEE 库、ASIC 库和用户自定义库。要使用某个资源库,必须在使用该资源库的每个设计单元的开头用 LIBRARY 子句显式说明。应用最广的资源库为 IEEE 库,在 IEEE 库中包含程序包 std_logic_1164,它是 IEEE 正式认可的标准包集合。ASIC 库存放的是与逻辑门相对应的实体,用户自定义库是为自己设计所需要开发的共用程序包和实体的汇集。

VHDL 工具厂商与 EDA 工具专业公司都有自己的资源库,如 Altrea 公司 Quartus Ⅱ 的资源库为 megafunctions 库、maxplus2、primitives 库、edif 库等。

3. 库的使用

1) 库的说明

除 WORK 库和 STD 库之外,其他库在使用前首先都要做说明。在 VHDL 中,库的说明语句总是放在实体单元前面,即第一条语句应该是"LIBRARY 库名；",库语句关键词 LIBRARY 声明使用什么库。另外,还要说明设计者要使用的是库中哪一个程序包以及程序包中的项目(如过程名、函数名等),这样第二条语句的关键词为 USE,USE 语句使所说明的程序包对本设计实体部分或全部开放,即是可视的,其格式如下:

```
USE 库名.程序包名.项目名;
```

如果项目名为 ALL,表明 USE 语句的使用对本设计实体开放指定库中的特定程序包内的全部内容。所以,一般在使用库时首先要用两条语句对库进行说明。

2) 库说明的作用范围

库说明语句的作用范围是从一个实体说明开始到它所属的构造体、配置为止。当一个源程序中出现两个以上的实体时,两条库说明语句应在每个实体说明语句前重复书写。

【例 4-9】 库的使用。

```
LIBRARY ieee;
USE ieee.std_logic_1164.all;
ENTITY andern IS
    …
END andern;
ARCHITECTURE rt1 OF andern IS
    …
END rt1;
```

4.1.5　配置

　　配置用于从库中选取所需单元来组成系统设计的不同规格的不同版本,使被设计系统的功能发生变化。配置语句用来描述层与层之间的连接关系以及实体与结构体之间的连接关系。在复杂的 VHDL 工程设计中,设计者可以利用这种配置语句来选择不同的结构体,使其与要设计的实体相对应,或者为例化的各元件实体配置指定的结构体。在仿真设计中,可以利用配置来选择不同的结构体进行性能对比试验,以得到性能最佳的设计目标。例如,要设计一个 2 输入 4 输出的译码器。假设一种结构中的基本元件采用反相器和 3 输入与门,另一种结构中的基本元件都采用与非门,它们各自的构造体是不一样的,并且放在各自不同的库中,那么要设计的译码器就可以利用配置语句实现对两种不同的构造体的选择。

　　配置语句的书写格式如下:

```
CONFIGURATION 配置名 OF 实体名 IS
    FOR 选配结构体名
    END FOR;
END 配置名;
```

【例 4-10】　2 输入 4 输出译码器的设计程序。

```
ENTITY TWO_CONSECUTIVE IS
    PORT(CLK,R,X          : IN     STD_LOGIC;
         Z                : OUT    STD_LOGIC);
END TWO_CONSECUTIVE;
USE WORK.ALL;
ARCHITECTURE STRUCTURAL OF TWO_CONSECUTIVE IS
    SIGNAL Y0,Y1,A0,A1    : STD_LOGIC: = '0';
    SIGNAL NY0,NX         : STD_LOGIC: = '1';
    SIGNAL ONE            : STD_LOGIC: = '1';
COMPONENT EDGE_TRIGGERED_D
    PORT(CLK,D,NCLR       : IN     STD_LOGIC;
         Q,QN             : OUT    STD_LOGIC);
END COMPONENT;
FOR ALL: EDGE_TRIGGERED_D
    USE ENTITY EDGE_TRIG_D(BEHAVIOR);              --模块指针
COMPONENT INVG
    PORT(I                : IN     STD_LOGIC;
         O                : OUT    STD_LOGIC);
END COMPONENT;
FOR ALL: INVG
    USE ENTITY INV(BEHAVIOR);                      --模块指针
COMPONENT AND3G
    PORT(I1,I2,I3         : IN     STD_LOGIC;
         O                : OUT    STD_LOGIC);
END COMPONENT;
FOR ALL: AND3G
    USE ENTITY AND3(BEHAVIOR);                     --模块指针
COMPONENT OR2G
```

```
            PORT(I1,I2            : IN     STD_LOGIC;
                  O                : OUT    STD_LOGIC);
      END COMPONENT;
      FOR ALL: OR2G
          USE ENTITY OR2(BEHAVIOR);                --模块指针
      BEGIN
        C1: EDGE_TRIGGERED_D
           PORT MAP(CLK,X,R,Y0,NY0);
        C2: EDGE_TRIGGERED_D
           PORT MAP(CLK,ONE,R,Y1,OPEN);
        C3: INVG
           PORT MAP(X,NX);
        C4: AND3G
           PORT MAP(X,Y0,Y1,A0);
        C5: AND3G
           PORT MAP(NY0,Y1,NX,A1);
        C6: OR2G
           PORT MAP(A0,A1,Z);
      END STRUCTURAL;
```

1. COMPONENT 语句

例 4-10 中使用了 COMPONENT 语句和 PORT MAP 语句。在构造体的结构描述中，COMPONENT 语句是最基本的描述语句。该语句指定了本构造体中所调用的是哪一个现成的逻辑描述模块。在本例电路的结构体描述程序中，使用了 4 个 COMPONENT 语句，分别引用了现成的 4 种门电路的描述，元件名分别为 EDGE_ TRIGGERED_ D、INVG、AND3G 和 OR2G。这 4 种门电路已在 WORK 库中生成，在任何设计中用到它们，只要用 COMPONENT 语句调用就行了，无须在构造体中再对这些门电路进行定义和描述。COMPONENT 语句的基本书写格式如下：

```
COMPONENT 元件名
      GENERIC 说明：       --参数说明
      PORT 说明；          --端口说明
END COMPONENT；
```

元件包装语句可以在 ARCHITECTURE、PACKAGE 及 BLOCK 的说明部分中使用。元件包装语句的书写格式如下：

```
标号名：元件名 PORT MAP(信号，…)；
```

例如：

```
U2: AND2 PORT MAP(NSEL,D1,AB)；
```

标号名 U2 放在元件名 AND2 的前面，在该构造体的说明中该标号名一定是唯一的。下一层元件端口信号与实际连接的信号用 PORT MAP 的映射关系联系起来。

2. 映射

映射方法有两种：一种是位置映射，另一种是名称映射。

1) 位置映射

所谓位置映射，就是在下一层的元件端口说明中的信号书写位置和 PORT MAP()中

指定的实际信号书写顺序一一对应。例如,在 2 输入与门中端口的输入输出定义为

```
PORT MAP(A,B  : IN    BIT;
         C    : OUT   BIT);
```

在设计中引用的与门 AND2 的信号对应关系描述为

U2:AND2 PORT MAP(NSEL,D1,AB);

也就是说,U2 的 NSEL 对应 A,D1 对应 B,AB 对应 C。

2) 名称映射

所谓名称映射,就是将已经存在于库中的现成模块的各端口名称赋予设计中模块的信号名。例如:

U2:AND2 PORT MAP(A=> NSEL,B=> D1,C=> AB);

该方法中,在输出信号没有连接的情况下,对应端口的描述可以省略。

3. 配置

例 4-10 的每个配置说明中都包含一个这样形式的语句:

FOR INSTANTIATED_COMPONENT USE LIBRARY_COMPONENT

意思是实例化的元件必须与库中的某一元件模型相对应。该元件与库中的元件具有相同功能,但有不同的名称和端口名称。在例 4-10 中该库就是 WORK 库,使用 OR2G、INVG、AND3G 和 EDGE_TRIGGERED_D 四种元件组成了新的电路元件。

在 VHDL 中,提高结构模型可重用性的方法是在配置说明中搜索所有的连接信息,为此可写出通用程序包,设计出与任何半导体工艺、EDA 平台无关的元件。配置的功能就是把元件安装到设计单元的实体中,配置也是 VHDL 设计实体中的一个基本单元。配置说明可以看作是设计单元的元件清单,在综合和仿真中,可以利用配置说明为确定整个设计提供许多有用信息。例如,对以元件例化的层次方式构成的 VHDL 设计实体,就可以把配置语句的设置看成是一个元件表,以配置语句指定在顶层设计中的某一元件与一特定的结构体相衔接,或赋予特定属性。配置语句还能用于对元件的端口连接进行重新安排。

综上所述,配置主要为顶层设计实体指定结构体,或为参与例化的元件实体指定所希望的结构体,以层次化的方式来对元件例化作结构配置。

4.2 VHDL 的基本要素

VHDL 具有计算机编程语言的一般特性,其语言的基本要素是编程语句的基本单元,准确无误地理解和掌握 VHDL 基本要素的含义和用法,对高质量地完成 VHDL 程序设计有十分重要的意义,本节主要讨论标识符、客体、数据类型与运算符等基本要素。

4.2.1 VHDL 的标识符

VHDL 的标识符(identifiers)是最常用的操作符,可以是常数、变量、信号、端口、子程序

或参数的名字。标识符规则是 VHDL 中符号书写的一般规则。不仅对电子系统设计工程师是一个约束,同时也为各种各样的 EDA 工具提供了标准的书写规范,使之在综合仿真过程中不产生歧义,易于仿真。

1. 短标识符

VHDL 的短标识符是遵守以下规则的字符序列:

(1) 必须以 26 个英文字母打头。

(2) 字母可以是大写、小写,数字包括 0～9 和下画线"_"。

(3) 下画线前后都必须有英文字母或数字。

(4) EDA 工具综合、仿真时,短标识符不区分大小写。

2. 扩展标识符

扩展标识符是 VHDL'93 版增加的标识符书写规则,对扩展标识符的识别和书写规则如下:

(1) 扩展标识符用反斜杠来定界。例如\multi_screens\,\eda_centrol\等都是合法的扩展标识符。

(2) 允许包含图形符号、空格符。例如\mode A and B\,\ $ 100\,\p%name\等。

(3) 反斜杠之间的字符可以用保留字。例如\buffer\,\entity\,\end\等。

(4) 扩展标识符的界定符(两个反斜杠)之间可以用数字打头。例如\100 $ \,\2chip\,\4screens\等。

(5) 扩展标识符中允许多个下画线相连。例如\Four_screens\,\TWO_Computer_sharptor\等。

(6) 扩展标识符区分大小写。例如\EDA\与\eda\不同。

(7) 扩展标识符与短标识符不同。例如\COMPUTER\与 Computer 和 computer 都不相同。

在程序书写时,一般要求大写或黑体,自己定义的标识符用小写,使得程序易于阅读,易于检查错误。

合法的标识符举例:

multi_scr Multi_s Decode_4 MULTI State2 Idel

非法的标识符举例:

```
illegal%name      -- 符号%不能用在标识符中
_multi_scr        -- 起始为非英文字符
2 MULTI           -- 起始为数字
State_            -- 标识符最后不能是下画线
ABS               -- 标识符不能是 VHDL 语言的关键词
```

4.2.2　VHDL 的客体

在 VHDL 中,凡是可以赋予一个值的对象叫客体(object)。VHDL 客体包含专门数据类型,主要有 4 个基本类型:常量(CONSTANT)、信号(SIGNAL)、变量(VARIABLE)和文件(FILES)。其中文件类型是 VHDL'93 标准中新通过的。

1. 常量

常量是设计者给实体中某一常量名赋予的固定值,其值在运行中不变。若要改变设计中某个位置的值,只须改变该位置的常量值,然后重新编译即可。常量是一个全局变量,它可以用在程序包、实体、构造体、进程或子程序中。定义在程序包内的常量可由所含的任何实体、构造体所引用,定义在实体说明内的常量仅仅在该实体内可见,定义在进程说明性区域中的常量也只能在该进程中可见。

一般地,常量赋值在程序开始前进行说明,数据类型在实体说明语句中指明。常量说明的一般格式如下:

CONSTANT 常量名: 数据类型: =表达式;

举例如下:

```
CONSTANT width: integer: =16;                          --16 位寄存器宽度
CONSTANT Vcc: real: =2.5;                              --设计实体的电源供电电压
CONSTANT DELAY1,DELAY2: time1: =50ns;                 --某一模块信号输入输出的延迟时间
CONSTANT PBUS: BIT_VECTOR: ="10000000010110011";      --某 CPU 总线上数据设备向量
```

2. 变量

变量仅用在进程语句、函数语句、过程语句的结构中使用,变量是一个局部量,变量的赋值立即生效,不产生赋值延时。变量书写的一般格式如下:

VARIABLES <变量名>: <数据类型> : =<数值>;

举例如下:

```
VARIABLES middle: std_logic: ='0';                 --变量赋初值
VARIABLES temp: std_logic_VECTOR(7 downto 0);
VARIABLES count0: integer range 0 TO 255 : =10;
temp: ="10011001";
temp[7..4]: ="1010";                              --位矢量表示
temp[7]: ='1';                                    --单比特位
```

在 VHDL 语言中,变量的使用规则和限制范围说明如下:

(1) 变量赋值是直接非预设的。在某一时刻仅包含了一个值。

(2) 变量赋值和初始化赋值符号用":="表示。

(3) 变量不能用于硬件连线和存储元件,且没有延时(delay)。

(4) 在仿真模型中,变量用于高层次建模。

(5) 在系统综合时,变量用于计算,作为索引载体和数据的暂存。

(6) 在进程中,变量的使用范围在进程之内。若将变量用于进程之外,必须将该值赋给一个相同的类型的信号,即进程之间传递数据靠的是信号。

3. 信号

信号是电子电路内部硬件实体相互连接的抽象表示。信号通常在构造体、程序包和实体说明中使用,用来进行进程之间的通信,它是一个全局量。

信号的声明格式如下:

SIGNAL 信号名：数据类型；

例如：

SIGNAL temp: STD_logic_vector(7 downto 0);

信号指定用<=表示，例如：

```
temp<="10101100"                              --全位数表示
temp<=x"aa"                                   --VHDL 支持八进制 O 和二进制表示
temp[7..4]<="1010"                            --位矢量表示
temp[7] <='1'                                 ---一位
temp<=8x"0F"
temp<=8x"XF"                                  --表示 xxxx1111
temp<=8Ux"0F"                                 --表示 00001111
```

信号可以被看作硬件电路中的某条连接线，用于连接各元件，它是有延时的，表示并行执行的进程，用于信号连接时有 3 种类型，现举例说明如下。

（1）简单信号类型。此时信号描述的格式如下：

<信号名><=<表达式>；

举例如下：

C1 <= R or T;   --用表达式表示逻辑行为

（2）条件信号形式。例如用于数据选择器的条件输出：

```
Q< A WHEN SELA='1' ELSE
   B WHEN SELB='1' ELSE
   C;
```

（3）给定信号的条件输出，例如 4 选 1 数据选择器输出的描述：

```
WITH sel SELECT
Q< A WHEN "00"
   B WHEN "01"
   C WHEN "10"
   D WHEN OTHERS;
```

4. 文件

文件（file）是传输大量数据的客体，包含一些专门数据类型的数值。在仿真测试时，测试的输入激励数据和仿真结果的输出都要用文件来进行。

在 IEEE 1076 标准中，TEXTIO 程序包中定义了下面几种文件 I/O 传输的方法。它们是对一些过程的定义，调用这些过程就能完成数据的传递。

4.2.3   VHDL 的数据类型

在 VHDL 中，信号、变量、常数都要指定数据类型。为此，VHDL 提供了多种标准的数据类型。另外，为使用户设计方便，还可以由用户自定义数据类型。VHDL 的数据类型的定义相当严格，不同类型之间的数据不能直接代入；而且，即使数据类型相同，但位长不同时也不能直接代入。EDA 工具在编译、综合时会报告类型错。

1. 标准定义的数据类型

标准的数据类型有 10 种：整数（INTEGER）、实数（REAL）、位（BIT）、位矢量（BIT_VECTOR）、布尔量（BOOLEAN）、字符（CHARACTER）、字符串（STRING）、时间（TIME）、错误等级（SEVRITY LEVEL）、自然数（NATURAL）和正整数（POSITIVE）。下面对各数据类型作简要说明。

1）整数数据类型

在 VHDL 中，整数类型的数代表正整数、零、负，其取值范围是 $-(2^{31}-1)\sim2^{31}-1$，可用 32 位有符号二进制数表示。千万不要把一个实数赋予一个整数变量，因为 VHDL 是一个强类型语言，它要求在赋值语句中的数据类型必须匹配。在使用整数时，VHDL 综合器要求用 RANGE 字句为所定义的数限定范围，然后根据所限定的范围来决定此信号或变量的二进制数位数，VHDL 综合器无法综合未限定整数类型范围的信号或变量。整数的例子如下：

$+1223,-457,158E3(=158000),0,+23$

2）实数数据类型

VHDL 的实数类似于数学上的实数，或称浮点数。实数的取值范围是 $-1.0E+38\sim+1.0E+38$。通常情况下，实数类型仅在 VHDL 仿真器中使用，而 VHDL 综合器不支持。实数数据类型书写时一定要有小数点，例如：

$-2.0,-2.5,-1.52E-3$（十进制浮点数），8♯40.5♯E+3（八进制浮点数）

有些数可以用整数表示，也可以用实数表示。例如，数字 1 的整数表示为 1，而实数表示为 1.0。两个数值是一样的，但数据类型是不一样的。

3）位数据类型

位数据类型属于枚举型，取值只能是 0 或 1。在数字系统中，信号值通常用一个位来表示。位值的表示方法是，用字符'0'或者'1'（将值放在单引号中）表示。位值与整数中的 0 和 1 不同，'0'和'1'仅仅表示一个位的两种取值，例如 BIT('1')。

位数据可以用来描述数字系统中总线的值。位数据不同于布尔数据，但也可以用转换函数进行转换。位数据类型的数据对象，如变量、信号等，可以参与逻辑运算，运算结果还是位数据类型。

4）位矢量数据类型

位矢量只是基于 BIT 数据类型，用双引号括起来的一组数据，例如"001100"、"X00BB"。在这里，位矢量最前面的 X 表示进制，使用位矢量必须注明位宽，例如：

SIGNAL address: bit_vector(7 to 0)

5）布尔量数据类型

一个布尔量具有两种状态，"真"或者"假"。虽然布尔量也是二进制枚举量，但它和位不同，没有数值的定义，也不能进行算术运算。它能进行关系运算。例如，在 IF 语句中，关系表达式（a<b）被测试，测试结果产生一个布尔量 TRUE 反之为 FALSE，综合器将其变为 1 或 0 信号值。它常用来表示信号的状态或者总线上的情况。

6）字符数据类型

字符也是一种数据类型，所定义的字符量通常用单引号括起来，如'A'。一般情况下，

VHDL 语言对大小写不敏感,但对字符量中的大小写敏感,例如,'B'不同于'b'。

7) 字符串数据类型

字符串是由双引号括起来的一个字符序列,也称字符矢量或字符串数组。字符串数据类型常用于程序说明和提示。

8) 时间数据类型

时间数据类型是一个物理量数据。完整的时间量数据应包含整数和单位两部分,而且整数和单位之间至少应留一个空格的位置,例如,5sec,8min 等。在包集合 STANDARD 中给出了时间的预定义,其单位为 fs(飞秒,VHDL 中的最小时间单位)、ps(皮秒)、ns(纳秒)、μs(微秒)、ms(毫秒)、s(秒)、min(分)和 hr(时)。时间数据主要用于系统仿真,用它来表示信号延时。

9) 错误等级

错误等级数据类型用来表征系统的状态,共有 4 种:note(注意)、warning(警告)、error(出错)、failure(失败)。系统仿真过程中用这 4 种状态来提示系统当前的工作情况。

10) 自然数和正整数

这两类数据都是整数的子类。

2. 用户自定义数据类型

在 VHDL 中,可由用户自定义的数据类型有枚举类型(ENUMERATED TYPE)、整数类型(INTEGER TYPE)、实数类型(REAL TYPE)、浮点数类型(FLOATING TYPE)、数组类型(ARRAY TYPE)、存取类型(ACCESS TYPE)、文件类型(FILE TYPE)、记录类型(RECORD TYPE)、时间类型(TIME TYPE)。

下面对常用的几种用户自定义的数据类型进行说明。

1) 枚举类型

它是 VHDL 中最重要的一种用户自定义数据类型,在以后的状态机等应用中有重要作用。在数字逻辑电路中,所有数据都是用'1'或者'0'来表示的,但人们在考虑逻辑关系时,只有数字往往是不方便的。枚举类型实现了用符号代替数字。例如,在表示一周七天的逻辑电路中,往往可以假设 000 为星期天,001 为星期一,这对阅读程序不利。为此,可以定义一个叫 WEEK 的数据类型,例如:

TYPE WEEK IS(SUN,MON,TUE,WED,THU,FRI,SAT);

由于上述的定义,凡是用于代表星期二的日子都可以用 TUE 来代替,这比用代码 010 表示星期二直观多了,使用时也不易出错。枚举类型数据格式如下:

TYPE 数据类型名 IS (元素,元素,…);

2) 整数类型和实数类型

整数类型在 VHDL 中已存在,这里指的是用户自定义的整数类型,实际上可以认为是整数的一个子类。例如,在一个数码管上显示数字,其值只能取 0~9 的整数。如果由用户定义一个用于数码显示的数据类型,那么可以写为

TYPE DIGIT IS INTEGER 0 TO 9;

同理,实数类型也如此,例如:

TYPE CURRENT IS REAL RANGE −1E4 TO 1E4;

据此,可以总结出整数或实数用户自定义数据类型的格式如下:

TYPE 数据类型名　IS　数据类型定义约束范围;

3) 数组类型

数组是将相同类型的数据集合在一起所形成的一个新的数据类型。它可以是一维的,也可以是二维或多维的。

数组定义的书写格式如下:

TYPE 数组类型名 IS ARRAY 范围 OF 原数据类型名;

在此,如果"范围"这一项没有被指定,则使用整数数据类型范围。例如:

TYPE WORD IS ARRAY (1 TO 8)OF STD_LOGIC;

若"范围"这一项需要整数类型以外的其他数据类型范围时,则在指定数据范围前应加数据类型名。例如:

```
TYPE WORD IS ARRAY (INTEGER 1 TO 8) OF STD_LOGIC;
TYPE INSTRUCTION IS (add,sub,inc,srl,srf,lda,ldb,xfr);
SUBTYPE DIGIT IS INTEGER 0 TO 9;
TYPE INSFLAG IS ARRAY (INSTRUCTION add to srf)OF DIGIT;
```

4) 存取类型

存取类型用来给新对象分配或释放存储空间。在 VHDL 语言标准 IEEE STD_1076 的程序包 TEXTIO 中,有一个预定义的存取类型 LINE:

TYPE LINE IS ACCESS STRING;

这表示类型为 LINE 的变量是指向字符串值的指针。只有变量才可以定义为存取类型,例如:

VARIABLE line_buffer: LINE;

5) 文件类型

文件类型用于在主系统环境中定义代表文件的对象。文件对象的值是主系统文件中值的序列。在 IEEE STD_1076 的程序包 TEXTIO 中,有一个预定义的文件类型 TEXT(用户也可以定义自己的文件类型):

```
TYPE Text IS FILE OF String;          --TEXTIO 程序包中预定义的文件类型
TYPE input_type IS FILE OF Character; --用户自定义的文件类型
```

在程序包 TEXTIO 中,有两个预定义的标准文本文件:

```
FILE input: Text OPEN read_mode IS "STD_INPUT";
FILE output: Text OPEN write_mode IS "STD_OUTPUT";
```

6) 记录类型

记录类型是将不同类型的数据和数据名组织在一起而形成的数据类型。用记录描述总线、通信协议是比较方便的。记录类型的一般书写格式如下：

```
TYPE 数据类型名 IS RECORD
    元素名：数据类型名；
    元素名：数据类型名；
        ⋮
END RECORD;
```

在从记录数据类型中提取元素数据类型时应使用"."，见例 4-11。

【例 4-11】 记录类型定义。

```
TYPE BANK IS RECODE
    ADDR0：STD_LOGIC_VECTOR(7 DOWNTO 0);
    ADDR1：STD_LOGIC_VECTOR(7 DOWNTO 0);
     R0：INTEGER;
     INST：INSTRUCTION;              --INSTRUCTION 为枚举类型
END RECORD;
SIGNAL ADDBUS1, ADDBUS2：STD_LOGIC_VECTOR(31 DOWNTO 0);
SIGNAL RESULT         ：INTEGER;
SIGNAL ALU_code       ：INSTRUCTION;
SIGNAL R_BANK         ：BANK：=("00000000","00000000",0,ADD);
ADDBUS1 <= R_BANK.ADDR1;
R_BANK.INST <= ALU_code;
```

7）时间类型

时间类型是表示时间的数据类型，其完整的书写格式应包含整数和单位两部分，如 16ns,3s,5min,1hr 等。时间类型一般用于仿真，而不用逻辑综合。其书写格式如下：

```
TYPE 数据类型名 IS 范围；
UNITS 基本单位；
      单位；
END UNITS;
```

【例 4-12】 时间类型定义。

```
TYPE TIME IS RANGE -1E18 TO 1E18;
UNITS   fs;
        ps＝1000 fs;
        ns＝1000 ps;
        us＝1000 ns;
        ms＝1000 us;
        s＝1000 ms;
        min＝60 s;
        hr＝60 min;
END UNITS;
```

3. 类型转换

在 VHDL 中，数据类型的定义是相当严格的，不同类型的数据之间是不能进行运算和直接代入的。为了实现正确的代入操作，必须将要代入的数据进行类型转换。这就是所谓类型转换。为了进行不同类型的数据变换，常用的有两种方法：类型标记法、函数转换法。

1）用类型标记法实现类型转换

类型标记就是类型的名称。类型标记法仅适用于关系密切的标量类型之间的类型转

换,即整数和实数的类型转换。例如,若

```
variable I : integer;
variable R : real;
```

则有

```
i: =integer(r);
r: =real(i);
```

程序包 NUMERIC_BIT 中定义了有符号数 SIGNED 和无符号数 UNSIGNED,与位矢量 BIT_VECTOR 关系密切,可以用类型标记法进行转换。在程序包 UNMERIC_STD 中定义的 SIGNED 和 UNSIGNED 与 STD_LOGIC_VECTOR 相近,也可以用类型标注进行类型转换。

2) 用函数法进行类型转换

在 VHDL 中,可以用函数法进行数据类型转换,VHDL 标准中的程序包提供的变换函数用来完成这个工作。这些程序包有 3 种,每种程序包的变换函数也不一样。

(1) STD_LOGIC_1164 程序包定义的转换函数如下:

* TO_STD_LOGIC_VECTOR(A),由位矢量 BIT_VECTOR 转换为标准逻辑矢量 STD_LOGIC_VECTOR。
* TO_BIT_VECTOR(A),由标准逻辑矢量 STD_LOGIC_VECTOR 转换为位矢量 BIT_VECTOR。
* TO_STD_LOGICV(A),由 BIT 转换为 STD_LOGIC。
* TO_BIT(A),由标准逻辑 STD_LOGIC 转换 BIT。

【例 4-13】　由位矢量 BIT_VECTOR 转换为标准逻辑矢量举例。

```
SIGNAL a: BIT_VECTOR(11 DOWNTO 0);
SIGNAL b: STD_LOGIC_VECTOR(11 DOWNTO 0);
A <= X"A8";                --十六进制代入信号 a
B <= to_std_logic_vector(x"AFT");
B <= to_std_logic_vector(B"1010-0000-1111");
```

由于 b 的数据类型为 STD_LOGIC_VECTOR,所以数据 X"AFT"、B"1000-0000-1111" 在代入 b 时都要利用函数 TO_STD_LOGIC_VECTOR,使 BIT_VECTOR 转换类型与 b 类型一致时才能输入。

(2) STD_LOGIC_ARITH 程序包定义的函数如下:

* COMV_STD_LOGIC_VECTOR(A,位长),由 INTEGER、SINGED、UNSIGNED 转换成 STD_LOGIC_VECTOR。
* CONV_INTEGER(A),由 SIGNED、UNSIGNED 转换成 STD_LOGIC_VECTOR。
* CONV_INTEGER(A),由 SIGNED、UNSIGNED 转换成 INTEGER。

(3) STD_LOGIC_UNSIGNED 程序包定义的转换函数如下:

* CONV_INTEGER(A),由 STD_LOGIC_VECTOR 转换成 INTEGER。

【例 4-14】　利用转换函数 CONV_INTEGER(A)设计 3-8 译码器。

```
LIBRARY IEEE;
```

```
USE IEEE.STD_LOGIC_1164.ALL;
USE IEEE.STD_LOGIC_UNSIGNED.ALL;
ENTITY decode3to8 IS
PORT (input    : IN    std_logic_vector(2 downto 0);
      Output   : OUT   std_logic_vector(7 downto 0);
END decode3to8;
ARCHITECTURE behavioral OF decode3to8 IS
BEGIN
   PROCESS(input)
   BEGIN
      Output <= (others =>'0');
      Output (CONV_INTEGER(input)) <= '1';
   END process ;
END behavioral;
```

4. IEEE 标准数据类型 STD_LOGIC、STD_LOGIC_VECTOR

VHDL 最早的标准数据类型 BIT 是一个逻辑型的数据类型。这类数据取值只有 '0' 和 '1'。由于该类型数据不存在不定状态 'X',故不便于仿真。另外,它也不存在高阻状态,也很难用它来描述双向数据总线。为此,IEEE 1993 制定了新的标准(IEEE STD_1164),使得 STD_LOGIC 型数据可以具有多种不同的值: 'U' 为初始值; 'X' 为不定; '0' 为 0; '1' 为 1; 'W' 为弱信号不定; 'Z' 为高阻; 'L' 为弱信号 0; 'H' 为弱信号 1; '-' 为不可能情况。

STD_LOGIC 和 STD_LOGIC_VECTOR 是 IEEE 新制定的标准化数据类型,建议在 VHDL 程序中使用这两种数据类型。另外,当使用该类型数据时,在程序中必须写出库说明语句和使用包集合的说明语句。

4.2.4 VHDL 的运算符

VHDL 为构成计算表达式提供了 23 个运算符,VHDL 的运算符有 4 种:逻辑运算符、算术运算符、关系运算符、并置运算符。

1. 逻辑运算符

在 VHDL 中,逻辑运算符有 6 种: NOT(取反)、AND(与)、OR(或)、NAND(与非)、NOR(或非)、XOR(异或)。

逻辑运算符适用的变量为 STD_LOGIC、BIT、STD_LOGIC_VECTOR 类型,这 3 种布尔型数据进行逻辑运算时左边、右边以及代入的信号类型必须相同。

在一个 VHDL 语句中存在两个逻辑表达式时,左右没有优先级差别。一个逻辑式中,先做括号里的运算,再做括号外的运算。

逻辑运算符的书写格式如下:

(1) A <= B AND C AND D AND E;   --用 VHDL 程序规范书写的语句
    $A \leqslant B \cdot C \cdot D \cdot E$ --等效的布尔代数书写的逻辑方程

(2) A <= B OR C OR D OR E;   --用 VHDL 程序规范书写的语句
    $A \leqslant B + C + D + E$ --等效的布尔代数书写的逻辑方程

(3) A <= (B AND C) OR (D AND E)   --用 VHDL 程序规范书写的语句
    $A \leqslant (B \cdot C) + (D \cdot E)$ --等效的布尔代数书写的逻辑方程

【例 4-15】　逻辑运算符举例。

```
SIGNAL a , b , c        : STD_LOGIC_VECTOR (3 DOWNTO 0);
SIGNAL d, e, f, g       : STD_LOGIC_VECTOR (1 DOWNTO 0);
SIGNAL h, I, j, k       : STD_LOGIC;
SIGNAL l, m, n, o, p    : BOOLEAN;
a <=  b AND c;                      --b、c 相与后向 a 赋值,a、b、c 的数据类型同属 4 位长的位矢量
d <= e OR f OR g;                   -- 两个操作符 OR 相同,不需括号
h <= (i NAND j)NAND k;              -- NAND 必须加括号
l <= (m XOR n)AND(o XOR p);         -- 操作符不同,必须加括号
h <= i AND j AND k;                 -- 两个操作符都是 AND,不必加括号
h <= i AND j OR k;                  -- 两个操作符不同,未加括号,表达式错误
a <= b AND e;                       -- 操作数 b 与 e 的位矢长度不一致,表达式错误
h <= i OR l;                        -- i 是位 STD_LOGIC,而 l 是布尔量,不能运算,表达式错误
```

2. 算术运算符

VHDL 中有 10 种算术运算符,分别是＋(加)、－(减)、*(乘)、/(除)、MOD(求模)、REM(取余)、＋(正,一元运算)、－(负,一元运算)、**(指数)、ABS(取绝对值)。

算术运算符的使用规则如下:

(1) 一元运算的操作符(正、负)可以是任何数值类型(整数、实数、物理量);加、减运算的操作数可以是整数和实数,且两个操作数必须类型相同。

(2) 乘、除的操作数可以同为整数和实数,物理量乘或除以整数仍为物理量,物理量除以同一类型的物理量得到一个整数。

(3) 求模和取余的操作数必须是同一整数类型数据。

(4) 一个指数的运算符的左操作数可以是任意整数或实数,而右操作数应为一个整数。

【例 4-16】　算术运算符的使用。

```
SIGNAL a, b             : INTEGER RANGE -8 to 7 ;
SIGNAL c, d             : INTEGER RANGE -16 to 14 ;
SIGNAL e                : INTEGER RANGE 0 to 3 ;
a <=  ABS(b) ;
c <= 2 * * e ;
d = a＋c;
```

3. 关系运算符

VHDL 中有 6 种关系运算符:＝(等于)、/＝(不等于)、<(小于)、<＝(小于等于)、>(大于)、>＝(大于等于)。

在 VHDL 程序设计中,关系运算符有如下规则:

(1) 在进行关系运算时,左右两边的操作数的数据类型必须相同。

(2) 等号＝和不等号/＝可以适用于所有类型的数据。

(3) 小于符<、小于等于符<＝、大于符>、大于等于符>＝适用于整数、实数、位矢量及数组类型的比较。

(4) 小于等于符<＝和代入符<＝是相同的,在阅读 VHDL 的语句时,要根据上下文关系来判断。

(5) 两个位矢量类型的对象比较时,自左至右按位比较。

4. 并置运算符

并置运算符 & 用于位的连接。并置运算符有如下使用规则：

(1) 并置运算符可用于位的连接，形成位矢量。

(2) 并置运算符可用于两个位矢量的连接，构成更大的位矢量。

(3) 位的连接也可以用集合体的方法，即将并置符换成逗号。

例如，两个 4 位的位矢量用并置运算符 & 连接起来就可以构成 8 位的位矢量：

```
Tmp_b <= b and (en & en & en & en);
y <= a & Tmp_b;
```

第一个语句表示 b 的 4 位矢量由 en 进行选择得到一个 4 位位矢量的输出；第二个语句表示 4 位位矢量 a 和 4 位位矢量 Tmp_b 再次连接（并置）构成 8 位的位矢量 y 输出。

5. 操作符的运算优先级

在 VHDL 程序设计中，逻辑运算、关系运算、算术运算、并置运算的优先级不同。各种运算的操作不可能放在一个程序语句中，所以把各种运算符排成一个统一的优先顺序表意义不大。其次，VHDL 采用结构化描述，在综合过程中，程序是并行的，没有先后顺序之分，写在不同程序行的硬件描述程序同时并行工作。VHDL 程序设计者千万不要认为程序是逐行执行，运算是有先后顺序的，这样是不利于 VHDL 程序的设计。运算符的优先顺序仅在同一行的情况下有顺序，有优先，不同行的程序是同时的。

4.3　VHDL 的基本语句

顺序语句和并行语句是 VHDL 程序设计中的两类基本的描述语句，在数字逻辑系统设计中，这些语句从多侧面完整地描述了数字逻辑系统的硬件结构和基本逻辑功能，其中包括通信的方式、信号的赋值、多层次的元件例化。本节将重点讨论这两类基本的描述语句。

4.3.1　顺序语句

VHDL 是并发语言，大部分语句是并发执行的。但是在进程、块和子程序中，还有许多顺序语句。顺序的含义是指按照进程或子程序执行每条语句，而且在结构层次中，前面语句的执行结果可能直接影响后面的结果。顺序语句有两类：一类是真正的顺序语句；另一类是可以做顺序语句，又可以做并行语句，具有双重特性的语句，这类语句放在进程、块、子程序之外是并行语句，放在进程、块、子程序之内是顺序语句。

顺序语句有 WAIT 语句、IF 语句、CASE 语句、LOOP 语句、NEXT 语句、EXIT 语句、RETURN 语句、NULL 语句、REPORT 语句、并发/顺序二重性语句（seqential/concurrent）。顺序语句具有如下特征：

(1) 顺序语句只能出现在进程或子程序、块中。

(2) 顺序语句描述的系统行为有时序流、控制流、条件分支和迭代算法等。

(3) 顺序语句用于定义进程、子程序等的算法。

（4）顺序语句的功能操作有算术、逻辑运算，信号、变量的赋值，子程序调用等。

顺序语句只能出现在进程或子程序中，它定义进程或子程序所执行的算法。顺序语句按照出现的次序依次执行。下面依次介绍各种常用的顺序语句。

1. WAIT 语句

先以一个例子来说明 WAIT 语句的用法：

WAIT ON X, Y until Z＝0 FOR 100ns;

该语句的功能是：当执行到该语句时进程将被挂起，但如果 X 或者 Y 在接下来 100ns 秒之内发生了改变，进程便立即测试条件 Z＝0 是否满足。若满足，进程将会被激活；若不满足，进程则继续被挂起。

WAIT 语句是进程的同步语句，是进程体内的一个语句，与进程体内的其他语句顺序执行。WAIT 语句可以设置 4 种不同的条件：无限等待、时间到、表达式成立及敏感信号量变化。这几类条件可以混用，其书写格式如下：

```
WAIT                      --无限等待
WAIT ON                   --敏感信号量变化
WAIT UNTIL 表达式          --表达式成立,进程启动
WAIT FOR 时间表达式         --时间到,进程启动
```

1) WAIT ON 语句

WAIT ON 语句的完整书写格式如下：

WAIT ON 信号［,信号,…］;

WAIT ON 语句后面跟一个或多个信号量，例如：

WAIT ON A,B;

该语句表明，它等待信号量 A 或者 B 发生变化，A 或者 B 中只要一个信号量发生变化，进程将结束挂起状态，而继续执行 WAIT ON 语句的后继语句。

【例 4-17】　WAIT ON 语句的使用。

```
P1: PROCESS(A,B)              P2: PROCESS
BEGIN                         BEGIN
    Y <= A AND B;                 Y <= A AND B;
END PROCESS;                      WAIT ON A,B;
                              END PROCESS;
```

例 4-17 中两个进程 P1、P2 的描述是完全等价的，只是 WAIT ON 和 PROCESS 中所使用的敏感信号量的书写方法有区别。在使用 WAIT ON 语句的进程中，敏感信号量应写在进程中 WAIT ON 语句的后面；在不使用 WAIT ON 语句的进程中，敏感信号量应在进程开头的 PROCESS 后面的括号中说明。如果在 PROCESS 语句中已有敏感信号量说明，那么在进程中不能再使用 WAIT ON 语句。

2) WAIT UNTIL 语句

WAIT UNTIL 语句的完整书写格式如下：

WAIT UNTIL 表达式;

WAIT UNTIL 语句后面跟的是布尔表达式,当进程执行到该语句时将被挂起,直到表达式返回一个"真"值,进程才被再次启动。

该语句的表达式将建立一个隐式的敏感信号量表,当表中的任何一个信号量发生变化时,就立即对表达式进行一次评估。如果评估结果使表达式返回一个"真"值,则进程脱离等待状态,继续执行下一个语句。

3）WAIT FOR 语句

WAIT FOR 语句的完整书写格式如下:

WAIT FOR 时间表达式;

WAIT FOR 语句后面跟的是时间表达式,当进程执行到该语句时将被挂起,直到指定的等待时间到,进程再开始执行 WAIT FOR 语句的后继语句。

2. IF 语句

IF 语句根据指定的条件来确定语句执行顺序,共有 3 种类型。

1）用于门闩控制的 IF 语句

这种类型的 IF 语句的一般书写格式如下:

```
IF 条件 THEN
  <顺序语句>
END IF;
```

当程序执行到该 IF 语句时,就要判断 IF 语句所指定的条件是否成立。如果条件成立,IF 语句所包含的顺序语句将被执行;如果条件不成立,程序跳过 IF 包含的顺序语句,执行 IF 语句的后续语句。

【例 4-18】 用 IF 语句描述 4 位等值比较器。

```
LIBRARY IEEE;
USE IEEE.STD_LOGIC_1164.ALL;
USE IEEE.STD_LOGIC_UNSIGNED.ALL;
ENTITY EQCOM_2 IS
  PORT (A,B    : IN    STD_LOGIC;
        EQ     : OUT   STD_LOGIC);
END EQCOM_2;
ARCHITECTURE func OF EQCOM_2 IS
BEGIN
  PROCESS(A,B)
  BEGIN
    EQ <= '0';
    IF A=B THEN
      EQ <= '1';
    END IF;
  END PROCESS;
END func;
```

此实例中,作为一个默认值,EQ 被赋予'0'值,当 A＝B 时,EQ 被赋予'1'值。

2）用于二选一的 IF 语句

这种类型的 IF 语句的一般书写格式如下:

IF 条件 THEN

```
    <顺序语句甲>
ELSE
    <顺序语句乙>
END IF;
```

当 IF 语句指定的条件满足时,执行顺序语句甲;当条件不成立时,执行顺序语句乙。用条件选择不同的程序执行路径。

【例 4-19】　用 IF 语句设计二选一电路,每路数据位宽为 4。

```
LIBRARY IEEE;
USE IEEE.STD_LOGIC_1164.ALL;
ENTITY mux2 IS
        PORT(A,B,SEL  : IN    STD_LOGIC_VECTOR (3 downto 0);
              C        : OUT   STD_LOGIC_VECTOR (3 downto 0);
END mux2;
ARCHITECTURE func OF mux2 IS
BEGIN
        PROCESS (A,B,SEL)
        BEGIN
          IF(SEL='0') THEN
                C<=A;
          ELSE
                C<=B;
          END IF;
        END PROCESS;
END func;
```

当条件 SEL='0'时,输出端 C[3..0]等于输入端 A[3..0]的值;当条件不成立时,输出端 C[3..0]等于输入端 B[3..0]的值。这是一个典型的二选一逻辑电路。

3) 用于多选择控制的 IF 语句

这种类型的 IF 语句一般书写格式如下:

```
IF 条件 1 THEN
    <顺序语句 1>;
ELSIF 条件 2 THEN
    <顺序语句 2>;
        ⋮
ELSIF 条件 N THEN
     <顺序语句 N>;
ELSE
    <顺序语句 N+1>;
END IF;
```

当条件 1 成立时,执行顺序语句 1;当条件 2 成立时,执行顺序语句 2……当条件 N 成立时,执行顺序语句 N;当所有条件都不成立时,执行顺序语句 $N+1$。

IF 语句指明的条件是布尔量,有两个选择,即"真"(true)和"假"(false),所以 IF 语句的条件表达式中只能是逻辑运算符和关系运算符。

IF 语句可用于选择器、比较器、编码器、译码器、状态机的设计,是 VHDL 中最基础、最常用的语句。

【例 4-20】 用 IF 语句描述单数据位宽四选一电路的结构体。

```
LIBRARY IEEE;
USE IEEE.STD_LOGIC_1164.ALL;
ENTITY mux4 IS
        PORT(INPUT   : IN    STD_LOGIC_VECTOR (3 downto 0);
             SEL     : IN    STD_LOGIC_VECTOR (2 downto 0);
             Q       : OUT   STD_LOGIC_VECTOR);
END mux4;
ARCHITECTURE func OF mux4 IS
BEGIN
    PROCESS(INPUT,SEL)
    BEGIN
      IF(SEL="00")THEN
          Q<=INPUT(0);
      ELSIF(SEL="01")THEN
          Q<=INPUT(1);
      ELSIF(SEL="10")THEN
          Q<=INPUT(2);
      ELSE
          Q<=INPUT(3);
      END IF;
    END PROCESS;
END func;
```

3. CASE 语句

CASE 语句常用来描述总线行为、编码器和译码器的结构,从含有许多不同语句的序列中选择其中之一执行。CASE 语句可读性好,非常简洁。

CASE 语句的一般格式如下:

```
CASE 条件表达式 IS
WHEN 条件表达式的值=>顺序语句;
END CASE;
```

上述 CASE 语句中的条件表达式的取值满足指定的条件表达式的值时,程序将执行相应的 WHEN 语句中由符号=>所指的顺序语句。条件表达式的值可以是一个值,或者是多个值的“或”关系,或者是一个取值范围,或者表示其他所有的默认值。

【例 4-21】 用 CASE 语句设计的四选一电路结构体。

```
LIBRARY IEEE;
USE IEEE.STD_LOGIC_1164.ALL;
ENTITY mux4 IS
        PORT(A,B,I0,I1,I2,I3 : IN STD_LOGIC_VECTOR ;
                 Q : OUT STD_LOGIC_VECTOR);
END mux4;
  ARCHITECTURE mux4_behave OF mux4 IS
     SIGNAL SEL: INTEGER RANGE 0 TO 3;
  BEGIN
    PROCESS(A,B,I0,I1,I2,I3)
    BEGIN
      SEL<=A;
```

```
            IF(B='1')THEN
                SEL <= SEL+2;
            END IF;
            CASE SEL IS                      --CASE 语句条件表达式 SEL
                WHEN 0=> Q<=I0;              --当条件表达式值=0 时,执行代入语句 Q<=I0
                WHEN 1=> Q<=I1;              --当条件表达式值=1 时,执行代入语句 Q<=I1
                WHEN 2=> Q<=I2;              --当条件表达式值=2 时,执行代入语句 Q<=I2
                WHEN 3=> Q<=I3;              --当条件表达式值=3 时,执行代入语句 Q<=I3
            END CASE;
        END PROCESS;
    END mux4_behave;
```

例 4-21 表明,选择器的行为描述也可以用 CASE 语句。要注意的是,在 CASE 语句中,没有值的顺序号,所有值是并行处理的。这一点不同于 IF 语句,在 IF 语句中,先处理最起始的条件;如果不满足,再处理下一个条件。因此在 WHEN 选项中不允许存在重复选项。另外,应该将表达式的所有取值都一一列举出来,否则便会出现语法错误。

【例 4-22】　设计一个能执行加减算术运算和相等、不等比较的运算器单元结构体。

```
LIBRARY IEEE;
USE IEEE.STD_LOGIC_1164.ALL;
USE IEEE.STD_LOGIC_UNSIGNED.ALL;
ENTITY ALU IS
    PORT (a,b    : IN       STD_LOGIC_VECTOR (7 DOWNTO 0);
          opcode : IN       STD_LOGIC_VECTOR (1 DOWNTO 0);
          result : OUT      STD_LOGIC_VECTOR (7 DOWNTO 0));
END ALU;
ARCHITECTURE behave OF ALU IS
    CONSTANT plus        : STD_LOGIC_VECTOR (1 DOWNTO 0) :=b"00";
    CONSTANT minus       : STD_LOGIC_VECTOR (1 DOWNTO 0) :=b"01";
    CONSTANT equal       : STD_LOGIC_VECTOR (1 DOWNTO 0) :=b"10";
    CONSTANT not_equal   : STD_LOGIC_VECTOR (1 DOWNTO 0) :=b"11";
BEGIN
    PROCESS (opcode,a,b)
    BEGIN
        CASE opcode IS
            WHEN plus => result <= a + b;           -- a、b 相加
            WHEN minus => result <= a - b;          -- a、b 相减
            WHEN equal =>                            -- a、b 相等
                IF (a=b) THEN result <= x"01";
                ELSE result <= x"00";
                END IF;
            WHEN not_equal =>                        -- a、b 不相等
                IF (a /= b) THEN result <= x"01";
                ELSE result <= x"00";
                END IF;
        END CASE;
    END PROCESS;
END behave;
```

4. LOOP 语句

LOOP 语句使程序能进行有规则的循环,循环次数受迭代算法控制。LOOP 语句常用

来描述位片逻辑及迭代电路的行为。

LOOP 语句的书写格式有两种：FOR LOOP 和 WHILE LOOP。

1) FOR LOOP 格式

FOR LOOP 语句的书写格式如下：

```
FOR 变量名 IN 离散范围 LOOP
    顺序语句;
END LOOP;
```

在 FOR LOOP 格式中，循环变量的值在每次循环中都会发生变化，离散范围表示循环变量在循环过程中的取值范围。

【例 4-23】 利用 FOR LOOP 语句设计一个在 10 位数据中统计 1 的个数的电路。

```
LIBRARY IEEE;
USE IEEE.STD_LOGIC_1164.ALL;
ENTITY number1_check IS
    PORT(a: IN     STD_LOGIC_VECTOR(9 DOWNTO 0);
         y: OUT   INTEGER RANGE 0 TO 10);
END number1_check
ARCHITECTURE example_LOOP OF number1_check IS
    SIGNSL count: INTEGER RANGE 0 TO 10;
BEGIN
  P1: PROCESS(a)
  BEGIN
        count <= 0;
        FOR i IN 0 TO 9 LOOP
          IF a(i) = '1' THEN
              count <= count +1;
          END IF;
        END LOOP;
        y <= count;
    END Process P1;
END example_LOOP;
```

通过例 4-23 得出下列结论：

(1) 循环变量 i 在信号说明、变量说明中不能出现，信号、变量不能代入到循环变量中。

(2) 全局变量、信号可以将局部变量的值带出进程（count 的值由 y 从 P1 进程中带出）。

2) WHILE LOOP 格式

WHILE LOOP 语句书写格式如下：

```
WHILE 条件 LOOP
    顺序语句;
END LOOP;
```

在该 LOOP 语句中，如果条件为“真”，则进行循环；如果条件为“假”，则循环结束。

【例 4-24】 利用 WHILE-LOOP 语句设计一个 8 位优先权信号检测电路。

```
LIBRARY IEEE;
USE IEEE.STD_LOGIC_1164.ALL;
```

```
ENTITY parity_check IS
    PORT(a: IN    STD_LOGIC_VECTOR(7 DOWNTO 0);
         y: OUT  STD_LOGIC);
END parity_check;
ARCHITECTURE example_while OF parity_check IS
BEGIN
  P1: PROCESS(a)
    VARIABLE tmp: STD_LOGIC;
    tmp: ='0';
    i:=0;
    WHILE (i < 8) LOOP
      tmp:= tmp XOR a(i);
      i :=i+1;
    END LOOP;
    y <= tmp;
  END PROCESS P1;
END example_While;
```

此源程序为信号优先权检测电路,在该例子中,i是循环变量,它可取 0~7 共 8 个值,故表达式 tmp:= tmp XOR a(i)共应循环计算 8 次。

5. NEXT 语句

NEXT 语句的书写格式如下:

```
NEXT;                              --第一种语句格式
NEXT LOOP 标号;                     --第二种语句格式
NEXT LOOP 标号 WHEN 条件表达式;      --第三种语句格式
```

NEXT 语句用于当满足指定条件时结束本次循环迭代,而转入下一次循环迭代。标号表明下一次循环的起始位置。如果 NEXT 语句后面既无标号也无"WHEN 条件表达式"说明,那么只要执行到该语句就立即无条件地跳出本次循环,从 LOOP 语句的起始位置进入下一次循环,即进入下一次迭代。

6. EXIT 语句

EXIT 语句用于在 LOOP 语句执行中进行有条件和无条件跳转的控制,其书写格式如下:

```
EXIT;                              --第一种语句格式
EXIT LOOP 标号;                     --第二种语句格式
EXIT LOOP 标号 WHEN 条件表达式;      --第三种语句格式
```

执行 EXIT 语句将结束循环状态,从 LOOP 语句中跳出,结束 LOOP 语句的正常执行。EXIT 语句不含标号和条件时,表明无条件结束 LOOP 语句的执行。EXIT 语句含有标号时,表明跳到标号处继续执行。EXIT 语句含有"WHEN 条件表达式"时,如果条件为"真",则跳出 LOOP 语句;如果条件为"假",则继续 LOOP 循环。

7. REPORT 语句

REPORT 语句不增加硬件的任何功能,仿真时可用该语句提高可读性。REPORT 语句的书写格式如下:

［标号］REPORT　"输出字符串"　［SEVERIY 出错级别］

8. NULL 语句

NULL 是一个空语句，类似汇编语言的 NOP 语句。执行 NULL 语句只是使程序走到下一个语句。

【例 4-25】 NULL 语句举例。

```vhdl
LIBRARY IEEE;
USE IEEE.STD_LOGIC_1164.ALL;
ENTITY mux41 IS
PORT (s4,s3,s2,s1     : IN     STD_LOGIC;
      z4,z3,z2,z1     : OUT    STD_LOGIC);
END mux41;
ARCHITECTURE activ OF mux41 IS
SIGNAL sel : INTEGER RANGE 0 TO 15;
BEGIN
  PROCESS (sel,s4,s3,s2,s1)
  BEGIN
      sel <= 0 ;                              -- 输入初始值
      IF (s1 ='1') THEN sel <= sel+1 ;
      ELSIF (s2 ='1') THEN sel <= sel+2 ;
    ELSIF (s3 ='1') THEN sel <= sel+4 ;
    ELSIF (s4 ='1') THEN sel <= sel+8 ;
    ELSE NULL;                                -- 注意,这里使用了空操作语句
    END IF ;
    z1 <= '0'; z2 <= '0'; z3 <= '0'; z4 <= '0';  -- 输入初始值
CASE sel IS
    WHEN 0  => z1 <= '1' ;                    -- 当 sel=0 时选中
    WHEN 1  3 => z2 <= '1' ;                  -- 当 sel 为 1 或 3 时选中
    WHEN 4 To 7  2 => z3 <= '1';              -- 当 sel 为 2、4、5、6 或 7 时选中
    WHEN OTHERS => z4 <= '1' ;                -- 当 sel 为 8~15 中任一值时选中
  END CASE ;
 END PROCESS ;
END activ ;
```

4.3.2　并行语句

在 VHDL 中，并行语句有多种语句格式，各种并行语句在结构体中执行是同步进行的，其执行方式与书写的顺序无关。每个并行语句表示一个功能单元，各个功能单元组织成一个结构体。每一并行语句内部的语句运行方式有两种：并行执行和顺序执行。

VHDL 并行语句用在结构体内，用来描述电路的行为。由于硬件描述的实际系统的许多操作是并发的，所以在对系统进行仿真时，这些系统中的元件在定义和仿真时应该是并发工作的。并行语句就是用来描述这种并发行为的。

在 VHDL 中，能够进行并行处理的语句有进程语句、WAIT 语句、块语句、并行过程调用语句、断言语句、并行信号赋值语句、信号代入语句。WAIT 语句在 4.3.1 节中已做了介绍，在此对其他语句进行描述。

1. 进程语句

进程语句 PROCESS 是并行处理语句，即各个进程是同时处理的，在一个结构体中多个

进程语句是同时并发运行的。进程语句是 VHDL 中描述硬件系统并发行为的最基本的语句。

进程语句具有如下特点：

（1）进程结构中的所有语句都是按顺序执行的，在系统仿真时，PROCESS 结构中的语句是按书写顺序一条一条向下执行的。

（2）多进程之间是并行执行的，并可存取结构体或实体中所定义的信号。

（3）为启动进程，在进程结构中必须包含一个显式的信号量表或者包含一个 WAIT 语句。在进程语句中总是带有一个或几个信号量，这些信号量是进程的输入信号，在 VHDL 中也称敏感量。这些信号无论哪一个发生变化都将启动该进程语句。一旦启动以后，PROCESS 中的语句将从上到下逐句执行一遍。当最后一个语句执行完毕后，就返回到开始的 PROCESS 语句，等待下一次变化的出现。

（4）进程之间的通信是通过信号量传递来实现的。

进程语句的书写结构如下：

```
[进程名:]PROCESS [信号量表]
    变量说明语句;
BEGIN
    顺序说明语句;
END PROCESS[进程名];
```

如上所述，进程语句结构由 3 个部分组成，即信号量表、变量说明语句和顺序说明语句，进程名为可选。信号量表须列出用于启动本进程的信号名，变量说明语句主要定义一些局部变量，顺序说明语句主要有赋值语句、进程启动语句、子程序调用语句、顺序描述语句、进程跳出语句。

【例 4-26】　由时钟控制的进程语句设计。

```
ENTITY sync_device IS
    PORT(ina,clk    : IN    BIT;
         outb       : OUT   BIT);
END sync_device;
ARCHITECTURE example OF sync_device IS
BEGIN
    P1: PROCESS(clk)
    BEGIN
        outb <= ina AFTER 10ns;
    END PROCESS P1;
END example;
```

该例的结构体中包含一个进程语句。该进程名为 P1，包含一个信号 clk，当 clk 发生变化时，该进程就会启动，按顺序执行一次该进程中的所有顺序处理语句。

2. 块语句

块语句 BLOCK 是一个并行语句，它把许多并行语句包装在一起。

Block 语句的一般格式如下：

```
块名: Block[(保护表达式)]
    {[类属子句
```

```
            类属接口表;]}
    {[端口子句
         端口接口表;]}
<块说明部分>
BEGIN
    <并行语句 A>
    <并行语句 B>
         ⋮
END Block[块标号];
```

其中,类属子句和端口子句部分用于信号的映射及参数的定义,常用 GENERIC 语句、GENERIC_MAP 语句、PROT 语句、PORT_MAP 语句实现,主要对该块用到的客体加以说明。可以说明的项目有 USE 子句、子程序说明及子程序体、类型说明及常数说明、信号说明和元件说明。

【例 4-27】 块语句实例。

```
ENTITY   halfadder  IS               --实体名 halfadder
    PORT(a,b   : IN    Bit;
         S,C   : OUT   Bit);          --端口说明
END ENTITY half;
ARCHITECTURE addr1 OF half adder IS   --结构体 1 的名字为 addr1
BEGIN
    S <= a XOR b;
    C <= a AND b;
END ARCHITECTURE addr1;
ARCHITECTURE addr2 OF halfadder IS    --结构体 2 的名字为 addr2
BEGIN
    example: BLOCK                    --块名 example
         PORT(a,b : IN    Bit;        --端口接口表
              S,c : OUT   Bit);       --参数的定义
         PORT MAP (a,b,s,c);          --信号的映射
    BEGIN
         P1: PROCESS (a,b) IS         --进程 1 的标号 P1
         BEGIN
             S <= a XOR b;
         END PROCESS P1;
         P2: PROCESS (a,b) IS         --进程 2 的标号 P2
         BEGIN
             C <= a and b;
         END PROCESS P2;
    END BLOCK example;
END ARCHITECTURE addr2;
```

通过例 4-27 可以看到,实体中含有多个结构体,结构体中含有多个块,一个块中含有多个进程,如此嵌套、循环,构成一个复杂的电子系统。

在对程序进行仿真时,BLOCK 语句中所描述的各个语句是可以并行执行的,它和书写顺序无关。这一点区别于进程语句。在进程语句中所描述的各个语句是按书写顺序执行的。

3. 并行过程调用语句

所谓子程序就是在主程序调用它以后能将处理结果返回主程序的程序模块,其含义和其他高级语言中的子程序概念相当。它可以反复调用,使用非常方便。调用时,首先要初始化,执行结束后,子程序就终止;再次调用时,再初始化。子程序内部的值不能保持,子程序返回后,才能被再次调用。在 VHDL 中,子程序分为两类:过程(PROCEDURE)和函数(FUNCTRION)。

1) 过程语句

过程语句的一般书写格式如下:

PROCEDURE 过程名(参数 1;参数 2;…)IS
　　[定义语句];
BEGIN
　　[顺序处理语句];
END 过程名;

【**例 4-28**】　过程语句设计。

PROCEDURE bitvector_to_integer
　(z　　　: IN　　　 STD_LOGIC_VECTOR;
　X_flag　: OUT　　 BOOLEAN;
　Q　　　 : INOUT　 INTEGER) IS
BEGIN
　　Q:=0;
　　X_flag:=FALSE;
　FOR i IN z'RANGE LOOP
　　Q:=Q*2;
　　IF (z(i)='1')THEN
　　　　Q:=Q+1;
　　ELSIF (z(i)/='0')THEN
　　　　X_flag:=TRUE;
　　EXIT;
　　END IF;
　END LOOP;
END bitvector_to_integer;

这个过程的功能是:如果 X_flag=FALSE,则说明转换失败,不能得到正确的转换整数值。在上例中,z 是输入,X_flag 是输出,Q 为输入输出。在 PROCEDURE 结构中,参数可以是输入也可以是输出。在 PROCEDURE 结构中的语句是顺序执行的,调用者在调用过程前应先将初始值传递给过程的输入参数,然后过程语句启动,按顺序自上至下执行过程结构中的语句。执行结束后,将输出值复制到调用者的 OUT 和 INOUT 所定义的变量或信号中。

2) 函数语句

函数语句的书写格式如下:

FUNCTION 函数名(参数 1;参数 2;…)
　RETURN 数据类型 IS
　　[定义语句];

```
    BEGIN
        [顺序处理语句];
    RETURN[返回变量名];
    END [函数名];
```

在 VHDL 中,FUNCTION 语句中括号内的所有参数都是输入参数,或称输入信号。因此,在括号内指定端口方向的 IN 可以省略。FUNCTION 的输入值由调用者复制到输入参数中,如果没有特别指定,在 FUNCTION 语句中按常数处理。通常各种功能的FUNCTION 语句的程序都集中在包集合中。

【例 4-29】 将整数转换为 N 位位矢量的函数。

```
ENTITY PULSE_GEN IS
    GENERIC(N: INTEGER; PER: TIME);
    PORT(START : IN        BIT; PGOUT: OUT BIT_VECTOR(N-1 DOWNTO 0);
        SYNC  : INOUT  BIT);
END PULSE_GEN;
ARCHITECTURE ALG OF PULSE_GEN IS
    FUNCTION INT_TO_BIN (INPUT: INTEGER; N: POSITIVE)
    RETURN BIT_VECTOR IS
        VARIABLE FOUT: BIT_VECTOR(0 TO N-1);
        VARIABLE TEMP_A: INTEGER: =0;
        VARIABLE TEMP_B: INTEGER: =0;
    BEGIN
        TEMP_A: =INPUT;
        FOR I IN N-1 DOWNTO 0 LOOP
            TEMP_B: =TEMP_A/(2 * * I);
            TEMP_A: =TEMP_A REM (2 * * I);
            IF(TEMP_B=1) THEN
                FOUT(N-1-I): = '1';
            ELSE
                FOUT(N-1-I): = '0';
            END IF;
        END LOOP;
        RETURN FOUT;
    END INT_TO_BIN;
BEGIN
    PROCESS(START,SYNC)
        VARIABLE CNT: INTEGER: =0;
    BEGIN
        IF START'EVENT AND START= '1'THEN
            CNT: =2 * * N-1;
        END IF;
        PGOUT <= INT_TO_BIN(CNT,N)AFTER PER;
        IF CNT/=-1 AND START= '1'THEN
            SYNC <= NOT SYNC AFTER PER;
            CNT: =CNT-1;
        END IF;
    END PROCESS;
END ALG;
```

在例 4-29 中，首先在结构体中定义了一个函数 INT_TO_BIN，该函数的功能就是将一个整数转换为 N 位位矢量结构。该函数中有两个参数：INPUT 和 N，它们在函数体中被当作常量。在进程语句调用该函数时，分别将实参 CNT 和 N 的值传递给函数的两个参数 INPUT 和 N，最后函数的返回值传递给 PGOUT，完成函数的调用。

4. 断言语句

断言语句主要用于程序仿真、调试中的人机对话。在仿真、调试过程中出现问题时，给出一个文字串作为提示信息。提示信息分 4 类：失败、错误、警告和注意。断言语句的书写格式如下：

ASSERT 条件［REPORT 报告信息］［SEVERITY 出错级别］；

断言语句的使用规则如下：

（1）报告信息必须是用双引号括起来的字符串类型的文字。

（2）出错级别必须是 SEVERITY_LEVEL 类型。

（3）REPORT 子句默认报告信息为 Assertion Violation，即违背断言条件。

（4）若 SEVERITY 子句默认，则默认出错级别为 error。

（5）任何并行断言语句 ASSERT 的条件以表达式定义时，这个断言语句等价于一个无信号的以 WAIT 语句结尾的进程。它在仿真开始时执行一次，然后无限等待下去。

（6）延缓的并行断言语句 ASSERT，被映射为一个定价的延缓进程。

（7）被动进程语句没有输出，与其等价的并行断言语句的执行，在电路模块上不会引起任何事情的发生。

（8）若断言为 FALSE，则报告错误信息。

（9）并行断言语句可以放在实体中、结构体中和进程中，放在任何一个要调试的点上。

5. 并行信号赋值语句

并行信号赋值语句有两种形式：条件型和选择型。

1）条件型

条件型信号赋值语句的格式如下：

```
目标信号<=表达式 1 WHEN 条件 1 ELSE
        表达式 2 WHEN 条件 2 ELSE
         ⋮
        表达式 N WHEN 条件 N ELSE
        表达式 N+1；
```

在每个表达式后面都跟有用 WHEN 指定的条件，如果满足该条件，则该表达式值代入目标信号量；如果不满足条件，则再判别下一个表达式所指定的条件。最后一个表达式可以不跟条件，它表示在上述表达式所指明的条件都不满足时，则将该表达式的值代入目标信号量。每次只有一个表达式被赋给目标信号量，即使满足多个条件，比如，同时满足条件 1 和条件 2，则由于条件 1 在前，只将表达式 1 赋给目标信号量。例如：

```
LL1: S<=A OR B WHEN XX=1 ELSE
        A AND B WHEN XX=2 ELSE
        A XOR B；
```

本例等价于下面的一个描述：

```
LL1: PROCESS(A,B,XX)
BEGIN
    IF XX=1 THEN S<=A OR B;
    ELSIF XX=2 THEN S<=A AND B;
    ELSE S<=A XOR B;
    END IF;
  END PROCESS LL1;
```

2）选择型

选择型信号赋值语句的格式如下：

```
WITH 表达式 SELECT
目标信号<=表达式 1 WHEN 条件 1,
        表达式 2 WHEN 条件 2,
        表达式 3 WHEN 条件 3,
            ⋮
        表达式 N WHEN 条件 N,
        表达式 N+1 WHEN OTHERS;
```

选择型信号代入语句类似于 CASE 语句，它对表达式进行测试，当表达式取值不同时，将使不同的值代入目的信号量。例如：

```
LL2: WITH (S1+S2) SELECT
    C<=A AFTER 5 ns WHEN 0,
        B AFTER 10 ns WHEN 1 TO INTEGER'HIGH,
        D AFTER 15 ns WHEN OTHERS;
```

本例等价于

```
LL2: PROCESS(S1,S2,A,B,D)
    BEGIN
        CASE (S1+S2) IS
            WHEN 0 => C<=A AFTER 5 ns;
            WHEN 1 TO INTEGER'HIGH => C<=B AFTER 10 ns;
            WHEN OTHERS => C<=D AFTER 15 ns;
        END CASE;
    END PROCESS LL2;
```

要注意的是：条件型信号赋值语句的条件项是有一定优先关系的，写在前面的条件选项的优先级要高于后面的条件项，当该进程被启动后，首先看优先级高的条件项是否满足，若满足则代入该选项对应的表达式，若不满足则判断下一个优先级低的条件项；而选择型信号赋值语句的所有条件项是同等、没有优先关系的，当进程被启动后，所有的条件项是同时被判断的。因此，在选择型信号赋值语句的条件项中应包含所有可能的条件，且所有条件项互斥，否则就会出现语法错误。

6. 信号代入语句

信号代入语句分 3 种类型：并发信号代入语句、条件信号代入语句、选择信号代入语句。

1) 并发信号代入语句

信号代入语句在进程内部使用时,它作为顺序语句的形式出现;信号代入语句在结构体的进程之外使用时,它作为并发语句的形式出现。一个并发信号代入语句是一个等效进程的简略形式。现在介绍并发信号代入语句的并发性和进程的等效性。

若有两个信号代入语句:

```
          ⋮
q <= a + b;          --描述加法器的行为,第 i 行程序
q <= a * b;          --描述乘法器的行为,第 i+1 行程序
          ⋮
```

这个代入语句是并发执行的,加法器和乘法器独立并行工作。第 i 行和第 i+1 行程序在仿真时并发处理,从而真实地模拟了实际硬件模块中加法器、乘法器的工作情况。这就是信号代入语句的并发性问题。

信号代入语句等效于一个进程,可以举例说明:

```
ARCHITECTURE signal_Assignment example OF Signal_Assignment IS
BEGIN
  Q <= a AND b AFTER 5ns;               --信号代入语句
END ARCHITECTURE signal_Assign ment example;
```

它的等效的进程可以表述为

```
ARCHITECTURE signal_Assignment example OF signal_Assignment IS
BEGIN
  P1: PROCESS(a,b)                      --敏感信号 a、b
  BEGIN
    Q <= a and b AFTER 5ns;
  END RPOCESS P1;
END ARCHITECTURE signal_Assign ment example;
```

分析:由信号代入语句的功能知道,当代入符号<=右边的信号值 a、b 发生任何变化时,代入操作立即发生,新的值 a AND b 赋予代入符号<=左边的信号 q。

由进程语句的功能知道,敏感量 a、b 的任一个变化都将触发进程的执行。进程中 q 的变化随敏感量 a、b 的变化而变化。

从以上分析不难得出:信号代入语句等效于一个进程语句,多个信号代入语句等于多个进程语句,而多个进程语句是并行处理的,即多个信号代入语句并行处理。这就是信号代入语句的等效性和并行性。

并发信号代入语句可以用于仿真加法器、乘法器、除法器、比较器以及各种逻辑电路的输出。因此,在代入符号右边的表达式可以是逻辑运算表达式、算术运算表达式和关系比较表达式。

2) 条件信号代入语句

条件信号代入语句属于并发描述语句的范畴,可以根据不同的条件将不同的表达式的值代入目标信号。条件信号代入语句的一般书写格式如下:

```
目标信号<=表达式 1      WHEN   条件 1    ELSE
        表达式 2      WHEN   条件 2    ELSE
            ⋮
        表达式 n−1 WHEN   条件 n−1 ELSE
        表达式 n;
```

当条件 1 成立时,表达式 1 的值代入目标信号;当条件 2 成立时,表达式 2 的值代入目标信号……所有条件都不成立时,表达式 n 的值代入目标信号。

注意:

(1) 条件信号代入语句不能进行嵌套,不能将自身值代入目标自身,所以不能用条件信号代入语句设计锁存器。

(2) 与 IF 语句比较,IF 是顺序语句,只能在进程内使用。代入语句是并发语句,在进程内外都能使用。

(3) 条件信号代入语句与硬件电路贴近,使用该语句编程就像用汇编语言一样,需要丰富的硬件电路知识。对于主要从事硬件电路设计的人来说,必要的电路基础知识还是要掌握的,这样才能为用好条件信号代入语句打下坚实的基础。

3) 选择信号代入语句

选择信号代入语句对选择条件表达式进行测试,当选择条件表达式取值不同时,将使信号表达式不同的值代入目标信号。选择(条件)信号代入语句的书写格式如下:

```
WITH 选择条件表达式 SELECT
目标信号<=信号表达式 1      WHEN      选择条件 1
            ⋮
        信号表达式 n      WHEN      选择条件 n
```

选择信号代入语句在进程外使用,具有并发功能,所以无论何种类型的信号代入语句,只要在进程之外,就具有并发功能,就有并发执行的特点。当条件满足时,如果选择信号变化,该语句就启动执行。这些语句等效一个进程。利用进程设计信号的代入过程和数值的传递过程,也完全可以。

7. 生成语句

生成语句(GENERATE)用来产生多个相同的结构和描述规则结构,如块阵列、元件例化或进程。GENERATE 语句有两种形式。

1) FOR-GENERATE 形式

```
标号: FOR 变量 IN 不连续区间 GENERATE
<并发处理的生成语句>
END   GENERATE ［标号名］;
```

FOR-GENERATE 形式的生成语句用于描述多重模式,结构中所列举的是并发处理语句。这些语句并发执行,而不是顺序执行的,因此结构中不能使用 EXIT 语句和 NEXT 语句。

2) IF-GENERATE 形式

```
标号: IF 条件 GENERATE
<并发处理的生成语句>
```

END GENERATE ［标号名］;

IF-GENERATE 形式的生成语句用于描述结构的例外的情况,比如边界处发生的特殊情况。IF-GENERATE 语句在 IF 条件为"真"时,才执行结构体内部的语句,因为是并发处理生成语句,所以与 IF 语句不同。在这种结构中不能含有 ELSE 语句。

GENERATE 语句典型的应用范围有计算机存储阵列、寄存器阵列、仿真状态编译机。

【例 4-30】 八位锁存器 74LS373 的 VHDL 结构体。

```
ARCHITECTURE two OF SN74373 IS
    SIGNAL sigvec_save : STD_LOGIC_VECTOR(8 DOWNTO 1);
BEGIN
    PROCESS(D, OEN, G , sigvec_save)
    BEGIN
        IF OEN= '0' THEN Q <= sigvec_save;
        ELSE Q <= "ZZZZZZZZ";
        END IF;
        IF G= '1' THEN Sigvec_save <= D;
        END IF;
    END PROCESS;
END ARCHITECTURE two;
ARCHITECTURE one OF SN74373 IS
    COMPONENT Latch
        PORT (D, ENA     : IN     STD_LOGIC;
              Q          : OUT  STD_LOGIC );
    END COMPONENT;
    SIGNAL sig_mid : STD_LOGIC_VECTOR(8 DOWNTO 1 );
    BEGIN
    GeLatch : FOR iNum IN 1 TO 8 GENERATE
      Latchx : Latch PORT MAP(D(iNum),G,sig_mid(iNum));
    END GENERATE;
    Q <= sig_mid WHEN OEN= '0' ELSE "ZZZZZZZZ"; --OEN=1 时,Q(8)~Q(1)输出呈高阻态
END ARCHITECTURE one;
```

4.4 实验

4.4.1 实验 4-1：应用 VHDL 设计简单组合逻辑

1. 实验目的

熟悉利用 Quartus Ⅱ 文本输入方法设计简单组合电路和使用赋值语句,掌握 VHDL 的源代码编辑、分析与解析、全编译、建立波形文件和时序仿真等 EDA 设计的流程,并通过一个 2 路数据选择器的设计掌握利用 VHDL 进行多层次电路设计的流程。

2. 原理提示

图 4-5(a)所示是一个通过选择信号 s 来控制的 2 选 1 的选择器电路。如果 s=0 时多路

选择器的输出 m 就等于输入 x，如果 $s=1$ 时多路选择器的输出就等于 y。图 4-5(b)给出了这个多路选择器的真值表，图 4-5(c)、(d)是这个电路的符号。

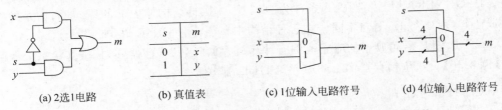

| | (a)2选1电路 | (b)真值表 | (c)1位输入电路符号 | (d)4位输入电路符号 |

图 4-5 2 选 1 多路选择器

这个多路选择器可以由下面的 VHDL 语句来描述：

m <= (NOT (s) AND x) OR (s AND y);

可编写一个包含 4 个如上所示的赋值语句的 VHDL 实体，来描述图 4-5(a)所示的电路。这个电路有两个 4 位输入 x 和 y，并且输出也是 4 位的 m。当 s＝0 时，则 M[3..0]＝X[3..0]；当 s＝1 时，则 M[3..0]＝Y[3..0]。其参考程序如下。

【例 4-31】 数据宽度为 1 的 2 选 1 多路选择器 VHDL 源码。

```
LIBRARY ieee;
USE ieee.std_logic_1164.all;
ENTITY mux2to1 IS
    PORT (s,x,y  : IN    STD_LOGIC;
          m      : OUT   STD_LOGIC);
END mux2to1;
ARCHITECTURE Behavior OF mux2to1 IS
BEGIN
    m <= (not s and x) or (s and y);
END Behavior;
```

【例 4-32】 数据宽度为 4 的 2 选 1 多路选择器 VHDL 源码。

```
LIBRARY ieee;
USE ieee.std_logic_1164.all;
ENTITY mux2to1_4 IS
    PORT (iSW    : IN    STD_LOGIC_VECTOR(8 DOWNTO 0);
          oLEDR  : OUT   STD_LOGIC_VECTOR(3 DOWNTO 0);
          oLEDG  : OUT   STD_LOGIC_VECTOR(3 DOWNTO 0));
END mux2to1_4;
ARCHITECTURE Behavior OF mux2to1_4 IS
    component mux2to1
        PORT (s ,x,y: IN    STD_LOGIC;
              m     : OUT   STD_LOGIC);
    END component;
    signal s : std_logic;
    signal x,y,m : std_logic_vector(3 downto 0);
```

s <= isw(8) ; x <= isw(3 downto 0) ; y <= isw(7 downto 4) ;
mux2to1_0 : mux2to1 port map (s => s , x => x(0) , y => y(0) , m => m(0));
mux2to1_1 : mux2to1 port map (s => s , x => x(1) , y => y(1) , m => m(1));
mux2to1_2 : mux2to1 port map (s => s , x => x(2) , y => y(2) , m => m(2));
mux2to1_3 : mux2to1 port map (s => s , x => x(3) , y => y(3) , m => m(3));
oledg <= m ; oledr <= isw ;
END Behavior;

3. 实验内容

(1) 完成 1 位 2 选 1 的选择器的 VHDL 输入设计。实验步骤提示：建立工作库目录文件夹；输入例 4-31 源程序；建立工程项目 mux2to1,并指定规范的编译结果文件路径；编译综合；仿真测试,建立仿真测试波形文件,分析仿真结果。

(2) 在实验内容(1)基础上完成 4 位 2 选 1 的选择器的 VHDL 输入设计,分析结果正确无误后,按表 4-1 完成引脚锁定,再进行一次全程编译,用 USB 下载电缆将对应的 SOF 文件下载到 FPGA 中,观察实验结果与设计需求是否一致,并记录实验结果。

(3) 用七段数码管显示简单字符。图 4-6 所示是一个简单的七段译码器模块,$c_2 c_1 c_0$ 是译码器的 3 个输入,用 $c_2 c_1 c_0$ 的不同取值来选择在七段数码管上输出不同的字符。七段数码管上的不同段位用数字 0~6 表示。注意,七段数码管是共阳极的。图 4-7 列出了 $c_2 c_1 c_0$ 取不同值时数码管上输出的字符。本实验只输出 4 个字符如图,当 $c_2 c_1 c_0$ 取值为 100~111 时,输出为空格。

表 4-1　4 位 2 选 1 的选择器电路输入输出引脚分配表

信号名	引脚号 PIN	使用模块信号	备　注
SW[3..0]	PIN_AD27，PIN_AC27,PIN_AC28，PIN_AB28	拨动开关	输入 X[3..0]
SW[7..4]	PIN_AB26 ，PIN_AD26，PIN_AC26,PIN_AB27	拨动开关	输入 Y[3..0]
SW[8]	PIN_AC25	拨动开关	选择开关 S
LEDR[3..0]	PIN_F21 ，PIN_E19 ，PIN_F19,PIN_G19	红色发光二极管	显示 X 数据
LEDG[3..0]	PIN_E24 ，PIN_E25，PIN_E22，PIN_E21	绿色发光二极管	显示 Y 数据

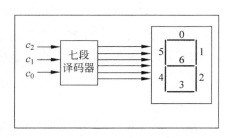

图 4-6　七段译码器

c_2	c_1	c_0	输出字符
0	0	0	H
0	0	1	E
0	1	0	L
0	1	1	O
1	0	0	
1	0	1	
1	1	0	
1	1	1	

图 4-7　输出字符表

请读者自行给出其 VHDL 程序,并按以下提示完成实验:

① 新建一个 Quartus II 工程,用以在 DE2-115 平台上实现所要求的电路。

② 建立一个 VHDL 文件,实现七段译码器电路,用 SW2~SW0 作为输入 $c_2 \sim c_0$,DE2-115 平台上数码管分别为 HEX0~HEX7,输出接 HEX0,用以下语句定义端口:

HEX0: in std_logic_vector(0 to 6);

③ 导入 DE2-115_pin_assignments.csv 中的引脚分配,或参照附录 A 中 DE2-115 的引脚分配表分配引脚完成引脚锁定。

④ 编译工程,完成后下载到开发板中。

⑤ 按动波段开关并观察七段数码管 HEX0 的显示,以验证设计的功能是否正确。

(4) 用数码管循环显示 5 个字符。采用一个 3 位 5 选 1 多路选择器电路,分别从输入的 5 个字符中选择 1 个字符并通过七段译码器电路在数码管上显示 H、E、L、O 和空格中的任一字符。将 SW14~SW0 分为 5 组,分别代表 H、E、L、O 和空格 5 个字符,用 SW17~SW15 来选择要显示的字符。当 SW17~SW15 状态改变时,最终显示的内容与其对应关系如图 4-8 所示,即可循环显示单词 HELLO。

SW17	SW16	SW15	HEX4	HEX3	HEX2	HEX1	HEX0
0	0	0	H	E	L	L	O
0	0	1	E	L	L	O	H
0	1	0	L	L	O	H	E
0	1	1	L	O	H	E	L
1	0	0	O	H	E	L	L

图 4-8　拨动开关 SW17~SW15 与显示内容的对应关系

4. 实验报告

详细叙述实验内容(1)~(4)的设计原理及 EDA 设计流程,包括程序设计、软件编译、硬件测试,给出各层次测试波形图并完成时序分析,最后给出硬件测试结果并完成报告。

4.4.2　实验 4-2:算术加法运算电路的 VHDL 设计

1. 实验目的

进一步熟悉利用 Quartus II 的文本输入方法设计组合电路,了解计算机中常用的组合逻辑电路加法器原理,掌握 VHDL 设计的方法,利用 DE2-115 开发板完成四位二进制加法器和一位 BCD 码加法器的设计。

2. 原理提示

全加器是组成算术加法运算部件的重要单元电路,它们是完成 1 位二进制数相加的一种组合电路。只有两个一位二进制加数参加运算的算术加法电路称为半加器,如考虑低位来的进位则称为全加器,全加器能进行加数 A、被加数 B 和低位来的进位信号 C_i 相加,并根据求和结果 S 给出该位的进位输出信号 C_o,其逻辑表达式如下:

$$S = A \oplus B \oplus C_i ; \quad C_o = AB + (A + B)C_i \qquad (4\text{-}3)$$

一个 4 位二进制数加法器可以由 4 个 1 位全加器构成,加法器间的进位可以串行方式实现,即将低位加法器的进位输出 C_o 与相邻的高位加法器的最低进位输入信号 C_i 相接。在使用 VHDL 设计时,首先建立一个全加器实体,然后例化此 1 位全加器 4 次,建立一个更高层次的 4 位二进制数加法器。

BCD 码加法器是实现十进制数相加的逻辑电路,BCD 码用 4 个二进制位表示一位十进制数($0\sim9$),4 个二进制位能表示 16 个编码,但 BCD 码只利用了其中的 $0000\sim1010$ 共 10 个编码,其余 6 个编码为非法编码。尽管利用率不高,但因人们习惯了十进制,所以 BCD 码加法器也是一种常用的逻辑电路。

BCD 码加法器与 4 位二进制数加法运算电路不同。这里是两个十进制数相加,和大于 9 时应产生进位。设被加数为 X,加数为 Y,自低位 BCD 码加法器的进位为 C_{-1}。先将 X、Y 及 C_{-1} 按二进制相加,得到的和记为 S。设 X、Y 及 C_{-1} 按十进制相加,产生的和为 Z,进位为 W。显然,$S = X + Y$,若 $S \leqslant 9$,则 S 本身就是 BCD 码,S 的值与期望的 Z 值一致,进位 W 应为 0;但是,当 $S > 9$ 时,S 不再是 BCD 码。此时,须对 S 进行修正,取 S 的低四位按二进制加 6,丢弃进位,就能得到期望的 Z 值,而此时进位 W 应为 1。按此规则可将计算过程描述如下。

【例 4-33】　一位 BCD 码加法器实体。

```
ENTITY adder_BCD IS
    PORT (X, Y  : in    STD_LOGIC_VECTOR(3 DOWNTO 0);
          S     : out   STD_LOGIC_VECTOR(4 DOWNTO 0));
END adder_bcd;
ARCHITECTURE logicfunc OF adder_bcd IS
    signal z: STD_LOGIC_VECTOR(4 DOWNTO 0);
BEGIN
    Z <= ('0' & X) + Y;
    Adjust <= '1' when z > 9 else '0';
    s <= Z when (Adjust <= '0') else z + 6 ;
    x <= (Ai AND Bi);
    Co <= x OR(Ci AND Ai)OR(Ci AND Bi);
END logicfunc;
```

3. 实验内容

(1) 完全按照 3.4 节介绍的方法与流程,完成 1 位全加器完成设计,包括设计输入、编译、综合、适配、仿真,并将此全加器电路设置成一个硬件符号入库。

(2) 利用层次化的设计方法,完成 4 位串行加法器的设计,包括设计输入、编译、综合、适配、仿真。在 DE2-115 开发板上使用开关 SW[7..4] 和 SW[3..0] 代表输入 A 和 B,使用 SW[8] 代表进位输入信号,将开关连接至对应的红色 LED 上,将电路的输出,进位输出和结果输出连接至绿色 LED 上,完成引脚锁定和硬件测试(在主菜单中执行 Assignments | Import Assignments 命令,选择 DE2-115 系统光盘中提供的文件名为 DE2_115_pin_assignment.csv 自动导入引脚配置文件完成引脚锁定)。

(3) 请将例 4-33 程序补充完整,完成 1 位 BCD 码加法器的设计。包括设计输入、编译、综合、适配、时序仿真和时序分析。使用 Quartus Ⅱ 中 RTL 指示器工具来检测由 VHDL 编译后产生的电路。并将之与(2)中的电路对比。使用开关 SW[7..4] 和 SW[3..0] 分别作为输入 A 和 B,使用 SW8 作为低位进位。将开关连接至对应的红色 LED 上,将电路由 $A+B$ 产生的 1 位 BCD 的和输出与进位输出显示在七段码显示器 HEX1、HEX0 上,将 A、B 的 BCD 值显示在 HEX7、HEX6、HEX5、HEX4 上。

4. 实验报告

详细给出实验原理、设计步骤、编译的仿真波形和波形分析,详述硬件实验过程和实验结果。

4.4.3　实验 4-3：应用 VHDL 完成简单时序电路设计

1. 实验目的

进一步熟悉利用 Quartus Ⅱ 的文本输入方法设计简单时序电路,学习简单时序电路的 VHDL 设计方法,了解基本触发器的功能,利用 Quartus Ⅱ 软件的文本输入方法设计一个钟控 R-S 触发器形成的 D 锁存器和边沿触发型 D 触发器,并验证其功能。

2. 原理提示

1) D 锁存器

图 4-9 是一个钟控 R-S 触发器形成的 D 锁存器的电路。D 锁存器的功能表和 VHDL 模板如图 4-10 和图 4-11 所示。在 Clk 高电平期间 Q_a 随着 D 变化而变;Clk 从高电平跳变到低电平后,Q 维持之前的状态。

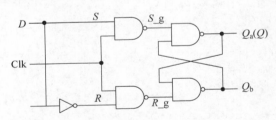

图 4-9　D 锁存器的电路

E(RST)	D(KEY1)	Q(LED灯)	功能
0（按下）	×	不变	保持
1（放开）	0（按下）	0（亮）	置0
1（放开）	1（放开）	1（灭）	置1

图 4-10　D 锁存器的功能表

2) D 触发器

图 4-12 所示的是一个主从 D 触发器的电路图。D 触发器在 Clk 上升沿到来时 Q_a 的状态由此时 D 的状态决定(与其相同),并且保持一个时钟周期。

```
LIBRARY ieee;
USE ieee.std_logic_1164.all;
ENTITY D_latch IS
    PORT (Clk,D   :IN    STD_LOGIC;
            Q       :OUT STD_LOGIC);
END D_latch;
ARCHITECTURE Structural OF D_latch IS
    SIGNAL R, R_g, S_g, Qa, Qb :STD_LOGIC;
    ATTRIBUTE keep: boolean;
    ATTRIBUTE keep of R, R_g, S_g, Qa, Qb : signal is true;
BEGIN
    R    <= NOT D;
    S_g  <= NOT (D AND Clk);
    R_g  <= NOT (R AND Clk);
    Qa   <= NOT (S_g AND Qb);
    Qb   <= NOT (R_g AND Qa);
    Q    <= Qa;
END Structural;
```

图 4-11　D 锁存器的 VHDL 模板

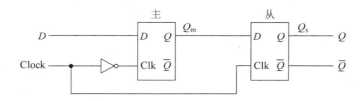

图 4-12　主从 D 触发器的电路图

3. 实验内容

（1）根据图 4-11 所示 D 锁存器 VHDL 程序，通过功能仿真和时序仿真来证实该锁存器正常工作。在 DE2-115 开发板上，通过拨动开关改变 D（SW0）和 Clk（SW1）的值并观察 LEDR0 的变化来测试电路功能（参考图 4-10），并将此电路设置成一个硬件符号入库。

（2）为 D 触发器新建一个 Quartus Ⅱ 工程，参考图 4-13 新建一个 VHDL 文件，或使用（1）中的两个 D 锁存器来构建主从触发器。

该触发器为上升沿触发，并带有两个互补的输出。编译工程，用 RTL Viewer 查看代码生成的门级电路，然后用 Technology Map Viewer 工具查看触发器在 FPGA 中的实现。

（3）利用行为描述的方法设计一个 D 锁存器，使用该 D 锁存器构建主从 D 触发器，该触发器为下降沿触发，并带有两个互补的输出。编译工程，用 RTL Viewer 查看代码生成的门级电路，然后用 Technology Map Viewer 工具查看触发器在 FPGA 中的实现。

```
LIBRARY IEEE;
USE IEEE.STD_LOGIC_1164.ALL;
ENTITY a IS
    PORT(sw  :IN    STD_LOGIC_VECTOR(1 DOWNTO 0);
           ledg :OUT STD_LOGIC_VECTOR(0 TO 0));
END a;
ARCHITECTURE one OF a IS
    COMPONENT D_lauch
        PORT( clk,d :IN    STD_LOGIC;
              q    :OUT STD_LOGIC);
    END COMPONENT;
    SIGNAL qm,qs:STD_LOGIC;
BEGIN
    U1:D_lauch PORT MAP (NOT sw(0),sw(1),qm);
    U2:D_lauch PORT MAP (sw(0),qm,qs);
    ledg(0)<=qs;
END one;
LIBRARY IEEE;
USE IEEE.STD_LOGIC_1164.ALL;
ENTITY D_lauch IS
    PORT( clk,d :IN    STD_LOGIC;
          q    :OUT STD_LOGIC);
END D_lauch;
ARCHITECTURE one OF D_lauch IS
    SIGNAL r,r_g,s_g,qa,qb:STD_LOGIC;
BEGIN
    r   <=NOT d;
    r_g <=NOT(r AND clk);
    s_g <=NOT(d AND clk);
    qa  <=NOT(s_g OR qb);
    qb  <=NOT(r_g OR qa);
    q   <=qa;
END one;
```

图 4-13   主从 D 触发器 VHDL 代码

4. 实验报告

详细给出各器件的 VHDL 程序的说明、工作原理、电路的仿真波形图和波形分析,详述实验过程和实验结果。

4.4.4 实验 4-4:设计 VHDL 加法计数器

1. 实验目的

利用 VHDL 设计并实现一个计数器的逻辑功能,通过电路的仿真和硬件验证,进一步了解计数器的特性和功能,并掌握 CONSTANT 语句和 SIGNAL 语句的使用。

2. 原理提示

图 4-14 是一含计数使能、异步复位和计数值并行预置功能的四位加法计数器 RTL 图。图 4-14 中间是 4 位锁存器；RST 是异步清信号,高电平有效；CLK 是锁存信号；D[3..0] 是 4 位数据输入端。当 ENA 为'1'时,多路选择器将加 1 计数器的输出值加载于锁存器的数据端 D[3..0],完成并行置数功能；当 ENA 为'0'时,将'0000'加载于锁存器 D[3..0]。其 VHDL 描述 counter4b . vhd 参见图 4-15。

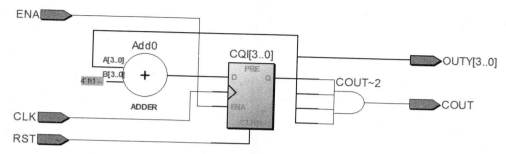

图 4-14 四位加法计数器 RTL 图

```
LIBRARY IEEE ;
USE IEEE.STD_LOGIC_1164.ALL;
USE IEEE.STD_LOGIC_UNSIGNED.ALL;
ENTITY counter4b IS
PORT(CLK, RST, ENA : IN    STD_LOGIC ;
        OUTY   : OUT STD_LOGIC_VECTOR(3 DOWNTO 0) ;
        COUT   : OUT STD_LOGIC);
END counter4b ;
ARCHITECTURE behav OF counter4b IS
    SIGNAL CQI : STD_LOGIC_VECTOR(3 DOWNTO 0) ;
BEGIN
    P_REG : PROCESS(CLK, RST, ENA)
    BEGIN
        IF RST = '1' THEN CQI <= "0000" ;
        ELSIF CLK'EVENT AND CLK = '1' THEN
            IF ENA = '1' THEN CQI <= CQI + 1;
            END IF ;
        END IF ;
    END PROCESS P_REG ;
    COUT <= CQI(0) AND CQI(1) AND CQI(2) AND CQI(3) ;
    OUTY <= CQI ;
END behav ;
```

图 4-15 四位加法计数器 VHDL 模板

3. 实验内容

（1）在 Quartus Ⅱ 中对 counter4b.vhd 进行编辑、编译、综合、适配、仿真，并说明源程序中各语句的作用，详细描述该示例的功能特点。

（2）在实验内容（1）的基础上完成引脚锁定以及硬件下载测试，利用 SignalTap Ⅱ 工具给出输入输出信号的时序波形。

选择附录 A 的 DE2-115 实验平台，用 SW[0]（PIN_AB28）控制 RST；SW[1]（PIN_AC28）控制 ENA；OUTY[3..0]计数输出接发光二极管 LEDG3（PIN_E24）、LEDG2（PIN_E25）、LEDG1（PIN_E22）、LEDG0（PIN_E21），计数溢出 COUT 接发光二极管 LEDG4（PIN_H21）；时钟 CLK 接 KEY[0]（PIN_M23），实现手动计数输入。完成引脚锁定后再进行编译、下载和硬件测试实验，将测试波形、实验过程和实验结果写进实验报告。

（3）CONSTANT 语句常用于定义常数，SIGNAL 语句用于定义在结构体中各进程之间传递的信息，常出现在进程的信号表中。请利用这两个语句设计一个简单分频器，其参考程序如例 4-34 所示。利用此程序对 50MHz 输入实现分频获取 1Hz 的 Clk 信号重新完成实验内容（1）。

【例 4-34】 FreqDivison 的 VHDL 结构体。

```
ARCHITECTURE behav OF FreqDivison IS      --定义结构体
    Constant    fa   : Integer: =50000000;  --定义 fa 为分频常数,并规定数据类型和数据
    SIGNAL      rfa  : Integer range 0 to fa-1;  --定义信号实现内部反馈,整数数据需确定范围
BEGIN                                     --开始电路描述
    P_REG: PROCESS(clkin)                 --进程语句,定义敏感信号
    BEGIN                                 --进程功能开始描述
        IF rising_edge(clkin)THEN         --判断时钟上升沿信号是否有效
            IF rfa < fa THEN
                rfa <= rfa+1;             --利用信号实现进程间的通信
                clkout <= '0';           --输出低电平
            ELSE                          --注意条件语句 ELSE 和 ELSIF 的区别
                rfa <= 0;
                clkout <= '1';           --输出高电平,产生分频后的输出时钟脉冲
            END IF;
        END IF;
    END PROCESS P_REG;                    --结束进程语句
END behav;                                --结构体结束语句
```

4. 实验报告

详细给出实验原理、设计步骤、编译的仿真波形图和波形分析，详述实验过程和实验结果。

4.4.5　实验 4-5：设计移位运算器

1. 实验目的

利用 VHDL 语言设计一个具有移位控制的组合功能的移位运算器，通过电路的仿真和硬件验证，进一步了解移位运算的特性和功能。

2. 原理提示

移位运算实验原理图如图 4-16 所示,其输入端和输出端分别与键盘和显示器 LED 连接。电路连接、输入数据的按键、输出显示数码管的定义如下。

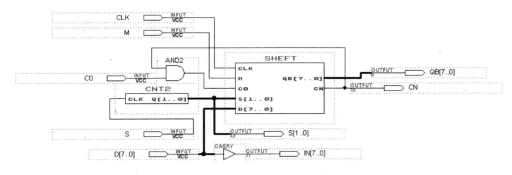

图 4-16　移位运算实验原理图

CLK——时钟脉冲,通过 KEY[0]手动产生,0~1。

M——工作模式,M=1 时带进位循环移位,由 SW[8]控制。

C0——允许带进位移位输入,由 SW[9]控制。

S[1..0]——移位模式 0~3,由 SW[11] SW[10]控制,显示在数码管 LEDR[9]、LEDR[8]上。

D[7..0]——移位数据输入,由键 SW[7] ~ SW[0]控制,数据显示在 8 个数码管 LEDG[7..0]上。

QB[7..0]——移位数据输出,显示在 8 个数码管 LEDR[7..0]上。

CN——移位数据输出进位,显示在数码管 oLEDR8 上。

移位运算器 SHEFT 可由移位寄存器构成,在时钟信号到来时状态产生变化,CLK 为其时钟脉冲。由 S0、S1、M 控制移位运算的功能状态,具有数据装入、数据保持、循环右移、带进位循环右移、循环左移、带进位循环左移等功能。移位运算器的具体功能如表 4-2 所示。

表 4-2　移位运算器的功能表

S1	S0	M	功　能
0	0	任意	保持
1	0	0	循环右移
1	0	1	带进位循环右移
0	1	0	循环左移
0	1	1	带进位循环左移
1	1	任意	加载待移位数

【例 4-35】　移位运算器 SHEFT 的 VHDL 代码。

```
LIBRARY IEEE;
USE IEEE.STD_LOGIC_1164.ALL;
ENTITY SHEFT IS
PORT (CLK,M,C0  : IN      STD_LOGIC;
```

```
        S           : IN     STD_LOGIC_VECTOR(1 DOWNTO 0);
        D           : IN     STD_LOGIC_VECTOR(7 DOWNTO 0);
        QB          : OUT    STD_LOGIC_VECTOR(7 DOWNTO 0);
        CN          : OUT    STD_LOGIC);
END ENTITY;
ARCHITECTURE BEHAV OF SHEFT IS
    SIGNAL ABC: STD_LOGIC_VECTOR(2 DOWNTO 0);
BEGIN
    ABC <= S & M;
    PROCESS (CLK,S)
        VARIABLE REG8 : STD_LOGIC_VECTOR(8 DOWNTO 0);
        VARIABLE CY   : STD_LOGIC;
    BEGIN
        IF CLK'EVENT AND CLK='1' THEN
        IF ABC="010" THEN
            CY: =REG8(8);
            REG8(8 DOWNTO 1) :=REG8(7 DOWNTO 0);
            REG8(0): =CY;
        END IF;
        IF ABC="011" THEN
            CY: =REG8(8);
            REG8(8 DOWNTO 1) :=REG8(7 DOWNTO 0);
            REG8(0): =C0;
        END IF;
        IF ABC="100" THEN
            REG8(7 DOWNTO 1) :=REG8(6 DOWNTO 0);
        END IF;
        IF ABC="101" THEN
            CY: =REG8(0);
            REG8(7 DOWNTO 0) :=REG8(8 DOWNTO 1);
            REG8(8): =CY;
        END IF;
        IF ABC="110" OR ABC="111" THEN
            REG8(7 DOWNTO 0) :=D(7 DOWNT() 0);
        END IF;
        QB(7 DOWNTO 1)<=REG8(7 DOWNTO 1);
        END IF;
        QB(7 DOWNTO 0) <= REG8(7 DOWNTO 0);
        CN <=REG8(8);
    END PROCESS;
END behav;
```

【例 4-36】 CNT2 的 VHDL 代码。

```
LIBRARY IEEE;
USE IEEE.STD_LOGIC_1164.ALL;
USE IEEE.STD_LOGIC_UNSIGNED.ALL;
ENTITY CNT2 IS
    PORT (CLK  : IN     STD_LOGIC;
            Q    : OUT   STD_LOGIC_VECTOR (1 DOWNTO 0));
END CNT2;
```

```
ARCHITECTURE behav OF CNT2 IS
    SIGNAL COUNT : STD_LOGIC_VECTOR (1 DOWNTO 0);
BEGIN
    PROCESS(CLK )
    BEGIN
        IF CLK'EVENT AND CLK = '1' THEN
            COUNT <= COUNT + 1;
        END IF;
        Q <= COUNT;
    END PROCESS;
END behav;
```

3. 实验内容

（1）在 Quartus Ⅱ 上分别对例 4-35、例 4-36 进行编辑、编译、综合、适配、仿真，并说明源程序中各语句的作用，描述该示例的功能特点。

（2）利用实验内容（1）的结果，根据图 4-16 完成移位运算的顶层设计，并完成时序分析。

（3）在实验内容（2）基础上完成引脚锁定以及硬件下载测试。利用 SignalTap Ⅱ 工具测试输出波形。按以下步骤完成实验内容（2）。

① 通过 SW[7..0]向 D[7..0]输入待移位数据 01101011（6BH，显示在数码管 LEDR[7..0]）。

② 将 D[7..0]装入移位运算器 QB[7..0]。SW[10..9]设置（S1,S0）=11,iSW[8]设置 M=0（允许加载待移位数据，显示于数码 LEDR[8]）；此时用 KEY[0]产生 CLK（0—1—0），将数据装入（加载进移位寄存器，显示在数码管 LEDR[7..0]）。

③ 对输入数据进行移位运算。再用 SW[10..9]设置 S 为（S1,S0）=10（允许循环右移）；连续按键 KEY[0]，手动产生 CLK，输出结果 QB[7..0]（显示在数码管 LEDR[7..0]）将发生变化：6BH→B5H→DAH…。

④ SW[8]设置 M=1（允许带进位循环右移），观察带进位移位允许控制 C0 的置位与清零对移位的影响。

⑤ 根据表 4-2，通过设置（M、S1、S0）验证移位运算的带进位和不带进位移位功能。

4. 实验报告

详细给出实验原理、设计步骤、编译的仿真波形图和波形分析，详述硬件实验过程和实验结果。

4.5　本章小结

EDA 的关键技术之一是要求用形式化的方法来描述数字逻辑系统的硬件电路，即要用所谓硬件电路语言来描述电路。硬件描述语言主要有两个方面的应用：用文档语言的形式描述数字设计以及用于系统的仿真、验证和设计综合等。目前应用最广泛的主要有两种语言：Verilog 和 VHDL。VHDL 是在 20 世纪 80 年代后期由美国国防部开发的，并于 1987 年 12 月由 IEEE 标准化（定为 IEEE std 1076—1987 标准），之后 IEEE 又对 87 版本进行了修订,于 1993 年推出了较为完善的 93 版本(被定为 ANSI/IEEE std 1076—1993 标准),使 VHDL 的功能更强大,使用更方便。

一个完整的 VHDL 程序通常是指能被 EDA 综合器综合,并能作为一个独立的设计单元,即以元件形式存在的 VHDL 程序。这里所说的"综合"是指依靠 EDA 工具软件自动完成电路设计的整个过程。而"元件"是指能独立运行,并可被高层次系统调用的一个电路模块。

一个完整的 VHDL 程序由实体(Entity)、构造体(Architecture)、配置(Configuration)、包集合(Package)和库(Library)5 个部分构成,其中实体和构造体可构成最基本的 VHDL 程序。

实体是一个 VHDL 程序的基本单元,由实体说明和一个或多个构造体组成。实体说明即为接口描述,任何一个 VHDL 程序必须包含一个且只能有一个实体说明。实体说明定义了 VHDL 所描述的数字逻辑电路的外部接口,它相当于一个器件的外部视图,有输入端口和输出端口,也可以定义参数。端口表是对设计实体外部接口的描述,即定义设计实体的输入端口和输出端口。端口即为设计实体的外部引脚,说明端口对外部引脚信号的名称、数据类型和输入输出方向。端口方向包括 IN(输入)、OUT(输出)、INOUT(双向)、BUFFER(具有读功能的输出)。

构造体用于描述系统的行为、系统数据的流程或者系统组织结构形式。构造体对基本设计单元具体的输入输出关系可以用 3 种方式进行描述,即行为描述、寄存器传输描述和结构描述。不同的描述方式只体现在描述语句上,而构造体的结构是完全一样的。

根据 VHDL 的语法规则,在 VHDL 程序中使用的文字、数据对象、数据类型都需要预先定义,为了方便使用,IEEE 将预定义的数据类型、元件调用声明、常用子程序收集在一起,形成包集合。包集合说明像 C 语言中的 include 语句一样,用来单纯地包含设计中经常要用到的信号定义、常数定义、数据类型、元件语句、函数定义和过程定义等,是一个可编译的设计单元,也是库结构中的一个层次。要使用包集合,必须首先用 USE 语句说明。常用的预定义的包集合有 STD_LOGIC_1164、STD_LOGIC_ARITH、STANDARD、TEXTIO、STD_LOGIC_UNSIGNED 和 STD_LOGIC_SIGNED。

若干个程序包构成库。库有两类,一类是设计库,另一类是资源库。STD 库和 WORK 库属于设计库的范畴。其他库均为资源库,它们是 IEEE 库、ASIC 库和用户自定义库。

配置用于从库中选取所需单元来组成系统设计的不同规格的不同版本,使被设计系统的功能发生变化。配置语句用来描述层与层之间的连接关系以及实体与结构体之间的连接关系。在仿真设计中,可以利用配置来选择不同的结构体进行性能对比试验,以得到性能最佳的设计目标。

VHDL 具有计算机编程语言的一般特性,其语言的基本要素有标识符、客体、数据类型与运算符等。VHDL 语言的标识符是最常用的操作符,可以是常数、变量、信号、端口、子程序或参数的名字。在 VHDL 中,可以赋予一个值的对象叫客体(object)。VHDL 客体包含专门的数据类型,主要有 4 个基本类型:常量(CONSTANT)、信号(SIGNAL)、变量(VARIABLE)和文件(FILES)。在 VHDL 中,信号、变量、常量都要指定数据类型。为此,VHDL 提供了多种标准的数据类型。VHDL 为构成计算表达式提供了 23 个运算操作符,分为 4 种:逻辑运算符、算术运算符、关系运算符、并置运算符。

　　在对电路的描述中,信号属性测试很重要。如属性 EVENT 用来对当前的一个小的时间段内发生事件的情况进行检测,它常用于对时序电路中输入信号的边缘进行测试。假设 clk 是电路的输入时钟,则语句 clk'EVENT 表示检测 clk 当前的一个极小时间段内发生的事件,即信号边沿。而 clk'EVENT AND clk= '0'表示 clk 的下降沿,clk'EVENT AND clk= '1' 表示 clk 的上升沿。

　　VHDL 的基本描述语句为顺序语句和并行语句。顺序语句只能出现在进程或子程序中,用于定义进程或子程序所执行的算法。顺序语句按照出现的次序依次执行。常用的顺序语句有赋值语句、等待语句、子程序调用语句、返回语句、空操作语句。

　　VHDL 并行语句用在结构体内,用来描述电路的行为。由于硬件描述的实际系统的许多操作是并发的,所以在对系统进行仿真时,这些系统中的元件在定义和仿真时应该是并发工作的。并行语句就是用来描述这种并发行为的。

　　在 VHDL 中,能够进行并行处理的语句有进程语句、WAIT 语句、块语句、并行过程调用语句、断言语句、并行信号赋值语句、信号代入语句。这些语句不必同时存在,可独立运行,并可用信号来交换信息。进程语句是 VHDL 中描述硬件系统并发行为的最基本的语句。

　　VHDL 的设计流程是在 Quartus Ⅱ 工具软件下支持进行的,与原理图输入法设计流程基本相同,包括设计输入、编译、综合、适配、仿真、下载和硬件测试等。其设计输入是采用 EDA 工具的文本方式来实现的,亦称文本输入设计法。

4.6　思考与练习

4-1　VHDL 中的构件有几种? 一个完整的源程序中有几种基本构件?

4-2　简述 VHDL 中的库的种类、特点及其调用方法。

4-3　举例说明 VHDL 中构造体的描述方法和特点。

4-4　实体的端口描述和过程的端口描述有何区别? 如何定义两者端口的数据类型?

4-5　举例说明 VHDL 中常用的并行语句、顺序语句的种类和使用方法。

4-6　分析下面的 VHDL 源程序,根据 Quartus Ⅱ 的仿真结果说明该电路的功能。

```
LIBRARY ieee;
USE ieee. std_logic_1164. all;
USE ieee. std_logic_unsigned. all;
ENTITY mul3_3v IS
    PORT (A, B  : IN    STD_LOGIC_VECTOR(2 downto 0);
            M    : OUT   STD_LOGIC_VECTOR(5 downto 0));
END mul3_3v;
ARCHITECTURE a OF mul3_3v IS
    SIGNAL temp1 : STD_LOGIC_VECTOR(2 downto 0);
    SIGNAL temp2 : STD_LOGIC_VECTOR(3 downto 0);
    SIGNAL temp3 : STD_LOGIC_VECTOR(4 downto 0);
BEGIN
    temp1 <=  A WHEN B(0)= '1' ELSE "000";
    temp2 <= (A & '0') WHEN B(1)= '1' ELSE "0000";
```

```
        temp3 <= (A & "00") WHEN B(2)='1' ELSE "00000";
        M <= temp1+temp2+('0' & temp3);
END a;
```

4-7　分析下面的 VHDL 源程序,根据 Quartus Ⅱ 的仿真结果说明该电路的功能。

```
LIBRARY ieee;
USE ieee.std_logic_1164.all;
USE ieee.std_logic_unsigned.all;
ENTITY divider IS
    PORT(CLKI  : IN    STD_LOGIC;
         CLKO  : OUT   STD_LOGIC);
END divider_v ;
ARCHITECTURE a OF divider_v IS
    SIGNAL cou : STD_LOGIC_VECTOR(7 DOWNTO 0);
BEGIN
    PROCESS
    BEGIN
        WAIT UNTIL CLKI='1';
        cou <= cou+1;
    END PROCESS;
    CLKO <= cou(7);
END a;
```

4-8　分析下面的 VHDL 源程序,根据 Quartus Ⅱ 的仿真结果说明该电路的功能。

```
LIBRARY ieee;
USE ieee.std_logic_1164.all;
ENTITY shift4 IS
    PORT(Di, Clk      : IN    STD_LOGIC;
         Q3,Q2,Q1,Q0: OUT   STD_LOGIC);
END shift4 ;
ARCHITECTURE a OF shift4 IS
    Signal tmp: STD_LOGIC_VECTOR(3 DOWNTO 0);
BEGIN
    PROCESS (Clk)
    BEGIN
        IF (Clk'Event AND Clk='1') THEN
            tmp(3)<=Di;
            FOR I IN 1 To 3 LOOP
                tmp(3-I)<= tmp(4-I);
            END LOOP;
        END IF;
    END PROCESS;
    Q3 <=tmp(3); Q2 <=tmp(2); Q1 <=tmp(1); Q0 <=tmp(0);
END a;
```

4-9　使用 VHDL 描述一个 3 位 BCD 码至 8 位二进制数的转换器。

4-10　编写一个低位优先的编码器程序:如果两个输入同时有效时,这个编码器总是对最小的数字进行编码。

4-11　设计一个 16 位二进制收发器的 VHDL 程序。设电路的输入为 A[15..0]和

B[15..0]。OEN 为使能控制端,当 OEN＝0 时电路工作;当 OEN＝1 时电路被禁止,A[15..0]和 B[15..0]为高阻态。DTR 为收发控制端,当 DTR＝1 时,数据由 A[15..0]发送到 B[15..0];当 DTR＝0 时,数据由 B[15..0]发送到 A[15..0]。

　　4-12　用 VHDL 设计七段数码显示器(HEX)的十六进制译码器,要求该译码器有三态输出。

　　4-13　用 VHDL 设计 8 位同步二进制加减计数器,输入为时钟端 CLK 和异步清除端 CLR,UPDOWN 是加减控制端,当 UPDOWN 为 1 时执行加法计数,为 0 时执行减法计数;进位输出端 C。

　　4-14　利用 D 触发器设计模 8 二进制加法计数器(VHDL 行为描述方法)。

　　4-15　以习题 4-14 中 VHDL 程序所描述的计数器为基础,增加一个同步复位输入信号,在复位输入信号变为低电平之后,下一个时钟允许计数器清零。

　　4-16　以习题 4-14 中 VHDL 程序所描述的计数器为基础,增加一个同步置数的输入信号,当置数输入信号变为低电平时,允许把 3 个数据输入端的数值立即置数到计数器中。

　　4-17　以习题 4-14 中 VHDL 程序所描述的计数器为基础,增加必要的控制信号使这两种方式能同步级联。用 4 个这种计数器级联在一起组成 12 位同步计数器。

　　4-18　基于 VHDL 设计一个 3 位 BCD 计数器,计数器每秒增加一次,计数器的输出显示在七段数码管 HEX2～HEX0 上,用 KEY[0] 作为计数器清零端,DE2-115 开发板的 50MHz 信号经分频后作为计数器的秒脉冲计数信号。

　　4-19　在 DE2-115 上,基于 VHDL 设计一个 8 位数码管动态扫描显示电路,可在数码管上显示 0～F 的任何数据。

第 5 章

基于 Nios Ⅱ 的 Qsys 软硬件设计

【学习目标】

通过对本章内容的学习,了解 Nios Ⅱ 嵌入式处理器的特点,理解基于 Nios Ⅱ EDS 的 Qsys 软硬件设计流程,掌握 Nios Ⅱ EDS 软核的设计方法,在已经建立好的 Nios Ⅱ 软核的基础上建立 Qsys 的各个外设模块,熟悉使用 Quartus Ⅱ 13.0、Qsys 和 Nios Ⅱ EDS 三种工具的协同设计方法。

【教学建议】

理论学时:2~4 学时,实验学时:6~8 学时。重点讲解 Qsys 技术的基本概念与设计流程,Nios Ⅱ 处理器系统的基本结构及基于 Qsys 技术的软硬件设计方法。

5.1 Qsys 技术简介

Qsys 是 Altera 公司在 Quartus Ⅱ 10.0 版本之后推出新一代系统集成开发工具,作为 SOPC 技术第二代集成开发工具,可加快在 FPGA 内实现 Nios Ⅱ 嵌入式处理器及其相关接口的设计时间。其功能与 PC 应用程序中的"引导模板"类似,设计者可以根据需要确定处理器模块及其参数,选择所需的外围控制电路(如存储器控制器、总线控制器、I/O 控制器、定时器等)和外设(如存储器、鼠标、按钮、LED、LCD、VGA 等),创立一个完整的嵌入式处理器系统。Qsys 还允许用户修改已经存在的设计,为其添加新的设备和功能。

5.1.1 SOPC 简介

SOPC(System On a Programming Chip)即可编程片上系统,是用可编程逻辑技术把整个系统放到一块硅片上。SOPC 是一种特殊的嵌入式系统,是基于 FPGA 解决方案的 SOC(片上系统),即由单个芯片完成整个系统的主要逻辑功能;其次,它是可编程系统,具有灵活的设计方式,可裁减,可扩充,可升级,并具备软硬件在系统可编程的功能。

SOPC 结合了 SOC 和可编程逻辑器件各自的优点,其基本特征有:至少包含一个嵌入式处理器内核;具有小容量片内高速 RAM 资源;丰富的 IP Core 资源可供选择;足够的片上可编程逻辑资源;处理器调试接口和 FPGA 编程接口;包含部分可编程模拟电路;单芯片,低功耗,小封装。

SOPC 是 FPGA 在嵌入式方向的一种应用。SOPC 技术是一门全新的综合性电子设计技术,涉及面广。因此在知识构成上对于新时代嵌入式创新人才有更高的要求,除了必须了解基本的 EDA 软件、硬件描述语言和 FPGA 器件相关知识外,还必须熟悉计算机组成与接口、汇编语言或 C 语言、DSP 算法、数字通信、嵌入式系统开发、片上系统构建与测试等知识。显然,知识面的拓宽必然推动电子信息及工程类各学科分支与相应的课程类别间的融合,而这种融合必将有助于学生的设计理念的培养和创新思维的升华。

5.1.2　Qsys 简介

Qsys 是新一代 SOPC 技术集成开发工具,在片上系统网络(Network on a Chip,NoC)新技术支持下,与 SOPC Builder 工具相比,该工具集成自动生成互联逻辑,连接 IP 核和子系统,节省了系统开发时间,减轻了 FPGA 设计工作量,提高了系统集成性能,增加了设计重用功能,可迅速地进行系统集成验证。

所谓 NoC 就是利用区域网络的路由节点结构,将所有处理器连起来的一种单晶片内部封装交换网络通信系统。该架构的特点是:各应用处理器之间的数据都是通过类似 TCP/IP 协议的封装形式传输,使多工系统中的每个任务都能依照其时序要求,被分配到合适的处理器上。

在 Quartus Ⅱ 10.1 及以后的新版本中,SOPC Builder 工具逐渐被 Qsys 所取代,Qsys 在 SOPC 开发中的作用是在 SOPC Builder 基础之上实现新的系统开发工具与性能互联。目前 Quartus Ⅱ 13.0 以上版本已完全用 Qsys 取代了 SOPC Builder。

采用 Qsys 工具,设计者可以快速地开发定制方案,重建已存在的方案,并为其添加新的功能,提供系统性能。通过自动集成组件,它允许用户将工作重点集中到系统级的需求上,而不是把一系列组件简单地装配在一起,使用该工具定义一个从硬件到软件的完整系统,所花费的时间仅仅是传统 SoC 设计的几分之一。

Qsys 提供了一个强大的平台,用于组建一个在模块级定义的系统。它的组件库包含了从简单的固定逻辑功能块到复杂的、参数化的、可动态生成的子系统等组件。这些组件可以是从 Altera 公司或其他合作伙伴购买来的 IP 核,设计者也可简单创建自己定制的组件。Qsys 内建的 IP 核库是 OpenCore Plus 版的业界领先的 Nios Ⅱ 嵌入式软核处理器,所有的 Quartus Ⅱ 用户能够把一个基于 Nios Ⅱ 处理器的系统经过生成、仿真和编译,进而下到 FPGA 中,进行实时评估和验证。

Qsys 库中常用的 IP 组件有以下两类:

(1) 嵌入式处理器。

- 32 位/64 位:Nios Ⅱ 处理器(Altera)、ARM Cortex-MI 处理器(ARM)、C80186EC 和 XL 处理器(CAST 公司)。
- 8 位:T8051(CAST 公司)、DP8051 MCP、DP8051 XP 流水线、高性能微控制器 (Digital Core Design)。

(2) 信号处理 IP。

- 滤波和变换:FFT/IFFT、级联梳状滤波器(CIC)编译器、FIR 编译器。
- 误码检测和校正:Reed-Solomon 编解码器、WiMAX CTC 解码器。
- 视频和图像处理包(VIP)、JPEG 编码器和解码器。

5.1.3　Qsys 的功能特点

1. 最小且灵活的系统架构

Qsys 不只针对大型、高性能和高传输速率的系统所设计，也适用于小型系统。Qsys 以实现最小的连接结构来达到给定应用的性能要求。Qsys 首先会将系统划分成多个互相连接的区域，依照系统所定的算法来分配各元件所属的区域。例如，若一个主控端（master）与两个从设备（slave）相连，这两个从设备将被划分在相同的区域，Qsys 会基于每个区域界面的时钟速率，考虑区域内主控端的时钟速率，并以满足系统内最高时钟速率的连接为优先考量，来设定最小的网络传输带宽。当一个主控端与一个从设备相连接时，就不需要建立地址译码；当一个从设备只连接到一个主控端时，就不需要建立仲裁（Arbiter）。

2. 具有直观的图形用户界面

设计者可以快速方便地利用图形用户界面（GUI）（如图 5-1 所示）定义和连接复杂系统，并支持 IP 功能和子系统的快速集成。Qsys 开放了硬件和软件接口，允许第三方像使用 Altera 软件一样有效地管理 SOPC 组件，设计者可以自行选择要用的 GUI，来设定欲选取系统元件的参数，然后只要单击 Add 按钮，所需要的部件就会添加到 Qsys 列表中，并自动产生元件和内部连线，比起传统的手动系统的整合要节省很多时间。

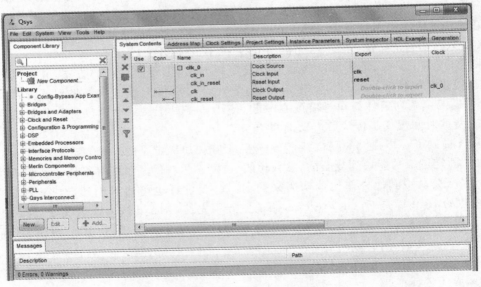

图 5-1　Qsys 图形界面

3. 自动集成软硬件

Qsys 会自动生成互连逻辑，如地址/数据总线连接、总线宽带匹配逻辑、地址解码逻辑以及仲裁逻辑等。它也会产生系统可仿真的 RTL 描述，以及为特定硬件配置设计的测试平台，能够把硬件系统综合到单个网表中。

Qsys 还能够生成 C 语言和汇编语言头文件，这些头文件定义了存储器映射、中断优先级和每个外设寄存器空间的数据结构，这样的自动生成过程能够帮助软件设计者处理硬件潜在的变化，如果硬件改变了，Qsys 会自动更新这些头文件，Qsys 也会为系统中现有的每个外设生成定制的 C 语言和汇编语言函数库。例如,系统包含一个 UART,Qsys 会访问 UART 的寄存器定义一个 C 语言结构,生成通过 UART 发送和接收数据的 C 语言和汇编语言例程。

5.2　Qsys 设计流程

　　Qsys 的设计理念是提高设计抽象级,使机器自动生成底层代码。Qsys 采用片上网络架构来适应设计级别的提高,软件可以自动为标准内核及互连逻辑(地址/数据总线、总线宽带匹配逻辑、地址解码逻辑以及仲裁逻辑等)提供标准化互联,而设计者只需要修改自己的定制逻辑即可。采用了标准化 IP 接口后,设计复用时接口不需要重新设计。

　　通常,把 FPGA 配置(FPGA configuration)称为硬件,把应用软件(software application)称为软件。由于硬件和软件都依赖于软核,只要修改过软核,就需要同时在硬件和软件开发中做出相应修改,不管相关的接口是否有变化,都要重新编译一次。系统开发流程如图 5-2 所示,

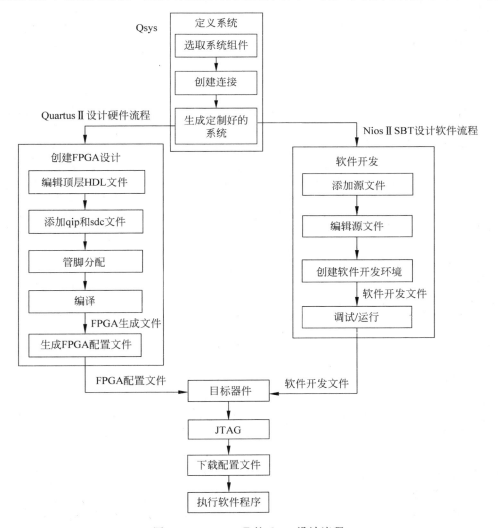

图 5-2　Quartus II 的 Qsys 设计流程

该开发流程有 3 大部分：①软核设计，开发工具为 Qsys；②硬件开发，使用 Quartus Ⅱ 软件，产生 FPGA 各类配置文件；③软件开发，使用 Nios Ⅱ SBT 工具产生需要的应用软件。

5.3　Qsys 用户界面

打开 Quartus Ⅱ 13.0 的开始界面，选择或新建一个项目后，打开启动界面下工具栏（Tools 菜单）中的 Qsys 选项，就启动了 Qsys。该用户界面包括系统元件页、系统从属页和系统选项页。

5.3.1　系统元件页

设计者在系统元件页中定义所需的系统，如图 5-3 所示。在 Qsys 元件库中包含了 Qsys 集成的所有元件列表。在 System Contents 标签页列出的是已经添加到系统中的模块。当设计者用 Qsys 生成系统时，它就生成了一个系统模块，该模块包含了设计者所定义的所有元件和接口。

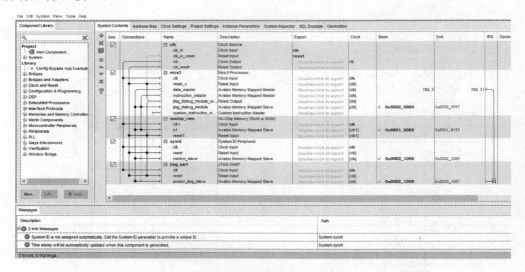

图 5-3　系统元件页

在 Component Library 的元件池中列出了根据总线类型和逻辑类型来分类的所有可用库元件，每个元件名前都有一个带颜色的圆点，绿色表示添加时拥有完全许可的，黄色表示元件在系统设计中的应用受到时间和某些功能的限制；白色表示该模块目前还没有安装到用户的系统上，设计者可以从网上下载（或购买）这些元件库。设计者可以使用图 5-3 左上角的元件池选择器来搜索可用的元件 IP 核，用鼠标选中元件 IP 核后，右击，可以显示快捷菜单，它包含了元件的详细信息，并且可以链接到相关的文件和升级 IP 核，如图 5-4 所示。

在图 5-4 中，元件池下方的 New 按钮用于创建新的组件，Add 按钮则用于将选择的 IP 组件添加到系统中去，单击 Add 按钮会出现两种情况，一种是可用的已安装 IP 核，单击该元件后会出现一个配置对话框，设计者可设定各种选项，设定完成后，单击 Finish 按钮即可

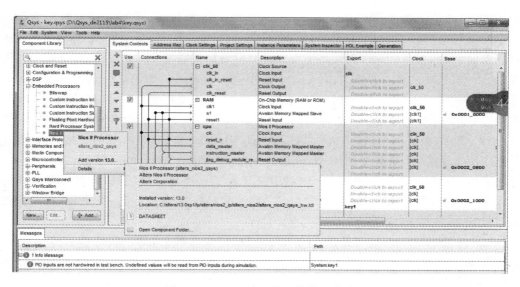

图 5-4　Nios Ⅱ处理器元件信息菜单

将元件添加到所设计的系统中去。另一种是可用的但未安装的 IP 核,右击该元件后会出现一个菜单,它可链接到网上下载元件,也可以从厂家索取。

　　与 SOPC 不同的是,Qsys 中间组件的连线需要自己连接。在模块表中,设计者将光标移至 Connections 栏下,会自动出现主从元件的互联示意图,设计者只需在连接处单击空心圆圈即可自行连接。组件间连线有一个原则:对于存储类的外设 IP 核,需要将其从端口同 CPU 的 data_master 和 instruction_master 连接;对于非存储类的外设,只需要连接到 data_master 即可。任何一个元件都可以有一个或多个主或从的接口,如果主元件和从元件使用同一个协议,任何一个主元件都可以和从元件相连。如果使用不同的总线协议,则可以通过使用一个桥元件来把主从元件连接起来(如使用 AMBA-AHB-to-Avalon 桥)。当两个以上主元件共享同一个从元件时,Qsys 会自动插入一个仲裁器,由仲裁器决定主元件访问从元件的时序。

5.3.2　系统选项

　　系统选项是指在创建和生成 Qsys 系统时所用的选项设置,它们分别是 System Contents、Address MAP、Clock Settings、Project Settings、Instance Parameters、System Inspector、HDL example、Generation。

　　System Contents 是显示用户自定义系统构成的选项,该选项详细给出了系统构成的各组件的名称、连接情况、描述、基地址、时钟和中断优先级分配等。

　　Address MAP 选项用于用户设置系统在内存中的地址,从而确保与其他部分的映射一致。如果该选项中有红色标志,则表示出现错误,可双击进行修改。

　　Clock Settings 是时钟选项,可进行系统可用时钟类型及频率的设置,具体见官网文档 *Nios Ⅱ Performance Benchmarks*。

　　Project Settings 选项用来设置一些系统参数,其子菜单有器件系列(Device family)的选择、跨时钟域适配器类型（Clock crossing adapter type）选择、限制互联总线层次（Limit interconnect pipeline stages to）设置、生成 ID（Generation ID）设置。在 Qsys 系统中，如果要处理跨时钟域的数据传输，则在系统生成时会自动加入一个 Clock crossing adapter，无须手动加入。该选项的下拉子菜单中有 3 个选项：Handshake、FIFO、Auto。Handshake 模式采用简单的握手协议处理跨时钟域的数据传输，该模式耗用资源少，适用于数据吞吐量较少的情况；FIFO 模式采用了双时钟做同步处理，可以处理吞吐量较大的数据传输，其总延时是 Handshake 模式的两倍；Auto 同时采用 Handshake 和 FIFO 模式的连接，在突发连接中使用 FIFO 模式，其他情况使用 Handshake 模式。Limit interconnect pipeline stages to 选项也是 Qsys 的改进之一，在 Qsys 中对用户开放了一部分总线信息，详细资料可查询官网。生成 ID 的设置是指在 Qsys 系统生成之前给时间标签的一个唯一整数值，用于检测软件兼容性。

Instance Parameters 选项是用来给 Qsys 系统定义参数的，当该系统作为另一个 Qsys 系统的子系统时，可以用该实例参数来修饰该 Qsys 系统，而高一级的 Qsys 系统可以指定具体实例参数的数值。

System Inspector 选项与 Project Settings 选项相对应，用于将 Project Settings 菜单中设置好的相关信息在此显示出来。

HDL example 选项用于采用 Verilog 或 VHDL 给出的系统顶层 HDL 定义，同时给出系统组件的 HDL 声明。在实例化本 Qsys 系统的顶层 HDL 文件时，可复制该 HDL example。

Generation 选项是用来生成用户系统的，设计者可以通过仿真控制、系统综合和输出路径的设置来控制生成过程。仿真控制设置包括创建仿真模型、创建 Qsys 系统测试脚本及仿真模型测试脚本的选择；系统综合设置包括是否创建 Qsys 系统的 HDL 文件和原理图文件；输出路径设置则用于指定生成系统相关文件及仿真、综合后相关文件的输出路径。当系统生成完成后，Qsys 会显示信息 Generation Complete，并在用户所创建的项目根目录下生成一个日志（log）文件。

5.3.3　Qsys 菜单命令简介

Qsys 中常用的菜单命令有 File、Edit、System、View、Tools、Help。

1. File 菜单

- New System：在当前目录建立新的 Qsys 系统。
- New component：将设计者定义的逻辑作为一个元件加入 Qsys。
- Open：打开 Qsys 的一个项目文件。
- Refresh system：刷新当前系统。
- Browse Project Directory：为项目打开一个浏览窗口。

2. System 菜单

- Assign Base Address：给系统中的元件分配基地址。
- Assign interrupt numbers：分配中断优先级。
- Assign custom instruction opcodes：分配自定义指令操作码。

- Create global reset network：创建全局复位网络。
- Insert Avalon-ST adaptors：插入 Avalon-ST 接口。
- Show system with Qsys fabric components：预览添加组件后的 Qsys 系统。
- Run SOPC Builder to Qsys upgrade：完成由 SOPC Builder 到 Qsys 的升级。

3. View 菜单

- System Contents：将界面切换到 System Contents 选项。
- Address MAP：将界面切换到 Address MAP 选项。
- Clock Settings：将界面切换到 Clock Settings 选项。
- Project Settings：将界面切换到 Project Settings 选项。
- Instance Parameters：将界面切换到 Instance Parameters 选项。
- System Inspector：将界面切换到 System Inspector 选项。
- HDL example：将界面切换到 HDL example 选项。
- Generation：将界面切换到 Generation 选项。

4. Tools 菜单

- Nios II Software Build Tools for Eclipse：打开 Nios II 软件。
- Nios II Command shell：Nios II 命令接口。
- System console：打开系统控制台。

5.4 Nios II 处理器系统

5.4.1 Nios II 嵌入式处理器简介

随着 SOC 技术的兴起，专用芯片公司纷纷把嵌入式处理器内核放在自己的 ASIC 中，构建成片上系统，其中用户较多的是 ARM 处理器内核。两大供应商 Altera 公司和 Xilinx 公司也把 ARM 和 PowerPC 硬核放在自己的 FPGA 中。

Nios 是 Altera 开发的中低端的嵌入式 CPU 软内核，几乎可以用在 Altera 的所有 FPGA 内部。Nios 处理器和外设都是用 HDL 语言编写的，在 FPGA 内部利用通用逻辑资源实现。所以在 Altera 的 FPGA 内部实现的嵌入式系统具有极大的灵活性。随着 Nios 的成功，Altera 公司 SOPC 的概念也广泛被用户所接受。

Nios II 嵌入式处理器是 Altera 公司于 2004 年 6 月推出的第二代用于可编程逻辑器件的可配置的软核处理器，性能超过 200DMIPS。与第一代 Nios 相比，Nios II 嵌入式处理器的最大处理性能提高了 3 倍，CPU 内核部分的面积最大可缩小 1/2(32 位 Nios 处理器占用 1500 个 LE，Nios II 最少只占用 600 个 LE)，广泛应用于嵌入式系统的设计中。

Nios II 处理器是一个 32 位 RISC 处理器内核，与二进制代码 100% 兼容，在第一代 16 位 Nios 处理器基础上，Nios II 定位于广泛的嵌入式应用。其主要特性如表 5-1 所示，Nios II 处理器的 3 种核心如表 5-2 所示，Nios II 所支持的 FPGA 器件及软件如表 5-3 所示。

表 5-1　Nios Ⅱ 系列处理器的特性

种　类	特　点
CPU 结构	• 32 位指令集 • 32 位数据位宽带 • 32 个通用寄存器 • 32 个外部中断源 • 2GB 寻址空间
片内调试	基于边界扫描测试(JTAG)的调试逻辑,支持硬件断点、数据触发及片内片外的调试跟踪
定制指令	最多达 256 个用户定义的 CPU 指令
软件开发工具	• Nios Ⅱ 集成化开发工具(IDE,SBT) • 基于 GNU 的编译器 • 硬件辅助调试模块

表 5-2　Nios Ⅱ 系列嵌入式处理器的内核

内　核	特　点
Nios Ⅱ/f(快速)	性能最优,在 StratixⅡ 中,性能超过 200DMIPS,仅占用 1800 个 LE
Nios Ⅱ/e(经济)	占用逻辑单元最少,低成本
Nios Ⅱ/s(标准)	性能和资源的平衡

表 5-3　Nios Ⅱ 系列嵌入式处理器支持的 FPGA 器件

器　件	特　点	设 计 软 件
Stratix Ⅱ 以上系列 Arria Ⅱ 以上系列	最高的性能,最高的密度,特性丰富,带有大量存储平台	Quartus Ⅱ SOPC Builder Qsys
Stratix,Arria	高性能,高密度,特性丰富,带有大量存储平台	
Stratix GX	高性能的结构,内置高速收发器	
Cyclone 及以上系列	低成本的 ASIC 替代方案,适合民用	
HardCopy Stratix	结构化 ASIC,传统 ASIC 的替代方案	

5.4.2　基于 Nios Ⅱ 的软硬件开发流程

10.1 以前版本的 Nios Ⅱ 软件开发都使用 IDE(集成开发环境),新版本的 Nios Ⅱ 逐渐开始转向 Nios Ⅱ Software Build Tools for Eclipse。Nios Ⅱ 使用 Eclipse 集成开发环境来完成整个软件工程的编辑、编译、调试和下载,极大地提高了软件开发效率。图 5-5 为建立一个 Nios Ⅱ 系统并将其下载到 Nios Ⅱ 开发板上的软硬件协同开发流程图。

图 5-5 中包括了创建一个工作系统的软硬件的各项设计任务。其"初期工作"实为顶层框架设计,即根据系统需求(如系统运行性能、系统带宽等要求)确定系统中 CPU 的类型、外围组件的类型及数量。

1. 硬件开发流程

系统硬件开发基于 Quartus Ⅱ 的 Qsys 软件。Qsys 是自动化系统开发工具,可以有效地简化高性能 Qsys 设计的任务。Qsys 系统开发工具自动加入参数化模块并连接 IP 核,如

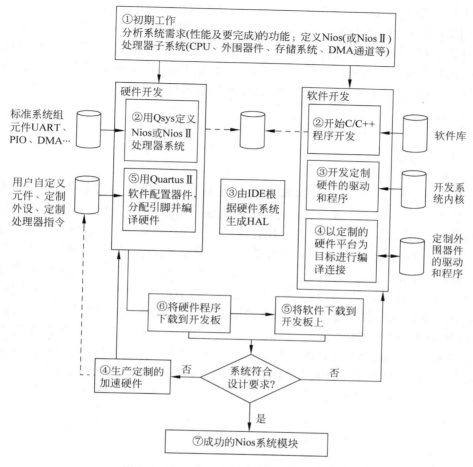

图 5-5　Nios Ⅱ 系统软硬件协同开发流程

嵌入式处理器 Nios Ⅱ、片内存储器、片外存储器和用户定义的逻辑，无需底层的 HDL 或原理图。

Qsys 与 Quartus Ⅱ 软件一起，为建立 Qsys 设计提供标准化的图形环境。可基于该图形界面选择具体的 FPGA 目标器件，对 Nios Ⅱ 上的各种 I/O 分配引脚，并进行硬件编译选项和时序约束的设置。Quartus Ⅱ 编译时，Qsys 生成 HDL 文件并进行布局布线，同时生成一个适合目标器件的网表文件用于配置 FPGA（＊.sof）下载到开发板上的非易失存储器内。

最后使用 Quartus Ⅱ 编程器及下载电缆将配置文件下载到开发板上，校验完当前硬件设计后，还可再次将新的配置文件（＊.pof）下载到开发板上的非易失存储器内。下载完成后，设计者可以将此开发板作为软件开发的原始平台来进行软件功能的开发验证。

2. 软件开发

软件开发使用 Nios Ⅱ SBT，它是一个基于 Eclipse 架构的集成开发环境，包括以下工具和功能：GNU 开发工具（标准 GCC 编译器、连接器、汇编器、makefile 工具等）；基于 GDB 的调试器，包括软件仿真和硬件调试；硬件抽象层（Hardware Abstraction Layer，HAL）；帮助用户快速入门的软件模板；嵌入式操作系统 MicroC/OS-Ⅱ 和 LwTCP/IP 协议栈的支持；Flash 下载支持(Flash Programmer 和 Quartus Ⅱ Programmer)。

当用 Qsys 系统集成软件进行硬件设计时，就可以开始编写和器件独立的 C/C++软件，例如算法可控制程序。设计者可以使用现成的软件库和操作系统内核来加快开发过程。在 Nios Ⅱ SBT 中建立新的软件工程时，Eclipse 会根据 Qsys 对系统的硬件配置自动生成一个定制 HAL 系统库，该库能为程序和底层硬件通信提供接口驱动，它类似于在创建 Nios Ⅱ 系统时 Qsys 生成的 SDK。

5.4.3　HAL 系统库

在嵌入式系统的软件开发中，最重要的就是软硬件如何连接的问题，硬件抽象层(HAL)系统函数库为 Nios Ⅱ 系统很好地解决了这一问题。Qsys 外设管理程序使用 ANSI C 标准库函数，并通过 HAL API，即应用程序接口访问设备驱动，以此和硬件连接。这使得软件不至于过度地依赖硬件，软件的开发能在不考虑驱动程序的前提下进行。当在 Nios Ⅱ SBT 中创建一个新的工程时，Eclipse 导入 Qsys 工具中创建的 Nios Ⅱ 处理器系统，即软核 CPU 系统，HAL 函数库就会自动生成。HAL API 应用程序接口是与 ANSI C 标准库综合在一起的，它用来访问硬件设备或者文件的库函数与 C 语言极其类似，如 printf()、fopen()、fwrite()等函数。由于 Qsys 与 Nios Ⅱ SBT 紧密相关，所以如果硬件配置发生了变化，HAL 设备驱动程序函数库都会随之自动改变，设计者不需要手动修改 HAL 函数库，这样就避免了由于底层硬件的变化而导致的程序错误。HAL 的系统结构图如图 5-6 所示。

图 5-6　HAL 系统结构图

HAL 还为嵌入式系统中常见的外围设备提供通用的设备模型，常见的设备模型有字符模式设备 UART、定时器(Timer)、文件子系统、对 NicheStack TCP/IP Stack 协议栈提供访问以太网连接的以太网设备、DMA 设备、Flash 存储器设备等。

HAL 系统库提供的服务有：与 ANSI C 合成标准库，提供类似 C 语言的标准库函数；设备驱动，提供访问系统中每个设备的驱动程序；通过 HAL API 提供标准的接口程序，如设备访问、中断处理等；系统初始化，在 main()函数之前执行对处理器的初始化；设备初始化，在 main()函数之前执行对系统中外围设备的初始化。

1. 应用程序开发

应用程序开发是用户软件开发的主要部分，包括系统的主程序和其他子程序。应用程序与系统设备的通信主要是通过 C 语言标准库或 HAL 系统库 API 来实现。

2. 驱动程序开发

驱动程序开发指编写供应用程序访问设备的程序。驱动程序直接和底层硬件的宏定义打交道。一旦将设备驱动程序编写好,用户在程序开发时只要利用 HAL 提供的各种函数就可以编写各种应用程序了。

3. 通用设备模型

在基于 HAL 的系统设计中,软件人员要做的是编写设备驱动程序和应用软件。HAL 为嵌入式系统中常见的外围设备提供了以下通用的设备模型,使用户无须考虑底层硬件,只需利用与之相一致的 API 编写应用程序即可。

(1) 字符模式设备:发送和接收字符串的外围硬件设备,如 UART。

(2) 定时器设备:对时钟脉冲计数并能产生周期性中断请求的外围硬件设备。

(3) 文件子系统:提供访问存储在物理设备中的文件的操作,如用户可以利用有关 Flash 存储器设备的 HAL API 编写 Flash 文件子系统驱动来访问 Flash。

(4) 以太网设备:向 Altera 提供的轻量级的 IP 协议,提供访问以太网的连接。

(5) DMA 设备:执行大量数据在数据源和目的地之间传输的外围设备。数据源和目的地可以是存储器或其他设备,如以太网连接。

(6) Flash 存储器设备:利用专门编程协议存储数据的非易失性存储设备。

4. C 标准库 Newlib

HAL 系统库与 ANSI C 标准库一起构成 HAL 的运行环境(runtime environment)。HAL 使用的 Newlib 是 C 语言标准库的一种开放源代码的实现,是在嵌入式系统上使用的 C 语言程序库,正好与 HAL 和 Nios Ⅱ 处理器相匹配。

5.4.4　使用 HAL 开发应用程序

Nios Ⅱ SBT 将 HAL 系统库与用户设计紧密结合在一起,HAL 应用程序包含用户应用程序工程和 HAL 系统库工程。在 Nios Ⅱ SBT 中,每建立一个新的用户工程,SBT 同时也会根据用户选择的 Nios Ⅱ 系统建立一个新的 HAL 系统库工程。其中用户应用程序工程包含所有用户的程序代码(如 *.c、*.h、*.s 程序);HAL 系统库相当于用户程序与底层硬件之间的桥梁,它包括所有和硬件处理器相关的接口设置,由 Qsys 系统生成的 .ptf 文件定义。用户在程序中使用 HAL API,即可与硬件进行通信;当 Qsys 系统改变时,Nios Ⅱ SBT 会处理 HAL 系统库,并更新驱动配置来适应系统硬件。另一方面,HAL 系统库将用户程序与底层的硬件相分离,用户在开发和调试程序代码时不必考虑程序与硬件是否匹配。

1. System. h 系统描述文件

System. h 文件是 HAL 系统库的基础,它提供了关于 Nios Ⅱ 系统硬件的软件描述。它描述了系统中的每个外围设备,并给出以下一些详细信息:外围设备的硬件配置,基地址,中断优先级,外围器件的符号名称。用户无须编辑 System. h 文件,它是由 Nios Ⅱ SBT 自动生成的。可以到以下目录中查看 System. h 文件:

[Quartus 工程]\software\[Nios Ⅱ 工程名]_syslib\Debug\system_description

2. 数据宽度和 HAL 类型定义

HAL 使用了一套标准类型的定义,该定义支持 ANSI C 类型,但是它的数据宽度取决于编译器的定义。alt_types.h 头文件定义了 HAL 的数据类型。在以下路径可以查看该文件：

[Nios Ⅱ 安装路径]\components\altera_nios2\HAL\inc

3. 文件系统

HAL 提出了文件系统的概念，可以使用户操作字符模式的设备和文件。用户要访问文件，可以通过使用由 newlib 提供的 C 语言标准库文件 I/O 函数，或是使用 HAL 系统提供的 UNIX 类型文件 I/O(如 close()、open()、read()、write()、fstat()、ioctl()、lseek())。

在整个 HAL 文件系统中将文件子系统注册为载入点，要访问这个载入点下的文件就要由这个文件子系统管理。字符模式的设备寄存器常作为 HAL 文件系统中的节点。通常情况下，system.h 文件中将设备节点的名字定义为前缀/dev/＋在 Qsys 中给硬件元件的指定名称。如 lcd 就是一个字符模式的设备，其设备节点的名字为/dev/lcd_display。

文件子系统中不存在当前路径的概念，访问所有文件都必须使用绝对路径。例 5-1 完成了从一个只读文件的文件子系统 rozipfs 中读取字符的功能。

【例 5-1】 从文件子系统中读取字符。

```
# include < stdio.h >
# include < stddef.h >
# include < stdlib.h >
# define BUF_SIZE (10)
int main(void)
{
    FILE * fp;
    char buffer[BUF_SIZE];
    fp=fopen("/mount/rozipfs/test","r");
    if (fp == NULL )
    {
        printf("cannot open file.\n");
        exit(1);
    }
    fread(buffer,BUF_SIZE,1,fp);
    fclose(fp);
    return 0;
}
```

4. 外围设备的使用

现以字符模式外围设备为例介绍在用户程序中如何对外围设备进行操作。字符模式外围设备在 HAL 文件系统中被定义为节点。一般情况下，程序先将一个文件和设备名称联系起来，再通过使用 file.h 中定义的 ANSI C 文件操作向文件写数据或从文件读取数据。

(1) 标准输入(stdin)、标准输出(stdout)和标准错误(stderr)函数。使用这些函数是最简单的控制 I/O 的方法；HAL 系统库在后台管理 stdin、stdout 和 stderr 函数。

【例 5-2】 发送 Hello world 给任何一个和 stdout 连接的设备。

```
# include < stdio.h >
int main() {
    printf("Hello world!/n");
```

```
        return 0;
    }
```

（2）字符模式设备的通用访问方法。除 stdin、stdout 和 stderr 函数外，还可以通过打开和写文件的方式访问字符模式设备。

【例 5-3】 向 UART 写入字符"Hello world"。

```
# include < stdio. h >
# include < string. h >
int main( )
{
    char *  msg = "Hello world";
    FILE *  fp;
    fp = fopen("/dev/uart1", "w");
    if (fp)
    {
        fprintf(fp, "%s", msg);
        fclose(fp);
    }
    return 0;
}
```

（3）/dev/null 设备。所有的系统都包括/dev/null 设备。向/dev/null 写数据对系统没有什么影响，所写的数据将被丢弃。/dev/null 用来在系统启动过程中重定向安全 I/O，也可以用在应用程序中丢弃不需要的数据。这个设备只是一个软件指令，不与系统中任何一个硬件设备相关。

5.5 基于 Nios II 的 Qsys 开发实例

本节将通过一个具体实例，用 Qsys 系统在 DE2-115 平台上实现一个"Hello World"实验来熟悉 Qsys 系统的软/硬件协同设计流程。Hello World 实验通过使用 Qsys 定制一个只含有 Nios II cpu、on_chip memory、jtag_uart 的最小系统，从而用 Quartus II 分配引脚，编译下载完成最小 Nios II 系统的开发过程，并通过 PC 与开发板 DE2-115 上的"用户串口"相互通信，在 Nios II 的 Console 窗口显示输出。

5.5.1 硬件部分

1. 建立 Quartus II 工程

（1）首先建立工作库目标文件夹以便设计工程项目的存储，如图 5-7 所示。第 1 行的 D:/Qsys_lab/lab1 表示工程所在的工作库文件夹；第 2 行表示工程的工程名，此工程名可以取任何其他的名称，也可以用顶层文件的实体名作为工程名，此处为 hello；第 3 行顶层文件名为 hello。在图 5-7 中，单击 Next 按钮，在弹出对话框中单击 File 栏中的"…"按钮添加所设计文件，此时不需要添加设计文件，如图 5-8 所示。

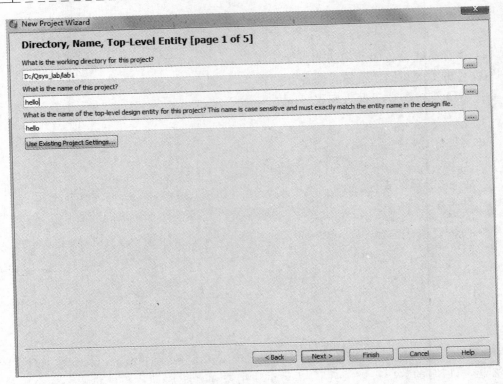

图 5-7　工程设置

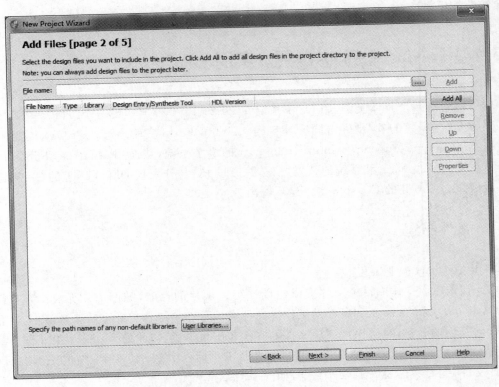

图 5-8　加入设计文件

（2）设置编译输出目录为…D：/Qsys_lab/lab1，选择目标芯片为 Cyclone Ⅳ E 系列的 EP4CE115F29C7 器件，如图 5-9 所示。

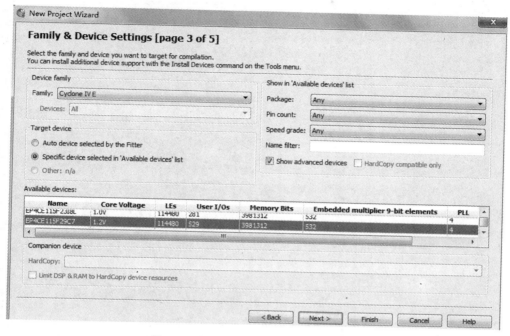

图 5-9　选择目标芯片 EP4CE115F29C7

（3）选择仿真器和综合器。单击图 5-9 中 Next 按钮，可从弹出的窗口中选择仿真器和综合器类型，如果都选 None，表示选择 Quartus Ⅱ中自带的仿真器和综合器，如图 5-10 所示。

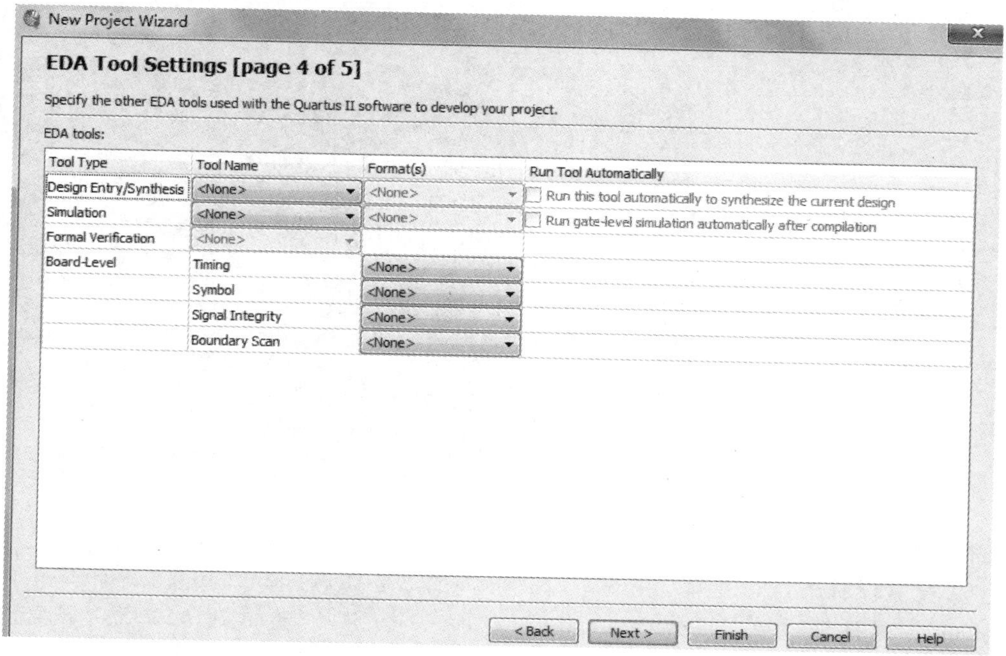

图 5-10　选择仿真器和综合器

（4）单击 Next 按钮后进入下一步。弹出工程设置统计窗口，如图 5-11 所示。

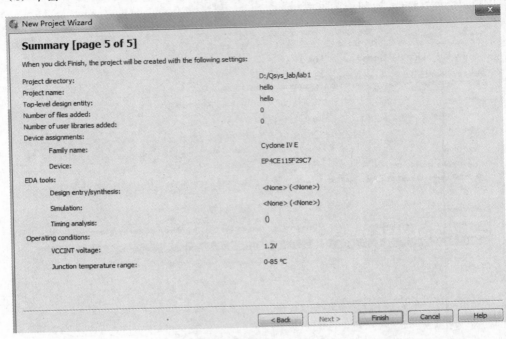

图 5-11　工程设置统计窗口

（5）结束设置。在图 5-11 中单击 Finish 按钮，即表示已设定好此工程，并出现如图 5-12所示的界面。

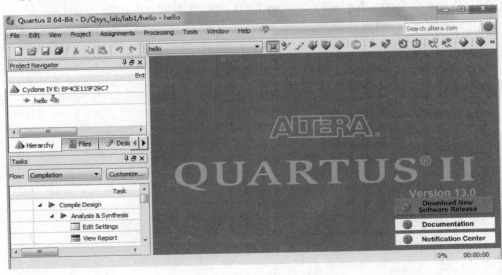

图 5-12　工程设置结束界面

（6）配置没有用到的引脚。在图 5-12 所示界面下选择 Assignments|Device 菜单命令，出现 Device 对话框后单击 Device and Pins Options 按钮，出现如图 5-13 所示界面，选项 Unused Pins 为 As input tri-stated，再单击 OK 按钮即可完成 Quartus Ⅱ 工程的设置。

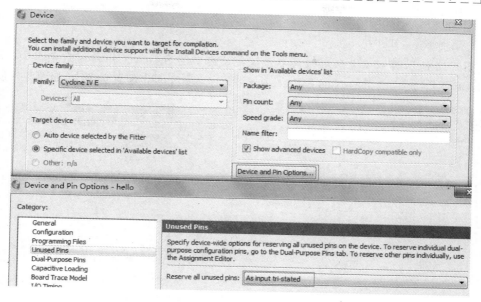

图 5-13 配置 Unused Pins

2. 创建 Nios Ⅱ 软核处理器系统

（1）选择 Tools|Qsys 菜单命令，或者直接单击工具栏中的 Qsys 图标，弹出如图 5-14 所示的界面，可单击 Clock Settings 进行时钟频率设置，本实例中选默认值 50MHz。

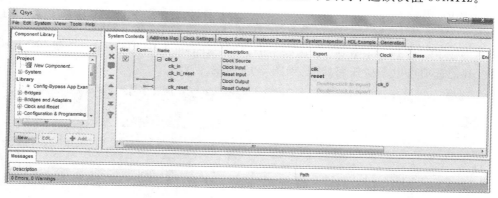

图 5-14 Qsys 预先设立的新系统

（2）选择 File|Save 菜单命令，将文件保存为 nios2_small，如图 5-15 所示。

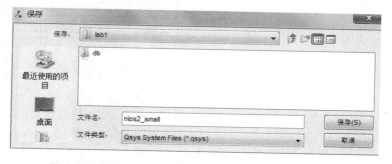

图 5-15 保存 Nios Ⅱ 软核处理器最小系统 nios2_small

3. 添加 CPU 和外围设备

（1）添加 Nios Ⅱ Processor。

在图 5-14 所示的 Nios Ⅱ 软核处理器系统配置窗口的 System Contents 选项卡中，双击左侧 Embedded Processors 下的 Nios Ⅱ Processor，弹出 Core Nios Ⅱ 配置选项卡，如图 5-16 所示。

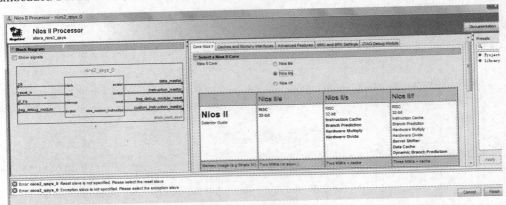

图 5-16 Nios Ⅱ 软核处理器

Nios Ⅱ 软核处理器有 3 种类型：经济型内核 Nios Ⅱ/e、标准型内核 Nios Ⅱ/s 和快速型内核 Nios Ⅱ/f。不同类型的处理器内核具有不同的功能和技术指标，当然在获得强功能和高技术指标的同时也需要付出较多的逻辑资源，同时使用过程也变得复杂。这里选择标准型内核 Nios Ⅱ/s。

在图 5-16 中单击 Caches and Memory Interfaces 选项卡，在 Instruction Cache 中选择 4Kbytes。在 JTAG Debug Module 选项卡中，选择 Debug Level 的 Level 1 级的 JTAG 调试模块，其他选项可以不做任何处理，如图 5-17 所示。

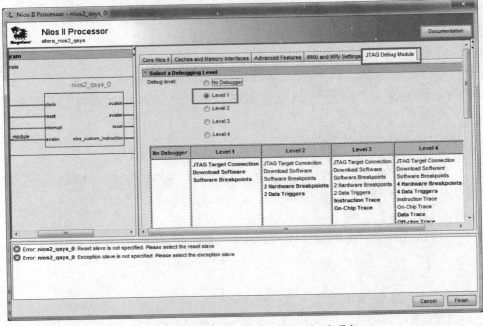

图 5-17 设置 JTAG Debug Module 选项卡

单击 Finish 按钮回到 Qsys 界面,右击 clk_0,在快捷菜单中选择 Rename 命令将其重命名为 clk_50,如图 5-18 所示。同时将 nios2_qsys_0 重命名为 cpu,将 cpu 的 clk 和 reset_n 分别与系统时钟 clk_0 的 clk 和 clk_reset 相连,如图 5-19 所示。

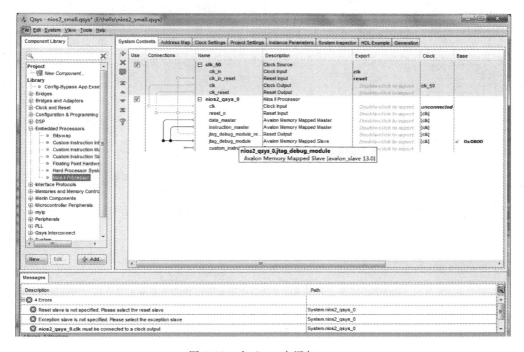

图 5-18　在 Qsys 中添加 cpu

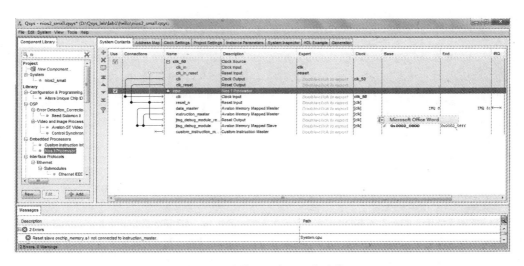

图 5-19　连接 cpu 与 clk 的连线

(2) 添加 On-Chip-Memory 模块。

在 Qsys 左侧搜索栏中输入 On-Chip Memory,选择左侧项目树中的 Memories and Memory Controllers\On-Chip\On-Chip-Memory(RAM or ROM),单击 Add 按钮可以打开在片存储器配置对话框,在存储器容量 Total memory size 文本框中输入 40960 或输入 40k,如图 5-20 所示。

单击 Finish 按钮,返回 Qsys 界面,右击 Onchip-memory2_0,在快捷菜单中选择 Rename 命令将其重命名为 onchip-memory,并进行 clk1、reset1、s1 的连线,如图 5-21 所示。

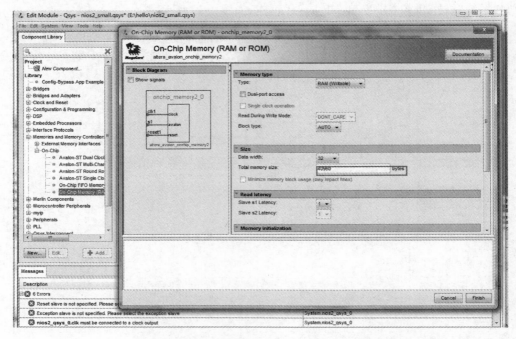

图 5-20   On-Chip Memory 参数设置

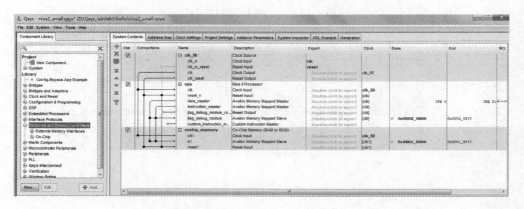

图 5-21   On-Chip Memory 连线

(3) 添加 JTAG URAT 模块。

JTAG URAT 是 Nios Ⅱ 系统嵌入式处理器新添加的接口单元,通过内嵌在 Altera FPGA 内部的 JTAG 电路,可实现 PC 和 Qsys 系统之间的串行字符通信。

在 Qsys 左侧搜索栏中输入 JTAG URAT,在左侧的项目树中选择 Interface Protocols\Serial\JTAG UART 并双击,或单击 Add 按钮,可以打开 jtag_uart_0 配置对话框,如图 5-22所示。系统其他选项保持默认设置,单击 Finish 按钮,返回 Qsys 界面,此时 JTAG_UART 已在系统中。将 jtag_uart_0 进行重命名为 jtag_uart,同时进行 clk、reset 和 master-slave 的连线,如图 5-23 所示。

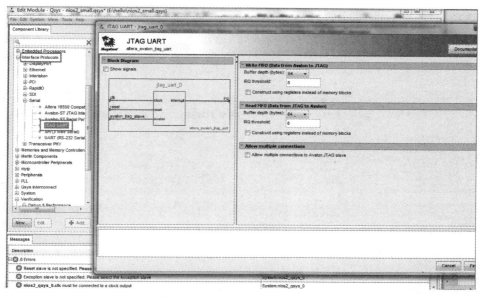

图 5-22　JTAG UART 参数设置

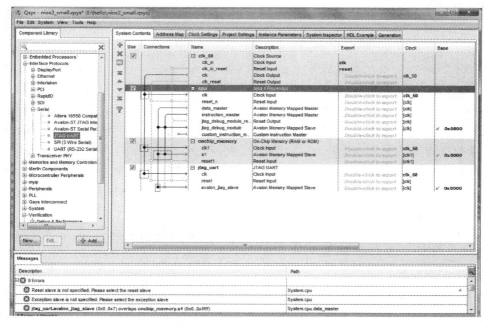

图 5-23　JTAG UART 与 clk 的连接

（4）指定基地址和分配中断号。

Qsys 会给添加的系统模块分配默认的基地址，在 Qsys 中选择菜单 System | Assign Base addresses 命令，可以使 Qsys 给其他没有锁定的地址重新分配地址，从而解决地址映射冲突问题。选择 Address Map 选项卡可显示完整的系统配置和地址映射。设计者也可手动更改 Qsys 分配给系统模块基地址的默认值。

在 IRQ 标签栏下点选 Avalon_jtag_slave 和 IRQ 的连接点，就会为 jtag_uart 核添加一

个值为 0 的中断号，如图 5-24 所示。

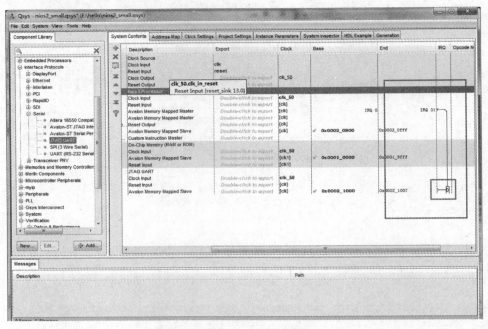

图 5-24　配置 jtag_uart 中断号为 0

（5）设置 Nios Ⅱ 处理器参数。

在 Qsys 的 System Contents 选项卡中，双击所添加的 Nios Ⅱ 软核处理器 CPU，可弹出配置界面，在该界面中设置 Nios Ⅱ 软核处理器的复位矢量 Reset Vector 和异常矢量 Exception Vector，本实例中 Nios Ⅱ 的程序存储器和程序执行区均为片上 RAM，因此在配置界面中可选择 onchip_memory. s1，如图 5-25 所示，之后单击 Finish 按钮返回 Qsys 界面即可消除所有系统错误，此时即可生成图 5-26 所示最小硬件系统组件图。（注：实际工程中可以根据实际需要将 Reset Vector 指定为系统中添加的 Flash 控制器，将 Exception Vector 指定为系统中添加的 SDRAM 控制器。）

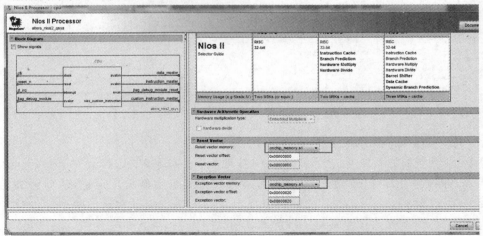

图 5-25　分配程序指针入口地址

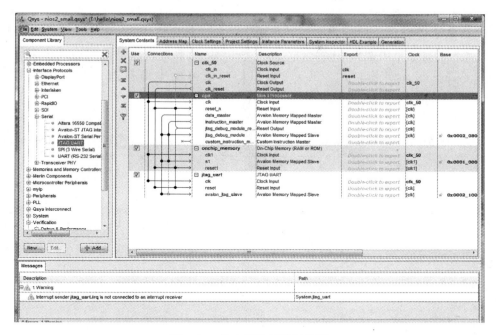

图 5-26　最小硬件系统组件图

（6）生成系统模块。

在确定系统配置无错后，保存系统文件，单击 System Generation 选项卡（本工程均使用默认设置），单击 Generate 按钮，如图 5-27 所示，即可成功生成 nios2_small 的 Qsys 系统界面。根据用户设定的选项不同，Qsys 在生成的过程中执行的操作过程可能有所不同。

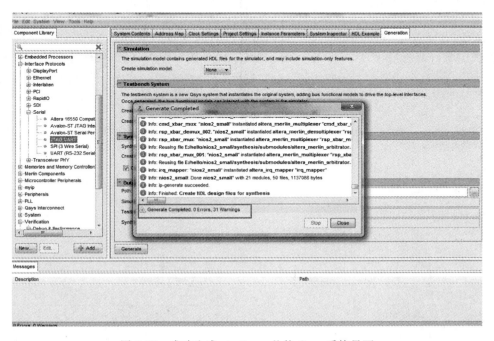

图 5-27　成功生成 nios2_small 的 Qsys 系统界面

4. 例化 Nios Ⅱ 处理器

(1) 将刚生成的 nios2_small 模块以符号文件形式添加到.bdf 文件中。选择 File|New 菜单,在弹出的对话框中选择 Block Diagram/Schematic File 选项创建图形设计文件,单击 OK 按钮。在图形设计窗口中双击,在弹出的快捷菜单中选择 Insert/System,弹出如图 5-28所示对话框,保存设计文件为 hello。添加 nios2_small。在 Libraries 中展开 Project 目录,双击 nios2_small 后单击 OK 按钮。

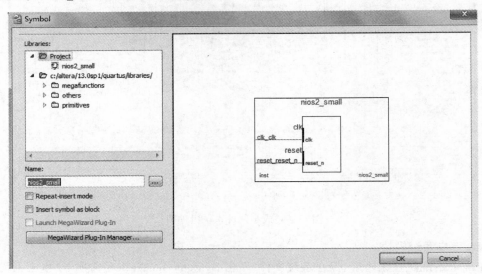

图 5-28   添加所设计 nios2_small 系统模块

(2) 添加输入输出端口。单击图 5-28 中的 OK 按钮,回到 Quartus 窗口,在 Project 下添加所设计的 nios2_small 系统模块,右击模块,在快捷菜单中选取 generate pin for symbol ports 命令,并修改端口名,如图 5-29 所示,两个输入端改名为 CLK_50 和 KEY[0],代表开发板上 50MHz 晶振和 KEY0 按钮。最后进行编译分析与综合,完成硬件仿真。

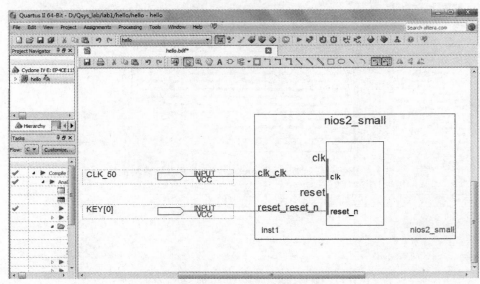

图 5-29   添加输入输出引脚

（3）添加 qip 文件。选择 Project-add/remove files in project，如图 5-30 所示，单击右侧浏览按钮找到 nios2_small. qip 文件，选择该文件并单击 Add 按钮添加。

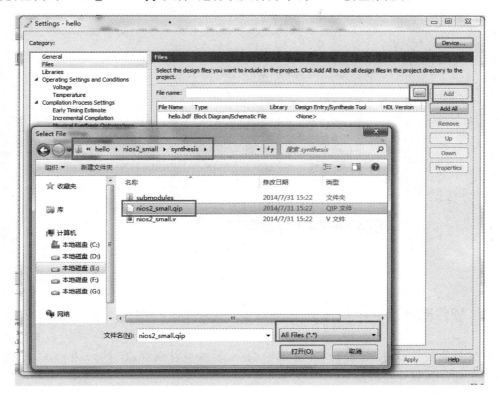

图 5-30　添加 qip 文件到工程

（4）单击 OK 按钮，把这个电路符号放入原理图编辑窗口，保存为 hello. bdf，编译成功后，参照附录 A 中的表 A-1 和表 A-3 进行引脚配置。系统硬件设计的最终原理图文件如图 5-31所示。其引脚配置的 hello. qsf 文件如图 5-32 所示。选择菜单 Processing | Start Compilation 命令对顶层工程文件再次完全编译。

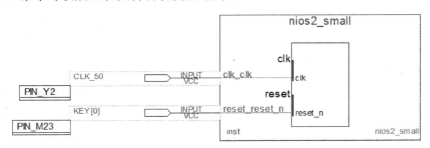

图 5-31　nios2_small 模块顶层设计原理图

5. 配置 FPGA

选择 Tools | Programmer 菜单命令，将 Quartus Ⅱ编译成功后的 FPGA 配置文件 hello. sof 下载到 DE2-115 目标板上，完成硬件设计。由于目前还没有编写软件，因此开发板上没有出现什么现象。

图 5-32　顶层设计文件引脚锁定配置

5.5.2　软件部分

建立系统硬件后，根据 5.4.2 节介绍的 Qsys 软件设计流程，在 Nios Ⅱ SBT 中建立新的软件工程。其设计步骤如下。

1. 启动 Nios Ⅱ SBT

可以从 Windows 系统开始菜单中启动 Nios Ⅱ SBT，也可从 Qsys 中的生成页面启动 Nios Ⅱ SBT。选择 Tools|Nios Ⅱ Software Build for Eclipse 启动 Nios Ⅱ SBT，设定 Workspace 工作目录，让此硬件所配合的软件存放在此目录中，如图 5-33 所示。单击 OK 按钮，进入 Nios Ⅱ EDS 编译环境（进行 C 语言程序的编辑、编译和调试的界面），如图 5-34 所示。

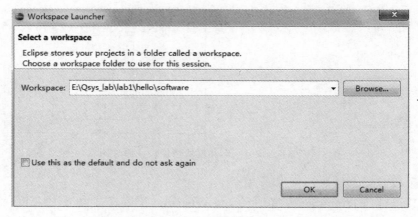

图 5-33　选择 Workspace

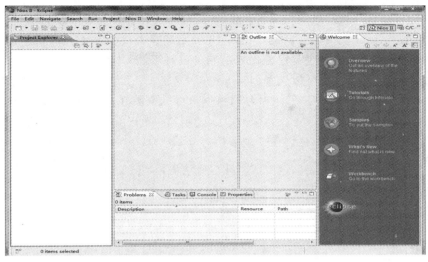

图 5-34　Nios II EDS 编译环境

2. 建立新工程

在 Nios II EDS 主界面图 5-34 中,选择菜单 File|New|Nios II Application and BSP from Template 命令打开新工程设置窗口,选中 Hello World 测试程序,新工程配置界面如图 5-35 所示。

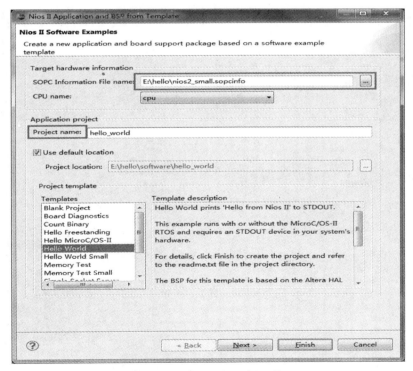

图 5-35　建立 C/C++新工程

在图 5-35 中需确定以下选项:

(1) SOPC Information File name 栏中选择对应的系统硬件文件 nios2_small. sopcinfo,以

便将生成的硬件信息与软件应用相关联,注意要选对路径为当前项目的工程文件。

（2）Project name 栏中填入新建项目名,并确定选择 Use default location 复选框。

（3）Project template 栏中是已经做好的软件设计工程,用户可以选择其中一个模板来创建自己的 Nios Ⅱ 工程,也可以选择 Blank project(空白工程),完全由用户自己来写代码。本例选择 Hello World 测试程序,用户可以根据自己的需要在此基础上修改程序。

单击 Next 按钮,如图 5-36 所示,保持默认选项,单击 Finish 按钮后新建工程将添加到工作区中,同时 Nios Ⅱ SBT 会创建一个系统库项目 *_bsp,如图 5-37 所示。

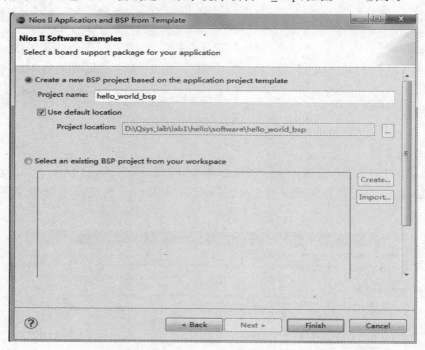

图 5-36   为工程建立新系统

图 5-37   建立新工程之后的 Nios Ⅱ SBT 工作界面

图 5-37 中 Nios Ⅱ SBT 每个工作界面都包括一个或多个窗口,每个窗口都有其特定功能。在工作界面中包括的主要窗口有编辑器窗口和一个或多个浏览器。编辑器可使用户打

开并且编辑一个工程；浏览器是用来对编辑器提供各种支持的，可由用户根据需要选择，用户可同时打开多个编辑器，但每次只能有一个编辑器处于激活状态，在工作界面上的主菜单和工具条上的各种操作只对处于激活状态的编辑器起作用。在编辑器各个标签上是当前被打开的文件名，带有 * 号标记的标签表示这个编辑器中的内容还未保存。要打开浏览器，可以单击工作窗左边的浏览器标题栏，或在 Windows 菜单中选择。

3. 修改系统库属性

在编译之前，必须修改一些工程配置选项。在图 5-37 中选中 hello_world_bsp 文件夹，右击，弹出如图 5-38 所示的快捷菜单，选择 BSP Editor 命令，得到图 5-39 的 BSP Editor 界面，单击 settings 进行设置，本实例选择 Reduce device drivers 和 Small C library 以减少程序的容量（注意：如果选用 LCD 输出则不能勾选 Reduce device drivers），其他保持默认设置。单击 OK 按钮返回 Nios Ⅱ SBT，然后单击 Generate 按钮后退出，即可完成源文件的创建，如图 5-40 所示。

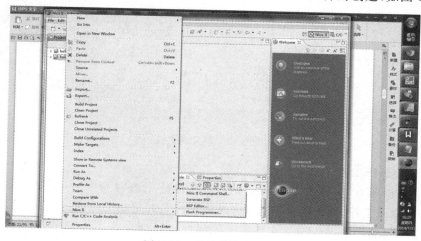

图 5-38　修改系统库属性

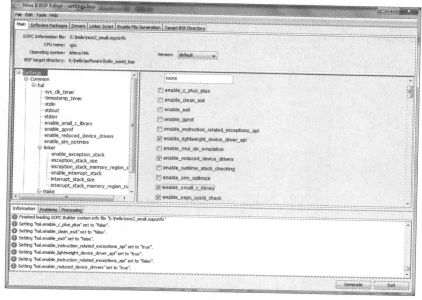

图 5-39　配置编译器参数

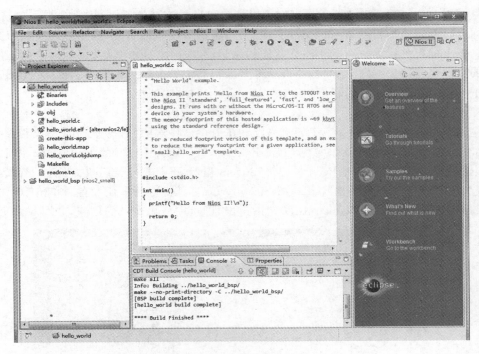

图 5-40   创建源文件

4. 编译并运行工程

(1) 在图 5-40 中,右击工程 hello_world,在快捷菜单中选择 Build Project 菜单,Nios Ⅱ SBT 开始编译工程,编译器首先编译系统库工程及其他相关工程,然后再编译主工程,并把源代码编译到 hello_world.elf 文件中。编译完成后会在 Tasks 浏览器中显示警告和错误信息,如图 5-41 所示。

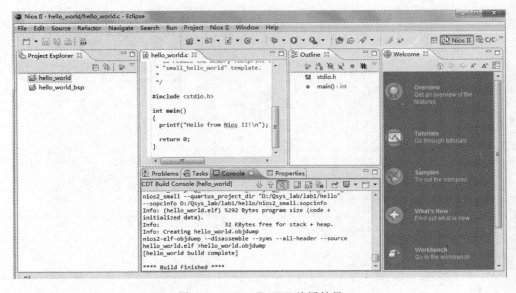

图 5-41   Nios Ⅱ SBT 编译结果

（2）编译成功后，检查 DE2-115 开发板与 PC 的连线，并确保前面设计的硬件电路 nios2_small 已经下载到目标芯片中。

（3）在 Nios II SBT 主窗口中选择 Run|Run Configurations 命令，出现运行配置对话框，如图 5-42 所示。在图 5-42 的左侧选项栏中双击 Nios II Hardware，出现运行配置的下一界面，如图 5-43 所示，在此选择对应工程和编译生成的 .elf 文件。

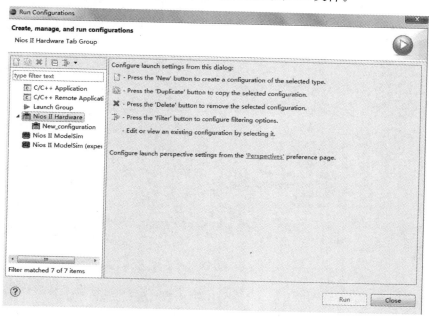

图 5-42　运行配置对话框

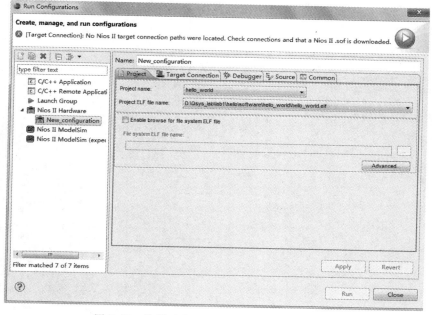

图 5-43　选择对应工程和编译生成的 .elf 文件

（4）在图 5-43 中，单击 Target Connection 选项卡，将 JTAG cable 设置为 USB-Blaster，将 JTAG device 设为对应的开发板目标芯片 EPCS64，或者单击 Refresh Connections 按钮刷新 JTAG 连接，如图 5-44 所示。由于本实例中未添加 System ID 组件，可勾选 System ID checks 下的两个选项，以避免编译时出错。

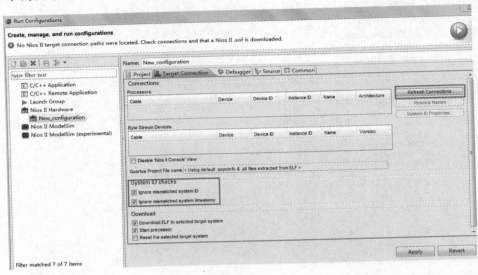

图 5-44　连接目标芯片

（5）设置好后，先单击 Apply 按钮，然后单击 Run 按钮，就开始了程序下载运行，如果运行过程中没有问题，程序就会在目标板上运行。第一次将程序运行对话框设置好后，以后要重新执行程序，可以右击要运行程序的工程名，在快捷菜单中选择 Run|Run As 命令并确定运行模式（如 Nios Ⅱ Hardware 或其他仿真环境，如图 5-45 所示），此时将 C 语言程序代码下载到目标电路板上，下载完成后，出现如图 5-46 所示的"Hello from Nios Ⅱ！"的字样，至此 Hello World 实验已经完成。

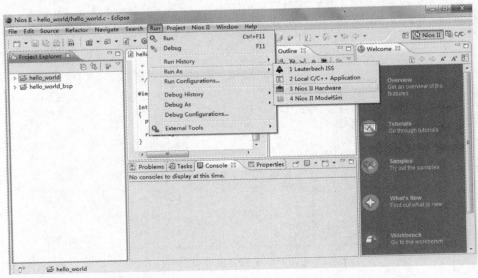

图 5-45　选择 Hello World 程序运行模式

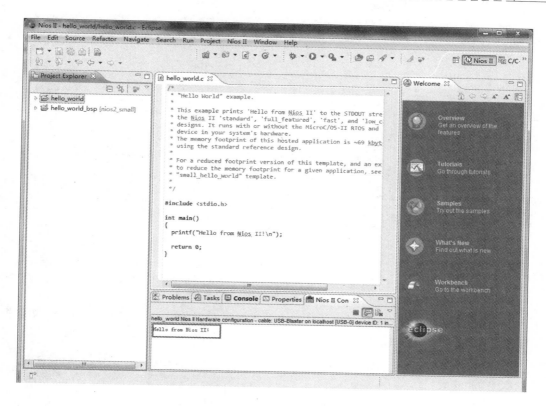

图 5-46　Hello World 程序运行结果截图

5. 调试程序

启动调试程序和启动运行程序类似,在本例中选用硬件模式下的调试程序,右击 C/C++ Project 中要调试的项目,在快捷菜单中选择 Debug As|Nios II Hardware 命令。进入调试界面后,用户可通过单击界面按钮来转换显示调试界面和 C/C++ Project 程序开发界面。调试开始后,调试器首先会下载程序,在 main()处设置断点并开始执行程序。用户可选择以下方式来控制和跟踪程序:

(1) Step Into。单步跟踪时进入子程序。

(2) Step Over。单步跟踪时执行子程序,但不进入子程序。

(3) Resum。从当前代码处执行程序。

(4) Terminate。停止调试。

要在某代码处设置断点,可以在该代码左边空白处双击或右击 Toggle Breakpoint。

Nios II SBT 还提供了多种调试浏览器,用户在调试过程中可以查看变量、表达式、寄存器和存储器的值。

6. 下载程序到 Flash 中

许多 Nios II 处理器系统都使用外部 Flash 来存储数据,包括程序代码、程序数据、FPGA 配置数据和文件系统。其操作流程如下:

(1) 选择菜单 Nios II|Flash Programmer 命令,启动编程器,如图 5-47 所示。

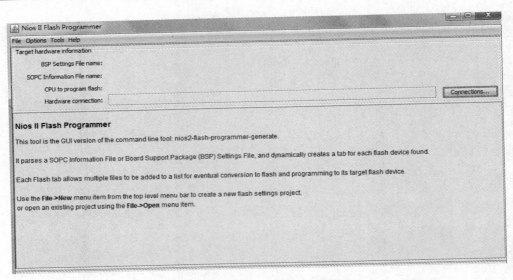

图 5-47　Nios Ⅱ Flash 编程界面

（2）在图 5-47 中选择 File|New 命令，选择本工程对应的 .bsp 文件或 .sopcinfo 文件提供的系统 Flash 的相关信息，此处选择 .bsp 文件，如图 5-48 所示，单击 OK 按钮。

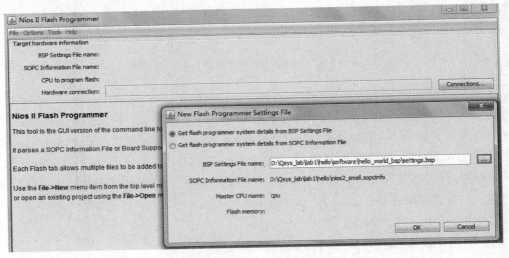

图 5-48　选择 .bsp 文件

（3）在 Nios Ⅱ Flash 编辑器窗口的 Files for flash conversion 栏中，单击 Add 按钮添加要烧写到系统 Flash 中的编程文件（.sof 文件或 .elf 文件或两者都添加）。

（4）单击 Nios Ⅱ Flash 编辑器窗口中的 Connections 按钮，出现如图 5-49 所示的 Hardware Connections 对话框，单击 Refresh Connections 按钮刷新连接，并勾选 System ID checks 下的两个选项，单击 Close 按钮关闭设置窗口，回到设置好的 Nios Ⅱ Flash 编辑器窗口，单击 Start 按钮，开始将软硬件程序下载到目标板上的 Flash 中，再次复位开发板，开发板就直接导入用户设计的程序运行。

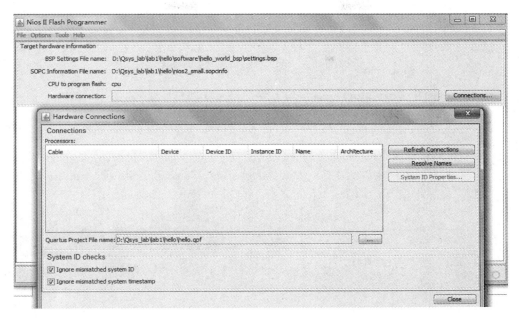

图 5-49　Hardware Connections 对话框

5.6　实验

5.6.1　实验 5-1：七段数码管显示实验

1. 实验目的

学习使用 Qsys 定制 Nios Ⅱ 系统的硬件开发过程,学习并行输入输出(PIO)内核是如何提供从 Nios Ⅱ 软核处理器到通用输入输出端口之间的寄存器映射接口,使用 Nios Ⅱ SBT 编写简单应用程序的软件开发过程,熟悉 Quartus Ⅱ、Qsys 和 Nios Ⅱ 三种工具的配合使用。

2. 实验内容

本实验通过 Qsys 定制一个只含 cpu、on_chip_ram、JTAG URAT、PIO 的 Nios Ⅱ 系统,从而完成硬件开发;设计一个能根据开发板的键值 SW[]完成七段数码管显示实验,包括 Nios Ⅱ 软核处理器系统的产生、编译、综合,Nios Ⅱ EDS 工程创建,C 语言源文件的编辑及编译,配置目标 FPGA 器件,下载观察实验结果编译完成软件开发;最后用 Quartus Ⅱ 分配引脚,编译,下载,完成 Nios Ⅱ 系统整个开发过程,并观察实验结果。

3. 实验环境

PC(Windows 7)、Quartus Ⅱ 13.0、Nios Ⅱ EDS 13.0、开发板 DE2-115。

4. 实验步骤

1) 硬件设计流程

(1) 建立 Quartus Ⅱ 工程 seg,顶层实体名 seg。

（2）重新设置编译输出目录.../Qsys_lab/lab2。

（3）选择 Tools|Qsys 菜单命令,创建 Nios Ⅱ 软核处理器系统,选择 File|Save 命令,将文件保存为 seg7.qsys。

（4）添加 CPU 和外围设备。

① 添加 Nios Ⅱ Processor(根据 5.5.1 节首先完成硬件设计,以下同)。

② 添加 On-Chip-Memory 模块。

③ 添加 JTAG URAT 模块。

④ 添加数码管输出 PIO 模块。

在 Qsys 左侧搜索栏中输入 PIO,选择 Peripherals\Microcontroller Peripherals\PIO 并双击,或单击 Add 按钮,出现 PIO(Parallel I/O)的设置菜单,如图 5-50 所示。

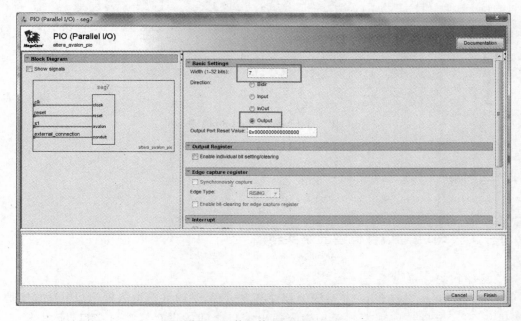

图 5-50　数码管 PIO 属性设置

在图 5-50 中单击 Finish 按钮,返回 Qsys 界面,此时 PIO 已在系统中,将 pio_0 重命名为 seg7,双击 seg7 组件中的 export 栏,输入 seg7_external,这是设置该组件外部硬件连接端口(注意单击自动分配地址和自动连接复位端口选项)。同时进行 clk、reset 和 master-slave 的连线,如图 5-51 所示。

（5）指定基地址和分配中断号。

Qsys 会给所添加的系统模块分配默认的基地址,在 Qsys 中选择菜单 System|Assign Base addresses 命令,使 Qsys 给其他没有锁定的地址重新分配地址,从而解决地址映射冲突问题。单击 Address Map 选项卡可显示完整的系统配置和地址映射。

在 IRQ 标签栏下点选 Avalon_jtag_slave 和 IRQ 的连接点,就会为 jtag_uart 核添加一个值为 0 的中断号,如图 5-51 所示。

（6）设置 Nios Ⅱ 处理器参数。

（7）生成系统模块。

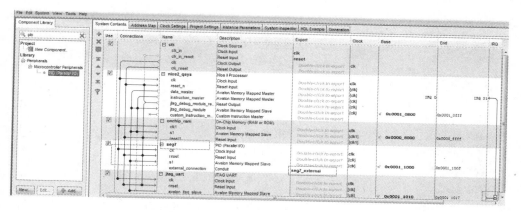

图 5-51   数码管 PIO 设置与连线

在确定系统配置无误后,保存系统文件,单击 System Generation 选项卡,单击 Generate 按钮,如图 5-52 所示,即可出现成功生成 seg7 的 Qsys 系统界面。

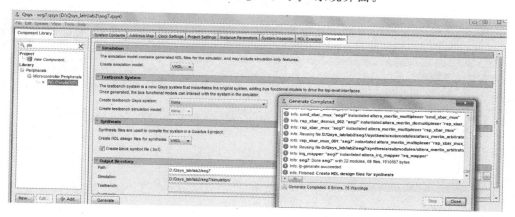

图 5-52   Qsys 系统生成界面

(8) 例化 Nios II 处理器。

① 将刚生成的 seg7 模块以符号文件形式添加到.bdf 文件中。选择 File|New 菜单命令,在弹出的对话框中选择 Block Diagram/Schematic File 选项创建图形设计文件,在图形设计窗口中双击,在弹出的快捷菜单中选择 Insert/System,在弹出的对话框中添加 seg7 模块,保存设计文件为 seg。

② 添加输入输出端口,在 Project 下添加上面设计的 seg7 系统模块,右击模块,在快捷菜单中选取 Generate pin for symbol ports 命令,并修改端口名,如图 5-53 所示,将两个输入端改名为 clock_50 和 KEY0,代表开发板上 50MHz 晶振和 KEY0 按钮,输出 HEX0[6..0] 代表数码管。

③ 添加 qip 文件。

在图 5-53 中,选择 Project-add/remove files in project,出现选择文件对话框,如图 5-54 所示,单击右侧浏览按钮找到 seg7.qip 文件,选择打开并单击 Add 按钮添加该文件。

④ 参照附录 A 中的表 A-1 和表 A-3 进行引脚配置。系统硬件设计的最终原理图文件如图 5-53 所示。其引脚配置的 seg.qsf 文件如图 5-55 所示。

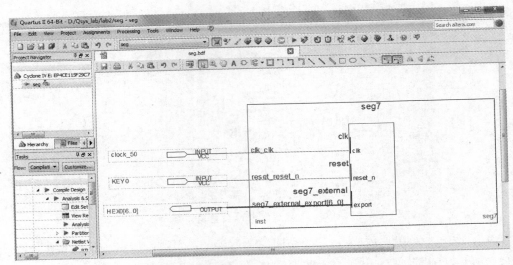

图 5-53　添加 seg7 系统模块及输入输出引脚

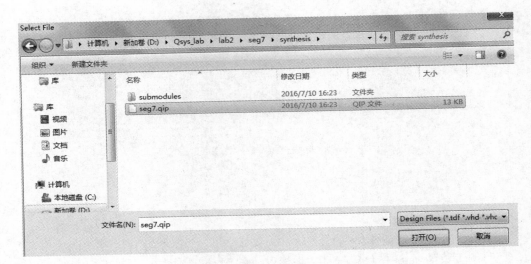

图 5-54　添加 qip 文件到工程

```
set_location_assignment PIN_Y2   -to CLOCK_50
set_location_assignment PIN_H22  -to HEX0[6]
set_location_assignment PIN_J22  -to HEX0[5]
set_location_assignment PIN_L25  -to HEX0[4]
set_location_assignment PIN_L26  -to HEX0[3]
set_location_assignment PIN_E17  -to HEX0[2]
set_location_assignment PIN_F22  -to HEX0[1]
set_location_assignment PIN_G18  -to HEX0[0]
set_location_assignment PIN_M23  -to KEY0
```

图 5-55　seg 工程引脚锁定 TCL 命令列表

⑤ 选择菜单 Processing|Start Compilation 命令对顶层工程文件再次进行完全编译。

（9）配置 FPGA。选择 Tools | Programmer 菜单命令，将 Quartus II 编译成功后的 FPGA 配置文件 seg. sof 文件下载到 DE2-115 目标板上，完成硬件设计。由于目前还没编写软件，因此开发板上没有出现什么现象。

2）软件设计流程

建立系统硬件后，根据 5.5.2 节所提供 Qsys 软件设计流程，在 Nios II SBT 中建立新的软件工程。其设计步骤如下：

（1）启动 Nios II SBT。

（2）建立新工程。

在 Nios II EDS 主界面中，选择菜单 File | New | Nios II Application and BSP from Template 命令，打开新工程设置窗口，如图 5-56 所示。本实验利用一个空白模板建立一个新工程，在 Select Project Template 中选择 Blank Project，工程名称自动变为 blank_project _0，也可以改为其他名称，注意工程名称中不能出现空格。Nios II EDS 的任务是为 Nios II 软核处理器提供软件开发环境，因此必须选择一个目标硬件。在 Select Target Hardware 中选择 SOPC Build System PTF File，找到所建立的软核处理器 seg7. sopcinfo，将软件工程命名为 SEG7。

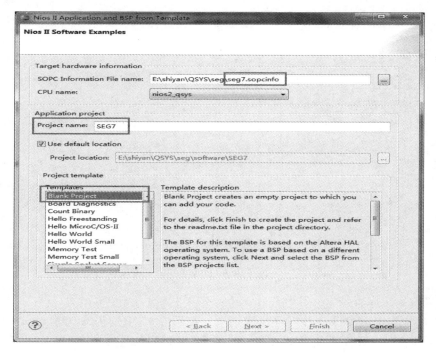

图 5-56　建立 C/C++新工程

（3）在 SEG7 文件夹下新建 seg_pio. c 文件。输入例 5-4 的 C 语言代码，如图 5-57 所示。

【例 5-4】　输出显示 0 到 F 数字的 C 语言代码。

```
# include < stdio. h >
# include "system. h"
```

```
#include "io.h"
static unsigned char
azmap[]={0X40,0X79,0X24,0X30,0X19,0X12,0X02,0X78,0X00,0X10,0X08,0X03,0X46,0X21,
0X06,0X0E};
int main()
{
    printf("Hello from Nios Ⅱ !\n");
    unsigned char i=0;
    while(1)
    {
        for(i=0; i<16; i++)
        {
            IOWR(SEG7_BASE,0,azmap[i]);
            usleep(500 * 1000);
        }
    }
    return 0;
}
```

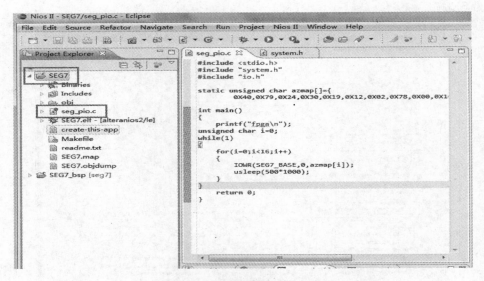

图 5-57　在空白模板上创建 C 语言源文件

（4）修改系统库属性。

在编译之前,必须修改一些工程配置选项。在图 5-57 中选择 SEG7_bsp 文件夹,右击该文件夹,弹出工程配置选项窗口,选择 Nios Ⅱ|BSP Editor 菜单,出现 BSP Editor 界面,单击 Settings 进行设置,本实例选择 Reduce device drivers 和 Small C library 以减少程序的容量,其他保持默认设置。

（5）编译并运行工程。

① 右击工程 blank_project_0,在快捷菜单中选择 Build Project 菜单,Nios Ⅱ 开始编译工程,编译完成后检查 DE2-115 开发板与 PC 的连线,并确保前面设计的硬件电路 seg.sof 已经下载。

② 在 Nios Ⅱ SBT 主窗口中,选择菜单 Run|Run Configurations 命令打开运行设置窗

口,双击左侧的 Nios Ⅱ Hardware,在 Target Connection 选项中将 JTAG cable 设置为 USB-Blaster,将 JTAG device 设为对应的开发板目标芯片 EPCS64。

注意: 由于本实例中未添加 System ID 组件,在运行设置对话框中,可勾选 System ID checks 下的两个选项,以避免编译时出错。

③ 设置好对话框后,单击 Apply 按钮,然后单击 Run 按钮,开始程序下载运行。之后在目标板上就能观测到数码管输出状态(从 0 到 F 不断变化),到此一个简单电路就设计完成了。

思考题: 请根据顶层原理图例化的结果,完成其文本(VHDL)方式的顶层文件的编写。如果要显示 0~255 的数字,其硬件和 C 语言程序应作何修改?请完成实验报告并下载演示。

5.6.2　实验 5-2:按键控制数码管递增实验

1. 实验目的

学习使用 Qsys 定制 Nios Ⅱ 系统的硬件开发过程,学习使用 Nios Ⅱ SBT 编写简单应用程序的软件开发过程,熟悉并行输入输出内核中断的配置及边沿寄存器的使用。

2. 实验内容

本实验通过 Qsys 定制一个只含 cpu、on_chip_ram、pio 的 Nios Ⅱ 系统,从而完成硬件开发;使用 Nios Ⅱ SBT 编写简单应用程序完成按键控制数码管数字递增实验,编译完成软件开发;最后用 Quartus Ⅱ 分配引脚,编译,下载,完成 Nios Ⅱ 系统整个开发过程。观察实验结果,比较软件实现的数码管显示和纯硬件实现数码管显示实验有何不同。

3. 实验环境

PC(Windows 7)、Quartus Ⅱ 13.0、Nios Ⅱ EDS 13.0、开发板 DE2-115。

4. 实验步骤

1) 硬件设计

(1) 新建 Quartus Ⅱ 工程 key1,顶层实体名 key1。

(2) 建立工作库目标文件夹以便设计工程项目的存储。

(3) 创建 Nios Ⅱ 软核处理器系统,选择 Tools|Qsys 菜单命令,设立新的 Qsys 系统,时钟频率选默认值 50MHz,将系统文件保存为 key. qsys。

(4) 配置 Nios Ⅱ 软核处理器系统,选择 Nios Ⅱ/e 作为本设计的处理器。单击 Finish 按钮,完成 cpu_0 的配置,并将处理器 cpu_0 重命名为 cpu。

(5) 配置存储器,在 Nios Ⅱ 软核处理器系统配置窗口的 System Contents 选项卡中,在 Memories and Memory Controllers 中双击 On-Chip 下的 On-Chip-Memory(RAM or ROM),存储器容量为 32KB。单击 Finish 按钮,就出现了 Onchip-memory2_0,将其重命名为 data。

(6) 添加 JTAG UATR Interface。

(7) 添加两个 PIO 口。一个 PIO 口设为输出口(数据宽为 7),与开发板数码管相连产生输出显示,命名为 seg7_pio;另一个 PIO 口设为输入口(数据宽为 1),作为 key1 的按键控制输入信号接口,该信号控制数码管数字递增,将其重命名为 key1_pio,该接口使用了并行输入内核中断的配置及边沿寄存器,如图 5-58 所示。

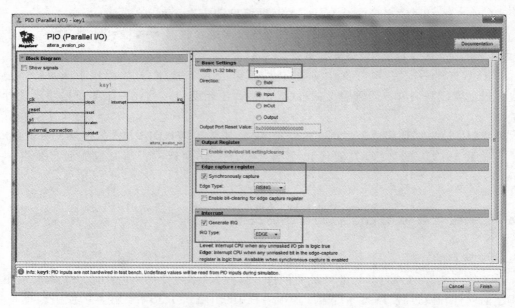

图 5-58　使用内核中断的配置及边沿寄存器的 PIO 口配置图

(8) 设置 PIO 组件外部硬件连接端口。在 Qsys 的 Nios Ⅱ 软核处理器系统配置窗口的 System Contents 选项卡中,双击 seg_pio 组件中的 export 栏,输入 seg_pio,双击 key1 组件中的 export 栏,输入 key1,这是设置该组件外部硬件连接端口(注意单击自动分配地址和自动连接复位端口选项),如图 5-59 所示。

(9) 单击 Generate 按钮,生成 key1 系统模块。所定制的全部组件图如图 5-59 所示。

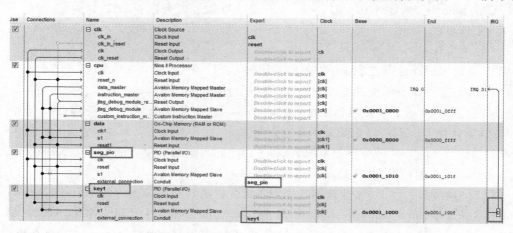

图 5-59　key1 全部组件图

(10) 使用 Quartus Ⅱ 符号框图完成 key1 的例化。新建符号文件,添加第(9)步生成的 Qsys 系统 key1 及 key1.qip 文件,执行 Processing|Start Compilation 命令完成顶层文件的分析与综合,以检查顶层实体是否有错,顶层编译正确无误后完成引脚锁定,通过修改 key.qsf 文件添加引脚定义,如图 5-60 所示。文件再次完全编译,完成系统硬件顶层设计,如

图 5-61所示。

```
set_location_assignment PIN_Y2    -to CLOCK_50   #cpu 时钟
set_location_assignment PIN_H22   -to HEX0[6]    #输出显示数码管
set_location_assignment PIN_J22   -to HEX0[5]    #输出显示数码管
set_location_assignment PIN_L25   -to HEX0[4]    #输出显示数码管
set_location_assignment PIN_L26   -to HEX0[3]    #输出显示数码管
set_location_assignment PIN_E17   -to HEX0[2]    #输出显示数码管
set_location_assignment PIN_F22   -to HEX0[1]    #输出显示数码管
set_location_assignment PIN_G18   -to HEX0[0]    #输出显示数码管
set_location_assignment PIN_M23   -to KEY[0]     #复位按钮
set_location_assignment PIN_M21   -to KEY[1]     #递增控制按钮
```

图 5-60　key.qsf 文件

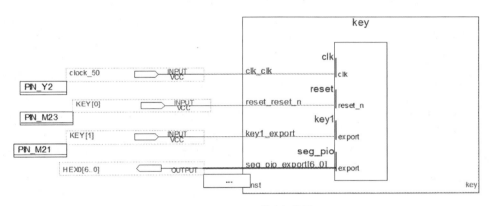

图 5-61　key1 顶层电路图

（11）将开发板连接好,在 Quartus Ⅱ开发窗口中,选择菜单 Tools|Programmer 命令打开编程/配置窗口,将 Nios Ⅱ软核处理器系统配置到目标 FPGA 芯片中,DE2-115 采用 USB-Blaster 接口下载线,模式为 JTAG,然后单击 Start 按钮完成下载。

2）软件设计

（1）进行 Nios Ⅱ软件设计。打开 Tools|Nios Ⅱ Software Build for Eclipse 启动 Nios Ⅱ SBT,选择工作空间（Workspace）。设置工程所在目录为\software。单击 OK 按钮,进入 Nios Ⅱ EDS 编译环境（进行 C 语言程序的编辑、编译和调试的界面）。

（2）选择 File|New|Nios Ⅱ C/C++ Application 菜单命令,单击 Next 按钮进入新工程配置界面,选中 Blank Project,在 Select Target Hardware 中选择 SOPC Build System PTF File,找到并选中硬件设计流程中所建立的软核处理器 key.sopcinfo 文件,将软件工程命名为 key。参照 5.5.2 节的内容,修改系统库属性和 C/C++编译器参数。

（3）在 Nios Ⅱ SBT 主窗口中,右击 key,在快捷菜单中选择 New|New Source File 命令,创建源文件 key.c,在 key.c 中编辑输入例 5-5 所示的用户 C 语言程序。

【**例 5-5**】　用户 C 语言程序 key.c。

```
# include"stdio.h"
# include"altera_avalon_pio_regs.h"
# include"sys/alt_irq.h"
```

```
#include"alt_types.h"
volatile alt_u32 edge_capture;
static void key1_interrupts(void * context,alt_u32 id)
{
    volatile alt_u32 * edge_capture_ptr=(volatile alt_u32 * )context;
    * edge_capture_ptr=IORD_ALTERA_AVALON_PIO_EDGE_CAP(KEY1_PIO_BASE);
    IOWR_ALTERA_AVALON_PIO_EDGE_CAP(KEY1_PIO_BASE,0);
}
static void init_button_pio()
{
    void * edge_capture_ptr=(void * )&edge_capture;
    IOWR_ALTERA_AVALON_PIO_IRQ_MASK(KEY1_PIO_BASE,0xf);
    IOWR_ALTERA_AVALON_PIO_EDGE_CAP(KEY1_PIO_BASE,0x0);
    alt_irq_register(KEY1_PIO_IRQ,edge_capture_ptr,key1_interrupts);
}

int main(void)
{   alt_u8 count,seg_code;
    alt_u8 code_table[ ]={0x40,0x79,0x24,0x30,0x19,0x12,0x02,0x78,0x00,0x10,
    0x08,0x03,0x46,0x21,0x06,0x0e,0x0c,0x18,0x09,0x3f};
    init_button_pio(); --//初始化按键 key1;
    IOWR_ALTERA_AVALON_PIO_DATA(SEG7_PIO_BASE,code_table[0x0f]);
    while(1)
    {   //按一次按键,就有一次边沿触发,那么 count 就增加 1,直到增加为 f
        while(edge_capture)
        {   edge_capture=0;
            if(count<0x0f)
            {count++; }
            else
            {count=0; }
            seg_code=code_table[count];
            IOWR_ALTERA_AVALON_PIO_DATA(SEG7_PIO_BASE,seg_code);
        }
    }
    return 0;
}
```

(4) 确认完成目标芯片的配置后,回到 C 语言开发窗口 Nios Ⅱ C/C++。首先选择菜单 Run|Run 命令打开运行设置窗口,双击左侧的 Nios Ⅱ Hardware 进行配置,在 Target Connection 选项中将 JTAG cable 设置为 USB-Blaster,将 JTAG device 设置为目标芯片。

(5) 右击工程 key,选择 Build Project 菜单,Nios Ⅱ 开始编译工程,编译完成后选择 Run As|Nios Ⅱ Hardware 命令运行 C 代码。单击 Apply 按钮后再单击 Run 按钮,回到 C 语言编辑窗口,此时将 C 语言程序代码下载到目标电路板上,下载完成后,在实验板上按一下按键 key1,数码管开始增加 1,直到增加到 F,又开始从 0 变化。

思考题:利用锁相环(PLL)将开发板上的 50MHz 时钟分频到 1Hz 信号的秒脉冲,将 1Hz 信号替代按键 Key[1],观察实验结果,并给出实验截图。如果输出数码管显示也改为 4 个,该显示的最大十进制数是多少? 通过实验验证之。

5.6.3　实验 5-3：跑马灯实验

1. 实验目的

用 Qsys 系统在 DE2-115 平台上实现一个跑马灯实验来熟悉 Qsys 系统的软硬件协同设计流程。熟悉并行输入输出(PIO)内核提供从 Nios II 软核处理器到通用输入输出端口之间的寄存器映射接口的方法。

2. 实验内容

跑马灯实验通过程序控制实验箱上的 LED 来实现一个流水灯以及实现一个按键检测的显示，用户可以适当改变程序来改变灯的流动方向以及闪烁时间间隔，通过软件控制的流水灯对比用 VHDL 语言编写的硬件控制程序，体会软核使用灵活、节省资源等特点。

3. 实验环境

PC、Quartus II 13.0、Nios II EDS 13.0、开发板 DE2-115。

4. 实验步骤

1) 硬件设计流程

（1）新建 Quartus II 工程 led，顶层实体名 led。

（2）建立工作库目标文件夹以便设计工程项目的存储。

（3）创建 Nios II 软核处理器系统，选择 Tools|Qsys 菜单命令，设立新的 Qsys 系统，时钟频率选默认值 50MHz，将系统文件保存为 led18.qsys。

（4）配置 Nios II 软核处理器系统，选择 Nios II /e 作为本设计的处理器。单击 Finish 按钮，完成 cpu_0 的配置，并将处理器 cpu_0 重命名为 cpu。

（5）配置存储器，在 Nios II 软核处理器系统配置窗口的 System Contents 选项卡中，在 Memories and Memory Controllers 中双击 On-Chip 下的 On-Chip-Memory（RAM or ROM），存储器容量为 32Kbytes。单击 Finish 按钮，就出现了 Onchip-memory2_0，将其重命名为 data。

（6）添加 PIO 口，一个 PIO 口设为输出口（数据宽为 8），与开发板上的发光二极管相连产生输出显示，命名为 led18_pio。该组件外部硬件连接端口在 export 栏输入设置为 led18_pio。

（7）将文件保存命名为 led18.qsys，单击 Generate 按钮生成硬件，定制的全部组件图如图 5-62 所示。

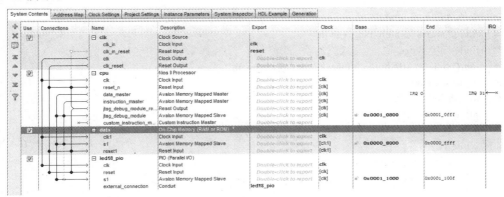

图 5-62　跑马灯硬件组件图

（8）使用 Quartus Ⅱ 符号框图完成 led18 的例化。新建符号文件,添加第（7）步生成的 Qsys 系统 led18 及 led18. qip 文件,执行 Processing|Start Compilation 命令完成顶层文件的分析与综合,以检查顶层实体是否有错,顶层编译正确无误后完成引脚锁定,参考附录 A,通过修改 led. qsf 文件添加引脚定义,如图 5-63 所示。文件再次完全编译,完成系统硬件顶层设计。

```
set_location_assignment PIN_Y2   -to CLOCK_50
set_location_assignment PIN_M23  -to KEY[0]
set_location_assignment PIN_G19 -to LEDR[0]
set_location_assignment PIN_E19 -to LEDR[2]
set_location_assignment PIN_F19 -to LEDR[1]
set_location_assignment PIN_F21 -to LEDR[3]
set_location_assignment PIN_F18 -to LEDR[4]
set_location_assignment PIN_E18 -to LEDR[5]
set_location_assignment PIN_J19 -to LEDR[6]
set_location_assignment PIN_H19 -to LEDR[7]
```

图 5-63 顶层 led. qsf 文件图

（9）将开发板连接好,在 Quartus Ⅱ 开发窗口中,选择菜单 Tools|Programmer 命令,打开编程/配置窗口,将 Nios Ⅱ 软核处理器系统配置到目标 FPGA 芯片中,DE2-115 采用 USB-Blaster 接口下载线,模式为 JTAG,然后单击 Start 按钮完成下载。

2）软件设计

（1）进行 Nios Ⅱ 软件设计,选择 Tools|Nios Ⅱ Software Build for Eclipse 菜单命令,启动 Nios Ⅱ SBT,选择工作空间（Workspace）。设置工程所在目录为\software。单击 OK 按钮,进入 Nios Ⅱ EDS 编译环境（进行 C 语言程序的编辑、编译和调试的界面）。

（2）选择 File|New|Nios Ⅱ C/C++ Application 菜单命令,单击 Next 按钮进入新工程配置界面,选中 Blank Project,在 Select Target Hardware 中选择 SOPC Build System PTF File,找到所建立的软核处理器 led18. sopcinfo 文件,将软件工程命名为 led。参照 5.5.2 节的内容,修改系统库属性和 C/C++编译器参数。

（3）在 Nios Ⅱ SBT 主窗口中,右击 led,在快捷菜单中选择 New|New Source File 命令,创建源文件 led. c,在 led. c 中编辑输入例 5-6 所示的用户 C 语言程序。

【例 5-6】 设计 C 语言代码实现对应 pio_0 输出 8 位数据,逐个点亮开发板 LED 灯。

```
# include "system. h"
# include "altera_avalon_pio_regs. h"
# include "alt_types. h"
int main(void) __attribute__((weak, alias ("alt_main")));
int alt_main (void)
{   alt_u8 led=0x2;
    alt_u8 dir=0;
    volatile int i;
    while (1)
    {   if (led & 0x81)
        { dir=(dir ^ 0x1);
        }
        if (dir)
```

```
    { led＝led ≫ 1;
    }
    else
    { led＝led ≪ 1;
    }
    IOWR_ALTERA_AVALON_PIO_DATA(PIO_0_BASE,led);
    i＝0;
    while (i < 200000)   --LED灯点亮延时时间,根据 50MHz 调整
        i＋＋;
    }
    return 0;
}
```

（4）确认完成目标芯片的配置后,回到 C 语言开发窗口 Nios II C/C++,首先选择菜单 Run|Run 命令打开运行设置窗口,双击左侧的 Nios II Hardware 进行配置,在 Target Connection 选项中将 JTAG cable 设置为 USB-Blaster,将 JTAG device 设置为目标芯片。

（5）右击工程 led,在快捷菜单中选择 Build Project 命令,Nios II 开始编译工程,编译完成后,选择 Run As|Nios II Hardware 命令运行 C 代码。单击 Apply 按钮后再单击 Run 按钮,回到 C 语言编辑窗口,此时将 C 语言程序代码下载到目标电路板上,下载完成后,通过调节 C 语言程序中的 i 值（LED 点亮的延时时间）,观察实验板上 LED 灯流水形式的变化,请给出变化情况截图。

思考题：请比较用软件（C 语言）实现流水灯和以纯硬逻辑 VHDL 实现流水灯的实验有何不同,分析各自的优缺点。

5.6.4　实验 5-4：自定义 PWM 组件实验

1. 实验目的

熟悉 Quartus II、Qsys 和 Nios II SBT 三种工具的配合使用；学习使用 Qsys 定制 Nios II 系统的硬件开发过程,学习使用 Nios II SBT 编写应用程序的软件开发过程,掌握自定义外设 IP 核的设计方法。

2. 实验环境

PC、Quartus II 13.0、Nios II EDS 13.0、开发板 DE2-115。

3. Avalon Slave 接口信号的设计

一个 Avalon Slave 接口可以有 clk、chipselect、address、read、readdata、write 及 writedata 等信号,但这些信号都不是必需的。本实验中所用的 PWM 组件接口信号如下：

（1）Clk：为 PWM 提供时钟。

（2）Write：写信号,可以通过 Avalon Slave 总线将 period 和 duty 值从 Nios II 应用程序传送到组件逻辑中。

（3）Writedata：写数据。通过此数据线传送 period 和 duty 值。

（4）Address：本例中有两个寄存器,因此可用一根地址线表示。

（5）全局信号。本例中 PWM 的输出用来驱动 LED 灯显示,该信号不属于 Avalon 接口。

【例 5-7】 PWM 自定义组件的 VHDL 模型。

```vhdl
library ieee;
use ieee.std_logic_1164.all;
use ieee.std_logic_unsigned.all;
entity Pwm is                                    --定制 PWM 元件(AvalonPwm.vhd)
  port(clk       : in   std_logic;               --时钟信号
       wr_n      : in   std_logic;               --写使能信号
       addr      : in   std_logic;               --地址信号
       WrData    : in   std_logic_vector(7 downto 0);   --写数据信号
       PwmOut    : out  std_logic);              --全局信号
end Pwm;
architecture one of Pwm is
  signal period  : std_logic_vector(7 downto 0);
  signal duty    : std_logic_vector(7 downto 0);
  signal counter : std_logic_vector(7 downto 0);
begin
  process(clk,WrData)
  begin
    if rising_edge(clk) then
      if (wr_n='0') then              --当 wr_n 为低电平时
        if addr='0' then              --如果 addr 为低电平,则写入 period 值,否则写入 duty 值
          period <= WrData;
          duty <= duty;
        else
          period <= period;
          duty <= WrData;
        end if;
      else                           --当 wr_n 为高电平时,period 和 duty 值都保持不变
        period <= period;
        duty <= duty;
      end if;
    end if;
  end process;
  process(clk)
  begin
    if rising_edge(clk) then
      if counter=0 then counter <= period;
      else counter <= counter-'1';
      end if;
      if counter > duty then PwmOut <= '0';
      else PwmOut <= '1';
      end if;
    end if;
  end process;
end one;
```

【例 5-8】 PWM 自定义组件的 Verilog HDL 模型。

```verilog
module pwn_ip(
    clk,
```

```verilog
        reset_n,
        chipselect,
        address,
        write,
        writedata,
        read,
        byteenable,
        readdata,
        PWM_out);
input clk;
input reset_n;
input chipselect;
input [1: 0]address;
input write;
input [31: 0] writedata;
input read;
input [3: 0] byteenable;
output [31: 0] readdata;
output PWM_out;
reg [31: 0] clock_divide_reg;
reg [31: 0] duty_cycle_reg;
reg control_reg;
reg clock_divide_reg_selected;
reg duty_cycle_reg_selected;
reg control_reg_selected;
reg [31: 0] PWM_counter;
reg [31: 0] readdata;
reg PWM_out;
wire pwm_enable;
//地址译码
always @ (address)
begin
    clock_divide_reg_selected<=0;
    duty_cycle_reg_selected<=0;
    control_reg_selected<=0;
    case(address)
        2'b00: clock_divide_reg_selected<=1;
        2'b01: duty_cycle_reg_selected<=1;
        2'b10: control_reg_selected<=1;
        default:
        begin
            clock_divide_reg_selected<=0;
            duty_cycle_reg_selected<=0;
            control_reg_selected<=0;
        end
    endcase
end
//写 PWM 输出周期的时钟数寄存器
always @ (posedge clk or negedge reset_n)
begin
    if(reset_n==1'b0)
```

```verilog
                clock_divide_reg=0;
        else
        begin
            if(write & chipselect & clock_divide_reg_selected)
            begin
                if(byteenable[0])
                    clock_divide_reg[7: 0]=writedata[7: 0];
                if(byteenable[1])
                    clock_divide_reg[15: 8]=writedata[15: 8];
                if(byteenable[2])
                    clock_divide_reg[23: 16]=writedata[23: 16];
                if(byteenable[3])
                    clock_divide_reg[31: 24]=writedata[31: 24];
            end
        end
end
//写 PWM 周期占空比寄存器
always @ (posedge clk or negedge reset_n)
begin
    if(reset_n==1'b0)
        duty_cycle_reg=0;
    else
    begin
        if(write & chipselect & duty_cycle_reg_selected)
        begin
            if(byteenable[0])
                duty_cycle_reg[7: 0]=writedata[7: 0];
            if(byteenable[1])
                duty_cycle_reg[15: 8]=writedata[15: 8];
            if(byteenable[2])
                duty_cycle_reg[23: 16]=writedata[23: 16];
            if(byteenable[3])
                duty_cycle_reg[31: 24]=writedata[31: 24];
        end
    end
end
//写控制寄存器
always @ (posedge clk or negedge reset_n)
begin
    if(reset_n==1'b0)
        control_reg=0;
    else
    begin
        if(write & chipselect & control_reg_selected)
        begin
            if(byteenable[0])
                control_reg=writedata[0];
        end
    end
end
//读寄存器
```

```verilog
always @ (address or read or clock_divide_reg or duty_cycle_reg or control_reg or chipselect)
begin
    if(read & chipselect)
        case(address)
            2'b00: readdata <= clock_divide_reg;
            2'b01: readdata <= duty_cycle_reg;
            2'b10: readdata <= control_reg;
            default: readdata = 32'h8888;
        endcase
end
//控制寄存器
assign pwm_enable = control_reg;
//PWM功能部分
always @ (posedge clk or negedge reset_n)
begin
    if(reset_n == 1'b0)
        PWM_counter = 0;
    else
    begin
        if(pwm_enable)
        begin
            if(PWM_counter >= clock_divide_reg)
                PWM_counter <= 0;
            else
                PWM_counter <= PWM_counter + 1;
        end
        else
            PWM_counter <= 0;
    end
end
always @ (posedge clk or negedge reset_n)
begin
    if(reset_n == 1'b0)
        PWM_out <= 1'b0;
    else
    begin
        if(pwm_enable)
        begin
            if(PWM_counter <= duty_cycle_reg)
                PWM_out <= 1'b1;
            else
                PWM_out <= 1'b0;
        end
        else
            PWM_out <= 1'b0;
    end
end
end module
```

4. 实验内容

自定义外设的作用是把用户自己设计的模块连接到 Avalon 总线上,使用 Nios Ⅱ 软核通过 Avalon 总线控制用户设计的模块。根据例 5-7 和例 5-8 设计一个 Avalon Slave 接口的 PWM 组件,完成 PWM 的输出驱动 LED 灯渐变的实验,内容包括 Nios Ⅱ 软核处理器系统的产生、编译、综合,Nios Ⅱ IDE 工程创建,C 语言源文件的编辑及编译,配置目标 FPGA 器件,下载观察实验结果。

5. 实验步骤

(1) 新建 Quartus Ⅱ 工程 pwm,顶层实体名 pwm。

(2) 建立工作库目标文件夹以便设计工程项目的存储。

(3) 选择 Assignments|Device 命令,出现界面后单击 Device and Pins Options,将选项 unused pins 设为 As input tri-stated,Dual-Purpose 中的 nCEO 设为 Use as regular I/O。

(4) 利用文本输入法输入例 5-8 的 PWM 自定义组件的 HDL 模型,并保存文件名为 pwm_ip.v。

(5) 创建 Nios Ⅱ 软核处理器系统。选择 Tools|Qsys 菜单命令,弹出对话框。在 System Name 文本框中输入 pwmcpu(此名称不可以与工程名相同),选择语言为 Verilog HDL 后单击 OK 按钮。

(6) 配置 Nios Ⅱ 软核处理器系统,选择 Nios Ⅱ/f 作为本设计的处理器。单击 Finish 按钮,完成 cpu_0 的配置,系统中已经具有了处理器 cpu_0,并重命名为 cpu。

(7) 配置存储器,在 Nios Ⅱ 软核处理器系统配置窗口的 System Contents 选项卡中,在 Memories and Memory Controllers 中双击 On-Chip 下的 On-Chip-Memory(RAM or ROM),存储器容量为 32KB。单击 Finish 按钮,就出现了 Onchip-memory2_0,将其重命名为 data。

(8) 添加 JTAG UATR Interface。

(9) 添加自定义组件 PWM。在 Qsys 配置界面中,选择 File|New Component 菜单命令,出现如图 5-64 所示的 Component Editor 界面。

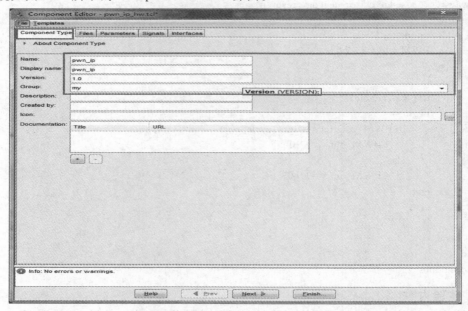

图 5-64　Qsys 系统的 Component Editor 界面

单击图 5-64 中的 File 选项卡,单击"＋"按钮添加 Synthesis File,如图 5-65 所示。

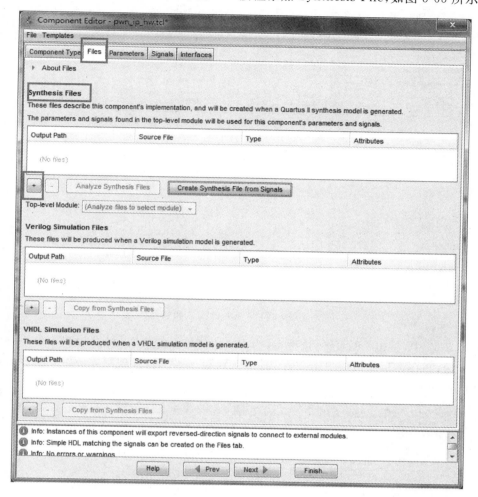

图 5-65　添加 Synthesis File

在图 5-65 中,把例 5-8 编辑的 pwm_ip.v 文件添加进去,并单击 Analyze Synthesis Files 对文件进行综合,如图 5-66 所示。文件综合分析完成后,返回 Component Editor 界面,再单击 Signals 选项卡,按图 5-67 所示,修改 PWM_out 的接口和信号类型。

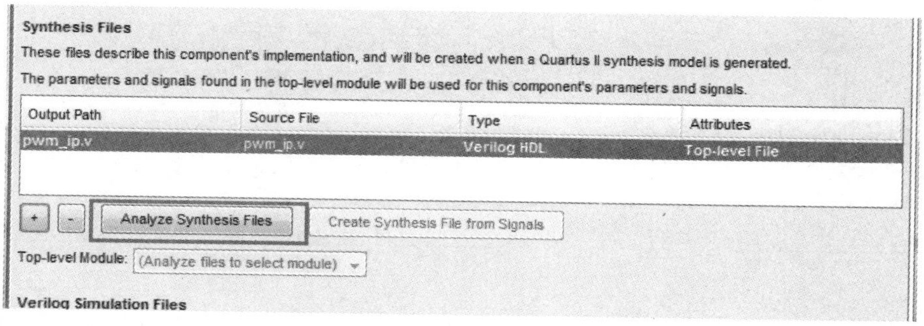

图 5-66　文件综合分析

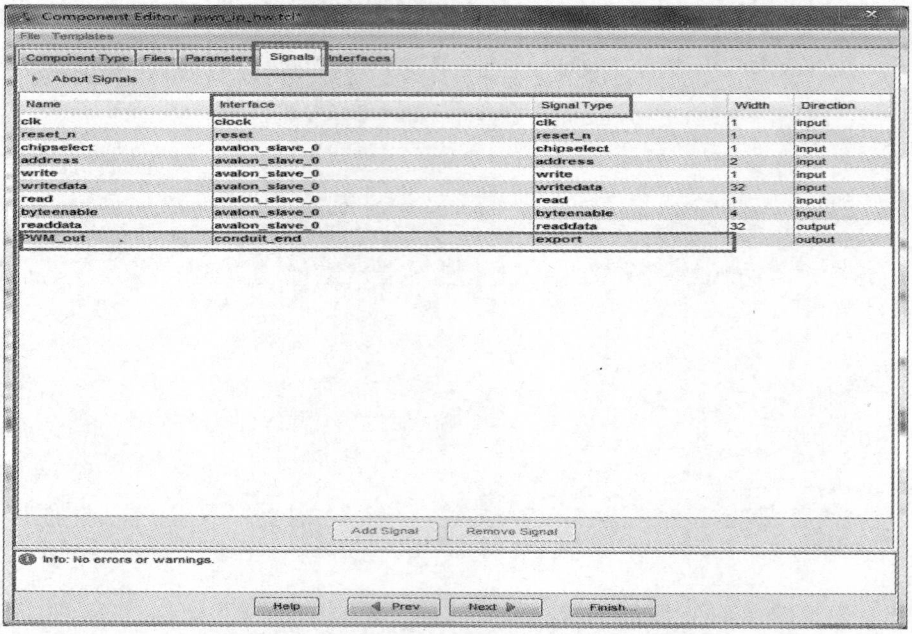

图 5-67   修改 PWM_out 的接口和信号类型

在图 5-67 中，单击 Interface 选项卡，为 Reset 信号添加关联时钟，如图 5-68 所示，单击 Finish 按钮，并在弹出的窗口单击 Yes 按钮，回到 Qsys 界面，发现刚才所编辑的 pwm_ip 组件已经出现在 Qsys 元件库中。

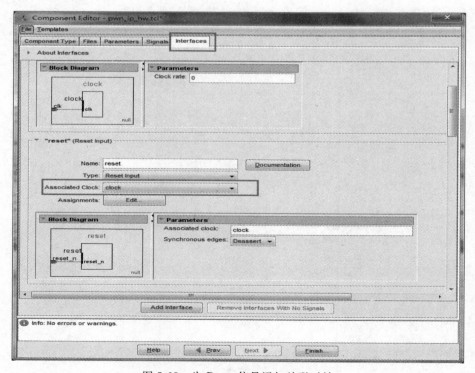

图 5-68   为 Reset 信号添加关联时钟

（10）将开发板连接好，在 Quartus Ⅱ 开发窗口中，选择菜单 Tools|Programmer 命令打开编程/配置窗口，将 Nios Ⅱ 软核处理器系统配置到目标 FPGA 芯片中，DE2-115 采用 USB-Blaster 接口下载线，模式为 JTAG，然后单击 Start 按钮完成下载。

（11）进行 Nios Ⅱ 软件设计，打开 Nios Ⅱ SBT，选择工作空间（Workspace）。依旧设置工程所在目录为\software。单击 OK 按钮，进入 Nios Ⅱ SBT 主界面。

（12）选择 Nios Ⅱ C/C++菜单 File-New|Nios Ⅱ Application and BSP from Template 命令打开新工程设置窗口。找到 pwmcpu. sopcinfo 文件，将工程命名为 PWM，并选择空白模板，参照实验 5-1，修改系统库属性和 C/C++编译器参数。

（13）在 Nios Ⅱ SBT 主窗口中，右击 PWM，在快捷菜单中选择 New|New Source File 命令，创建源文件 pwm. c，在 pwm. c 中编辑输入例 5-9 所示的用户 C 语言程序。

（14）确认完成目标芯片的配置后，回到 C 语言开发窗口 Nios Ⅱ C/C++，首先选择菜单 Run|Run 命令打开运行设置窗口，双击左侧的 Nios Ⅱ Hardware 进行配置，在 Target Connection 选项中将 JTAG cable 设置为 USB-Blaster，将 JTAG device 设置为目标芯片。

（15）在 Nios Ⅱ SBT 主窗口中，右击工程 led，在快捷菜单中选择 Build Project 命令，Nios Ⅱ 开始编译工程，编译完成后选择 Run As|Nios Ⅱ Hardware 命令运行 C 代码。单击 Apply 按钮后再单击 Run 按钮，回到 C 语言编辑窗口，此时将 C 语言程序代码下载到目标电路板上，下载完成后，即可观察实验结果。

【例 5-9】 pwm 控制 C 语言代码 pwmtest. c。

```c
# include < stdio. h >
# include < io. h >
# include < unistd. h >
# include "system. h"
int main()
{   int rx_char, duty;
    char line[100];
    IOWR(AVALONPWM_0_BASE, 0, 0xff);
    while (1)
    {   printf("Please enter an LED intensity between 1 to 255 (0 to demo)\n");
        fgets(line, sizeof(line), stdin);
        sscanf(line, "%d", &rx_char);
        switch (rx_char)
        {   case 0:
                for(duty=1; duty<256; duty++)
                {   IOWR(AVALONPWM_0_BASE, 1, duty);
                    usleep(10000);
                }
                break;
            default:
                IOWR(AVALONPWM_0_BASE, 1, rx_char);
                break;
        }
    }
    return 0;
}
```

例 5-9 程序中用到了 4 个头文件，printf、fgets 和 sscanf 函数的原型在 stdio. h 中定义，IOWR 函数的原型在 io. h 中定义，usleep 函数的原型在 unistd. h 中定义。System. h 则是一个重要的头文件，它由 Nios Ⅱ编译器在编译前根据 Qsys 系统自动产生，主要定义系统中的寄存器映射，从而建立起软件工程师和硬件工程师之间的桥梁。

程序首先设置 period 值为 0xFF，即 255，duty 的值则可以根据用户输入更改。当用户输入 1～255 之间的值时，灯的亮暗则会随输入值改变而变化。输入值越大，灯就越亮。PWM 最典型的应用是用来驱动电机。用灯的亮暗来指示脉宽比，是因为不同脉宽的信号含直流分量不同。

实验结果：当用户输入 0 时，LED 灯会从暗到亮缓慢变化一次。当用户输入 1～255 之间的值时，灯的亮暗则会随输入值改变而变化，输入值越大，灯就越亮。

思考题：请参照 PWM 自定义组件的 VHDL 模型（例 5-7），重新完成该实验。

5.7　本章小结

Qsys 系统的开发流程一般分为硬件和软件两部分，硬件开发主要是创建以 Nios Ⅱ处理器为核心并包含了相应的外设系统，作为应用程序运行的平台；软件开发主要是根据系统应用的需求，利用 C/C++ 语言和系统所带的 API 函数编写实现所需功能的程序。这样软件运行在相应的硬件上，构成了完整的 Qsys 应用系统。具体开发步骤如下：

（1）定义 Nios Ⅱ嵌入式处理器系统。使用 Qsys 系统综合软件选取合适的 CPU、存储器以及外围器件，并定制其功能。

（2）指定目标器件，分配引脚，编译硬件。使用 Quartus Ⅱ选取 Altera 器件系列，并对 SOPC Builder 生成的 HDL 设计文件进行布局布线；然后选取目标器件，分配引脚，进行硬件编译选项或时序约束的设置；最后编译，生成网表文件和配置文件。

（3）硬件下载。使用 Quartus Ⅱ软件和下载电缆，将配置文件下载到开发板上的 FPGA 中。当校验完当前硬件设计后，还可再次将新的配置文件下载到开发板上的非易失存储器里。

（4）使用 Qsys 完成硬件设计后，开始编写独立于器件的 C/C++ 软件，例如算法或控制程序。用户可以使用现成的软件库和开放的操作系统内核来加快开发过程。

（5）在 Nios Ⅱ SBT 中建立新的软件工程时，系统会根据 Qsys 对系统的硬件配置自动生成一个定制 HAL（硬件抽象层）系统库。这个库能为程序和底层硬件的通信提供接口驱动程序。

（6）使用 Nios Ⅱ EDS 对软件工程进行编译、调试。

（7）将硬件设计下载到开发板后，就可以将软件下载到开发板上并在硬件上运行。

（8）利用 Nios Ⅱ EDS 在计算机窗口上所显示的信息，结合观察到的实验现象，不断改进电路的功能，直到满意为止。编写设计文档，鼓励重复使用。

5.8 思考与练习

5-1 基于 Nios II 的 UART 串口控制器设计。

设计提示：UART(Universal Asynchronous Transmitter,通用异步收发器),一般称为串口。由于在两个设备间使用串口进行传输所用的连线较少,而且相关的工业标准 RS-232、RS-485、RS-422 提供了标准的接口电平规范,因此串口在工业控制领域被广泛采用,在嵌入式系统的应用中也日益广泛。Qsys 中提供了一个 UART 的 IP Core,IP Core 定义了 6 个寄存器(具体名称及应用可以参考手册)来实现对 UART 的控制。

另外,对于 Nios II 处理器的用户,Altera 提供了 HAL(Hardware Abstraction Layer)系统库驱动,它可以让用户把 UART 当作字符设备,通过 ANSI.C 的标准库函数来访问。例如,可以应用 printf()、getchar()等函数(具体细节请参考软件设计手册)。

设计步骤：

(1) 用直连串口线将计算机和实验箱上的串口相连接。

(2) 打开 Quartus II 并下载程序,同时打开串口调试程序,选择 Com1,波特率为 115200。

(3) 打开 Nios II SBT 软件,选择 uart_test.c 程序,右击,在快捷菜单中选择 Run As| Nios II Hardware 命令。

【例 5-10】 基于 Nios II CPU 发送识别符号 t 和 v 的 C 语言代码 uart_test.c。

```
# include < stdio. h >
# include < string. h >
int main()
{
    char * msg = "Detected the character… \n";
    File * fp;
    char promt=0
    printf("Hello !\nThe urat_0 is < stdin, stdoput, stderr >\n");
    printf("close the uart_0: press 'v'\n");
    printf("transmit message: press 't'\n");
    fp=fopen("/dev/uart_0","r++");          //打开文件等待读写
    if(fp)
    {
        while(promt != 'v')
        {   //循环直到接收一个字符'v'?
            promt = get(fp);                 //通过 URAT 发送字符
            if (promt == 't')                //如果字符是't'则写入信息
                fwrite(msg, string(msg), 1, fp);
        }
        printf(fp, "close the URAT file.\n");
        fclose(fp);
    }
    return 0;
}
```

（4）在串口调试助手中任意输入单个英文字母，单击"手动发送"，上方的接收区会显示 UART 反馈的语句"Detected the character …"。输入数字 1 则结束通信并显示"close the UART file"。若要再次启动通信，需重新运行程序。

5-2　基于 Qsys 技术在 DE2-115 实验板上设计智能时钟系统。

设计提示：本系统实现的是一个智能的时钟系统。本系统在正常情况下可以正常计时，在特殊日期可以通过 LCD 或串口发送祝贺的信息。例如，当时钟显示新的一年开始的时候，LCD 可以显示"Happy New Year!"，在春节或者其他的节日也可以有相同的祝贺语显示出来，充分体现智能信息系统的人性化和智能化。智能日历系统的功能有：当系统启动的时候自动进入计时状态，用户可以看到 LCD 时钟的计时；按下 KEY0 可以实现日期的调整，按下 KEY1 可以实现月份的调整，按下 KEY2 可以实现分钟的调整，按下 KEY3 可以实现小时的调整。

设计步骤：

（1）硬件设计。

本系统采用的是 32 位的 Nios Ⅱ/f，其 On-Chip Memory 数据宽度为 32b，容量为 1MB，使用 LCD 显示时间。

选用 Qsys 提供的定时器组件 Interval timer，定时的计数值为 1ms。每当计时 1ms 时，就会发生计数溢出事件，等同于一个中断源，IRQ 中断号选 6。

在本系统中，选择 4 个按键输入设置时钟，需要用 4 位的 I/O 口。它们的输入输出模式为输入，触发方式选择同步获取（Synchronously）、下降沿触发（Falling），IRQ Type 选择 EDGE，按键中断 IRQ 中断号选 5，级别高于定时器。

本系统采用 On-Chip Memory 作 CPU 系统的内存，用于存放正在执行的程序与数据。在 Qsys 中建立系统要添加的模块包括 Nios Ⅱ 32b CPU、On-Chip Memory、定时器、按键 PIO、LCD Display PIO、JTAG UART Interface，如图 5-53 所示。

（2）软件设计。

系统硬件设计完成后，可按照 5.3.2 节 Nios Ⅱ 软件设计流程，在 Nios Ⅱ SBT 中建立新的软件工程。程序中相关按键和 LCD 的程序可参看 DE2-115 开发板所配光盘上的 Count Binary 模板中的程序示例。

在本系统中用软件来完成重要的系统实现功能，电子钟的软件功能分为显示、设置和时间算法 3 部分。显示时间为时分秒；设置部分的程序主要是对按钮响应，4 个开关的功能分配如下：

KEY[0]，设置开关键。按下表示可以进行实时设置，再次按下则表示退出设置。

KEY[1]，选项数字增加。

KEY[2]，选项数字减少。

KEY[3]，设置选择键。按第一次设置小时，按第二次设置分钟，按第三次设置回到设置小时，以此类推。

本设计主要是通过软件的延时来对系统中设置的计时数组计数，当数组的数值溢出时，通过加 1 来调整时间，并完成整个时间的调整。当有按键中断来到时，响应按键中断，并做相应的时间调整，在完成调整之后，再把中断的标志位清零，以准备下一次中断的到来。当 year 数组的数值每加一次 1 时，LCD 上显示相应的提示信息，在显示一段时间以后再恢复计时。

【例 5-11】　基于 Nios Ⅱ CPU 的智能时钟系统 C 语言代码。

```c
# include "count_binary.h"
# include < stdio.h >
static alt_u8 count;
volatile int edge_capture;
# ifdef BUTTON_PIO_BASE
static void handle_button_interrupts(void * context, alt_u32 id)
{
    volatile int * edge_capture_ptr=(volatile int * ) context;
    * edge_capture_ptr=IORD_ALTERA_AVALON_PIO_EDGE_CAP(BUTTON_PIO_BASE);
    IOWR_ALTERA_AVALON_PIO_EDGE_CAP(BUTTON_PIO_BASE, 0);
}
static void init_button_pio()
{
    void * edge_capture_ptr=(void * ) &edge_capture;
    IOWR_ALTERA_AVALON_PIO_IRQ_MASK(BUTTON_PIO_BASE, 0xf);
    IOWR_ALTERA_AVALON_PIO_EDGE_CAP(BUTTON_PIO_BASE, 0x0);
    alt_irq_register(BUTTON_PIO_IRQ, edge_capture_ptr, handle_button_interrupts );
}
# endif
void count_time();
int hl=7, hh=0, ml=9, mh=5, sl=0, sh=0;
int count_en=1;
char c=0;
unsigned char month=10;
unsigned char data=27;
unsigned int year=2016;
main()
{    init_button_pio();
    while(1)
    {
        switch(edge_capture)
        {
            case 0x08:
                hl+=1;
                if(hl==10){hl=0; hh+=1; }
                edge_capture=0;
                break;
            case 0x04:
                ml+=1;
                if(ml==10){
                    ml=0;
                    mh+=1;
                    if(mh==6){mh=0; hl+=1; }
                edge_capture=0;
                break;
            case 0x02:
                month+=1;
```

```c
            if(month==2){printf("Spring Festival!\n\n"); usleep(2800000); }
            if(month==5){printf("Labour Day!\n\n"); usleep(2800000); }
            if(month==10){printf("National Day!\n\n"); usleep(2800000); }
            if(month==11){printf("My Birthday!\n\n"); usleep(2800000); }
            if(month==13)
            {   year+=1; month=1;
                printf("Happy New Year!\n\n"); usleep(2800000);
            }
            edge_capture=0;
            break;
          case 0x01:
              data+=1;
              if(data==31){month+=1; data=1; }
              edge_capture=0;
              break;
        }
        count_time();
        printf("%d %d %d ECNU\n", year, month, data);
        printf("%d%d: %d%d: %d%d CHENBO\n", hh, hl, mh, ml, sh, sl);
    }
}
void count_time()
{   if(count_en)
    {
        if(sl==9)
        {   sl=0; sh+=1;
            if(sh==6)
            {   sh=0; ml+=1;
                if(ml==10)
                {   ml=0, mh+=1;
                    if(mh==6)
                    {   mh=0; hl+=1;
                        if(hl==10||(hl==4&&c==2) )
                        {   if(c==2&&hl==4){c=0; hl=0; }
                            else{c+=1; hl=0; hh+=1; }        // if(hh==2)
                                                            // hh=0;
                        }
                    }
                }
            }
        }
        else
        sl+=1;
        usleep(1200000);
    }
    return;
}
```

5-3 贪吃蛇游戏是一款比较老的流行游戏。本设计要求以 DE2-115 实验板为控制端，以显示器为终端,设计一个贪吃蛇游戏。贪吃蛇游戏软件设计使用 Quartus Ⅱ、Qsys、Nios Ⅱ SBT 构建一个在 DE2-115 平台上运行的程序,Quartus Ⅱ 自带的 Nios 核作为 32 位的 CPU,载入程序后就可以通过 DE2-115 板上的 4 个按键和显示屏来玩贪吃蛇游戏了。同时在实验板的 LCD 上显示玩家所得的分数,该 CPU 包含的主要 IP 核组件有 JTAG 模块、SRAM 控制器、Flash 控制器、VGA 控制电路等,其模板例程可参看 DE2-115 开发板所配光盘上的 DE2-115_NIOS_HOST_MOUSE_VGA。该项目配置了一个 32 位的 CPU,定制的外设有 JTAG 模块、SRAM 控制器、Flash 控制器、9 个电平触发按键、4 个边沿触发的按键中断输入口、LCD 控制电路、VGA 控制电路、定时器。

该项目的软件部分就是设计贪吃蛇的游戏。主要的内容有 VGA 驱动、LCD 驱动、检测按键、贪吃蛇游戏初始化、蛇的状态控制、图形和信息的显示等,其 C 语言程序如例 5-12 和例 5-13 所示。

LCD 底层驱动是由 HAL 完成的,编程时只需使用调用文件函数及格式打印函数即可完成对 LCD 的操作。编写的 VGA 驱动应提供最基本的背景色和前景色的设置、像素点的清除和显示等函数,VGA 驱动可以参看 VGA.c 和 VGA.h 两个文件中的内容。按键检测使用边沿触发中断模式。由于是硬件消抖,所以无须使用软件延时消抖。4 个按键控制蛇的上下左右 4 个前进方向。主函数用于读取按键,控制蛇的走向,判断蛇是否吃到蛋以及是否游戏结束,显示分数等。

【例 5-12】 贪吃蛇游戏的 C 语言程序。

```c
#include "board_diag.h"
//按键============================================
volatile int edge_capture;
static void handle_button_interrupts(void * context, alt_u32 id)
{
    volatile int * edge_capture_ptr=(volatile int * ) context;
    // Store the value in the Button's edge capture register in context
    * edge_capture_ptr=IORD_ALTERA_AVALON_PIO_EDGE_CAP(BUTTON_PIO_BASE);
    // Reset the Button's edge capture register
    IOWR_ALTERA_AVALON_PIO_EDGE_CAP(BUTTON_PIO_BASE, 0);
}
static void init_button_pio()
{
    // Recast the edge_capture pointer to match the alt_irq_register() function prototype
    void * edge_capture_ptr=(void * ) &edge_capture;
    // Enable all 4 button interrupts
    IOWR_ALTERA_AVALON_PIO_IRQ_MASK(BUTTON_PIO_BASE, 0xf);
    // Reset the edge capture register
    IOWR_ALTERA_AVALON_PIO_EDGE_CAP(BUTTON_PIO_BASE, 0x0);
    // Register the interrupt handler
    alt_irq_register(BUTTON_PIO_IRQ, edge_capture_ptr, handle_button_interrupts );
}
//VGA============================================
#define SIZE 10                                    //每个方块的大小
void init_VGA(void)
{
    VGA_Ctrl_Reg vga_ctrl_set;
```

```
        vga_ctrl_set.VGA_Ctrl_Flags.RED_ON =1;
        vga_ctrl_set.VGA_Ctrl_Flags.GREEN_ON =1;
        vga_ctrl_set.VGA_Ctrl_Flags.BLUE_ON =1;
        vga_ctrl_set.VGA_Ctrl_Flags.CURSOR_ON =0;

        Vga_Write_Ctrl(VGA_0_BASE,vga_ctrl_set.Value);
        Set_Pixel_Off_Color(100,200,100);                      //设置背景色
        Set_Pixel_On_Color(800,800,800);                       //设置画笔颜色
}
void SetSquare(int x,int y)                                    //输入场地坐标
{
        int i,j;
        for (i=x*SIZE; i<x*SIZE+SIZE; i++)
            for (j=y*SIZE; j<y*SIZE+SIZE; j++)
                Vga_Set_Pixel(VGA_0_BASE,i,j);
}
void ClrSquare(int x,int y)                                    //输入场地坐标
{
        int i,j;
        for (i=x*SIZE; i<x*SIZE+SIZE; i++)
            for (j=y*SIZE; j<y*SIZE+SIZE; j++)
            Vga_Clr_Pixel(VGA_0_BASE,i,j);
}
//switch=========================================================
int get_speed(void)
{
        int sw,temp;
        sw=IORD(SWITCH_PIO_BASE,0);
        if      (sw&0x01)  temp=500;
        else if (sw&0x02)  temp=450;
        else if (sw&0x04)  temp=400;
        else if (sw&0x08)  temp=350;
        else if (sw&0x10)  temp=300;
        else if (sw&0x20)  temp=250;
        else if (sw&0x40)  temp=200;
        else if (sw&0x80)  temp=150;
        else if (sw&0x100) temp=100;
        else if (sw&0x100) temp=50;
        else temp=200;
        return temp;
}
//snake==========================================================
# define SPC_WIDTH   VGA_WIDTH/SIZE          //场地宽度
# define SPC_HEIGHT VGA_HEIGHT/SIZE          //场地高度
# define RIGHT   1                           //表示蛇前进的方向
# define LEFT    2
# define DOWN    3
# define UP      4
int snk_speed;                               //前进速度,范围 50~500ms,步长为 50
int snk_length;                              //蛇长
char snk_direct;                             //前进方向
```

```
unsigned int snk_score;                                    //分数
char snk_space[SPC_WIDTH][SPC_HEIGHT];                      //行走场地
int snk_head_x;                                            //蛇头坐标
int snk_head_y;
int snk_tail_x;                                            //蛇尾坐标
int snk_tail_y;
int snk_egg_x;                                             //食物坐标
int snk_egg_y;
void init_snake(void)
{
    snk_speed=get_speed();
    snk_length=4;
    snk_direct=RIGHT;
    snk_score=0;
    snk_head_x=4;                                          //蛇头坐标
    snk_head_y=SPC_HEIGHT≫1;
    snk_tail_x=1;                                          //蛇尾坐标
    snk_tail_y=SPC_HEIGHT≫1;
    snk_egg_x=5;                                           //食物坐标
    snk_egg_y=SPC_HEIGHT≫1;
    int i,j;
    for (i=0; i<SPC_WIDTH; i++)
        for (j=0; j<SPC_HEIGHT; j++)
        {
            if ((!i)||(i==SPC_WIDTH-1)||(!j)||(j==SPC_HEIGHT-1))
            {
                SetSquare(i,j);
                snk_space[i][j]=-1;                        //表示墙
            }
            else
            {
                ClrSquare(i,j);
                snk_space[i][j]=0;                         //表示空地
            }
        }
    for (i=1; i<5; i++)
    {
        if (i!=4)
            snk_space[i][SPC_HEIGHT≫1]=snk_direct;
        SetSquare(i,SPC_HEIGHT≫1);
    }
    SetSquare(snk_egg_x,snk_egg_y);                        //画蛋
}
void GoAhead(void)                                         //前进
{
    snk_space[snk_head_x][snk_head_y]=snk_direct;
    switch (snk_direct)
    {
        case RIGHT:
            snk_head_x++;
            break;
```

```
        case LEFT:
            snk_head_x－－;
            break;
        case UP:
            snk_head_y－－;
            break;
        case DOWN:
            snk_head_y＋＋;
            break;
    }
}
void EatEgg(void)                                    //吃到蛋
{
    snk_length＋＋;
    snk_score＋＝(11-snk_speed/50);
    FILE * lcd;
    lcd＝fopen("/dev/lcd_16207_0", "w");
    fprintf(lcd,"Your speed: %d\n",11-snk_speed/50);
    fprintf(lcd,"Your Score: %d\n",snk_score);
    fclose (lcd);
    int egg_position;
    egg_position＝(double)((SPC_WIDTH－2) * (SPC_HEIGHT－2)－snk_length) * rand()/
0x7fffffff;
    int i,j;
    int temp＝－1;
    for (i＝1; i＜SPC_WIDTH－1; i＋＋)
        for (j＝1; j＜SPC_HEIGHT－1; j＋＋)
        {
            if ((!snk_space[i][j])||(i!＝snk_head_x)||(j!＝snk_head_y))
                temp＋＋;
            if (temp＝＝egg_position)
            {
                snk_egg_x＝i;
                snk_egg_y＝j;
                SetSquare(i,j);
                return;
            }
        }
}
void LostGame(void)
{
    FILE * lcd;                                      //初始化 LCD
    lcd＝fopen("/dev/lcd_16207_0", "w");
    fprintf(lcd,"Game Over!!! Press any key to restart...\n");
    fprintf(lcd,"Your Score: %d\n",snk_score);
    edge_capture＝0;
    while (!edge_capture);                           //等待按键
    init_VGA();
    init_snake();
    fprintf(lcd,"Press any key...\n");
    fprintf(lcd,"Game will start!\n");
```

```c
        edge_capture=0;
        while (!edge_capture);                          //等待按键
        fprintf(lcd,"Your speed: %d\n",11-snk_speed/50);
        fprintf(lcd,"Your Score: %d\n",snk_score);
        fclose(lcd);
}
void SnakeMove(void)
{
    char temp;
    SetSquare(snk_head_x,snk_head_y);
    temp=snk_space[snk_tail_x][snk_tail_y];
    snk_space[snk_tail_x][snk_tail_y]=0;
    ClrSquare(snk_tail_x,snk_tail_y);
    switch (temp)
    {
        case RIGHT:
            snk_tail_x++ ;
            break;
        case LEFT:
            snk_tail_x--;
            break;
        case UP:
            snk_tail_y--;
            break;
        case DOWN:
            snk_tail_y++ ;
            break;
    }
}
//main=======================================
int main()
{
    FILE * lcd;                                     //初始化 LCD
    lcd=fopen("/dev/lcd_16207_0", "w");
    fprintf(lcd,"Game Loading...\n");
    init_VGA();
    init_snake();
    init_button_pio();                              //初始化按键
    int last_tested=0xffff;
    edge_capture=0;
    fprintf(lcd,"Press any key...\n");
    fprintf(lcd,"Game will start!\n");
    while (!edge_capture);                          //等待按键
    fprintf(lcd,"Your speed: %d\n",11-snk_speed/50);
    fprintf(lcd,"Your Score: %d\n",snk_score);
    while (1)
    {
        //检测按键
        if (last_tested != edge_capture)
        {
            last_tested=edge_capture;
```

```
        switch (edge_capture)
        {
            case (1≪(RIGHT-1)):
                if (snk_direct!=LEFT) snk_direct=RIGHT;
                break;
            case (1≪(LEFT-1)):
                if (snk_direct!=RIGHT) snk_direct=LEFT;
                break;
            case (1≪(UP-1)):
                if (snk_direct!=DOWN) snk_direct=UP;
                break;
            case (1≪(DOWN-1)):
                if (snk_direct!=UP) snk_direct=DOWN;
                break;
        }
    }
    //前进
    GoAhead();
    if ((snk_head_x==snk_egg_x)&&(snk_head_y==snk_egg_y))
        EatEgg();
    else if (snk_space[snk_head_x][snk_head_y])
    {
        LostGame();
        last_tested=0xffff;                    //重新开始游戏
    }
    else SnakeMove();
    //延时,控制速度
    usleep(snk_speed * 1000);
    }
    fclose(lcd);
    return(0);
}
```

【例 5-13】 VGA 驱动的 C 语言程序。

```
# include <io.h>
# include "system.h"
# include "VGA.h"
void Set_Cursor_XY(unsigned int X, unsigned int Y)
{
    Vga_Cursor_X(VGA_0_BASE, X);
    Vga_Cursor_Y(VGA_0_BASE, Y);
}
void Set_Cursor_Color(unsigned int R, unsigned int G, unsigned int B)
{
    Vga_Cursor_Color_R(VGA_0_BASE, R);
    Vga_Cursor_Color_G(VGA_0_BASE, G);
    Vga_Cursor_Color_B(VGA_0_BASE, B);
}
void Set_Pixel_On_Color(unsigned int R, unsigned int G, unsigned int B)
{
```

```
        Vga_Pixel_On_Color_R(VGA_0_BASE,R);
        Vga_Pixel_On_Color_G(VGA_0_BASE,G);
        Vga_Pixel_On_Color_B(VGA_0_BASE,B);
}
void Set_Pixel_Off_Color(unsigned int R,unsigned int G,unsigned int B)
{
        Vga_Pixel_Off_Color_R(VGA_0_BASE,R);
        Vga_Pixel_Off_Color_G(VGA_0_BASE,G);
        Vga_Pixel_Off_Color_B(VGA_0_BASE,B);
}
```

第6章

EDA 技 术 的 应 用

【学习目标】

通过对本章内容的学习,了解 VHDL 编程特点,理解 VHDL 设计流程和层次化设计方法,掌握常用数字逻辑部件 VHDL 建模的方法与设计技巧。

【教学建议】

理论教学:2～4学时,实验教学:8～10学时。重点讲解 EDA 技术在组合逻辑、时序逻辑、状态机设计和存储器设计方面的技巧。最后的综合设计可安排学生进行课外练习或作为课程设计课题。

6.1 组合逻辑电路的设计应用

本节要描述的组合逻辑电路有编码器、选择器、译码器、加法器、三态门、奇偶检验电路、码制转换器等。

6.1.1 编码器设计

在数字系统中,往往需要改变原始数据的表示形式,以便存储、传输和处理。这一过程称为编码。例如,将二进制码变换为具有抗干扰能力的格雷码,能减少传输和处理时的误码;对图像、语音数据进行压缩,使数据量大大减少,能降低传输和存储开销。实现编码操作的数字逻辑电路称为编码器,常见的有二进制码编码器和优先编码器。二进制 BCD 码编码器有若干个输入,在某一时刻只有一个输入信号被转换为二进制码。而优先编码器则是对某一时刻输入信号的优先级别进行识别和编码的数字逻辑器件,在优先编码器中优先级别高的信号排斥级别低的,即具有单方面排斥的特性,每一个信号都有一个优先级,编码器的输出指明具有最高优先级的有效信号。当具有最高优先级的信号有效时,其他优先级较低的信号无效。优先编码器的应用之一是在嵌入式系统中为中断安排优先次序。

【例 6-1】 8-3 优先级编码器功能真值表如表 6-1 所示。其优先级别依次为 DIN8 到 DIN1(从高到低)。输出 DO[2..0]代表一个二进制数,指明被设置为 1 的输入信号中优先级别最高者。E0(高电平有效)用于指示输入是否为有效信号。请给出该 8-3 优先编码器的 VHDL 实现方案。

表 6-1　8-3 优先编码器真值表

DIN1	DIN2	DIN3	DIN4	DIN5	DIN6	DIN7	DIN8	DO[2]	DO[1]	DO[0]	E0
0	0	0	0	0	0	0	0	0	0	0	0
×	×	×	×	×	×	×	1	1	1	1	1
×	×	×	×	×	×	1	0	1	1	0	1
×	×	×	×	×	1	0	0	1	0	1	1
×	×	×	×	1	0	0	0	1	0	0	1
×	×	×	1	0	0	0	0	0	1	1	1
×	×	1	0	0	0	0	0	0	1	0	1
×	1	0	0	0	0	0	0	0	0	1	1
1	0	0	0	0	0	0	0	0	0	0	1

　　解：为便于理解优先编码器的功能，首先观察表 6-1，可知，当 DIN8＝1 时，则输出 DO[2..0]＝111，因为 DIN8 的级别最高，只要 DIN8＝1，则 DIN6～DIN1 的取值就无关紧要。据此可利用条件赋值语句 IF-THEN-ELSE，其 VHDL 源程序如下。在程序中，当 DIN(8)＝1时，不考虑其他情况，直接将输出 DO 置为 111，依此类推，当执行最后一个 ELSE 时，将输出 DO 置为 000。其仿真波形输出如图 6-1(a)所示。编码器元件符号如图 6-1(b)所示。

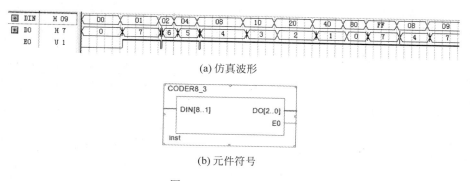

(a) 仿真波形

(b) 元件符号

图 6-1　8-3 优先编码器

```
LIBRARY IEEE;
USE IEEE.STD_LOGIC_1164.ALL;
ENTITY CODER8_3 IS
    PORT(DIN : IN    STD_LOGIC_VECTOR(8 downto 1);
         DO  : OUT   STD_LOGIC_VECTOR(2 downto 0);
         E0  : OUT   STD_LOGIC);
END ENTITY CODER8_3;
ARCHITECTURE BEHAV OF CODER8_3 IS
BEGIN
    PROCESS(DIN)
    BEGIN
        IF(DIN(8)='1') THEN DO<="111";
        ELSIF(DIN(6)='1') THEN DO<="101";
```

```
        ELSIF(DIN(5)='1') THEN DO<="100";
        ELSIF(DIN(4)='1') THEN DO<="011";
        ELSIF(DIN(3)='1') THEN DO<="010";
        ELSIF(DIN(2)='1') THEN DO<="001";
        ELSE DO<="000";
        END IF;
    END PROCESS;
    E0<='0' when DIN="00000000" ELSE '1';
END BEHAV;
```

6.1.2　译码器的设计

译码是编码的逆过程,它的功能是把代码状态的特定含义翻译出来,并转换成相应的控制信号,实现译码操作的电路称为译码器。译码器分为两类:一类是唯一地址译码,它是将一系列代码转换成与之一一对应的有效信号;另一类是码制转换器,其功能是将一种代码转换成另一种代码。

1. 唯一地址译码器

常见的唯一地址译码器是 3-8 译码器,其真值表如表 6-2 所示。

表 6-2　3-8 译码器真值表

选通输入			二进制输入			译码输出							
G1	G2A	G2B	c	b	a	Y0	Y1	Y2	Y3	Y4	Y5	Y6	Y7
×	1	×	×	×	×	1	1	1	1	1	1	1	1
×	×	1	×	×	×	1	1	1	1	1	1	1	1
0	×	×	×	×	×	1	1	1	1	1	1	1	1
1	0	0	0	0	0	0	1	1	1	1	1	1	1
1	0	0	0	0	1	1	0	1	1	1	1	1	1
1	0	0	0	1	0	1	1	0	1	1	1	1	1
1	0	0	0	1	1	1	1	1	0	1	1	1	1
1	0	0	1	0	0	1	1	1	1	0	1	1	1
1	0	0	1	0	1	1	1	1	1	1	0	1	1
1	0	0	1	1	0	1	1	1	1	1	1	0	1
1	0	0	1	1	1	1	1	1	1	1	1	1	0

表 6-2 中输入变量为 3 个,即 c、b、a;输出变量有 8 个,即 Y0~Y7。对输入变量 c、b、a 译码,就能确定输出端 Y0~Y7 的逻辑值,输出变量低电平有效,从而达到译码的目的。它常用于计算机中对存储器单元地址译码,即将每一个地址代码转换为一个有效信号,从而选中对应的单元。

【例 6-2】 3-8 译码器 VHDL 程序设计。

```
LIBRARY IEEE;
USE IEEE.STD_LOGIC_1164.ALL;
ENTITY decoder3_8 IS
    PORT (a,b,c,g1,g2a,g2b : IN        STD_LOGIC;
```

```
            y              : OUT  STD_LOGIC_VECTOR(7 DOWNTO 0)）;
END decoder3_8;
ARCHITECTURE rtl OF decoder3_8 IS
    SIGNAL indata: STD_LOGIC_VECTOR (2 DOWNTO 0)；
BEGIN
  Indata <= c & b & a;
  PROCESS (indata,g1,g2a,g2b)
  BEGIN
    IF (g1='1' AND g2a='0' AND g2b='0') THEN
        CASE indata IS
            WHEN "000" => y <= "11111110" ;
            WHEN "001" => y <= "11111101" ;
            WHEN "010" => y <= "11111011" ;
            WHEN "011" => y <= "11110111" ;
            WHEN "100" => y <= "11101111" ;
            WHEN "101" => y <= "11011111" ;
            WHEN "110" => y <= "10111111" ;
            WHEN "111" => y <= "01111111" ;
            WHEN OTHERS=> y <= "XXXXXXXX" ;
        END CASE;
    ELSE
        y <= "11111111" ;
    END IF;
        END PROCESS;
    END rtl;
```

在例 6-2 中，y(0)对应真值表中的 Y0,y(1)对应 Y1,以此类推。以上是利用 VHDL 的 CASE-WHEN 语句实现的译码器电路。其仿真波形与元件符号如图 6-2 所示。

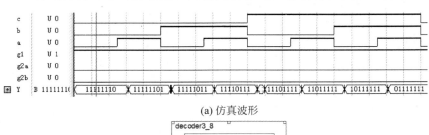

(a) 仿真波形

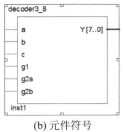

(b) 元件符号

图 6-2　3-8 译码器

2. 码制转换器

码制转换器有很多类型,如 BCD 码到七段数码管的译码器,将一位 BCD 码译为驱动数码管各电极的 7 个输出量 $a \sim g$。输入量 $DCBA$ 是 BCD 码,$a \sim g$ 是 7 个输出端,分别与数码管上的对应笔画段相连。在 $a \sim g$ 中，对于共阴极数码管，其输出为 1 的能使对应的笔画段发光，否则对应的笔画段熄灭。例如，要使数码管显示"0"字形，则 g 段不亮，其他段都亮，即要求 $abcdefg = 1111110$。

【例 6-3】 BCD 码到七段数码管译码器 VHDL 程序设计。

利用 VHDL 设计 BCD 码到七段共阴极数码管的译码器，并添加一个使能信号 EN，该输入信号可以不顾及 BCD 码的输入，使所有七段数码管的灯都不亮。七段译码器逻辑的真值表如表 6-3 所示。

表 6-3　七段译码器逻辑的真值表

十进制数	输入(8421 码)				输出						
	D	C	B	A	a	b	c	d	e	f	g
0	0	0	0	0	1	1	1	1	1	1	0
1	0	0	0	1	0	1	1	0	0	0	0
2	0	0	1	0	1	1	0	1	1	0	1
3	0	0	1	1	1	1	1	1	0	0	1
4	0	1	0	0	0	1	1	0	0	1	1
5	0	1	0	1	1	0	1	1	0	1	1
6	0	1	1	0	0	0	1	1	1	1	1
7	0	1	1	1	1	1	1	0	0	0	0
8	1	0	0	0	1	1	1	1	1	1	1
9	1	0	0	1	1	1	1	1	0	1	1

解：用 4 位二进制数表示一位十进制数的编码称为 BCD(Binary-Coded-Decimal)码或二-十进制编码。如表 6-3 所示，若要表示多个十进制数位的信息，则需要用多组 4 位码，每组对应一个十进制数位数字。根据表 6-3 给出的每个 BCD 码的 7 位码字(直接控制数码管笔画段的点亮)，可以完成该任务的 VHDL 代码如下：

```
LIBRARY IEEE;
USE IEEE.STD_LOGIC_1164.ALL;
ENTITY BCDTOLED7 IS
    PORT(A       : IN     STD_LOGIC_VECTOR(3 DOWNTO 0);
         en      : IN     STD_LOGIC;
         LED7S   : OUT    STD_LOGIC_VECTOR(6 DOWNTO 0) );
END;
ARCHITECTURE one OF BCDTOLED7 IS
BEGIN
    PROCESS(A, en)
    BEGIN
        if en = '1' then
            CASE A IS
                WHEN "0000" =>  LED7S <= "0111111";      --0
                WHEN "0001" =>  LED7S <= "0000110";      --1
                WHEN "0010" =>  LED7S <= "1011011";      --2
                WHEN "0011" =>  LED7S <= "1001111";      --3
```

```
        WHEN "0100" => LED7S <= "1100110";     --4
        WHEN "0101" => LED7S <= "1101101";     --5
        WHEN "0110" => LED7S <= "1111101";     --6
        WHEN "0111" => LED7S <= "0000111";     --7
        WHEN "1000" => LED7S <= "1111111";     --8
        WHEN "1001" => LED7S <= "1101111";     --9
        WHEN OTHERS => LED7S <= "1000000";    --"-"对应非法码
      END CASE;
    else
      LED7s <= "0000000";
    end if;
  END PROCESS;
END one;
```

BCD 码到七段共阴极数码管译码器的仿真波形与元件符号如图 6-3 所示。

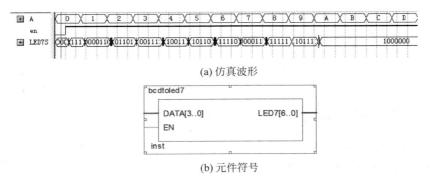

(a) 仿真波形

(b) 元件符号

图 6-3　BCD 码到七段共阴极数码管译码器

6.1.3　多路选择器的设计

多路选择器是指经过选择,把多个通道的数据传送到唯一的公共数据通道上去的数字逻辑电路,其功能相当于多刀单值开关,也叫数据选择器。数据选择器常用于信号的切换、数据选择、顺序操作、并-串转换、波形产生和逻辑函数发生器。

【例 6-4】　4 选 1 多路数据选择器的真值如表 6-4 所示,用 VHDL 描述该选择器。

表 6-4　4 选 1 多路数据选择器真值表

选 择 输 入		数 据 输 入				数 据 输 出
A	B	INPUT(0)	INPUT(1)	INPUT(2)	INPUT(3)	Y
0	0	0	×	×	×	0
0	0	1	×	×	×	1
0	1	×	0	×	×	0
0	1	×	1	×	×	1
1	0	×	×	0	×	0
1	0	×	×	1	×	1
1	1	×	×	×	0	0
1	1	×	×	×	1	1

```
LIBRARY IEEE;
USE IEEE.STD_LOGIC_1164.ALL;
ENTITY mux4to1 IS
    PORT(INPUT : IN      STD_LOGIC_VECTOR(3 DOWNTO 0);
         A,B   : IN      STD_LOGIC;
         Y     : OUT   STD_LOGIC);
END mux4to1;
ARCHITECTURE rtl OF mux4to1 IS
    SIGNAL SEL : STD_LOGIC_VECTOR(1 DOWNTO 0);
BEGIN
  SEL <= B&A;
  PROCESS(INPUT,SEL)
  BEGIN
    CASE SEL IS
        WHEN "00" => Y <= INPUT(0);
        WHEN "01" => Y <= INPUT(1);
        WHEN "10" => Y <= INPUT(2);
        WHEN OTHERS => Y <= INPUT(3); --用 others 表示选择条件,以表示其他所有可能取值
    END CASE;
  END PROCESS;
END rtl;
```

4 选 1 多路数据选择器的仿真波形与元件符号如图 6-4 所示。

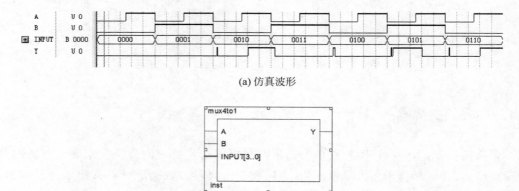

(a) 仿真波形

(b) 元件符号

图 6-4　4 选 1 多路数据选择器

【例 6-5】　用 VHDL 描述位宽为 w 的 2 选 1 多路选择器,并给出 $w=4$ 的时序编译结果。

解:本例考虑使用多路选择器在数据位宽为 w 的两路编码数据源之间进行选择,如果数据长度为 w(每个数据有 w 位),可以用 w 个 2 选 1 多路选择器实现之,也可以用多位信号和算术运算的赋值语句实现(本例采用后一方案)。

```
PACKAGE const IS
    CONSTANT w : INTEGER: =4;         --设置多路器数据位宽
    CONSTANT n : INTEGER: =w-1;      --最高有效位数值
END const;
```

```
USE work.const.all;
LIBRARY IEEE;
USE IEEE.STD_LOGIC_1164.ALL;
ENTITY mux2to1_n IS
    PORT(A0,A1 : IN    STD_LOGIC_VECTOR(n DOWNTO 0);
         S     : IN    STD_LOGIC;
         Y     : OUT   STD_LOGIC_VECTOR(n DOWNTO 0));
END mux2to1_n;
ARCHITECTURE rtl OF mux2to1_n IS
BEGIN
    Y <= A0 WHEN S = '0' ELSE A1;
END;
```

其时序仿真波形和元件符号如图 6-5 所示。

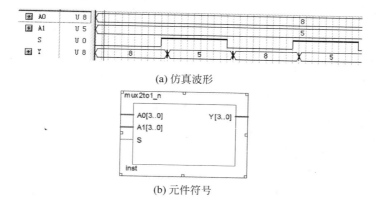

(a) 仿真波形

(b) 元件符号

图 6-5　2 选 1 多路选择器(数据位宽为 4)

6.1.4　加法器设计

1. 半加器

半加器有两个二进制输入、一个和输出和一个进位输出。其真值表如表 6-5 所示。

表 6-5　半加器的真值表

二进制输入		和　输　出	进 位 输 出
B	A	S	CO
0	0	0	0
0	1	1	0
1	0	1	0
1	1	0	1

【例 6-6】　半加器的 VHDL 程序设计。

```
LIBRARY IEEE;
USE IEEE.STD_LOGIC_1164.ALL;
ENTITY half_adder IS
```

```
        PORT(A,B  : IN      STD_LOGIC;
                S,CO : OUT   STD_LOGIC);
END half_adder;
ARCHITECTURE half1 OF half_adder IS
    SIGNAL C,D: STD_LOGIC;
BEGIN
    C <= A OR B;
    D <= A NAND B;
    CO <= NOT D;
    S <= C AND D;
END half1;
```

2. 二进制加法器

使用 VHDL 设计加法器可采用层次化结构描述。首先创建一个 1 位全加器实体,然后例化此 1 位全加器 4 次,建立一个更高层次的 4 位加法器。

【例 6-7】 1 位全加器的 VHDL 程序设计。

解: 1 位全加器的 VHDL 代码如下,其输入为 CIN、X 和 Y,输出为和 S,进位输出为 COUT,S 和 COUT 均以逻辑表达式形式描述。

```
LIBRARY IEEE;
USE IEEE.STD_LOGIC_1164.ALL;
ENTITY fulladd IS
    PORT(CIN,X,Y : IN     STD_LOGIC;
            S,COUT  : OUT   STD_LOGIC);
END fulladd;
ARCHITECTURE logicfunc OF fulladd IS
BEGIN
    S <= X XOR Y XOR CIN;
    COUT <= (X AND Y) OR (CIN AND X) OR (CIN AND Y);
END logicfunc;
```

【例 6-8】 将 1 位全加器作为子模块使用,构建 4 位加法器的 VHDL 语言程序。

解: 4 位加法器的 VHDL 程序设计如下:

```
LIBRARY IEEE;
USE IEEE.STD_LOGIC_1164.ALL;
ENTITY adder4 IS
    PORT(CIN : IN      STD_LOGIC;
            X   : IN      STD_LOGIC_VECTOR(3 DOWNTO 0);
            Y   : IN      STD_LOGIC_VECTOR(3 DOWNTO 0);
            S   : OUT     STD_LOGIC_VECTOR(3 DOWNTO 0);
            Cout: OUT    STD_LOGIC);
END adder4;
ARCHITECTURE structure OF adder4 IS
    signal C: STD_LOGIC_VECTOR(3 DOWNTO 1);
    COMPONENT fulladd
        PORT(CIN,X,Y : IN      STD_LOGIC;
                S,Cout   : OUT   STD_LOGIC);
    END COMPONENT;
BEGIN
```

```
U0: fulladd PORT MAP(CIN,X(0),Y(0),S(0),C(1));
U1: fulladd PORT MAP(C(1),X(1),Y(1),S(1),C(2));
U2: fulladd PORT MAP(C(2),X(2),Y(2),S(2),C(3));
U3: fulladd PORT MAP(C(3),X(3),Y(3),S(3),Cout);
END structure;
```

4 位加法器功能模拟结果如图 6-6 所示。在例 6-8 中,STD_LOGIC_VECTOR 是数据对象 STD_LOGIC 的一维数组,程序中用 C 定义了一个 3 位的 STD_LOGIC 信号,VHDL 代码中可以用 C 或用 C(3)、C(2)、C(1) 分别代表每一个单独的信号。根据 VHDL 的语法规定,"3 DOWNTO 1"指明 C(3) 是最高位,C(1) 是最低位,该声明常用于多位信号的二进制表示。同理,声明"1 TO 3"则指明 C(1) 是最高位,C(3) 是最低位。这一点在进行信号赋值时要特别注意。

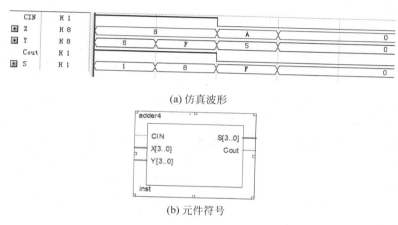

(a) 仿真波形

(b) 元件符号

图 6-6　4 位加法器

【例 6-9】　利用算术赋值语句设计一个 16 位的加法器。

解:VHDL 除了提供加法运算符(+)外,4.2.4 节还提供了其他的一些运算符。程序包 STD_LOGIC_1164 不允许 STD_LOGIC 类型的信号作算术运算,而程序包 STD_LOGIC_signed 允许作算术运算。16 位加法器的 VHDL 代码如下。在 EDA 系统中,综合编译的结果可以根据不同的优化目标(造价或速度)产生不同的电路。

```
LIBRARY IEEE;
USE IEEE.STD_LOGIC_1164.ALL;
USE IEEE.STD_LOGIC_signed.ALL;
ENTITY adder16 IS
    PORT(CIN            : IN     STD_LOGIC;
         X              : IN     STD_LOGIC_VECTOR(15 DOWNTO 0);
         Y              : IN     STD_LOGIC_VECTOR(15 DOWNTO 0);
         SUM            : OUT    STD_LOGIC_VECTOR(15 DOWNTO 0);
         Cout, Overflow : OUT    STD_LOGIC);
END adder16;
ARCHITECTUREBehavior OF adder16 IS
    SIGNALS: STD_LOGIC_VECTOR(16 DOWNTO 0);
BEGIN
    S<=('0'&X)+Y+CIN;
```

```
SUM <= S(15 DOWNTO 0);
Cout <= SUM (16);
Overflow <= SUM (16)XOR X(15)XOR Y(15)XOR SUM (15);
END Behavior;
```

例 6-9 的 VHDL 结构体中定义了一个 17 位的信号 S(16..0),新增加的 S(16) 用于存储来自加法器 S(15) 的进位输出。把 X、Y 和 CIN 相加的和赋给 S,该算术赋值语句右边有一个括号"('0'&X)",本例利用连接运算符 & 将 16 位信号 X 最高位加一个 '0' 形成 17 位信号,使之和赋值语句左边的信号的位数一致。

为了允许算术赋值语句可以运用于 STD_LOGIC 类型的信号,在例 6-9 中使用了程序包 STD_LOGIC_signed。该程序包实际使用了 STD_LOGIC_arith 程序包中定义的数据类型 SIGNED 和 UNSIGNED,用于表示算术赋值语句中的有符号数和无符号数。这两种数据类型和 STD_LOGIC_VECTOR 一样是数据对象 STD_LOGIC 的一维数组。

3. 8421 码加法器

8421 码加法器是实现十进制数相加的逻辑电路。8421 码用 4 个二进制位表示一位十进制数(0~9),4 个二进制位能表示 16 个编码,但 8421 码只利用了其中的 0000~1001 这 10 个编码,其余 6 个编码为非法编码。尽管其利用率不高,但因人们习惯了十进制,所以 8421 码加法器也是一种常用的逻辑电路。

【例 6-10】 编写一个描述 1 位 8421 码加法器的 VHDL 模型。

解:8421 码加法器与 4 位二进制数加法运算电路不同。这里是两个十进制数相加,和大于 9 时应产生进位。设参与相加的量为被加数 X、加数 Y 及来自低位 8412 码加法器的进位 C_{-1}。设 X、Y 及 C_{-1} 按十进制相加,产生的和为 Z,进位为 W。X、Y、Z 均为 8421 码。

先将 X、Y 及 C_{-1} 按二进制相加,得到的和记为 S。显然,若 $S \leqslant 9$,则 S 本身就是 8421 码,S 的值与期望的 Z 值一致,进位 W 应为 0;但是,当 $S > 9$ 时,S 不再是 8421 码。此时,应对 S 进行修正,取 S 的低 4 位按二进制加 6,丢弃进位,就能得到期望的 Z 值,而此时进位 W 应为 1。1 位 8421 码加法器框图如图 6-7 所示。

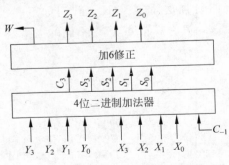

图 6-7　一位 8421 码加法器框图

图 6-7 中,C_3 是 X、Y 及 C_{-1} 按二进制相加产生的进位。4 位二进制加法器已在前面进行了详细讨论,因此本例的重点是"加 6 修正"电路的设计。现在分析"加 6 修正"电路的功能:应能判断 $C_3 S_3 S_2 S_1 S$ 是否大于 9,以决定是"加 6"还是"加 0";要有一个二进制加法器,被加数为 $C_3 S_3 S_2 S_1 S$,加数为 6 或 0,其 VHDL 描述如下:

```
LIBRARY IEEE;
USE IEEE.STD_LOGIC_1164.ALL;
USE IEEE.STD_LOGIC_unsigned.ALL;
ENTITY adder_8421 IS
    PORT(X : IN    STD_LOGIC_VECTOR(3 DOWNTO 0);
         Y : IN    STD_LOGIC_VECTOR(3 DOWNTO 0);
         Z : OUT   STD_LOGIC_VECTOR(4 DOWNTO 0));
END adder_8421;
ARCHITECTUREBehavior OF adder_8421 IS
    SIGNAL S: STD_LOGIC_VECTOR(4 DOWNTO 0);
    SIGNAL adjust: STD_LOGIC;
BEGIN
    S<=('0'&X)+Y;
    adjust <= '1' when S>9 else '0'; --选择信号赋值语句
    Z<=S when (adjust='0') else Z+6;
END Behavior;
```

例 6-10 中使用了选择信号赋值语句,它根据某种判据从多种信号中选择一个给信号赋值,其判据条件是 S>9,若条件满足,则将 1 赋给 adjust,否则将 0 赋给 adjust。

6.1.5 数值比较器

数值比较器就是对两数 A、B 进行比较并判断其大小的数字逻辑电路。74 系列的 7485 是常用的集成电路数值比较器,其真值表如表 6-6 所示。其中,级联输入端用作级联的控制输入,即当高一级芯片发现其输入数据相等时,它将查看相邻下一级低位芯片的输出,并用这些控制输入端做出最终决定。由于每个 IF 语句能判断两个值,所以最好使用 IF/ELSE 结构,这与 CASE 结构中查找变量单一值相反,两个待比较的值需要声明为数值。为清楚标明每一个位的用途,级联的控制输入与 3 个比较输出端应作为独立的位来说明。数值比较器 7485 的 VHDL 程序如例 6-11 所示。

表 6-6 数值比较器 7485 真值表

比 较 输 入				级 联 输 入			输 出		
$A_3 \quad B_3$	$A_2 \quad B_2$	$A_1 \quad B_1$	$A_0 \quad B_0$	$A'>B'$	$A'<B'$	$A'=B'$	$A>B$	$A<B$	$A=B$
$A_3>B_3$	×	×	×	×	×	×	1	0	0
$A_3>B_3$	×	×	×	×	×	×	0	1	0
$A_3=B_3$	$A_2>B_2$	×	×	×	×	×	1	0	0
$A_3=B_3$	$A_2<B_2$	×	×	×	×	×	0	1	0
$A_3=B_3$	$A_2=B_2$	$A_1>B_1$	×	×	×	×	1	0	0
$A_3=B_3$	$A_2=B_2$	$A_1<B_1$	×	×	×	×	0	1	0
$A_3=B_3$	$A_2=B_2$	$A_1=B_1$	$A_0>B_0$	×	×	×	1	0	0
$A_3=B_3$	$A_2=B_2$	$A_1=B_1$	$A_0<B_0$	×	×	×	0	1	0
$A_3=B_3$	$A_2=B_2$	$A_1=B_1$	$A_0=B_0$	1	0	0	1	0	0
$A_3=B_3$	$A_2=B_2$	$A_1=B_1$	$A_0=B_0$	0	1	0	0	1	0
$A_3=B_3$	$A_2=B_2$	$A_1=B_1$	$A_0=B_0$	0	0	1	0	0	1

【例 6-11】 数值比较器 7485 的 VHDL 实现。

```
LIBRARY IEEE;
USE IEEE.STD_LOGIC_1164.ALL;
ENTITY T7485_V IS
    PORT(a, b             : IN     INTEGER RANGE 0 TO 15;
         gtin, ltin, eqin : IN     BIT;                        -- 级联输入
         agtb, altb, aeqb : OUT    BIT);
                                            -- 标准级联输入: gtin=ltin='0'; eqin='1'
END T7485_V;
ARCHITECTURE vhdl OF T7485_V IS
BEGIN
    PROCESS(a, b, gtin, ltin, eqin)
    BEGIN
        IF a < b THEN altb <= '1'; agtb <= '0'; aeqb <= '0';      --a<b 时,altb=1(高电平)
        ELSIF a > b THEN altb <= '0'; agtb <= '1'; aeqb <= '0';  --a>b 时,agtb=1(高电平)
        ELSE altb <= ltin; agtb <= gtin; aeqb <= eqin;           --a=b 时,aeqb=1(高电平)
        END IF;
    END PROCESS;
END vhdl;
```

6.1.6　算术逻辑运算器

算术逻辑运算器(ALU)是数字系统的基本功能,更是计算机中不可缺少的组成单元。常用的 ALU 集成电路芯片有 74382/74181,其功能表如表 6-7 所示。

表 6-7　ALU181 的运算功能表

选　择　端				高电平作用数据		
				M=H	M=L 算术操作	
S3	S2	S1	S0	逻辑功能	Cn=L(无进位)	Cn=H(有进位)
0	0	0	0	$F=\overline{A}$	$F=A$	$F=A$ 加 1
0	0	0	1	$F=\overline{A+B}$	$F=A+B$	$F=(A+B)$ 加 1
0	0	1	0	$F=\overline{A}B$	$F=A+\overline{B}$	$F=A+\overline{B}+1$
0	0	1	1	$F=0$	$F=$ 减 1(2 的补码)	$F=0$
0	1	0	0	$F=\overline{AB}$	$F=A$ 加 $A\overline{B}$	$F=A$ 加 $A\overline{B}$ 加 1
0	1	0	1	$F=\overline{B}$	$F=(A+B)$ 加 $A\overline{B}$	$F=(A+B)$ 加 $A\overline{B}+1$
0	1	1	0	$F=A\oplus B$	$F=A$ 减 B	$F=A$ 减 B 减 1
0	1	1	1	$F=A\overline{B}$	$F=A+\overline{B}$	$F=(A+\overline{B})$ 减 1
1	0	0	0	$F=\overline{A}+B$	$F=A$ 加 AB	$F=A$ 加 AB 加 1
1	0	0	1	$F=\overline{A\oplus B}$	$F=A$ 加 B	$F=A$ 加 B 加 1
1	0	1	0	$F=B$	$F=(A+\overline{B})$ 加 AB	$F=(A+\overline{B})$ 加 AB 加 1
1	0	1	1	$F=AB$	$F=AB$	$F=AB$ 减 1
1	1	0	0	$F=1$	$F=A$ 加 A^*	$F=A$ 加 A 加 1
1	1	0	1	$F=A+\overline{B}$	$F=(A+B)$ 加 A	$F=(A+B)$ 加 A 加 1
1	1	1	0	$F=A+B$	$F=(A+\overline{B})$ 加 A	$F=(A+\overline{B})$ 加 A 加 1
1	1	1	1	$F=A$	$F=A$	$F=A$ 减 1

注: A^* 表示每一位都移至下一个更高位。

【**例 6-12**】　集成 ALU 芯片 74181 的 VHDL 设计。

设参加运算的两个 8 位数据分别为 A[7..0]和 B[7..0]，运算模式由 S[3..0]的 16 种组合决定。此外，设 M＝0，选择算术运算，M＝1 为逻辑运算，CN 为低位的进位位；F[7..0]为输出结果，CO 为运算后的输出进位位。其 VHDL 源程序如下：

```
LIBRARY IEEE;
USE IEEE.STD_LOGIC_1164.ALL;
USE IEEE.STD_LOGIC_UNSIGNED.ALL;
ENTITY ALU181 IS
     PORT (S  : IN      STD_LOGIC_VECTOR(3 DOWNTO 0 );
           A  : IN      STD_LOGIC_VECTOR(7 DOWNTO 0);
           B  : IN      STD_LOGIC_VECTOR(7 DOWNTO 0);
           F  : OUT     STD_LOGIC_VECTOR(7 DOWNTO 0);
           M  : IN      STD_LOGIC;
           CN : IN      STD_LOGIC;
           CO : OUT     STD_LOGIC);
END ALU181;
ARCHITECTURE behav OF ALU181 IS
     SIGNAL A9 : STD_LOGIC_VECTOR(8 DOWNTO 0);
     SIGNAL B9 : STD_LOGIC_VECTOR(8 DOWNTO 0);
     SIGNAL F9 : STD_LOGIC_VECTOR(8 DOWNTO 0);
BEGIN
  A9 <= '0' & A ;   B9 <= '0' & B ;
  PROCESS(M,CN,A9,B9)
  BEGIN
    CASE   S   IS
        WHEN "0000" =>   IF M='0' THEN F9 <=A9 + CN;
                         ELSE  F9 <=NOT A9;
                         END IF;
        WHEN "0001" =>   IF M='0' THEN F9 <=(A9 or B9) + CN;
                         ELSE   F9 <=NOT(A9 OR B9);
                         END IF;
        WHEN "0010" =>   IF M='0' THEN F9 <=(A9 or (NOT B9))+ CN;
                         ELSE   F9 <=(NOT A9) AND B9;
                         END IF;
        WHEN "0011" =>   IF M='0' THEN F9 <= "000000000" - CN;
                         ELSE   F9 <="000000000";
                         END IF;
        WHEN "0100" =>   IF M='0' THEN F9 <=A9+(A9 AND NOT B9)+ CN;
                         ELSE   F9 <=NOT (A9 AND B9);
                         END IF;
        WHEN "0101" =>   IF M='0' THEN F9 <=(A9 or B9)+(A9 AND NOT B9)+CN;
                         ELSE   F9 <=NOT B9;
                         END IF;
        WHEN "0110" =>   IF M='0' THEN F9 <=(A9 - B9) - CN;
                         ELSE   F9 <=A9 XOR B9;
                         END IF;
        WHEN "0111" =>   IF M='0' THEN F9 <=(A9 or (NOT B9)) - CN;
                         ELSE   F9 <=A9 and (NOT B9);
                         END IF;
```

```
              WHEN "1000" =>  IF M= '0' THEN F9 <= A9 + (A9 AND B9)+CN;
                             ELSE   F9 <=(NOT A9)and B9;
                             END IF;
              WHEN "1001" =>  IF M= '0' THEN F9 <= A9 + B9 + CN;
                             ELSE   F9 <=NOT(A9 XOR B9);
                             END IF;
              WHEN "1010" =>  IF M= '0' THEN F9 <=(A9 or(NOT B9))+(A9 AND B9)+CN;
                             ELSE   F9 <=B9;
                             END IF;
              WHEN "1011" =>  IF M= '0' THEN F9 <=(A9 AND B9)- CN;
                             ELSE   F9 <= A9 AND B9;
                             END IF;
              WHEN "1100" =>  IF M= '0' THEN F9 <=(A9 + A9) + CN;
                             ELSE   F9 <= "000000001";
                             END IF;
              WHEN "1101" =>  IF M= '0' THEN F9 <=(A9 or B9) + A9 + CN;
                             ELSE   F9 <=A9 OR (NOT B9);
                             END IF;
              WHEN "1110" =>  IF M= '0' THEN F9 <=((A9 or (NOT B9)) +A9) + CN;
                             ELSE   F9 <= A9 OR B9;
                             END IF;
              WHEN "1111" =>  IF M= '0' THEN F9 <= A9 - CN;
                             ELSE   F9 <= A9;
                             END IF;
              WHEN OTHERS=>F9 <= "000000000";
          END CASE;
       END PROCESS;
       F <= F9(7 DOWNTO 0) ;        CO <= F9(8) ;
    END behav;
```

6.2　时序逻辑电路的设计应用

时序电路是数字系统的支柱,其输出信号值不仅取决于当前输入,而且也取决于过去的输入序列,即过去输入序列不同,则在同一当前输入的情况下,输出也可能不同。时序电路中包含用于保存信号值的存储元件,其内容代表该电路的状态。时序电路的基础电路是触发器,数字系统中常用的时序电路有计数器(Counters)、寄存器(Registers)、节拍分配器(Timer),这些组件被广泛用于数字系统的信息存储和事件计数。

6.2.1　触发器

触发器是跳变沿触发的,在每个时钟 Clk 输入正跳变沿或负跳变沿,输入触发器的当前值被存储到触发器中,并且反映在该触发器的输出 Q 上。D 触发器和 JK 触发器是构成时序逻辑电路最基本存储元件。

1. D 触发器
上升沿触发的 D 触发器有一个数据输入端 D、一个时钟输入端 Clk 及一个数据输出端

Q。D 触发器的输出只有在正沿脉冲过后,其数据 D 才传递到输出。真值表如表 6-8 所示。

表 6-8　D 触发器真值表

数 据 输 入	时 钟 输 入	数 据 输 出
D	Clk	Q
×	0	不变
×	1	不变
0	上升沿	0
1	上升沿	1

【例 6-13】　上升沿触发的 D 触发器 VHDL 设计。

```
LIBRARY IEEE;
USE IEEE.STD_LOGIC_1164.ALL;
ENTITY dff1 IS
    PORT(CLK,D : IN    STD_LOGIC;
         Q     : OUT   STD_LOGIC);
END dff1;
ARCHITECTURE rtl OF dff1 IS
BEGIN
    PROCESS(CLK)
    BEGIN
       IF(CLK'EVENT AND CLK='1') THEN
           Q<=D;                --在 Clk 上升沿,D 赋予 Q
       END IF;
    END PROCESS;
END rtl;
```

D 触发器一般还带有复位或置位输入端,有的还带有时钟使能信号输入端,后一种 D 触发器只有使能信号有效时,时钟信号的边沿才有效。其 VHDL 语言描述如例 6-14 所示。

【例 6-14】　带有时钟使能信号输入端的 D 触发器 VHDL 设计。

解:该 D 触发器的实体声明代码和结构体代码如下:

```
LIBRARY IEEE;
USE IEEE.STD_LOGIC_1164.ALL;
ENTITY example_dffe IS
    PORT(CLK,ENA,D : IN    STD_LOGIC;
         Q, NQ     : OUT   STD_LOGIC);
END example_dffe;
ARCHITECTURE rtl OF example_dffe IS
BEGIN
    PROCESS(CLK,D)
    BEGIN
      IF(CLK'EVENT AND CLK='1') THEN
        IF(ENA='1') THEN
          Q<=D;
          NQ<=not D;
        END IF;
      END IF;
```

```
    END PROCESS;
END rtl;
```

分析输出波形可知,该 D 触发器在时钟的上升沿时刻,且当时钟使能信号 ENA＝1 时才能更新存储器的值。若在时钟的上升沿时刻 ENA＝0,D 触发器的值保持不变。因此数据输入的值必须在时钟的正跳变沿前后保持一段稳定时间(即建立时间和保持时间)才能将该值稳定地存入触发器。时钟的使能信号也需要类似的稳定时间限制,实际上时钟的使能信号是一个同步控制输入(synchronous control input)。

D 触发器的仿真波形和元件符号如图 6-8 所示。

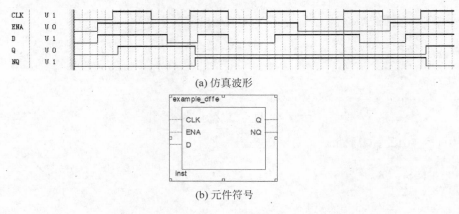

(a) 仿真波形

(b) 元件符号

图 6-8　D 触发器

本例和例 6-13 的 D 触发器的 VHDL 模板相比只多了一条 IF 语句,程序中 D 和 Q 的位宽决定了该模板是一位触发器模型还是多位寄存器模型。

【例 6-15】 设计一个复位清零的 D 触发器的 VHDL 模板。

解：对例 6-14 的 D 触发器作进一步的改进,即添加一个复位输入信号,以便把存储器的值重新设为 0。复位输入是强制性的,无论时钟的使能信号还是数据输入都不如它的优先级别高。触发器的复位时序有两种可能。一种是同步清零,即把复位输入当作同步控制输入;另一种是异步清零,即只要复位信号有效,不管其他时钟状态,立即使输出为 0。

(1) 同步清零模板如下：

```
reg: PROCESS(CLK) IS
BEGIN
  IF(CLK'EVENT AND CLK= '1') THEN
     IF reset= '1' then
       Q <=0;
     ELSIF(ENA= '1') THEN
       Q <=D;
     END IF;
   END IF;
END PROCESS   reg;
```

(2) 异步清零模板如下：

```
reg: PROCESS(CLK) IS
```

```
BEGIN
    IF reset＝'1' then
        Q<=0;
    ELSIF(CLK'EVENT AND CLK='1') THEN
        IF(ENA='1') THEN
            Q<=D;
        END IF;
    END IF;
END  PROCESS reg;
```

2. JK 触发器

JK 触发器的输入端有一个置位输入、一个复位输入、两个控制输入和一个时钟输入,输出端有正向输出端和反向输出端。具有置位和清零端的 JK 触发器的真值表如表 6-9 所示。

表 6-9 　 JK 触发器真值表

输　入　端					输　出　端	
PSET	CLR	CLK	J	K	Q	NQ
0	1	d	d	d	1	0
1	0	d	d	d	0	1
0	0	d	d	d	d	d
1	1	上升	0	1	0	1
1	1	上升	1	1	翻转	翻转
1	1	上升	0	0	不变	不变
1	1	上升	1	0	1	0
1	1	0	d	d	不变	不变

注:d 表示可取任意逻辑值。

由真值表知,在同步时钟上升沿时刻,有如下状态:

- $JK=00$ 时,触发器不翻转。
- $JK=01$ 时,$Q=0$,NQ=1;$JK=10$ 时,$Q=1$,NQ=0。
- $JK=11$ 时,触发器翻转。

由上述分析可以写出 JK 触发器的 VHDL 程序,如例 6-16 所示。

【例 6-16】 JK 触发器的 VHDL 程序设计。

```
LIBRARY IEEE;
USE IEEE.STD_LOGIC_1164.ALL;
ENTITY jkff IS
    PORT(PSET,CLK,CLR,J,K : IN    STD_LOGIC;
         Q,QB              : OUT  STD_LOGIC);
END jkff;
ARCHITECTURE rtl OF jkff  IS
    SIGNAL Q_S,QB_S: STD_LOGIC;
BEGIN
    PROCESS(PSET,CLR,CLK,J,K)
    BEGIN
        IF(PSET='0') THEN
            Q_S<='1'; QB_S<='0';                    --异步置1
```

```
        ELSIF (CLR='0') THEN
            Q_S<='0'; QB_S<='1';                          --异步置 0
        ELSIF (CLK'EVENT AND CLK='1') THEN                --判断时钟 CLK 上升沿
            IF(J='0')AND (K='1') THEN                     -- JK=01 时,触发器置 0
                Q_S<='0'; QB_S<='1';
            ELSIF(J='1') AND (K='0') THEN                 --JK=10 时,触发器置 1
                Q_S<='1'; QB_S<='0';
            ELSIF(J='1') AND(K='1') THEN                  -- JK=11 时,触发器翻转
                Q_S<=NOT Q_S; QB_S<=NOT QB_S;
            END IF;
        END IF;
        Q<=Q_S; QB<=QB_S;                                 --更新输出 Q、QB
    END PROCESS;
END rtl;
```

JK 触发器输入输出波形如图 6-9 所示。

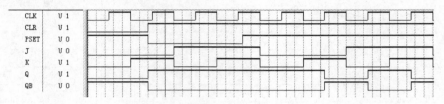

图 6-9   JK 触发器输入输出波形

综上所述,VHDL 是一种灵活的硬件描述语言,允许用程序对时序控制器件(如触发器)的功能进行定义,而不用依靠逻辑原形,例 6-13 至例 6-16 中描述的 VHDL 触发器电路的关键字是 PROCESS(进程)。PROCESS 后面的括号内包括一个敏感参数表,参数表中所包括的变量只要有一个发生变化,都将启动该进程,这与触发器直到时钟状态改变时才启动输入端并更新输出端的状态的工作原理相同。

6.2.2   锁存器和寄存器

在数字逻辑电路中,用来存放二进制数据或代码的电路称为寄存器或锁存器。

1. 锁存器

锁存器(latch)的功能同触发器相似,但两者的区别是:触发器只在有效时钟沿才发生作用,而锁存器是电平敏感的,只要时钟信号有效,而不管是否处在上升沿或下降沿,锁存器都会起作用。用 VHDL 描述的选通 D 锁存器的程序如例 6-17 所示。

【例 6-17】   选通 D 锁存器的 VHDL 程序设计。

解:该锁存器只用一个数据输入端,在时钟信号控制下,把数据输入的值保存下来。其VHDL 代码如下。

```
LIBRARY IEEE;
USE IEEE.STD_LOGIC_1164.ALL;
ENTITY latch IS
PORT(D,CLK : IN    STD_LOGIC;
        Q        : OUT   STD_LOGIC);
```

```
END latch;
ARCHITECTURE behavior OF latch IS
BEGIN
    PROCESS(D,CLK)
    BEGIN
        IF CLK= '1' THEN    --CLK 为高电平时输出数据
            Q <=D;
        END IF;
    END PROCESS;
END behavior;
```

2. 寄存器

寄存器(register)是由具有存储功能的多个触发器组合起来构成的。一个触发器可以存储 1 位二进制代码,存放 n 位二进制代码的寄存器需用 n 个触发器来构成。寄存器一般由多个触发器连接而成。按照功能的不同,可将寄存器分为基本寄存器和移位寄存器两大类。基本寄存器只能并行送入数据,需要时也只能并行输出。移位寄存器中的数据可以在移位脉冲作用下依次逐位右移或左移,数据既可以并行输入、并行输出,也可以串行输入、串行输出,还可以并行输入、串行输出,或者串行输入、并行输出,十分灵活,用途也很广。

1) 具有异步清零功能的 8 位寄存器

描述 n 位寄存器的一个直截了当的方法是:写一段包含 n 个 D 触发器实例的层次化的 VHDL 代码。具有异步清零功能的 8 位寄存器 VHDL 代码如例 6-18 所示。

【例 6-18】 具有异步清零功能的 8 位寄存器 VHDL 设计。

```
LIBRARY IEEE;
USE IEEE.STD_LOGIC_1164.ALL;
ENTITY reg8 IS
    PORT(D               : IN    STD_LOGIC_VECTOR(7 DOWNTO 0);
         RESETN,CLOCK    : IN    STD_LOGIC;
         Q               : OUT   STD_LOGIC_VECTOR(7 DOWNTO 0));
END reg8;
ARCHITECTURE Behavior OF reg8 IS
BEGIN
    PROCESS(RESETN,CLOCK)
    BEGIN
        IF RESETN= '0' THEN
            Q <= (others =>'0');       --使 Q 的每一位置 0
        ELSIF CLOCK'EVENT AND CLOCK= '1' THEN
            Q <=D;
        END IF;
    END PROCESS;
END Behavior;
```

8 位寄存器输出波形如图 6-10 所示。

2) 4 位移位寄存器

描述 4 位移位寄存器的一个简单方法是:写一个包含 4 个子电路的层次化 VHDL 代码,每一个子电路都相同,子电路由 1 个 D 触发器和 1 个连接到 D 端的 2 选 1 多路器组成。在例 6-19 中,实体 muxdff 代表此子电路,D0 和 D1 是数据输入端,SEL 是选择输入端。时

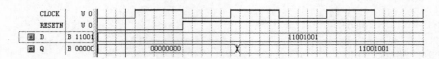

图 6-10   8 位寄存器输出波形

钟正沿到达时如果 SEL=0,则将 D0 的值赋给 Q; 否则将 D1 的值赋给 Q。

【例 6-19】   移位寄存器子模块的 VHDL 设计。

```
LIBRARY IEEE;
USE IEEE. STD_LOGIC_1164. ALL;
ENTITY muxdff IS
    PORT(D0,D1,SEL,CLOCK : IN    STD_LOGIC;
          Q                 : OUT  STD_LOGIC);
END muxdff;
ARCHITECTURE behavior OF muxdff IS
BEGIN
    PROCESS(CLOCK)
    BEGIN
      IF CLOCK'EVENT AND CLOCK= '1' THEN
          IF SEL= '0' THEN Q<=D0;
                  ELSE Q<=D1;
          END IF;
        END IF;
    END PROCESS;
END behavior;
```

【例 6-20】   4 位通用移位寄存器的 VHDL 代码如下,时序输出如图 6-11 所示。

```
LIBRARY IEEE;
USE IEEE. STD_LOGIC_1164. ALL;
ENTITY shift4   IS
    PORT(R              : IN       STD_LOGIC_VECTOR(3 DOWNTO 0);
          L,W,CLOCK  : IN       STD_LOGIC;
          Q             : BUFFER  STD_LOGIC_VECTOR(3 DOWNTO 0));
END shift4;
ARCHITECTURE structure OF shift4 IS
    COMPONENT muxdff
        PORT(D0,D1,SEL,CLOCK : IN    STD_LOGIC;
              Q                 : OUT  STD_LOGIC);
    END COMPONENT;
BEGIN
    STAGE3: muxdff PORT MAP(W,R(3),L,CLOCK,Q(3));
    STAGE2: muxdff PORT MAP(Q(3),R(2),L,CLOCK,Q(2));
    STAGE1: muxdff PORT MAP(Q(2),R(1),L,CLOCK,Q(1));
    STAGE0: muxdff PORT MAP(Q(1),R(0),L,CLOCK,Q(0));
END structure;
```

3) 4 位双向移位寄存器

例 6-19 和例 6-20 是利用结构化的方法设计的一个 4 位通用移位寄存器,该方法虽然直观,但很复杂,程序较长。下面用 VHDL 的 CASE 语句设计 4 位双向移位寄存器,该方法中

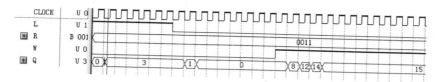

图 6-11　4 位通用移位寄存器输出波形

并不把移位寄存器看作一个串行的触发器串,而是把它看作一个并行寄存器组(DFF 模型),寄存器中的存储信息以并行方式传递到一个位集合,集合中的数据可以逐位移动。

【例 6-21】　4 位双向移位寄存器的 VHDL 设计。该寄存器具有 4 种工作方式:保持数据、右移、左移和并行输入。时序输出波形如图 6-12 所示。

```
LIBRARY IEEE;
USE IEEE.STD_LOGIC_1164.ALL;
ENTITY   T194   IS
    PORT(clock    : IN      BIT;
         din      : IN      BIT_VECTOR (3 DOWNTO 0);    --并行数据输入
         ser_in   : IN      BIT;                        --串行数据输入(左移或右移)
         mode     : IN      INTEGER RANGE 0 TO 3;       --工作方式:0=保持数据,1=
                                                          右移,2=左移,3=并行输入
         q        : OUT   BIT_VECTOR (3 DOWNTO 0));     --寄存器输出状态
ENDT194;
ARCHITECTURE a OFT194 IS
    SIGNAL ff: BIT_VECTOR (3 DOWNTO 0);
BEGIN
PROCESS (clock)
BEGIN
IF (clock= '1' AND clock'event) THEN
CASE mode IS
    WHEN 0 => ff <= ff;                                 --保持数据
    WHEN 1=> ff(2 DOWNTO 0)<= ff (3 DOWNTO 1);          --右移
        ff(3) <= ser_in;
    WHEN 2=> ff(3 DOWNTO 1) <= ff(2 DOWNTO 0);          -- 左移
        ff(0) <= ser_in;
    WHEN OTHERS=> ff <= din;                            -- 并行输入
END CASE;
END IF;
END PROCESS;
q <= ff;                                                -- 更新寄存器输出状态
END a;
```

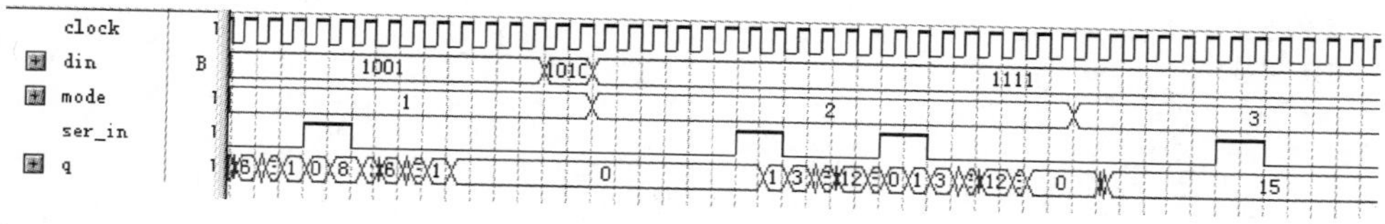

图 6-12　双向移位寄存器时序仿真输出

6.2.3 计数器

  计数器是一种对输入脉冲进行计数的时序逻辑电路,被计数的脉冲信号称作"计数脉冲"。计数器中的"数"是用触发器的状态组合来表示的。计数器在运行时所经历的状态是周期性的,总是在有限个状态中循环,一次循环所包含的状态总数称为计数器的"模"。在许多数字电路应用中都可以找到计数器。例如,某应用需要对一定个数的数据项执行给定操作,或将某操作重复执行若干次,此时可以用计数器来记录已处理了多少个数据,或已重复执行了多少次操作。通过对固定时间间隔计数,计数器也可作计时器。

  计数器的种类很多,有不同的分类方法。按其工作方式可分为同步计数器和异步计数器,按其进位制可分为二进制计数器、十进制计数器和任意进制计数器,按其功能又可分为加法计数器、减法计数器和加/减可逆计数器等。

1. 同步计数器

  所谓同步计数器,就是在时钟脉冲(计数脉冲)的控制下,构成计数器的各触发器的状态同时发生变化的那一类计数器。带异步复位和计数允许的 4 位二进制同步计数器真值表如表 6-10 所示。

表 6-10   4 位二进制同步计数器真值表

输 入 端			输 出 端			
CLR	EN	CLK	Q1	Q2	Q3	Q4
1	×	×	0	0	0	0
0	0	×	不变	不变	不变	不变
0	1	上升沿	计数值加 1			

【例 6-22】 模 16 二进制同步计数器的 VHDL 设计。

```
LIBRARY IEEE;
USE IEEE.STD_LOGIC_1164.ALL;
USE IEEE.STD_LOGIC_UNSIGNED.ALL;
ENTITY count4_bin IS
    PORT(clk,clr,en    : IN    STD_LOGIC;
         qa,qb,qc,qd   : OUT   STD_LOGIC);
END count4_bin;
ARCHITECTURE example OF count4_bin IS
    SIGNAL count_4: STD_LOGIC_VECTOR (3 DOWNTO 0);
BEGIN
    PROCESS (clk,  clr)
    BEGIN
        IF (clr='1') THEN
            count_4 <= "0000";
        ELSIF (clk 'EVENT AND clk='1') THEN
            IF (en='1') THEN
                IF(count_4="1111") THEN
                    count_4 <= "0000";
                ELSE
```

```
                count_4 <= count_4+1;
            END IF;
        END IF;
    END IF;
END PROCESS;
qa <= count_4(0); qb <= count_4(1); qc <= count_4(2); qd <= count_4(3);
                                            --把最新的计数值赋给输出端口
END example;
```

以上示例程序中,clk 为时钟输入端口,clr 为清零端口(高电平有效),en 为使能信号(高电平有效)。同步计数器时序仿真输出如图 6-13 所示。

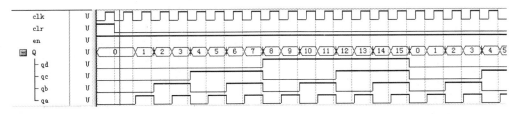

图 6-13　模 16 二进制同步计数器时序仿真输出

【**例 6-23**】　在 Quartus Ⅱ 中利用 VHDL 的元件例化语句设计一个有时钟使能和异步清零的两位十进制计数器(即 100 分频),并给出仿真结果。

解:本例通过介绍一个两位有时钟使能和异步清零的十进制计数器的全部设计过程,给出在 Quartus Ⅱ 中利用 VHDL 的元件例化语句设计较复杂的数字电路的 EDA 方法。

一个复杂数字电路可以划分为若干个层次,为了连接底层元件而形成更高层次的电路设计结构,在 VHDL 设计中往往使用元件例化语句引入这种连接关系。元件例化是将预先设计好的设计实体作为一个元件(亦称底层设计模块),再利用特定的语句将次模块与当前设计实体中的指定端口相连,从而为当前设计实体引入一个新的底层设计模块。这里当前设计实体相当于一个复杂数字逻辑电路,所定义的例化元件相当于该复杂数字逻辑电路的一个功能芯片,而设计实体的端口相当于该逻辑电路板上接受该芯片的插座。

两位十进制计数器可由两个十进制计数器级联而成,根据层次化设计思想,应首先设计一个具有计数使能、清零控制和进位扩展输出的十进制计数器底层元件 cnt10_v,此后再利用元件例化的方法完成两位十进制计数器的顶层设计。下面给出其设计流程和方法。

(1) 十进制计数器 cnt10_v 的 VHDL 设计。

一个具有计数使能、清零控制和进位扩展输出的十进制计数器可利用两个独立的 IF 语句完成。一个 IF 语句用于产生计数器时序电路,该语句为非完整性条件语句;另一个 IF 语句用于产生纯组合逻辑的多路选择器。其 VHDL 代码如下:

```
LIBRARY IEEE;
USE IEEE.STD_LOGIC_1164.ALL;
USE IEEE.STD_LOGIC_UNSIGNED.ALL;
ENTITY cnt10_v IS
    PORT(CLK,RST,EN  : IN    STD_LOGIC;
        CQ            : OUT   STD_LOGIC_VECTOR(3 DOWNTO 0);
        COUT          : OUT   STD_LOGIC);
```

```
END cnt10_v;
ARCHITECTURE behav OF cnt10_v IS
BEGIN
    PROCESS(CLK, RST, EN)
        VARIABLE CQI : STD_LOGIC_VECTOR(3 DOWNTO 0);
    BEGIN
        IF RST='1' THEN    CQI :=(OTHERS =>'0') ;      --计数器异步复位
        ELSIF CLK'EVENT AND CLK='1' THEN               --检测时钟上升沿
            IF EN='1' THEN                             --检测是否允许计数(同步使能)
                IF CQI < 9 THEN    CQI :=CQI + 1;      --允许计数,检测是否小于9
                ELSE CQI :=(OTHERS =>'0');             --大于9,计数值清零
                END IF;
            END IF;
        END IF;
        IF CQI=9 THEN COUT <= '1';                     --计数大于9,输出进位信号
        ELSE COUT <= '0';
        END IF;
        CQ <= CQI;                                     --将计数值向端口输出
    END PROCESS;
END behav;
```

在源程序中,COUT 是计数器进位输出;CQ[3..0]是计数器的状态输出;CLK 是时钟输入端;RST 是复位控制输入端,当 RST=1 时,CQ[3..0]=0;EN 是使能控制输入端,当 EN=1 时,计数器计数,当 EN=0 时,计数器保持状态不变。

其源程序的输入、编译和仿真与 4.2 节给出的流程相同,此处不再重复。在仿真结果正确无误后,为方便顶层设计应用此结果,可将以上设计的十进制计数器电路设置成可调用的元件,以供高层设计时使用。

(2) 两位十进制计数器的顶层设计。

两位十进制计数器的顶层原理图如图 6-14 所示,根据此图编制的两位十进制计数器的顶层 VHDL 源程序如下。

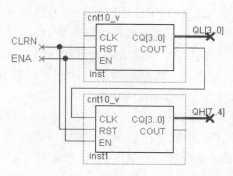

图 6-14　两位十进制计数器的顶层原理图

```
LIBRARY IEEE;
USE IEEE.STD_LOGIC_1164.ALL;
ENTITY Counter_100 IS
    PORT(CLK_IN,CLRN,CLK_EN  : IN    STD_LOGIC;
        QH,QL                : OUT   STD_LOGIC_VECTOR(3 DOWNTO 0);
```

```
            CCOUT                        : OUT  STD_LOGIC);
        END Counter_100;
        ARCHITECTURE struc OF Counter_100 IS
            COMPONENT cnt10_v
                PORT(CLK, RST, EN : IN      STD_LOGIC;
                     CQ            : OUT  STD_LOGIC_VECTOR(3 DOWNTO 0);
                     COUT          : OUT  STD_LOGIC );
        END COMPONENT;
            SIGNAL DTOL, DTOH : STD_LOGIC_VECTOR(3 DOWNTO 0);
            SIGNAL CARRY_OUT1 : STD_LOGIC;
        BEGIN
          U1 : cnt10_v
          PORT MAP(CLK    => CLK_IN,
                   RST    => CLRN,
                   EN     => CLK_EN,
                   CQ     => DTOL ,
                   COUT => CARRY_OUT1);
          U2 : cnt10_v
          PORT MAP(CLK    => CARRY_OUT1,
                   RST    => CLRN,
                   EN     => CLK_EN ,
                   CQ     => DTOH ,
                   COUT => CCOUT );
          QL <= DTOL;
          QH <= DTOH;
        END struc;
```

在此源程序中,定义了3个信号作为电路的内部连线,DTOL[3..0]、DTOH[3..0]分别接于十进制计数器 cnt10_v 的个位和十位输出,CARRY_OUT1 作为两个十进制计数器 cnt10_v 的级联信号。其输出波形如图 6-15 所示。

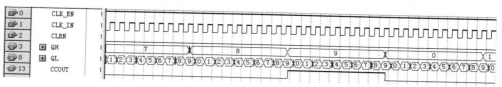

图 6-15　两位十进制计数器输出波形文件

2. 异步计数器

异步计数器又称行波计数器,它的低位计数器的输出作为高位计数器的时钟信号,这样一级一级串行连接起来构成了一个异步计数器。

异步计数器与同步计数器的不同之处就在于时钟脉冲的提供方式,除此之外没有什么不同,它同样可以构成各种各样的计数器。但是,由于异步计数器采用行波计数,从而使计数延迟增加,在要求延迟小的应用领域受到了很大的限制。

用 VHDL 描述的异步计数器与上述同步计数器的不同之处主要表现在对各级时钟脉冲的描述上。一个由8个触发器构成的行波计数器的程序如例 6-24 和例 6-25 所示。

【例 6-24】 基于 D 触发器模型的一位计数器的 VHDL 程序设计。

```
LIBRARY IEEE;
USE IEEE.STD_LOGIC_1164.ALL;
ENTITY rdff IS
     PORT(CLK,clr,D : IN      STD_LOGIC;
              Q,NQ      : OUT   STD_LOGIC);
END rdff;
ARCHITECTURE rtl OF rdff IS
   signal QB: STD_LOGIC;
BEGIN
   Q <= QB;
   NQ <= NOT QB;
   PROCESS(CLK,CLR)
   BEGIN
      IF(clr='1') THEN QB <= '0';
      ELSIF(CLK'EVENT AND CLK='1') THEN
            QB <= D;
      END IF;
   END PROCESS;
END rtl;
```

【例 6-25】 利用 VHDL 的 FOR 生成语句设计由 8 个触发器构成的行波计数器。

解：VHDL 提供了适合于以层次化方式描述规则结构电路的 FOR 生成语句。FOR 生成语句必须有一个标号，本例中用 GENL 作为标号，FOR 生成语句在循环中使用循环下标 I(范围 0～7)对元件 rdff 例化 8 次，循环中每一次迭代都将标号为 GENL 元件 rdff 例化一次，如图 6-16 所示，变量 I 没有被显式声明，而是自动被定义为局部变量，其作用局限于 FOR 生成语句的循环之中。图 6-17 给出了例化 4 次后的仿真输出波形。

```
LIBRARY IEEE;
USE IEEE.STD_LOGIC_1164.ALL;
ENTITY rplcont IS
     PORT(CLK,CLR : IN      STD_LOGIC;
              COUNT   : OUT   STD_LOGIC_VECTOR(7 DOWNTO 0));
END rplcont;
ARCHITECTURE rtl_top OF rplcont IS
     SIGNAL COUNT_IN_BAR: STD_LOGIC_VECTOR(8 DOWNTO 0);
     COMPONENT rdff
         PORT(CLK,CLR,D : IN      STD_LOGIC;
                  Q,NQ      : OUT   STD_LOGIC);
     END COMPONENT;
BEGIN
     COUNT_IN_BAR(0) <= CLK;
     GENL: FOR I IN 0 TO 7 GENERATE
         U: rdff
         PORT MAP(CLK => COUNT_IN_BAR(I),
                     CLR => CLR,
                     D => COUNT_IN_BAR(I+1),
                     Q => COUNT(I),
                     NQ => COUNT_IN_BAR(I+1));
     END GENERATE;
END rtl_top;
```

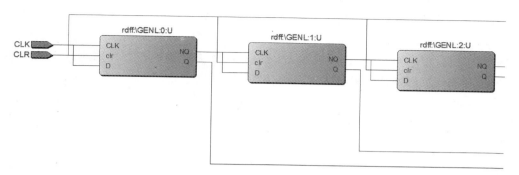

图 6-16　行波计数器的部分 RTL 图

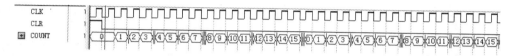

图 6-17　例化 4 次后的仿真输出波形

3. 环形计数器

利用移位寄存器把一个有效逻辑电平循环经过所有触发器,从而实现计数功能的计数器可称为环形计数器。环形计数器的特点是模数等于寄存器中触发器的个数,因此总有一些不用或无效的状态。

【**例 6-26**】　4 位环形计数器的 VHDL 建模。

```
LIBRARY IEEE;
USE IEEE.STD_LOGIC_1164.ALL;
USE IEEE.STD_LOGIC_UNSIGNED.ALL;
ENTITY count4 IS
    PORT(CLK : IN      BIT;
          Q   : OUT   BIT_VECTOR(3 DOWNTO 0));
END COUNT4;
ARCHITECTURE vhdl OF count4 IS
BEGIN
    PROCESS(CLK)
        VARIABLE      FF: BIT_VECTOR(3 DOWNTO 0);
        VARIABLE SER_IN: BIT;
    BEGIN
        IF(CLK' EVENT AND CLK='1')   THEN
           IF(FF(3 DOWNTO 1)="000") THEN
               SER_IN: ='1';
           ELSE SER_IN: ='0';
           END IF;
           FF(3 DOWNTO 0): =(SER_IN & FF(3 DOWNTO 1));
        END IF;
        Q <=FF;
    END PROCESS;
END vhdl;
```

在例 6-26 的程序中,为了使寄存器每来一个脉冲移位一次,采用了例 6-21 中的移位寄存器的描述方法,即通过驱动移位寄存器的 SER_IN 输入来实现"环形"移位。无论初始状态如何,经过简单规划,就能确保计数器最终能够进入所需的序列中。为了使计数器不使用异步输入信号就能够自启动,此例运用 IF-ELSE 结构来控制移位寄存器的 SER_IN 输入。每当发现较高 3 位都是低电平时,假设最低位是高电平,并且在下一个时钟脉冲时把一个高电平移位到 SER_IN 中;对所有其他状态(有效或无效的),都移入一个低电平,无论计数器的初始状态是什么,它最终全都是 0,移入一个高电平以便启动环形序列。其波形仿真输出如图 6-18 所示。

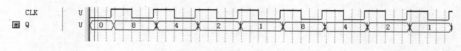

图 6-18　环形计数器输出波形

4. 可逆计数器

可逆计数器根据计数脉冲的不同,控制计数器在同步信号脉冲的作用,进行加 1 操作或者减 1 操作。假设可逆计数器的计数方向由特殊的控制端 updown 控制。当 updown=1 时,计数器加 1 操作;当 updown=0 时,计数器减 1 操作。下面以 8 位二进制可逆计数器设计为例,其真值表如表 6-11 所示。示例程序如例 6-27 所示。

表 6-11　8 位二进制可逆计数器真值表

CLR	UPDOWN	CLK	Q0　Q1　Q2　Q3　Q4　Q5　Q6　Q7
1	×	×	0　0　0　0　0　0　0　0
0	1	上升沿	加 1 操作
0	0	上升沿	减 1 操作

【例 6-27】　8 位可逆计数器的 VHDL 设计。

```
LIBRARY IEEE;
USE IEEE.STD_LOGIC_1164.ALL;
USE IEEE.STD_LOGIC_UNSIGNED.ALL;
ENTITY count8UP_Dn IS
    PORT(clk,clr,updown                 : IN    STD_LOGIC;
         Q0,Q1,Q2,Q3,Q4,Q5,Q6,Q7    : OUT   STD_LOGIC);
END count8UP_Dn;
ARCHITECTURE example OF count8UP_Dn IS
    SIGNAL count_B: STDa_LOGIC_VECTOR (5 DOWNTO 0);
BEGIN
  Q0 <= count_B(0);
  Q1 <= count_B(1);
  Q2 <= count_B(2);
  Q3 <= count_B(3);
  Q4 <= count_B(4);
  Q5 <= count_B(5);
  Q6 <= count_B(6);
  Q7 <= count_B(7);
  PROCESS (clr,clk)
  BEGIN
```

```
        IF (clr＝1 ) THEN
          Count_B <= (OTHERS => 0 );
        ELSIF (clk' EVENT AND clk＝1 ) THEN
          IF (updown＝1 ) THEN
            Count_B <=count_B ＋ 1;
          ELSE
            Count_B <= count_B － 1;
          END IF;
        END IF;
    END PROCESS;
  END example;
```

可逆计数器的输出波形如图 6-19 所示。当 updown＝1 时,计数器加 1 操作;当 updown＝0 时,计数器减 1 操作,符合设计要求。

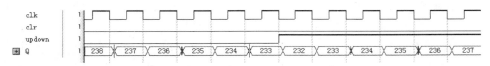

图 6-19　可逆计数器输出波形

6.3　状态机的设计

有限状态机(finite state machine)又称有限状态自动机,简称状态机,它是一个有向图形,由一组输入、一组输出、一组状态(state)和一组管理状态间转移的转移函数(transition function)组成。状态机通过响应一系列事件而"运行"。每个事件都在属于"当前"节点的转移函数的控制范围内,其中函数的范围是节点的一个子集。它是表示有限个状态以及这些状态之间的转移和动作等行为的数学模型。

有限状态机中的状态只是操作步骤的序列中用于对某个操作步骤作标记的抽象值,在给定的时间周期有一个当前状态(current state),转移函数可以根据当前状态及给定时间周期的输入值来确定下一个时间周期的下一个状态(next state)。输出函数可根据当前状态及给定时间周期的输入值来确定给定时间周期的输出。

有限状态机通常分为两类:Moore 状态机和 Mealy 状态机。图 6-20 给出了有限状态机的结构示意图。Moore 状态机输出只是状态的函数,因此在有效的时钟沿之后,输出设置到其最后数值需要几个门的延时,即使输入的信号恰巧在时钟周期内改变,输出信号在时钟周期也将不会改变,要将输入和输出隔离开。Mealy 状态机输出是输入和状态的函数,而且当输入变化时,输出可能在时钟周期中间发生变化,在整个的周期内输出可能不一致。

理论上,任何一个 Mealy 状态机都有一个等价的 Moore 状态机与之对应,在实际设计中,可能是 Mealy 状态机,也可能是 Moore 状态机。Mealy 状态机可以用较少的状态实现给定的控制序列,但很可能较难满足时间约束,这是由于计算下一状态的输入到达延时所造成的。

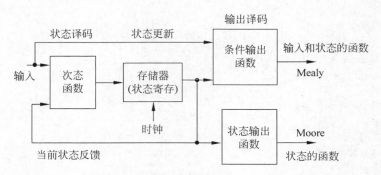

图 6-20　有限状态机的结构示意图

6.3.1　有限状态机的 VHDL 建模

由于有限状态机是由寄存器、下一状态逻辑和输出逻辑组成的，可以利用 VHDL 为寄存器及组合逻辑建模的方法来为有限状态机建模。本节把状态编码的任务留给 EDA 工具自动完成。用 VHDL 设计状态机，可通过简便地定义状态变量，将状态描述成进程，要使用简单的同步或异步重置，不要依赖"缺损"状态，使用枚举数据类型来描述状态，从组合进程中分离出时序进程，要保证组合进程和时序进程分开，组合进程是纯组合逻辑的，使用 CASE 声明来检查当前状态和预判下一状态，使用 CASE 或者 IF-THEN-ELSE 语句实现输出逻辑。

1. 用户自定义数据类型定义语句

用户自定义数据类型定义是用类型定义语句 TYPE 和子类型定义语句 SUBTYPE 实现的。TYPE 的语句格式如下：

（1）TYPE　类型名　IS　基本数据类型　RANGE　约束范围；

（2）TYPE　数据类型名　IS　数据类型定义。

用 TYPE 语句进行数据类型定义有两种格式，但方法相同，其中数据类型名由用户自定义，类型有枚举类型、整数类型、数组类型、记录类型、时间类型、实数类型。一般都是取已有的数据类型定义，如 BIT、STD_LOGIC、INTEGER 等。

【例 6-28】　用户自定义数据类型定义举例。

```
TYPE x_state IS ARRAY ( 0 TO 9 ) OF STD_LOGIC ;      --定义例①
TYPE week IS ( sun, mon, tue, wed, thu, fri, sat ) ;      --定义例②
TYPE m_state IS ( s0, s1, s2, s3 ) ;      --定义例③
SIGNAL present_state, next_state : m_state ;      --定义例④
```

例①定义的数据类型是一个具有 10 个元素的数组型数据类型，数组中的每一个元素的数据类型都是 STD_LOGIC。例②定义的数据类型是枚举类型，由一组文字符号表示，其中的每一文字都代表一个具体的数值，如可令 mon="0001"。例③定义的数据类型也是枚举类型，它将电路中表征每一状态的二进制值用文字符号表示，其取值为 s0、s1、s2、s3 共 4 种。例④中信号 present_state、next_state 的数据类型定义为 m_state。

在综合过程中枚举类型的文字元素的编码是由 EDA 自动设置的，一般情况下，其编码顺序是默认的,即将第一个元素(最左边)编码为 0000,以后依次加 1。

子类型 SUBTYPE 只是由 TYPE 所定义的原数据类型的一个子集,格式如下:

SUBTYPE　子类型名　IS　基本数据类型　RANGE　约束范围;

利用子类型 SUBTYPE 定义数据类型的好处是使程序的可读性提高,提高综合的优化效率。

2. 有限状态机的 VHDL 建模

用 VHDL 设计的有限状态机有多种形式:从信号输出方式上分为 Mealy 状态机和 Moore 状态机,从结构上分为单进程、两进程和三进程,从状态表达方式上分为符号化有限状态机和确定状态编码的有限状态机,从编码方式上分为有顺序状态编码机、一位热码状态编码机或其他编码方式的状态编码机。最一般和最常用的状态机通常包含说明部分、主控时序进程、主控组合进程和辅助进程几个部分。

1) 说明部分

说明部分中使用 TYPE 语句定义新的数据类型,此数据类型为枚举型,其元素通常都用状态机的状态名来定义。状态变量定义为信号,便于信息传递,并将状态变量的数据类型定义为含有既定状态元素的新定义的数据类型。说明部分一般放在结构体的 ARCHITECTURE 和 BEGIN 之间。例如:

```
ARCHITECTURE bev OF example_state IS
    TYPE FSM_ST IS (A,B,C);
    SIGNAL current_state, next_state: FSM_ST;
BEGIN…
```

2) 主控时序进程

主控时序进程是指负责状态机运转和在时钟驱动下负责状态转换的进程。状态机随外部时钟信号以同步时序方式工作,因此,状态机中必须包含一个对工作时钟信号敏感的进程,作为状态机的"驱动泵",当时钟发生跳变时,状态机的状态才会发生改变。当时钟的有效跳变到来时,时序进程将代表次态的信号 next_state 中的内容送入现态信号 current_state 中,而 next_state 中的内容完全由其他进程根据实际情况而定。此进程中往往也包括一些清零或置位的控制信号。如图 6-21 所示,状态 A 为闲置状态,该状态表明系统正等待启动。

```
PROCESS(clk, reset)
BEGIN
    IF reset = '1' THEN current_state <= A;
    ELSIF(clk= '1' AND clk'EVENT) THEN
        Current_state <= next_state;
    END IF;
END PROCESS;
```

图 6-21　有限状态机主控时序进程

3) 主控组合进程

主控组合进程的任务是根据外部输入的控制信号(包括来自状态机外部的信号和来自状态机内部其他非主控的组合或时序进程的信号)和当前状态值确定下一状态 next_state

的取向,以及确定对外输出或对内其他进程输出控制信号的内容。如图 6-22 所示,状态逻辑输出为 comb_outputs。

```
COM: PROCESS(current_state, state_Inputs)
BEGIN
    CASE current_state IS
        WHEN s0 => com_outputs <= 5;
            IF state_inputs = "00" THEN next_state <= s1;
            ELSE next_state <= s2;
            END IF;
    END CASE;
END PROCESS;
```

图 6-22　有限状态机主控组合进程

4) 辅助进程

辅助进程是用于配合状态机工作的组合进程或时序进程。在一般状态机的设计过程中,为了能获得可综合的、高效的 VHDL 状态机描述,建议使用枚举数据类型来定义状态机的状态,并使用多进程方式来描述状态机的内部逻辑。例如,可使用两个进程来描述,一个进程描述时序逻辑,包括状态寄存器的工作和寄存器状态的输出;另一个进程描述组合逻辑,包括进程间状态值的传递逻辑以及状态转换值的输出。必要时还可以引入第三个进程完成其他的逻辑功能。

【例 6-29】　为图 6-23 的有限状态机编写 VHDL 模型。

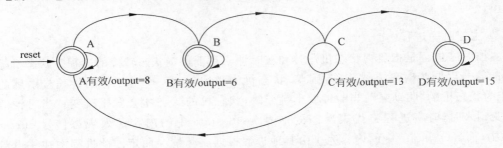

图 6-23　例 6-29 状态转换示意图

解:根据图 6-23 所示,在异步复位信号 reset 控制下,状态机进入空闲状态 A,一旦 A 有效,output＝8,状态机进入 B,其他依此类推。不失一般性,为避免组合逻辑和时序逻辑之间的混乱,建议采用两进程状态机 VHDL 模型,一个进程用于实现时序逻辑,另一个进程实现组合逻辑。图 6-23 的有限状态机 VHDL 模型如下:

```
LIBRARY IEEE;
USE IEEE.STD_LOGIC_1164.ALL;
ENTITY s_machine IS
    PORT(clk, reset        : IN      STD_LOGIC;
            state_inputs      : IN      STD_LOGIC_VECTOR (0 TO 1);
            comb_outputs      : OUT   INTEGER RANGE 0 TO 15);
END s_machine;
ARCHITECTURE behv OF s_machine IS
    TYPE FSM_ST IS (A, B, C, D);
```

```
      SIGNAL current_state, next_state: FSM_ST;
  BEGIN
    REG: PROCESS (reset,clk)
    BEGIN
      IF reset= '1' THEN current_state <= A;
      ELSIF clk= '1' AND clk'EVENT THEN
        current_state <= next_state;
      END IF;
    END PROCESS;
    COM: PROCESS(current_state, state_Inputs)
    BEGIN
      CASE current_state IS
        WHEN A => comb_outputs <= 6;
          IF state_inputs= "00" THEN next_state <=A;
          ELSE next_state <=B;
          END IF;
        WHEN B => comb_outputs <= 8;
          IF state_inputs= "00" THEN next_state <=B;
          ELSE next_state <=C;
          END IF;
        WHEN C => comb_outputs <= 13;
          IF state_inputs= "11" THEN next_state <= A;
          ELSE next_state <= D;
          END IF;
        WHEN D => comb_outputs <= 15;
          IF state_inputs= "11" THEN next_state <= D;
          ELSE next_state <= D;
          END IF;
      END case;
    END PROCESS;
  END behv;
```

采用 Quartus Ⅱ 综合后生成的两进程状态机的 RTL 线路图如图 6-24 所示,可以清楚地看到时序逻辑和组合逻辑分成了两部分。图 6-23 的有限状态机也可用三进程实现,即在例 6-29 的基础上,在主控组合进程后再增加一级寄存器(辅助进程)来实现时序逻辑的输出。这样一来可有效地滤除组合逻辑的毛刺,同时增加一级寄存器可以有效地进行时序计算与约束。另外,对于总线形式的输出信号来说,容易使总线数据对齐,从而减少总线数据间的偏斜(skew),减少接收端数据采样出错的概率。

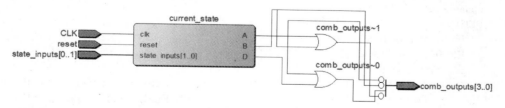

图 6-24　采用 Quartus Ⅱ 综合后两进程状态机的 RTL 线路图

三进程状态机的基本格式是:第一个进程实现同步状态跳转;第二个进程实现组合逻辑;第三个进程实现同步输出。组合逻辑采用的是 current_state,同步输出采用的是 next_state。请读者自行完成三进程状态机的 VHDL 设计。

6.3.2　Moore 状态机 VHDL 设计

从信号输出方式上可将有限状态机分为 Mealy 状态机和 Moore 状态机。从输出时序上看前者属于同步输出状态机，而后者属于异步输出状态机。Moore 状态机输出的仅为当前状态函数，这类状态机在输入发生变化时还必须等待时钟的到来，时钟状态发生变化时才导致输出的变化，它比 Mealy 状态机要多等一个时钟周期。例 6-30 实际是 Moore 状态机，通过该实例说明 Moore 状态机的 VHDL 建模方法。

【例 6-30】 用 Moore 状态机实现 11 序列检测。

解：11 序列检测器要求在一个串行数据流中检测出"11"，即在连续的两个时钟周期内输入为"1"，则在下一个时钟周期输出为"1"，用 Moore 状态机实现需要 3 个状态，设为 s0、s1、s2。s0 表示已检测到 0 个 1，s1 表示已检测到 1 个 1，s2 表示已检测到 2 个以上的 1，其状态图如图 6-25 所示。

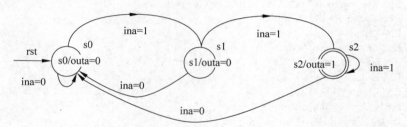

图 6-25　11 序列检测器状态图

```
LIBRARY IEEE;
USE IEEE. STD_LOGIC_1164. ALL;
ENTITY FSM_moore IS
    PORT(clk, rst : IN      STD_LOGIC;
         ina      : in      STD_LOGIC;
         outa     : out     STD_LOGIC);
END FSM_moore;
ARCHITECTURE beav OF FSM_moore IS
    TYPE state_type IS(s0, s1, s2);
    SIGNAL c_state: state_type;
BEGIN
    update: PROCESS(clk, rst)
    BEGIN
        IF rst = '1' THEN c_state <= s0;
        ELSIF clk = '1' AND clk'EVENT THEN
            CASE c_state IS
                WHEN s0 => IF ina= '1' THEN c_state <= s1; ELSE c_state <= s0; END IF;
                WHEN s1 => IF ina= '1' THEN c_state <= s2; ELSE c_state <= s0; END IF;
                WHEN s2 => IF ina= '0' THEN c_state <= s0; ELSE c_state <= s2; END IF;
                WHEN OTHERS => c_state <= s0;
            END CASE;
        END IF;
    END PROCESS update;
    output: PROCESS(clk, c_state, ina)
```

```
BEGIN
    IF rst = '1' THEN outa <= '0';
    ELSE
        IF clk = '1' AND clk'EVENT THEN
            if c_state= s2 THEN
                outa <= '1' ;
            ELSE outa <= '0' ;
            END IF;
        END IF;
    END IF;
END PROCESS output;
END beav;
```

在例 6-30 的程序中,通过 TYPE 语句定义了状态机的 3 个状态 s0、s1、s2,并假定触发器的第一个状态 s0 为状态机的复位状态,所有触发输出为 0 的状态赋值均用此状态。进程 update 描述了状态间的转移。当 rst＝1 时状态机进入复位状态 s0,因为 IF 语句的条件不依赖时钟信号,所以复位是异步的,这就是为什么要把 rst 列入进程 update 的敏感性信号表的原因。当复位信号不起作用时,ELSIF 语句指定电路等待时钟信号上升沿。CASE 语句中的每个 WHEN 语句表示状态机的一个状态。状态机的最后一部分指定:如状态机仍处在状态 s2,则输出 outa 为 1,否则 outa 为 0。

采用 Quartus Ⅱ综合后生成的两进程状态机的 RTL 线路图如图 6-26 所示,可以清楚地看到时序逻辑和组合逻辑分成了两部分。其仿真波形如图 6-27 所示。

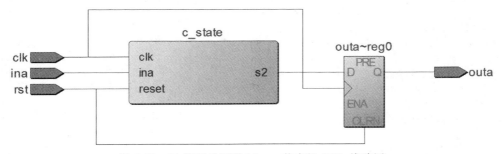

图 6-26　11 序列检测器 Moore 状态机 RTL 线路图

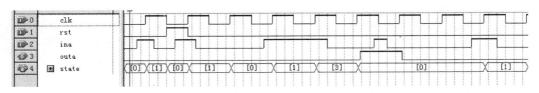

图 6-27　11 序列检测器 Moore 状态机仿真波形

6.3.3　Mealy 状态机 VHDL 设计

Mealy 状态机输出是输入和状态的函数,而且当输入变化时,输出可能在时钟周期中间发生变化,在整个的周期内输出可能不一致。但是,允许输出随着噪声输入而改变。与 Moore 状态机相比,Mealy 状态机输出的变化要领先 Moore 状态机一个周期。两种状态机的 VHDL 建模方法基本一样,不同之处是,Mealy 状态机组合进程中的输出信号是当前状态和当前输入的函数。

【例 6-31】 用 Mealy 状态机实现 11 序列检测。

解: 用 Mealy 状态机实现 11 序列检测器,需要两个状态即可,设为 s0、s1。s0 表示前一个时钟周期的数据为 0,s1 表示前一个时钟周期的数据为 1。其状态图如图 6-28 所示。其 VHDL 模型代码如下:

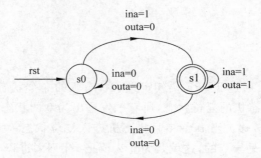

图 6-28 11 序列检测器状态图

```
LIBRARY IEEE;
USE IEEE.STD_LOGIC_1164.ALL;
ENTITY FSM_mealy IS
    PORT(clk,rst : IN       STD_LOGIC;
            ina     : in      STD_LOGIC;
            outa    : out     STD_LOGIC);
END FSM_mealy;
ARCHITECTURE beav OF FSM_mealy IS
    TYPE state_type IS(s0,s1);
    SIGNAL c_state: state_type;
    SIGNAL q1 : STD_LOGIC;
BEGIN
    update: PROCESS(clk,rst)
    BEGIN
        IF rst ='1' THEN c_state<=s0;
        ELSIF clk ='1' AND clk'EVENT THEN
            CASE c_state IS
                WHEN s0=> IF ina='1' THEN c_state<=s1; ELSE c_state<=s0; END IF;
                WHEN s1=> IF ina='0' THEN c_state<=s0; ELSE c_state<=s1; END IF;
                WHEN OTHERS=> c_state<=s0;
            END CASE;
        END IF;
    END PROCESS update;
    output: PROCESS(clk,c_state,ina)
        variable q2 : STD_LOGIC;
    BEGIN
        CASE c_state IS
            WHEN s0=> IF ina='1' THEN q2:= '0'; ELSE q2:= '0'; END IF;
            WHEN s1=> IF ina='0' THEN q2:= '0'; ELSE q2:= '1'; END IF;
            WHEN OTHERS=> q2:= '0';
        END CASE;
```

```
            IF clk = '1' AND clk'EVENT THEN
                q1 <= q2;
            END IF;
        END PROCESS output;
            outa <= q1;
    END beav;
```

采用 Quartus Ⅱ 综合后生成的 Mealy 状态机两进程状态机的 RTL 线路图如图 6-29 所示,可以清楚地看到时序逻辑和组合逻辑分成了 3 部分。其仿真波形如图 6-30 所示。

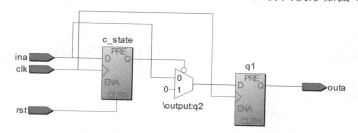

图 6-29 11 序列检测器 Mealy 状态机 RTL 线路图

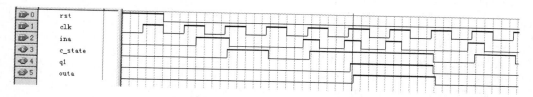

图 6-30 11 序列检测器 Mealy 状态机仿真波形

6.4 存储器的设计

存储器是一个用于存放数据的寄存器阵列或存放数据的单元(location),每一个单元有唯一的地址,地址是用来确定单元位置的一个数据。存储器的地址通常从 0 开始,2^n 个单元的存储器,其存储器地址范围为 $0 \sim 2^n - 1$,需要一个位宽为 n 的变量来表示地址。若每个单元可存储 m 位编码信息,则存储器所需的总位数为 $2^n m$ 位。存储器可分为随机存取存储器(Random Access Memory,RAM)和只读存储器(Read Only Memory,ROM)。

6.4.1 ROM 的设计

只读存储器(ROM)存放固定数据,事先写入,工作中可随时读取,断电数据不会丢失。在数值是常数的情况下,只读存储器非常有用,因为没有必要更新所存储的数据值。简单的 ROM 是一个组合电路,每个输入地址对应一个常数。可以用表格的形式来指定 ROM 的内容,每一个地址列为一行,地址的右边就是该地址的内容,即数据。对于一个复杂的多输出组合逻辑,用 ROM 来实现比用逻辑门电路实现更好。在复杂的状态机中,可用 ROM 产生下一个状态的逻辑或产生输出逻辑。

【例 6-32】 根据图 6-31 用 VHDL 语言设计一个程序存储器 ROM16_8,该 ROM 可存储 16 个 8 位十六进制数,从地址 0~F 该 ROM 所存的 16 个数为 09,1A,1B,2C,E0,F0,00,00,10,15,17,20,00,00,00,00。

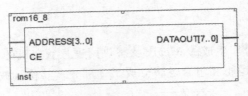

图 6-31　例 6-32 图

解：该 ROM 的地址位为 4,数据位为 8,结构体代码如下。其输出波形图 6-32 所示。

```
LIBRARY IEEE;
USE IEEE.STD_LOGIC_1164.ALL;
USE IEEE.STD_LOGIC_ARITH.ALL;
USE IEEE.STD_LOGIC_UNSIGNED.ALL;
ENTITY rom16_8 IS
    PORT(DATAOUT : OUT   STD_LOGIC_VECTOR(7 DOWNTO 0);
         ADDRESS : IN    STD_LOGIC_VECTOR(3 DOWNTO 0);
         CE      : IN    STD_LOGIC);
END rom16_8;
ARCHITECTURE r OF rom16_8 IS
BEGIN
    DATAOUT <= "00001001" WHEN ADDRESS= "0000" AND CE= '0' ELSE
               "00011010" WHEN ADDRESS= "0001" AND CE= '0' ELSE
               "00011011" WHEN ADDRESS= "0010" AND CE= '0' ELSE
               "00101100" WHEN ADDRESS= "0011" AND CE= '0' ELSE
               "11100000" WHEN ADDRESS= "0100" AND CE= '0' ELSE
               "11110000" WHEN ADDRESS= "0101" AND CE= '0' ELSE
               "00010000" WHEN ADDRESS= "1001" AND CE= '0' ELSE
               "00010101" WHEN ADDRESS= "1010" AND CE= '0' ELSE
               "00010111" WHEN ADDRESS= "1011" AND CE= '0' ELSE
               "00100000" WHEN ADDRESS= "1100" AND CE= '0' ELSE
               "00000000";
END r;
```

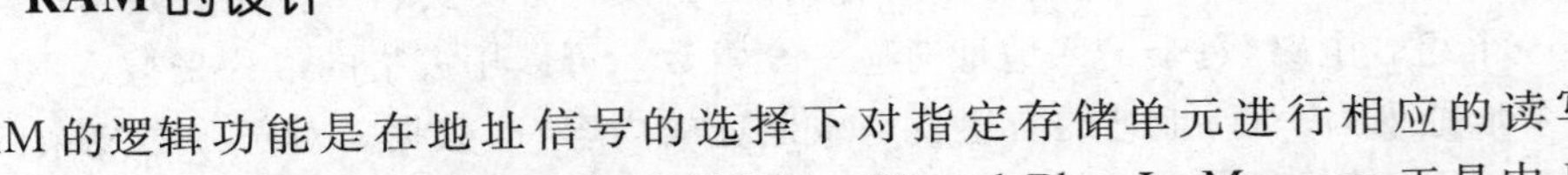

图 6-32　ROM16_8 输出波形

6.4.2　RAM 的设计

RAM 的逻辑功能是在地址信号的选择下对指定存储单元进行相应的读写操作。RAM 的 VHDL 模型可通过 Quartus Ⅱ 的 MegaWizard Plug-In Manager 工具中 Memory Compiler 生成,然后通过例化该模块用于系统的设计。这里给出一个直接用 VHDL 实现的 RAM 的例子。

【**例 6-33**】 图 6-33 为一个双端口直通 SSRAM,其容量为 1K×8b,端口 d_out1 允许数据读写,端口 d_out2 只允许读取数据。请编写其 VHDL 模型。

解:RAM 一般分为单端口存储器和多端口存储器。单端口存储器只有一个读写数据的端口,即使数据连接可分为输入和输出,也只有一个地址输入,在同一个时间只可以实现一次访问(或读或写)。多端口存储器有多个地址输入,对应于多个数据输入和输出。该模型的 VHDL 代码如下:

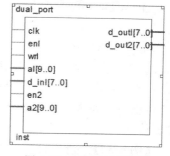

图 6-33　双端口存储器

```vhdl
LIBRARY IEEE;
USE IEEE.STD_LOGIC_1164.ALL,IEEE.NUMERIC_STD.ALL;
ENTITY dual_port_ssram IS
        PORT(clk       : IN       STD_LOGIC;
             en1,wr1: IN       STD_LOGIC;
             a1        : IN       UNSIGNED(9 DOWNTO 0);
             d_in1    : IN       STD_LOGIC_VECTOR(7 DOWNTO 0);
             d_out1  : OUT    STD_LOGIC_VECTOR(7 DOWNTO 0);
             en2       : IN       STD_LOGIC;
             a2        : IN       UNSIGNED(9 DOWNTO 0);
             d_out2  : OUT    STD_LOGIC_VECTOR(7 DOWNTO 0));
END dual_port_ssram;
ARCHITECTURE rtl OF dual_port_ssram IS
    TYPE ram_1Kx8 IS ARRAY(0 TO 1023) OF STD_LOGIC_VECTOR(7 DOWNTO 0);
    SIGNAL data_ram : ram_1Kx8 ;
BEGIN
    read_write_port: process(clk)is
    BEGIN
        if rising_edge(clk) then
            IF en1 = '1' THEN
              IF wr1 = '1' THEN
                   data_ram(to_integer(a1))<=d_in1;
                   d_out1 <=d_in1;
              ELSE
                   d_out1 <=data_ram(to_integer(a1));
              END IF;
            END IF;
        END IF;
    END PROCESS read_write_port;
    read_only_port: process(clk)is
    BEGIN
    IF rising_edge(clk) THEN
        IF en2 = '1' THEN
            d_out2 <=data_ram(to_integer(a2));
        END IF;
    END IF;
    END PROCESS read_only_port;
END rtl;
```

6.4.3 FIFO 的设计

先入先出(First-In First-Out，FIFO)存储器是多端口存储器的一个特例，FIFO 用于对来自源头到达的数据进行排队，并依照数据到达的顺序由另一个子系统加以处理，最先进入的数据最先出来。FIFO 的一个重要用途是用于不同时钟频率子系统间的数据传递。

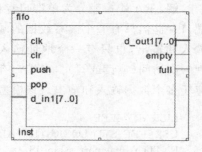

图 6-34 具有空和满状态的 FIFO

【例 6-34】 请设计一个最多可存储 256×8b 数据的 FIFO，该 FIFO 能提供状态输出，如图 6-34 所示。如 FIFO 为空，则禁止读取 FIFO；如 FIFO 为满，则禁止写入 FIFO。并且读写端口共用一个时钟。

```vhdl
LIBRARY IEEE;
USE IEEE.STD_LOGIC_1164.ALL;
USE IEEE.STD_LOGIC_UNSIGNED.ALL;
ENTITY example_fifo IS
PORT(clk         : IN    STD_LOGIC;
     clr,push,pop: IN    STD_LOGIC;
     d_in1       : IN    STD_LOGIC_VECTOR(7 DOWNTO 0);
     d_out1      : OUT   STD_LOGIC_VECTOR(7 DOWNTO 0);
     empty,full  : OUT   STD_LOGIC);
END example_fifo;
ARCHITECTURE rtl OF example_fifo IS
  TYPE ram_256x8 IS ARRAY(0 TO 256) OF STD_LOGIC_VECTOR(7 DOWNTO 0);
BEGIN
p1: PROCESS(clk,clr)
 VARIABLE stack: ram_256x8;
 VARIABLE cnt: INTEGER RANGE 0 TO 255;
BEGIN
IF clr='1' THEN
    d_out1 <=(OTHERS=>'0');
    full <= '0'; cnt: =0;
ELSIF rising_edge(clk) THEN
    IF push='1' AND pop='0' AND cnt/=255 THEN
        empty<= '0';
        stack(cnt): =d_in1;
        cnt: =cnt+1;
        d_out1 <=(OTHERS=>'0');
    ELSIF push='0' AND pop='1' AND cnt/=0 THEN
        full <= '0';
        cnt: =cnt-1;
        d_out1 <=stack(cnt);
    ELSIF push='0' AND pop='0' AND cnt/=0 THEN
        d_out1 <=(OTHERS=>'0');
    ELSIF cnt=0 THEN
        empty <= '1';
```

```
        d_out1<=(OTHERS=>'0');
      ELSIF cnt=256 THEN
        full<='1';
      END IF;
      END IF;
    END PROCESS p1;
    END rtl;
```

6.5　EDA 综合设计

　　本节通过 3 个设计实例,说明怎样利用基于 VHDL 的层次化结构的设计方法来构造较复杂的数字逻辑系统。通过这些实例,逐步讲解设计任务的分解、层次化结构设计的重要性、可重复使用的库、程序包参数化的元件引用等方面的内容,进一步了解 EDA 技术在组合逻辑和时序逻辑电路设计方面的应用,以及在计算机方面的应用。

6.5.1　简易数字钟的设计

　　简易数字钟实际上是一个对标准 1Hz 脉冲信号进行计数的计数电路,秒计数器满 60 后向分计数器进位,分计数器满 60 后向时计数器进位,时计数器按 24 翻 1 规律计数。计数输出经译码器送 LED 显示器,以十进制(BCD 码)形式输出时分秒。

　　根据上述简易数字钟功能的介绍,可将该系统的设计分为两部分,即时分秒计数模块和时分秒译码输出模块。其原理框图如图 6-35 所示,秒计数器在 1Hz 时钟脉冲下开始计数,当秒计数器值满 60 后进位输送到分计数器,同时将数值送往秒译码器,以十进制 BCD 码分别显示输出秒的十位与个位;同理,分计数器也在计数值满 60 后进位输送到时计数器,经译码输出十位与个位计数值;而时计数器则是模为 24 的计数器,当计数值满 24 后,计数值置零,重新开始计数,如此循环计数。

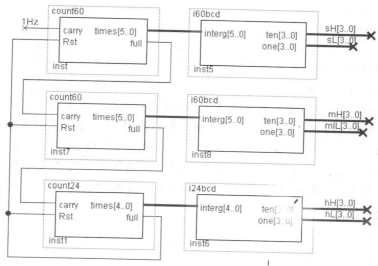

图 6-35　数字钟的原理框图

1. 时分秒计数模块

时分秒计数器模块由秒计数器、分计数器及时计数器模块构成。其中,秒计数器、分计数器为六十进制计数器,而根据设计要求,时计数器为二十四进制计数器。

(1) 秒计数器模块设计。秒计数器模块的输入来自时钟电路的秒脉冲 1Hz,是模 M=60 的计数器,其规律为 00→01→…→58→59→00…,在设计中保留了一个异步清零端 rst 和进位输出端 full,当计数器值计数到 59 时,进位位 full 输出为 1。秒计数器模块的 VHDL 程序代码如下:

```vhdl
LIBRARY IEEE;
USE IEEE.STD_LOGIC_1164.ALL;
USE IEEE.STD_LOGIC_UNSIGNED.ALL;
USE IEEE.STD_LOGIC_ARITH.all;
ENTITY count60 IS
  PORT(carry  : IN    STD_LOGIC;
       rst    : IN    STD_LOGIC;
       times  : OUT   INTEGER RANGE 0 TO 59;
       full   : OUT   STD_LOGIC);
END count60;
ARCHITECTURE arch OF count60 IS
  signal time : INTEGER RANGE 0 TO 59;
BEGIN
  PROCESS (rst, carry)
  BEGIN
    IF rst='1' THEN time <= 0; full <= '0';
    ELSIF rising_edge(carry) THEN
        IF time=59 THEN time <=0;
            full <= '1';
        ELSE time <= time + 1;
            full <= '0';
        END IF;
    END IF;
  END PROCESS;
  times <= time;
END arch;
```

(2) 分计数器模块和时计数器模块设计可参考秒计数器模块的程序。

2. 时分秒译码输出模块

该模块主要由秒个位和秒十位计数器、分个位和分十位计数器及时个位和时十位计数器 3 个译码输出模块构成。其中,秒个位和秒十位计数器、分个位和分十位计数器为六十进制,而根据设计要求,时个位和时十位为计数器二十四进制。显示输出均为十进制 BCD 码。

(1) 秒译码输出模块设计。在设计时通过 CASE 语句来实现译码转换功能,计数值在 0~59 范围内变化时,输出对应译码,当为其他值时,为错误输出。秒译码输出模块的 VHDL 程序代码如下:

```vhdl
LIBRARY IEEE;
USE IEEE.STD_LOGIC_1164.ALL;
USE IEEE.STD_LOGIC_UNSIGNED.ALL;
```

```
USE IEEE.STD_LOGIC_ARITH.all;
ENTITY i60bcd IS
    PORT (interg : IN      INTEGER RANGE 0 TO 59;
                ten    : OUT   STD_LOGIC_VECTOR (3 DOWNTO 0);
                one    : OUT   STD_LOGIC_VECTOR (3 DOWNTO 0);
END i60bcd;
ARCHITECTURE arch OF i60bcd IS
BEGIN
  PROCESS(interg)
  BEGIN
    CASE interg IS
      WHEN 0|10|20|30|40|50 => one<="0000";
      WHEN 1|11|21|31|41|51 => one<="0001";
      WHEN 2|12|22|32|42|52 => one<="0010";
      WHEN 3|13|23|33|43|53 => one<="0011";
      WHEN 4|14|24|34|44|54 => one<="0100";
      WHEN 5|15|25|35|45|55 => one<="0101";
      WHEN 6|16|26|36|46|56 => one<="0110";
      WHEN 7|17|27|37|47|57 => one<="0111";
      WHEN 8|18|28|38|48|58 => one<="1000";
      WHEN 9|19|29|39|49|59 => one<="1001";
      WHEN OTHERS            => one<="1110";
    END CASE;
    CASE interg IS
      WHEN  0| 1| 2| 3| 4| 5| 6| 7| 8| 9 => ten<="0000";
      WHEN 10|11|12|13|14|15|16|17|18|19 => ten<="0001";
      WHEN 20|21|22|23|24|25|26|27|28|29 => ten<="0010";
      WHEN 30|31|32|33|34|35|36|37|38|39 => ten<="0011";
      WHEN 40|41|42|43|44|45|46|47|48|49 => ten<="0100";
      WHEN 50|51|52|53|54|55|56|57|58|59 => ten<="0101";
      WHEN OTHERS                        => ten<="1110";
    END CASE;
  END PROCESS;
END arch;
```

（2）分译码输出模块和时译码输出模块设计可参考秒译码输出模块设计。

3. 数字钟的顶层设计

根据图 6-35 所示的数字钟原理图,利用元件例化的方法可得数字钟顶层设计的 VHDL 代码。

```
LIBRARY IEEE;
USE IEEE.STD_LOGIC_1164.ALL;
USE IEEE.STD_LOGIC_UNSIGNED.ALL;
USE IEEE.STD_LOGIC_ARITH.all;
ENITY clock IS
  PORT(clk                     : IN STD_LOGIC;
        sH,sL,mH, mL,hH,hL : OUT STD_LOGIC_VECTOR(3 DOWNTO 0);
END clock;
ARCHITECTURE clock_arc OF clock IS
  COMPONENT count60
```

```
        PORT(carry, Rst : IN       STD_LOGIC;
              times    : OUT   INTEGER RANGE 0 TO 59;
              full     : OUT   STD_LOGIC);
    END COMPONENT;
    COMPONENT count24
        PORT(carry, Rst : IN       STD_LOGIC;
              times    : OUT   INTEGER RANGE 0 TO 23;
              full     : OUT   STD_LOGIC);
    END COMPONENT;
    COMPONENT i60bcd
        PORT(interg   : IN INTEGER RANGE 0 TO 59;
              one, ten : OUT STD_LOGIC_VECTOR(3 DOWNTO 0));
    END COMPONENT;
    COMPONENT i24bcd
        PORT(interg   : IN INTEGER RANGE 0 TO 23;
              one, ten : OUT STD_LOGIC_VECTOR(3 DOWNTO 0));
    END COMPONENT;
    SIGNAL carry1, carry2, newRst : STD_LOGIC;
    SIGNAL abin1, abin2           : INTEGER RANGE 0 TO 59;
    SIGNAL abin3                  : INTEGER RANGE 0 TO 23;
BEGIN
    u1 : count60 PORT MAP(carry=> clk, Rst=> newRst, times=> abin1, full=> carry1);
    u2 : count60 PORT MAP(carry=> carry1, Rst=> newRst, times=> abin2, full=> carry2);
    u3 : count24 PORT MAP(carry=> carry2, Rst=> newRst, times=> abin3, full=> newRst);
    u4 : i60bcd PORT MAP(interg=> abin1, ten=> sH, one=> sL);
    u5 : i60bcd PORT MAP(interg=> abin2, ten=> mH, one=> mL);
    u6 : i24bcd PORT MAP(interg=> abin3, ten=> hH, one=> hL);
END clock_arc;
```

6.5.2　出租车自动计费器 EDA 设计

设计一个出租车自动计费器,计费包括起步价、行车里程计费、等待时间计费 3 部分,用三位数码管显示金额,最大值为 999.9 元,最小计价单元为 0.1 元。行程 3 公里内,且等待累计时间 3 分钟内,起步费为 8 元;超过 3 公里,以每公里 1.6 元计费,等待时间单价为每分钟 1 元。用两位数码管显示总里程。最大为 99 公里。用两位数码管显示等待时间,最大值为 59 分钟。

根据层次化设计理论,该设计问题自顶向下可分为分频模块、控制模块、计量模块、译码显示模块,其系统框图如图 6-36 所示。

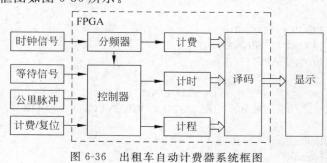

图 6-36　出租车自动计费器系统框图

1. 主体 FPGA 电路 txai 的 VHDL 设计

该电路的核心部分就是计数分频电路,分频模块对频率为 240Hz 的输入脉冲进行分频,得到的频率为 16Hz、10Hz 和 1Hz 的 3 种频率。该模块产生频率信号用于计费,每个 1Hz 脉冲为 0.1 元计费控制,10Hz 信号为 1 元计费控制,16Hz 信号为 1.6 元计费控制。

计量控制模块是出租车自动计费器系统的主体部分,该模块主要完成等待计时功能、计费功能、计程功能,同时产生 3 分钟的等待计时使能控制信号 en1,行程 3 公里外的使能控制信号 en0。计费功能主要完成的任务是:行程 3 公里内,且等待累计时间 3 分钟内,起步费为 8 元;3 公里外以每公里 1.6 元计费,等待累计时间 3 分钟外以每分钟 1 元计费。计时功能主要完成的任务是计算乘客的等待累计时间,计时器的量程为 59 分钟,满量程自动归零。计程功能主要完成的任务是计算乘客所行驶的公里数,计程器的量程为 99 公里,满量程自动归零。

本设计通过 VHDL 的顺序语句 IF-THEN-ELSE 根据一个或一组条件来选择某一特定的执行通道,生成计费数据、计时数据和计程数据。其 VHDL 源程序如下:

```vhdl
LIBRARY IEEE;
USE IEEE.STD_LOGIC_1164.ALL;
USE IEEE.STD_LOGIC_UNSIGNED.ALL;
USE IEEE.STD_LOGIC_ARITH.ALL;
ENTITY taxi IS
    PORT(clk_240              : IN   STD_LOGIC;              --频率为 240Hz 的时钟
        start                 : IN   STD_LOGIC;              --计价使能信号
        stop                  : IN   STD_LOGIC;              --等待信号
        fin                   : IN   STD_LOGIC;              --公里脉冲信号
        cha3,cha2,cha1,cha0   : OUT STD_LOGIC_VECTOR(3 DOWNTO 0);  --费用数据
        km1,km0               : OUT STD_LOGIC_VECTOR(3 DOWNTO 0);  --公里数据
        min1,min0             : OUT STD_LOGIC_VECTOR(3 DOWNTO 0));  --等待时间
END taxi;
ARCHITECTURE behav OF taxi IS
    SIGNAL f_10,f_16,f_1 : STD_LOGIC;              --频率为 10Hz、16Hz、1Hz 的信号
    SIGNAL q_10          : INTEGER RANGE 0 TO 23;          --24 分频器
    SIGNAL q_16          : INTEGER RANGE 0 TO 14;          --15 分频器
    SIGNAL q_1           : INTEGER RANGE 0 TO 239;         --240 分频器
    SIGNAL w             : INTEGER RANGE 0 TO 59;          --秒计数器
    SIGNAL c3,c2,c1,c0   : STD_LOGIC_VECTOR(3 DOWNTO 0);   --十进费用计数器
    SIGNAL k1,k0         : STD_LOGIC_VECTOR(3 DOWNTO 0);   --公里计数器
    SIGNAL m1            : STD_LOGIC_VECTOR(2 DOWNTO 0);   --分的十位计数器
    SIGNAL m0            : STD_LOGIC_VECTOR(3 DOWNTO 0);   --分的个位计数器
    SIGNAL en1,en0,f     : STD_LOGIC;              --使能信号
BEGIN
fenpin: PROCESS(clk_240,start)
BEGIN
  IF clk_240'event AND clk_240='1' THEN
      IF start='0' THEN q_10<=0; q_16<=0; f_10<='0'; f_16<='0'; f_1<='0'; f<='0';
      ELSE
          IF q_10=23 THEN q_10<=0; f_10<='1';        --此 IF 语句得到频率为 10Hz 的信号
          ELSE q_10<=q_10+1; f_10<='0';
```

```
            END IF;
            IF q_16=14 THEN q_16<=0; f_16<='1';        --此 IF 语句得到频率为 16Hz 的信号
            ELSE q_16<=q_16+1; f_16<='0';
            END IF;
            IF q_1=239 THEN q_1<=0; f_1<='1';          --此 IF 语句得到频率为 1Hz 的信号
            ELSE q_1<=q_1+1; f_1<='0';
            END IF;
            IF en1='1' THEN f<=f_10;                   --此 IF 语句得到计费脉冲 f
            ELSIF en0='1' THEN f<=f_16;
            ELSE f<='0';
            END IF;
          END IF;
        END IF;
    END PROCESS;
    main: PROCESS(f_1)
    BEGIN
      IF f_1'event AND f_1='1' THEN
        IF start='0' THEN
            w<=0; en1<='0'; en0<='0'; m1<="000"; m0<="0000"; k1<="0000";
k0<="0000";
        ELSIF stop='1' THEN
            IF w=59 THEN w<=0;                         --此 IF 语句完成等待计时
              IF m0="1001" THEN m0<="0000";            --此 IF 语句完成分计数
                IF m1<="101" THEN m1<="000";
                ELSE m1<=m1+1;
                END IF;
              ELSE m0<=m0+1;
              END IF;
              IF m1&m0>"0000010" THEN en1<='1';        --此 IF 语句得到 en1 使能信号
              ELSE en1<='0';
              END IF;
            ELSE w<=w+1; en1<='0';
            END IF;
        ELSIF fin='1' THEN
            IF k0="1001" THEN k0<="0000";              --此 IF 语句完成公里脉冲计数
              IF k1="1001" THEN k1<="0000";
              ELSE k1<=k1+1;
              END IF;
            ELSE k0<=k0+1;
            END IF;
            IF k1&k0>"00000010" THEN en0<='1';         --此 IF 语句得到 en0 使能信号
            ELSE en0<='0';
            END IF;
        ELSE en1<='0'; en0<='0';
        END IF;
        cha3<=c3; cha2<=c2; cha1<=c1; cha0<=c0;        --费用数据输出
        km1<=k1; km0<=k0; min1<='0'&m1; min0<=m0;      --公里数据、分钟数据输出
      END IF ;
    END PROCESS main;
    jifei: PROCESS(f, start)
    BEGIN
```

```
        IF start='0' then c3<="0000"; c2<="0000"; c1<="1000"; c0<="0000";
        ELSIF f'event AND f='1' THEN
            IF c0="1001" THEN c0<="0000";                    --此 IF 语句完成对费用的计数
                IF c1="1001" THEN c1<="0000";
                    IF c2="1001" THEN c2<="0000";
                        IF c3<="1001" THEN c3<="0000";
                        ELSE c3<=c3+1;
                        END IF;
                    ELSE c2<=c2+1;
                    END IF;
                ELSE c1<=c1+1;
                END IF;
            ELSE c0<=c0+1;
            END IF;
        END IF;
    END PROCESS jifei;
END behav;
```

该源程序包含 3 个进程模块。fenpin 进程对频率为 240 Hz 的输入脉冲进行分频,得到频率为 16 Hz、10 Hz 和 1 Hz 的 3 种计费频率信号,供 main 进程和 jifei 进程进行计费、计时、计程之用;main 进程完成等待计时功能、计程功能,该模块将等待时间和行驶公里数变换成脉冲个数计算,同时产生 3 分钟的等待计时使能控制信号 en1 和行程 3 公里外的使能控制信号 en0;jifei 进程将起步价 8 元预先固定在电路中,通过对计费脉冲数的统计,计算出整个费用数据。

在源程序中,输入信号 fin 是汽车传感器提供的距离脉冲信号;start 为汽车计价启动信号,当 start=1 时,表示开始计费(高电平有效),此时将计价器计费数据初值 80(即 8.0元)送入,计费信号变量(cha3 cha2 cha1 cha0=0080),里程数清零(km1 km0=00),计时计数器清零(min1 min0=00);stop 为汽车停止等待信号(高电平有效),当 stop=1 时,表示停车等待状态,并开始等待计时计费。

2. 译码显示模块扫描显示电路

该模块经过 8 选 1 选择器将计费数据(4 位 BCD 码)、计时数据(2 位 BCD 码)、计程数据(2 位 BCD 码)动态选择输出。其中计费数据 jifei4 至 jifei1 送入显示译码模块进行译码,最后送至与百元、十元、元、角单位对应的数码管上显示,最大显示为 999.9 元;计时数据送入显示译码模块进行译码,最后送至分为单位对应的数码管上显示,最大显示为 59 秒;计程数据送入显示译码模块进行译码,最后送至以公里为单位的数码管上显示,最大显示为 99 公里。该模块包含 8 选 1 选择器、模 8 计数器、七段数码显示译码器 3 个子模块,可参照6.1.1 节、6.1.3 节、6.2.3 节完成程序设计。

3. 出租车自动计费器顶层电路的设计和仿真

根据图 6-36 所示的出租车自动计费器系统框图,出租车自动计费器顶层电路分为 5 个模块,它们是出租车自动计费器系统的主体 FPGA 电路 txai 模块、8 选 1 选择器 mux8_1 模块、模 8 计数器 se 模块、七段数码显示译码器 di_LED 模块、生成动态扫描显示片选信号的3-8 译码器 decode3_8 模块。本例使用原理图输入法完成图 6-37 所示出租车自动计费器顶层电路设计。

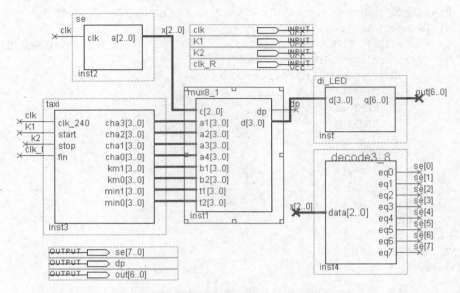

图 6-37　出租车自动计费器顶层电路原理图

按已确立的层次化设计思路,在 Quartus Ⅱ 图形编辑器中分别调入前面的层次化设计方案中所设计的低层模块的元件符号 taxi. sym、mux8_1. sym、se. sym、di_LED. sym,并加入相应的输入输出引脚与辅助元件。而 3-8 译码器模块 decode3_8. sym 可利用宏功能向导 MegaWizard Plug-In Manager 定制(详细步骤参见 3.5 节)。正确编译后仿真输出波形和元件符号如图 6-38 所示。

在图 6-38(a)中,K2=0 即全程无停止等待时间,因此计时显示输出为 3F(00),该图中出租车总行驶里程为 3F(0)5B(2)(即 2 公里),等待累计时间为 3F(0)3F(0)(0 分钟),总费用为 7F.3F(8.0 元),仿真结果正确。

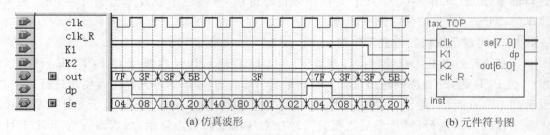

(a) 仿真波形　　　　　　　　　　　　　　　　(b) 元件符号图

图 6-38　出租车自动计费器顶层电路

4. 硬件测试

为了能对所设计的出租车自动计费器电路进行硬件测试,应将其输入输出信号锁定在开发系统的目标芯片引脚上,并重新编译,然后对目标芯片进行编程下载,完成出租车自动计费器电路的最终开发。其硬件测试示意图如图 6-39。不失一般性,本设计选用 DE2-115 开发平台。

图 6-39 中,clk 是基准时钟,锁定引脚时将 clk 接至 clock_50(接收 50MHz 的时钟频率);计价使能信号 K1(1 为开始计价,0 为停止计价)SW[0]相连;停车等待信号 K2(1 为

停车等待,0 为正常行驶)SW[1];公里脉冲信号 clk_R(每按一次就输出一个脉冲)接
key[3];输出显示分别接到 DE2-115 数码管 HEX7～HEX0。在主菜单中选择 Assignments|
Import Assignments 命令自动导入引脚配置文件 DE2_115_pin_assignment. csv,完成引脚
锁定。

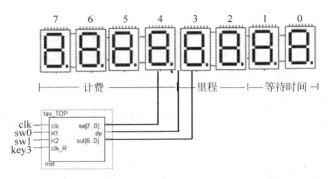

图 6-39　出租车自动计费器硬件测试示意图

6.5.3　数字密码锁 EDA 设计

　　数字密码锁也称电子密码锁,其锁内有若干位密码,所用密码可由用户自己选定。数字
密码锁有两类:一类并行接收数据,称为并行锁;另一类串行接收数据,称为串行锁,本设
计为串行锁。如果输入代码与锁内密码一致,锁被打开;否则,应封闭开锁电路,并发出告
警信号。随着数字技术的飞速发展,具有防盗报警功能的数字密码锁代替安全性差的机械
锁已成为必然的趋势。数字密码锁不但可以用来保管物品,还可以防止越权操作,例如银行
自动柜员机、自动售货机、门卡系统等。

　　本节将设计一种数字密码锁,密码由 3 位十进制数字组成,初始设定为“000”。可由用
户任意设置密码,密码输入正确时开锁,密码连续输入错误 3 次则报警。其原理框图如
图 6-40所示。

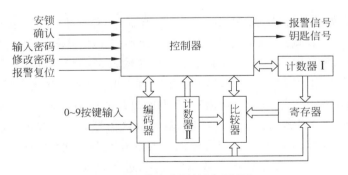

图 6-40　数字密码锁原理框图

　　控制器是整个系统的功能核心,接收按键和其他模块传来的信号,再根据系统功能产生
相应的控制信号送到相关的模块,并控制钥匙信号(开锁/安锁)和报警信号。

　　编码器接收键盘的数字输入信号(用 0～9 号开关代替),经编码后输出给比较器和寄存

器,并提供密码脉冲信号给控制器。比较器用来比较编码器输出和寄存器输出数据是否相等,结果送给控制器。计数器Ⅰ用来给寄存器提供地址信号并记录密码输入位数用于比较。计数器Ⅱ记录错误次数,达到规定次数时输出报警信号。寄存器在密码校验时输出密码以供比较;在修改密码时,保存新密码。钥匙信号控制打开/关闭,报警信号可以接 LED 或其他安防设备。

按"安锁"键,将锁闭合。开锁时,先按"输入密码"键,输入密码,再按"确认"键。若输入密码内容或者长度有误,则计数器Ⅱ累计一次,达到 3 次时报警。只有在开锁状态下才可以设置新密码,先按"修改密码"键,输入新密码,再按"确认"键。

1. 数字密码锁层次化设计方案

系统由 6 个模块组成:控制模块、计数器Ⅰ模块、计数器Ⅱ模块、寄存器模块、比较器模块以及编码器模块。

1) 控制模块 VHDL 设计

控制模块采用有限状态机设计,将系统分为 7 个状态,即开锁状态 OUTLOCK、安锁状态 INLOCK、输入密码状态 PS_INPUT、密码初验正确状态 PS_RIGHT、密码初验错误状态 PS_WRONG、报警状态 ALARM 及修改密码状态 PS_CHANGE,状态转移如图 6-41 所示。

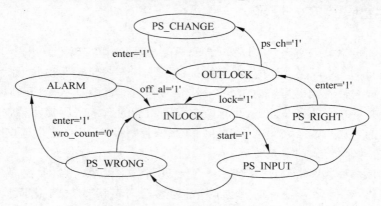

图 6-41   控制模块状态转移图

系统上电时,处于开锁状态(OUTLOCK)。当输入 ps_ch 信号时,系统进入修改密码状态(PS_CHANGE);若输入 lock 信号,进入安锁状态(INLOCK),锁闭合。在安锁状态,输入 start 信号,进入密码输入状态(PS_INPUT)。在输入密码状态,由 ps_i 密码脉冲作为计数时钟,计数值输出作为寄存器地址,当计数器计到 3 时,返回计数满信号 cin。如果密码内容和长度均正确,进入密码初验正确状态(PS_RIGHT);如果密码错误,进入密码初验错误状态(PS_WRONG)。在密码初验错误状态,输入确认信号 enter,进入开锁状态。在密码初验错误状态输入确认信号 enter 时,如果错误次数没有达到 3 次,则进入安锁状态并输出错误信号(wro_count 加 1);如果错误次数达到 3 次,进入报警状态。在报警状态,warn 信号等于 1,如果输入清除警报信号 off_al,进入安锁状态。

```
LIBRARY IEEE;
USE IEEE.STD_LOGIC_1164.ALL;
USE IEEE.STD_LOGIC_UNSIGNED.ALL;
USE IEEE.STD_LOGIC_ARITH.ALL;
```

```
ENTITY dl_control IS
    PORT(clk, lock, star t, off_al, enter, wro_count, ps_i, cmp_r, cin : IN    STD_LOGIC;
            code_en, cnt_clr, cnt_clr2, cnt_clk2, reg_wr, key, warn    : OUT STD_LOGIC);
END dl_control;
ARCHITECTURE behave OF dl_control IS
    CONSTANT KEY_ACTIVE: STD_LOGIC: ='1';
    TYPE state_type IS (OUTLOCK, INLOCK, PS_INPUT, PS_RIGHT, PS_WRONG, ALARM, PS
_CHANGE);
    SIGNAL state: state_type;
BEGIN
    PROCESS(clk)
    BEGIN
        IF rising_edge(clk) THEN
            CASE state IS
                WHEN OUTLOCK=> key <= '0';
                    IF lock=KEY_ACTIVE THEN
                        state <= INLOCK;
                    ELSIF ps_ch=KEY_ACTIVE THEN
                        state <= PS_CHANGE;
                    ELSE
                        state <= OUTLOCK;
                    END IF;
                WHEN INLOCK=> key <= '1';
                    code_en <= '0';
                    cnt_clr <= '1';
                    reg_wr <= '0';
                    warn <= '0';
                    IF start=KEY_ACTIVE THEN
                        state <= PS_INPUT;
                    ELSE
                        state <= INLOCK;
                    END IF;
                WHEN PS_INPUT=> code_en <= '1';
                    cnt_clr <= '0';
                    reg_wr <= '0';
                    IF cin= '1' AND ps_i= '1' AND cmp_r= '1' THEN
                        code_en <= '0';
                        cnt_clr <= '1';
                        cnt_clr2 <= '1';
                        state <= PS_RIGHT;
                    ELSIF ps_i= '1' AND cmp_r= '0' THEN
                        code_en <= '0';
                        cnt_clr <= '1';
                        cnt_clr2 <= '0';
                        cnt_clk2 <= '1';
                        state <= PS_WRONG;
                    ELISF enter=KEY_ACTIVE AND cin= '0' THEN
                        code_en <= '0';
                        cnt_clr <= '1';
                        cnt_clr2 <= '0';
                        cnt_clk2 <= '1';
```

```
                state <= ALARM;
            ELSE
                state <= PS_INPUT;
            END IF;
        WHEN PS_RIGHT=>
            IF enter=KEY_ACTIVE THEN
                state <= OUTLOCK;
            ELSE
                state <= PS_RIGHT;
            END IF;
        WHEN PS_WRONG=>
            IF enter=KEY_ACTIVE AND wro_count='1' THEN
                cnt_clk2 <= '0';
                state <= ALARM;
            ELSIF enter=KEY_ACTIVE THEN
                cnt_clk2 <= '0';
                state <= INLOCK;
            ELSE
                state <= PS_WRONG;
            END IF;
        WHEN ALARM=>
            IF off_al=KEY_ACTIVE THEN
                warn <= '0';
                state <= INLOCK;
            ELSE
                cnt_clk2 <= '0';
                warn <= '1';
                state <= ALARM;
            END IF;
        WHEN PS_CHANGE=>
            code_en <= '1';
            cnt_clr <= '0';
            reg_wr <= '1';
            IF cin='1' THEN
                code_en <= '0';
                cnt_clr <= '1';
                state <= OUTLOCK;
            END IF;
        WHEN OTHERS=>
            state <= INLOCK;
        END CASE;
    END IF;
  END PROCESS;
END behave;
```

2）计数器 I 模块 VHDL 结构体 dl_counter

```
ARCHITECTURE behave OF dl_counter IS
    CONSTANT RESET_ACTIVE: STD_LOGIC: ='1';
    SIGNAL cnt: STD_LOGIC_VECTOR(1 DOWNTO 0);
BEGIN
```

```
        addr <= cnt;
        PROCESS(clk,clr)
        BEGIN
            IF clr=RESET_ACTIVE THEN
                cnt <= "00";
                cout <= '0';
            ELSIF rising_edge(clk) THEN
                IF cnt="10" THEN
                    cnt <= "11";
                    cout <= '1';
                ELSE
                    cnt <= cnt+'1';
                END IF;
            END IF;
        END PROCESS;
END behave;
```

3）计数器Ⅱ模块 VHDL 结构体 dl_counter2

```
ARCHITECTURE behave OF dl_counter2 IS
SIGNAL cnt: STD_LOGIC_VECTOR(1 DOWNTO 0);
BEGIN
    PROCESS(clk,clr)
    BEGIN
        IF clr='1' THEN
            cnt <= "00";
            wro_count <= '0';
        ELSIF rising_edge(clk) THEN
            IF cnt="10" THEN
                cnt <= "11";
                wro_count <= '1';
            ELSE
                cnt <= cnt+'1';
            END IF;
        END IF;
    END PROCESS;
END behave;
```

4）寄存器模块 VHDL 结构体

```
ARCHITECTURE behave OF dl_reg IS
    SIGNAL m0: STD_LOGIC_VECTOR(3 DOWNTO 0);
    SIGNAL m1: STD_LOGIC_VECTOR(3 DOWNTO 0);
    SIGNAL m2: STD_LOGIC_VECTOR(3 DOWNTO 0);
BEGIN
    PROCESS(clk)
    BEGIN
        IF falling_edge(clk) THEN
            IF en='1' THEN
                CASE addr IF
                    WHEN "01" =>
                        IF reg_wr='1' THEN
```

```
                            m0 <= data_in;
                        ELSE
                            data_out <= m0;
                        END IF;
                    WHEN "10" =>
                        IF reg_wr= '1' THEN
                            m1 <= data_in;
                        ELSE
                            data_out <= m1;
                        END IF;
                    WHEN "11" =>
                        IF reg_wr= '1' THEN
                            m2 <= data_in;
                        ELSE
                            data_out <= m2;
                        END IF;
                    WHEN OTHERS=>
                        NULL;
                END CASE;
            END IF;
        END IF;
    END PROCESS;
END behave;
```

5）比较器模块 VHDL 结构体 dl_cmp

```
ARCHITECTURE behave OF dl_cmp IS
BEGIN
    c <= '1' WHEN a=b ELSE
    '0';
END behave;
```

6）编码器模块 VHDL 结构体 dl_coder

```
ARCHITECTURE behave OF dl_coder IF
    SIGNAL key_in_1: STD_LOGIC_VECTOR(9 DOWNTO 0);
    SIGNAL key_in_2: STD_LOGIC_VECTOR(9 DOWNTO 0);
BEGIN
    U1: PROCESS(clk)
    BEGIN
        IF rising_edge(clk) THEN
            IF en= '1' THEN
                IF key_in= "0000000000" THEN
                    key_in_1 <= key_in;
                    key_in_2 <= key_in;
                ELSE
                    key_in_2 <= key_in_1;
                    key_in_1 <= key_in;
                END IF;
            END IF;
        END IF;
    END PROCESS;
```

```
            ps_i <= '1' WHEN key_in_2/=key_in_1 ELSE '0';
            U2: PROCESS(clk)
            BEGIN
                IF rising_edge(clk) THEN
                    IF en='1' AND key_in/="000000000" THEN
                        CASE key_in IS
                            WHEN "0000000001" => code_out <= "0000";
                            WHEN "0000000010" => code_out <= "0001";
                            WHEN "0000000100" => code_out <= "0010";
                            WHEN "0000001000" => code_out <= "0011";
                            WHEN "0000010000" => code_out <= "0100";
                            WHEN "0000100000" => code_out <= "0101";
                            WHEN "0001000000" => code_out <= "0110";
                            WHEN "0010000000" => code_out <= "0111";
                            WHEN "0100000000" => code_out <= "1000";
                            WHEN "1000000000" => code_out <= "1001";
                            WHEN OTHERS       => code_out <= "0000";
                        END CASE;
                    END IF;
                END IF;
            END PROCESS;
        END behave;
```

2. 数字密码锁顶层设计方案

按已确立的层次化设计思路,根据图 6-40 所示的数字密码锁顶层设计图,可构建顶层 VHDL 代码如下:

```
LIBRARY IEEE;
USE IEEE.STD_LOGIC_1164.ALL;
USE IEEE.STD_LOGIC_UNSIGNED.ALL;
USE IEEE.STD_LOGIC_ARITH.ALL;
ENTITY dlock IS
    PORT(clk    : IN    STD_LOGIC;
         lock   : IN    STD_LOGIC;
         start  : IN    STD_LOGIC;
         off_al : IN    STD_LOGIC;
         ps_ch  : IN    STD_LOGIC;
         enter  : IN    STD_LOGIC;
         key_in : IN    STD_LOGIC_VECTOR(9 DOWNTO 0);
         key    : OUT STD_LOGIC;
         warn   : OUT STD_LOGIC);
END dlock;
ARCHITECTURE behave OF dlock IS
    COMPONENT dl_control
        PORT(clk, lock, star t, off_al, enter, wro_count, ps_i, cmp_r, cin : IN    STD_LOGIC;
             code_en, cnt_clr, cnt_clr2, cnt_clk2, reg_wr, key, warn    : OUT STD_LOGIC);
    END COMPONENT;
    COMPONENT dl_counter
        PORT(clr, clk : IN STD_LOGIC;
             cout   : OUT STD_LOGIC;
             addr   : OUT STD_LOGIC_VECTOR(1 DOWNTO 0) );
```

```
    END COMPONENT;
    COMPONENT dl_counter2
        PORT(clk,clr     : IN STD_LOGIC;
             wro_count  : OUT STD_LOGIC);
    END COMPONENT;
    COMPONENT dl_reg
    PORT(clk, reg_wr, en : IN STD_LOGIC;
        addr            : IN STD_LOGIC_VECTOR(1 DOWNTO 0);
        data_in         : IN STD_LOGIC_VECTOR(3 DOWNTO 0);
        data_out        : OUT STD_LOGIC_VECTOR(3 DOWNTO 0) );
END COMPONENT;
COMPONENT dl_cmp
    PORT(a, b : IN STD_LOGIC_VECTOR(3 DOWNTO 0);
        c    : OUT STD_LOGIC);
END COMONENT;
COMONENT dl_coder
    PORT(clk, en,   : IN STD_LOGIC;
        key_in    : IN STD_LOGIC_VECTOR(9 DOWNTO 0);
        ps_i      : OUT STD_LOGIC;
        code_out  : OUT STD_LOGIC_VECTOR(3 DOWNTO 0) );
END COMONENT;
SIGNAL code_en, cnt_clr, cnt_clr2, cnt_clk2, reg_wr, wro_count, cin, ps_i, cmp_r, addr
                        : STD_LOGIC;
SIGNAL                  : STD_LOGIC_VECTOR(1 DOWNTO 0);
SIGNAL data_out, code_out : STD_LOGIC_VECTOR(3 DOWNTO 0);
BEGIN
    CONTROL: dl_control
    PORT map(clk=>clk, lock=>lock, start=>start, off_al=>off_al, ps_ch=>ps_ch, enter=>enter,
            wro_count=>wro_count, ps_i=>ps_i, cmp_r=>cmp_r, cin=>cin, code_en=>code_
            en, cnt_clr=>cnt_clr, cnt_clr2=>cnt_clr2, cnt_clk2=>cnt_clk2, reg_wr=>reg_wr,
            key=>key, warn=>warn);
    COUNTER: dl_counter
    PORT MAP(clr=>cnt_clr, clk=>ps_i, cout=>cin, addr=>addr);
    COUNTER2: dl_counter2
    PORT MAP(clr=>cnt_clr2, clk=>cnt_clk2, wro_count=>wro_count);
    REG: dl_reg
    PORT MAP(clk=>clk, reg_wr=>reg_wr, en=>ps_i, addr=>addr, data_in=>code_out, data_out
            =>data_out);
    COMPARATOR: dl_cmp
    PORT MAP(a=>code_out, b=>data_out, c=>cmp_r);
    CODER: dl_coder
    PORT MAP(clk=>clk, en=>code_en, key_in=>key_in, ps_i=>ps_i, code_out=>code_out);
END behave;
```

6.6 本章小结

    本章通过 VHDL 实现的设计实例进一步介绍了 EDA 技术在组合逻辑、时序逻辑、状态机设计和存储器设计方面的应用。最后通过 3 个综合设计实例,说明怎样利用基于 VHDL

的层次化结构的设计方法来构造较复杂的数字逻辑系统,逐步讲解设计任务的分解、层次化结构设计的重要性、可重复使用的库、程序包参数化的元件引用等方面的内容。进一步了解 EDA 技术在组合逻辑和时序逻辑电路设计方面的应用,以及在计算机方面的应用。VHDL 是目前标准化程度最高的硬件描述语言,具有严格的数据类型。

6.7　思考与练习

6-1　用 VHDL 设计一个带控制信号的 4 位向量加法器/减法器,通过控制信号的高低电平来控制这个运算是加法器还是减法器,给出仿真波形。

6-2　用 VHDL 设计并实现一个 4 位的向量乘法器,给出仿真波形。

6-3　用 VHDL 设计并实现一个 16-4 优先编码器,给出仿真波形。

6-4　奇偶校验代码是在计算机中常用的一种可靠性代码。它由信息码和一位附加位——奇偶校验位组成。该校验位的取值(0 或 1)将使整个代码串中的 1 的个数为奇数个(奇校验代码)或为偶数个(偶校验代码)。用 VHDL 设计并实现一个 4 位代码奇偶校验器。

6-5　用 VHDL 设计并实现一个 4 位二进制码转换成 BCD 码的转换器。

6-6　用 VHDL 设计一个带使能输入及同步清零的并行加载通用(带有类属参数)增 1/减 1 计数器,包括文本输入、编译、综合和仿真。

6-7　用 VHDL 设计一个 4 位串入/并出移位寄存器。

6-8　用 VHDL 设计一个 8 位并入/串出移位寄存器。

6-9　用 VHDL 设计一个串入/串出移位寄存器。

6-10　在 Quartus Ⅱ 中,用 VHDL 设计一个具有计数使能、清零控制和进位扩展输出的六十进制计数器,给出仿真波形。

6-11　在 Quartus Ⅱ 中利用 8D 锁存器 74373、模 8 计数器和数据选择器 74151 设计一个 8 位的并串转换器。

6-12　利用 VHDL 库元件 DFF 设计一个模 8 异步计数器,并给出仿真结果。

6-13　在 Quartus Ⅱ 中利用 VHDL 的元件例化语句设计一个有时钟使能和异步清零的两位十进制计数器,并给出仿真结果。

6-14　根据图 6-42 所示的状态图,设计并实现一个 output＝state 类型的状态机,写出其 VHDL 源代码(包括 ENTITY 和 ARCHITECTURE),当信号 RST＝'0'时,状态机应回到初始状态 S0。

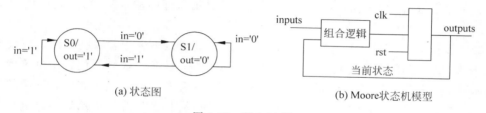

(a) 状态图　　(b) Moore状态机模型

图 6-42　题 6-14 图

6-15　对于图 6-43 所示的状态图,将其实现为 Mealy 型状态机,对输出信号是否存在

"毛刺"没有要求,写出其 VHDL 源代码(包括 ENTITY 和 ARCHITECTURE)并画出结果电路图。

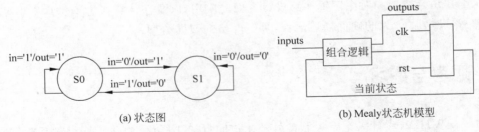

(a) 状态图　　　　　　　(b) Mealy状态机模型

图 6-43　题 6-15 图

6-16　用 VHDL 设计一个简化的 8 位 ALU,具有基本算术运算(加减和带进位加减)功能和逻辑运算(与 AND、或 OR、异或 XOR、非 NOT 等)功能,给出仿真波形。

6-17　在 Quartus Ⅱ 中,用 VHDL 设计一个模 8 的自启动扭环形计数器,并给出仿真结果。

6-18　FIFO(First In First Out)是一种存储电路,用来存储、缓冲在两个异步时钟之间传输的数据。使用异步 FIFO 可以在两个不同时钟系统之间快速而方便地实时传输数据。在网络接口、图像处理、CPU 设计等方面,FIFO 有广泛的应用。在 Quartus Ⅱ 中,利用宏功能模块设计向导 MegaWizard Plug-In Manager 完成 8 位数据输入 FIFO 模块的定制设计和验证,给出仿真波形图,通过波形仿真解释 FIFO 输出信号"空""未满""满"的标志信号是如何变化的。

6-19　设计一个序列检测器电路,检测串行输入数据的二进制序列 1110101101(自左至右输入)。若检测到该序列,输出 Z=1;若没有检测到该序列,输出 Z=0。试用 VHDL 语言描述该电路,并在 DE2-115 开发板上实际测试其功能。

6-20　采用数组或例化的方法设计并实现一个 8×8b 双端口的 SDRAM,要求有 8 条数据输入线;Waddress 为写地址输入线;Raddress 为读地址输入线;nWR 为写控制线,低电平有效;nRD 为读控制线,低电平有效;nCS 为片选信号线,低电平有效;CLK 为同步时钟输入线;8 条数据输出线。

6-21　设计一个 4 位数字显示、量程可变的频率计。要求:

(1) 能够测量频率范围为 1～9999kHz 方波信号。

(2) 当被测信号的频率超出测量范围时,有溢出显示。

(3) 测量值以 BCD 码形式输出。

(4) 利用混合输入方式的层次化设计方法,顶层用原理图输入法设计,底层用 VHDL 设计。

6-22　设计一个 4 层楼的电梯控制器,该控制器满足以下要求:每层电梯入口设有上下请求开关,电梯内设有乘客到达层次的停站请求开关;设有电梯所处位置指示装置及电梯运行模式(上升或下降)指示装置;电梯每秒升(降)一层楼;电梯到达有停站请求的楼层后,经过 1s 电梯门打开,开门指示灯亮,开门 4s 后,电梯门关闭(开门指示灯灭),电梯继续运行,直至执行完最后一个请求信号后停在当前层;能记忆电梯内外的所有请求信号,并按照电梯运行规则按顺序响应,每个请求信号保留到执行后消除;电梯运行规则:当电梯处于上升模式时,只响应比电梯所在位置高的上楼请求信号,由下而上逐个执行,直到最后一个上楼请求执行完毕,如更高层有下楼请求,则直接升到有下楼请求的最高楼层接客,然后便进入下降模式;当电梯处于下降模式时则与上升模式相反;电梯初始状态为一层开门,到达各层时有音乐提示,有故障报警。

6-23　采用 EDA 层次化设计方法,基于 VHDL 设计一个自动售饮料控制器系统。具体要求为:该系统能完成货物信息存储、进程控制、硬币处理、余额计算、显示等功能;该系统可以销售 4 种货物,每种的数量和单价在初始化时输入,在存储器中存储;用户可以用硬币进行购物,通过按键进行选择;系统根据用户输入的货币,判断钱币是否够,钱币足够则根据顾客的要求自动售货,钱币不够则给出提示并退出;系统自动计算出应找钱币余额、库存数量。

6-24　利用状态机技术在 DE2-115 开发板设计一个流水灯,要求流水灯模式如下:当复位键按下时,灯全部熄灭。当复位键放开以后,首先点亮第一个灯;然后第一个灯熄灭,同时点亮第二个灯;接着,第二个灯熄灭,同时点亮第三个灯;再接着,第三个灯熄灭,同时点亮第四个灯;最后,第四个灯熄灭,同时点亮第一个灯……如此循环往复,实现流水灯效果。其结构如图 6-44 所示。图 6-44 中,clk 为 1Hz 时钟(该时钟由开发板主时钟 50MHz 产生),rst_n 为复位按钮(低电平有效),pio_led 为 4 位输出。

图 6-44　流水灯模块结构图

6-25　在数字逻辑电路设计中,分频器是一种基本的电路单元。通常用来对某个给定频率进行分频,以得到所需的频率。试利用 VHDL 的计数器模板来实现任意整数分频电路。

设计提示:首先定义分频时钟高电平的个数和低电平的个数。在第一个状态,当计数器计数值小于分频时钟低电平个数时,输出电平为低电平;当计数器计数值等于低电平的个数时,输出取反同时计数器清零,跳转到下一个状态。在这个状态,当计数器计数值小于分频时钟高电平个数时,输出电平不变;当计数器计数值等于高电平个数时,输出取反同时计数器清零,跳转到上一个状态。这样就可以实现任意分频。

6-26　在项目设计中,通常需要一些显示设备来显示用户需要的信息。可以选择的显示设备种类繁多、琳琅满目,其中数码管是最常用、最简单的显示设备之一。在 DE2-115 开发板上设计一个数码管的驱动电路,使数码管能够同时显示出任意的 8 位数字。

设计提示:DE2-115 开发板使用的是 8 个共阳极数码管,8 个 PNP 型三极管分别作为8 组数码管电源的输入开关,也就是常说的位选信号。PNP 三极管为低电平导通,所以位选信号低电平有效。在这里,为了节约 FPGA 的 I/O 资源,把 8 个位选信号连接到了 3-8 译码器 74138,该 3-8 译码器的真值表见表 6-2,当 $\{sel2, sel1, sel0\} = 3'b\,000$ 时,Y0 变为低电平,而由于 Y0 连接到了第 1 个数码管 HEX0,所以第 1 个数码管点亮。当 $\{sel2, sel1, sel0\} = 3'b\,001$ 时,对应第 2 个数码管点亮,以此类推。seg_0~seg_6 分别对应二极管的 $a \sim g$ 段,即段选信号。由于是共阳极数码管,所以二极管只要给低电平就可以点亮,根据点亮的二极管不同,就可以显示出不同的字符。例如,要点亮第一个数码管,并且显示字符"A",那么只需要选中第 1 个数码管{sel2, sel1, sel0}=3'b 000,而且 seg=8'b 1000_1000。如果要让数码管全部亮起来,并同时显示相同字符,那么只能通过比较快速地切换位选信号来实现这一目的。但切换频率如果过高,数码管显示也会出现不稳定的状态,这和器件的工艺有关。可以选择切换的经验频率为 1kHz。这时就需要用到分频模块,将 50MHz 的系统时钟分频成 1kHz 时钟,应用 8 个数码管显示任意数字,每个数码管显示的数字需要用 4 位二进制数表示,那么 8 个数码管一共需要 32 位二进制数。

6-27 DDS 是直接数字式频率合成器(Direct Digital Synthesizer)的英文缩写。与传统的频率合成器相比,DDS 具有低成本、低功耗、高分辨率和快速转换时间等优点,广泛应用在电信与电子仪器领域,是实现设备全数字化的一个关键技术。试利用 DE2-115 开发板设计一个相位和频率可调的波形(正弦波)发生器。

设计提示:波形发生器是一种数据信号发生器,在调试硬件时,常常需要加入一些信号,以观察电路工作是否正常。加入的信号有正弦波、三角波、方波和任意波形等。相位(phase)是描述信号波形变化的度量,通常以度(角度)作为单位,也称作相角。当信号波形以周期的方式变化时,波形循环一周即 360°。相位可调也可以简单理解为改变初始相位。频率是单位时间内完成周期性变化的次数,是描述周期运动频繁程度的量,常用符号 f 或 v 表示,单位为赫(Hz)。频率可调也就是可以改变单位时间内完成周期性变化的次数。该 DDS 设计架构图如图 6-45 所示。

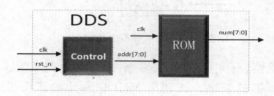

图 6-45 DDS 架构图

完整的波形数据放在 ROM 中,然后用一个控制器把 ROM 中的数据读出来。可以用 Mif_Maker2010(mif 文件生成软件)或 MATLAB 工具来生成波形数据。本设计将正弦波分成 256 个点,每个点对应一个数据(位宽为 8),生成 mif 文件。DDS 波形发生器共有 4 种类型:

① 不可调频和调相的波形发生器。此时控制器实际上是一个地址计数器,在 0~255 之间循环,以此读出 ROM 中所有波形数据。正弦波在相位为 0°时开始输出波形,这是因为地址是从 0 递增到 255 的,而 0 地址的数据恰好就是正弦波相位为 0°的数据,故而初始相位为 0°。

本题使用的时钟为 50MHz,而正弦波被分成了 256 个点,此时输出频率为 $50 \times 10^6 / 256$,请同学们自行通过 SignalTap II Logic Analyzer 和 TimeQuest Timing Analyzer 验证结果。

② 不可调频但可以调相的波形发生器,在①的基础上,改变地址的初值就可以改变初始的相位,例如,其 Verilog 的模型如下:

```
always @ (posedge clk or negedge rst_n)
```

```
begin
  if (!rst_n)
    addr <= pword;                      //复位时,addr 被赋值为相位控制字
                                        //相位初值 parameter pword=64;
  else
    if (addr < 255)
      addr <= addr + 1;                 //地址在 0～255 之间循环
    else addr <= 0;
    end
  end
endmodule
```

程序中采用了参数的形式定义了相位控制字,也可以直接采用数据输入。在复位时,给地址的初值是 64。正弦波被分成了 256 个点,第 64 个点刚好对应的初始相位为 90°。可以按照下面公式来计算初始相位和地址初值的关系:

$$地址初值 = 256° × (初始相位/360°)$$

通过仿真工具可知,初始相位变成了 90°,但是频率还是 195.31kHz。通过改变相位控制字,就可以改变相位,达到了可调相的功能。

③ 可以调频和调相的波形发生器。由①可知,如果想要改变输出的频率,可以选择改变时钟或输出点的个数。显然本设计不能够时时刻刻改变时钟的频率,那么想要输出别的频率,只能改变输出的点的个数,也就是改变有效地址的数量。之前的设计是每个时钟沿地址增加 1,频率是 195.31kHz;如果每个时钟沿地址增加 2,根据公式,输出频率$=50×10^6/128=390.62$kHz。通过该方法仅能设定 195.31kHz 的整数倍频率。

为了提高精度,可以定义一个位宽为 $N(N>8)$ 的地址计数器,让地址计数器每次增加一定的值,然后把高 8 位当作有效地址输送给 ROM,这样就实现了降低地址改变的频率,进而降低输出波形的频率。该地址计数器的原理是:先将 pword 的值作为地址的初值,然后每来一个时钟,地址计数器的值就等于地址当前值加上频率控制字 fword,如此循环。例如,刚开始 fword=1(假设 pword=0),那么第 1 个时钟周期地址计数器的输出就是 1,第 2 个时钟周期输出的就是 2,第 3 个时钟周期输出的就是 3。再例如,频率控制字 fword 刚开始等于 2,那么地址计数器输出的就依次是 0、2、4……也就是说,频率控制字 fword 越大,地址计数器的输出值间隔也就越大。假设地址计数器的输出是 32 位的,fword 越大,地址计数值到 2^{32} 的时间就越短。如果系统频率是 50MHz,则周期为 20ns。假设 fword 为 1,地址计数器的输出为 N 位的,那么每 20ns,地址计数器加 1,要加到 2^n,需要 $20ns×2^n$ 时间,该时间就是输出一个完整信号的周期。可知,输出信号的频率为 $F_{out}=F_{clk}/2^n$,其中,F_{clk} 为系统时钟。再假如,fword=B 时,地址间隔提高 B 倍,因此计满一个周期的时间缩小了 B 倍,频率提高到 B 倍。综上所述,可以得出输出信号的频率计算公式:

$$F = B × F_{clk}/2^n$$

当 $B=1$ 时,F 大约是 0.012Hz。所以改变 fword 的值就基本实现了所有低于最快频率的频率值(频率值只能是 0.012 的倍数,因为 0.012 太小了,所以基本可以实现所有的频率,若这个精度还是达不到要求,可以继续增大 N 的值(根据公式就可以得出最小精度,也可以根据最小精度计算 N 的值)。

④ 可以调频但不可以调相的波形发生器。此部分请读者根据③自行设计。

6-28 利用 DE2-115 开发板和可编程逻辑器件 FPGA 设计一个乐曲演奏电路,由键盘

输入控制音响,同时可自动演奏乐曲,演奏时可选择手动输入乐曲或者演奏已存入的乐曲,并配以一个小扬声器。其结构如图 6-46 所示。

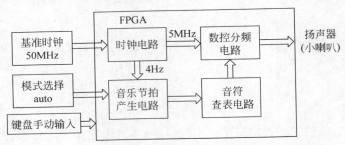

图 6-46　乐曲演奏电路结构方框图

　　设计提示：产生音乐的两个因素是音乐频率和音乐的持续时间,以纯硬件完成演奏电路比利用微处理器(CPU)来实现乐曲演奏要复杂得多,如果不借助于功能强大的 EDA 工具和硬件描述语言,凭借传统的数字逻辑技术,即使最简单的演奏电路也难以实现。该乐曲演奏电路系统主要由数控分频器和乐曲存储模块组成。数控分频器对 FPGA 的基准频率进行分频,得到与各个音阶对应的频率输出。乐曲存储模块产生节拍控制和音阶选择信号,即在此模块中可存放一个乐曲曲谱真值表,由一个计数器来控制此真值表的输出,而由计数器的计数时钟信号作为乐曲节拍控制信号。

DE2-115 开发板引脚配置信息

DE2-115 开发板是 Altera 公司针对大学教学及研究机构推出的 FPGA 多媒体开发平台，为用户提供了丰富的外设，能够使用户进行广泛的设计，包括简单的数字逻辑设计和各种数字系统的设计。

DE2-115 开发板的全貌如图 A-1 所示，它描述了开发板的布局以及各连接器和部件的位置。

图 A-1　DE2-115 开发板

DE2-115 开发板包括以下硬件资源。

1. FPGA 器件

该开发板的 FPGA 目标芯片为 Cyclone Ⅳ E EP4CE115F29C7,该芯片可集成 114 480 个逻辑单元,具有 432 组 M9K 内存模块、3888Kb 嵌入式存储器、4 个锁相环。

2. FPGA 配置

该开发板包含 1 个 Altera 串行配置芯片 EPCS64、1 个 USB Blaster 下载接口,同时支持 JTAG 模式和 AS 模式 FPGA 配置。

3. 存储器配置

该开发板配有 32 位宽的 128MB SDRAM 内存,由两片 16 位宽的 64MB SDRAM 芯片(型号为 IS42S16320B)并联合成,两个芯片共用地址和控制信号线。这两个芯片使用 3.3V LVCMOS 信号电平标准。

该开发板还配有一片 16 位宽的 2MB SRAM 芯片(型号 IS61WV102416ALL)。其 I/O 电压标准为 3.3V,其工作频率为 125MHz。鉴于其高速特性,在高速多媒体数据处理应用中可以把它用作数据缓存。

同时该开发板还包含 8MB(4M×16b)Flash 存储器,配置为 8b 工作模式(型号为 S29GL-A MirrorBit)。其 I^2C 接口为 32Kb 容量的 EEPROM 芯片(型号为 24AA32A/24LC32A,Microchip)。

4. SD 卡插槽

该开发板提供 SPI 模式和 4 位 SD 模式用于 SD 卡接入。

5. 连接器

该开发板有 2 个 10/100/1000 以太网接口(带 RJ45 连接器),通过两个 Marvell 88E1111 以太网 PHY 芯片为用户提供网络接口;1 个 HSMC 接口(该接口支持 JTAG、时钟输出输入、高速 LVDS 信号以及单端信号);1 个 40 针扩展口 JP5(GPIO 接口,带二极管保护电路,它有 36 个引脚直接连接到 Cyclone Ⅳ E FPGA 芯片,并提供 5V 和 3.3V 电压引脚和两个接地引脚);可配置的 I/O 标准电平为 3.3/2.5/1.8/1.5V;其 A 型和 B 型 USB 接口(飞利浦 ISP1362USB 控制器芯片)完全兼容 USB 2.0 的主从控制器,支持全速和低速数据传输可用于 PC 驱动。

其 VGA 输出接口有 VGA DAC(三通道高速视频 DAC),采用 Analog Device 公司的三通道 10 位的 ADV7123 芯片(仅高 8 位连接到 FPGA),该高速视频 DAC 芯片用来将输出的数字信号转换为 RGB 模拟信号,该芯片可支持的分辨率为 SVGA 标准(1280×1024),带宽达 100MHz,并带有流控制的 RS-232 接口,提供 DB9 连接接口和 PS/2 鼠标/键盘连接器。

6. 时钟输入

该开发板有 3 个 50MHz 晶振,1 个 SMA 外部时钟输入。

7. 音频 Codec

该开发板有 24 位 CD 品质 Codec 芯片(Wolfon WM8731 音频芯片),该芯片具备线路输入、输出、麦克风输入接口。用户通过 I^2C 总线可以配置 WM8731,这两根信号线直接连接到 FPGA 目标芯片。

8. 显示输出

该开发板有一片 16×2 LCD 模组(显示控制器为 HD44780),一个 TV 解码器

ADV7180（电视标准：NTSC/PAL/SECAM）和 TV 输入接口。其中 ADV7180 是一个高度集成的视频解码芯片，TV 解码器芯片的控制寄存器可以通过芯片的 I^2C 总线访问，可以自动检测输入信号的电视标准，并将其数字化为兼容 ITU-R BT.656 的 4∶2∶2 分量视频数据。ADV7180 兼容各种视频设备，包括 DVD 播放器、磁带机、广播级视频源以及安全、监控类摄像头。

9. 开关和七段数码管

该开发板有 18 个滑动开关、4 个按钮开关、18 个红色 LED、9 个绿色 LED、8 个七段数码管、1 个 IR 收发器（型号为 IRM-V538N7/TR1）。

该开发板全部引脚配置信息如表 A-1～表 A-23 所示。

表 A-1　时钟信号引脚配置信息

信号名称	FPGA 引脚编号	功能说明	I/O 标准
CLOCK_50	PIN_Y2	50MHz 时钟输入	3.3V
CLOCK2_50	PIN_AG14	50MHz 时钟输入	3.3V
CLOCK3_50	PIN_AG15	50MHz 时钟输入	由跳线 JP6 决定
SMA_CLKOUT	PIN_AE23	外部时钟输出（SMA）	由跳线 JP6 决定
SMA_CLKIN	PIN_AH14	外部时钟输入（SMA）	3.3V

表 A-2　拨动开关引脚配置信息（上位高电平，下位低电平）

信号名称	FPGA 引脚编号	功能说明	I/O 标准
SW[0]	PIN_AB28	拨动开关[0]	由跳线 JP7 决定
SW[1]	PIN_AC28	拨动开关[1]	由跳线 JP7 决定
SW[2]	PIN_AC27	拨动开关[2]	由跳线 JP7 决定
SW[3]	PIN_AD27	拨动开关[3]	由跳线 JP7 决定
SW[4]	PIN_AB27	拨动开关[4]	由跳线 JP7 决定
SW[5]	PIN_AC26	拨动开关[5]	由跳线 JP7 决定
SW[6]	PIN_AD26	拨动开关[6]	由跳线 JP7 决定
SW[7]	PIN_AB26	拨动开关[7]	由跳线 JP7 决定
SW[8]	PIN_AC25	拨动开关[8]	由跳线 JP7 决定
SW[9]	PIN_AB25	拨动开关[9]	由跳线 JP7 决定
SW[10]	PIN_AC24	拨动开关[10]	由跳线 JP7 决定
SW[11]	PIN_AB24	拨动开关[11]	由跳线 JP7 决定
SW[12]	PIN_AB23	拨动开关[12]	由跳线 JP7 决定
SW[13]	PIN_AA24	拨动开关[13]	由跳线 JP7 决定
SW[14]	PIN_AA23	拨动开关[14]	由跳线 JP7 决定
SW[15]	PIN_AA22	拨动开关[15]	由跳线 JP7 决定
SW[16]	PIN_Y24	拨动开关[16]	由跳线 JP7 决定
SW[17]	PIN_Y23	拨动开关[17]	由跳线 JP7 决定

表 A-3　拨动开关引脚配置（弹跳开关，可作手动时钟，按下为低电平）

信 号 名 称	FPGA 引脚编号	功 能 说 明	I/O 标准
KEY[0]	PIN_M23	拨动开关[0]	由跳线 JP7 决定
KEY[1]	PIN_M21	拨动开关[1]	由跳线 JP7 决定
KEY[2]	PIN_N21	拨动开关[2]	由跳线 JP7 决定
KEY[3]	PIN_R24	拨动开关[3]	由跳线 JP7 决定

表 A-4　LED 引脚配置（LEDR 为红色，LEDG 为绿色）

信 号 名 称	FPGA 引脚编号	功 能 说 明	I/O 标准
LEDR[0]	PIN_G19	红色 LED[0]	2.5V
LEDR[1]	PIN_F19	红色 LED[1]	2.5V
LEDR[2]	PIN_E19	红色 LED[2]	2.5V
LEDR[3]	PIN_F21	红色 LED[3]	2.5V
LEDR[4]	PIN_F18	红色 LED[4]	2.5V
LEDR[5]	PIN_E18	红色 LED[5]	2.5V
LEDR[6]	PIN_J19	红色 LED[6]	2.5V
LEDR[7]	PIN_H19	红色 LED[7]	2.5V
LEDR[8]	PIN_J17	红色 LED[8]	2.5V
LEDR[9]	PIN_G17	红色 LED[9]	2.5V
LEDR[10]	PIN_J15	红色 LED[10]	2.5V
LEDR[11]	PIN_H16	红色 LED[11]	2.5V
LEDR[12]	PIN_J16	红色 LED[12]	2.5V
LEDR[13]	PIN_H17	红色 LED[13]	2.5V
LEDR[14]	PIN_F15	红色 LED[14]	2.5V
LEDR[15]	PIN_G15	红色 LED[15]	2.5V
LEDR[16]	PIN_G16	红色 LED[16]	2.5V
LEDR[17]	PIN_H15	红色 LED[17]	2.5V
LEDG[0]	PIN_E21	绿色 LED[0]	2.5V
LEDG[1]	PIN_E22	绿色 LED[1]	2.5V
LEDG[2]	PIN_E25	绿色 LED[2]	2.5V
LEDG[3]	PIN_E24	绿色 LED[3]	2.5V
LEDG[4]	PIN_H21	绿色 LED[4]	2.5V
LEDG[5]	PIN_G20	绿色 LED[5]	2.5V
LEDG[6]	PIN_G22	绿色 LED[6]	2.5V
LEDG[7]	PIN_G21	绿色 LED[7]	2.5V
LEDG[8]	PIN_F17	绿色 LED[8]	2.5V

表 A-5　七段共阳极数码管引脚配置

信 号 名 称	FPGA 引脚编号	功 能 说 明	I/O 标准
HEX0[0]	PIN_G18	0 号七段数码管字段[0]	2.5V
HEX0[1]	PIN_F22	0 号七段数码管字段[1]	2.5V
HEX0[2]	PIN_E17	0 号七段数码管字段[2]	2.5V
HEX0[3]	PIN_L26	0 号七段数码管字段[3]	由跳线 JP7 决定

信 号 名 称	FPGA 引脚编号	功 能 说 明	I/O 标准
HEX0[4]	PIN_L25	0 号七段数码管字段[4]	由跳线 JP7 决定
HEX0[5]	PIN_J22	0 号七段数码管字段[5]	由跳线 JP7 决定
HEX0[6]	PIN_H22	0 号七段数码管字段[6]	由跳线 JP7 决定
HEX1[0]	PIN_M24	1 号七段数码管字段[0]	由跳线 JP7 决定
HEX1[1]	PIN_Y22	1 号七段数码管字段[1]	由跳线 JP7 决定
HEX1[2]	PIN_W21	1 号七段数码管字段[2]	由跳线 JP7 决定
HEX1[3]	PIN_W22	1 号七段数码管字段[3]	由跳线 JP7 决定
HEX1[4]	PIN_W25	1 号七段数码管字段[4]	由跳线 JP7 决定
HEX1[5]	PIN_U23	1 号七段数码管字段[5]	由跳线 JP7 决定
HEX1[6]	PIN_U24	1 号七段数码管字段[6]	由跳线 JP7 决定
HEX2[0]	PIN_AA25	2 号七段数码管字段[0]	由跳线 JP7 决定
HEX2[1]	PIN_AA26	2 号七段数码管字段[1]	由跳线 JP7 决定
HEX2[2]	PIN_Y25	2 号七段数码管字段[2]	由跳线 JP7 决定
HEX2[3]	PIN_W26	2 号七段数码管字段[3]	由跳线 JP7 决定
HEX2[4]	PIN_Y26	2 号七段数码管字段[4]	由跳线 JP7 决定
HEX2[5]	PIN_W27	2 号七段数码管字段[5]	由跳线 JP7 决定
HEX2[6]	PIN_W28	2 号七段数码管字段[6]	由跳线 JP7 决定
HEX3[0]	PIN_V21	3 号七段数码管字段[0]	由跳线 JP7 决定
HEX3[1]	PIN_U21	3 号七段数码管字段[1]	由跳线 JP7 决定
HEX3[2]	PIN_AB20	3 号七段数码管字段[2]	由跳线 JP6 决定
HEX3[3]	PIN_AA21	3 号七段数码管字段[3]	由跳线 JP6 决定
HEX3[4]	PIN_AD24	3 号七段数码管字段[4]	由跳线 JP6 决定
HEX3[5]	PIN_AF23	3 号七段数码管字段[5]	由跳线 JP6 决定
HEX3[6]	PIN_Y19	3 号七段数码管字段[6]	由跳线 JP6 决定
HEX4[0]	PIN_AB19	4 号七段数码管字段[0]	由跳线 JP6 决定
HEX4[1]	PIN_AA19	4 号七段数码管字段[1]	由跳线 JP6 决定
HEX4[2]	PIN_AG21	4 号七段数码管字段[2]	由跳线 JP6 决定
HEX4[3]	PIN_AH21	4 号七段数码管字段[3]	由跳线 JP6 决定
HEX4[4]	PIN_AE19	4 号七段数码管字段[4]	由跳线 JP6 决定
HEX4[5]	PIN_AF19	4 号七段数码管字段[5]	由跳线 JP6 决定
HEX4[6]	PIN_AE18	4 号七段数码管字段[6]	由跳线 JP6 决定
HEX5[0]	PIN_AD18	5 号七段数码管字段[0]	由跳线 JP6 决定
HEX5[1]	PIN_AC18	5 号七段数码管字段[1]	由跳线 JP6 决定
HEX5[2]	PIN_AB18	5 号七段数码管字段[2]	由跳线 JP6 决定
HEX5[3]	PIN_AH19	5 号七段数码管字段[3]	由跳线 JP6 决定
HEX5[4]	PIN_AG19	5 号七段数码管字段[4]	由跳线 JP6 决定
HEX5[5]	PIN_AF18	5 号七段数码管字段[5]	由跳线 JP6 决定
HEX5[6]	PIN_AH18	5 号七段数码管字段[6]	由跳线 JP6 决定
HEX6[0]	PIN_AA17	6 号七段数码管字段[0]	由跳线 JP6 决定
HEX6[1]	PIN_AB16	6 号七段数码管字段[1]	由跳线 JP6 决定
HEX6[2]	PIN_AA16	6 号七段数码管字段[2]	由跳线 JP6 决定
HEX6[3]	PIN_AB17	6 号七段数码管字段[3]	由跳线 JP6 决定

信号名称	FPGA 引脚编号	功能说明	I/O 标准
HEX6[4]	PIN_AB15	6 号七段数码管字段[4]	由跳线 JP6 决定
HEX6[5]	PIN_AA15	6 号七段数码管字段[5]	由跳线 JP6 决定
HEX6[6]	PIN_AC17	6 号七段数码管字段[6]	由跳线 JP6 决定
HEX7[0]	PIN_AD17	7 号七段数码管字段[0]	由跳线 JP6 决定
HEX7[1]	PIN_AE17	7 号七段数码管字段[1]	由跳线 JP6 决定
HEX7[2]	PIN_AG17	7 号七段数码管字段[2]	由跳线 JP6 决定
HEX7[3]	PIN_AH17	7 号七段数码管字段[3]	由跳线 JP6 决定
HEX7[4]	PIN_AF17	7 号七段数码管字段[4]	由跳线 JP6 决定
HEX7[5]	PIN_AG18	7 号七段数码管字段[5]	由跳线 JP6 决定
HEX7[6]	PIN_AA14	7 号七段数码管字段[6]	3.3V

表 A-6   LCD 模块引脚配置

信号名称	FPGA 引脚编号	功能说明	I/O 标准
LCD_DATA[7]	PIN_M5	LCD 数据信号[7]	3.3V
LCD_DATA[6]	PIN_M3	LCD 数据信号[6]	3.3V
LCD_DATA[5]	PIN_K2	LCD 数据信号[5]	3.3V
LCD_DATA[4]	PIN_K1	LCD 数据信号[4]	3.3V
LCD_DATA[3]	PIN_K7	LCD 数据信号[3]	3.3V
LCD_DATA[2]	PIN_L2	LCD 数据信号[2]	3.3V
LCD_DATA[1]	PIN_L1	LCD 数据信号[1]	3.3V
LCD_DATA[0]	PIN_L3	LCD 数据信号[0]	3.3V
LCD_EN	PIN_L4	LCD 使能信号	3.3V
LCD_RW	PIN_M1	LCD 读写选择,0=写,1=读	3.3V
LCD_RS	PIN_M2	LCD 数据指令选择,0=指令,1=数据	3.3V
LCD_ON	PIN_L5	LCD 开关高电平有效	3.3V
LCD_BLON	PIN_L6	LCD 背光开关高电平有效	3.3V

表 A-7   ADV7123 引脚配置信息

信号名称	FPGA 引脚编号	功能说明	I/O 标准
VGA_R[0]	PIN_E12	红色 VGA 信号[0]	3.3V
VGA_R[1]	PIN_E11	红色 VGA 信号[1]	3.3V
VGA_R[2]	PIN_D10	红色 VGA 信号[2]	3.3V
VGA_R[3]	PIN_F12	红色 VGA 信号[3]	3.3V
VGA_R[4]	PIN_G10	红色 VGA 信号[4]	3.3V
VGA_R[5]	PIN_J12	红色 VGA 信号[5]	3.3V
VGA_R[6]	PIN_H8	红色 VGA 信号[6]	3.3V
VGA_R[7]	PIN_H10	红色 VGA 信号[7]	3.3V
VGA_G[0]	PIN_G8	绿色 VGA 信号[0]	3.3V
VGA_G[1]	PIN_G11	绿色 VGA 信号[1]	3.3V
VGA_G[2]	PIN_F8	绿色 VGA 信号[2]	3.3V

续表

信 号 名 称	FPGA 引脚编号	功 能 说 明	I/O 标准
VGA_G[3]	PIN_H12	绿色 VGA 信号[3]	3.3V
VGA_G[4]	PIN_C8	绿色 VGA 信号[4]	3.3V
VGA_G[5]	PIN_B8	绿色 VGA 信号[5]	3.3V
VGA_G[6]	PIN_F10	绿色 VGA 信号[6]	3.3V
VGA_G[7]	PIN_C9	绿色 VGA 信号[7]	3.3V
VGA_B[0]	PIN_B10	蓝色 VGA 信号[0]	3.3V
VGA_B[1]	PIN_A10	蓝色 VGA 信号[1]	3.3V
VGA_B[2]	PIN_C11	蓝色 VGA 信号[2]	3.3V
VGA_B[3]	PIN_B11	蓝色 VGA 信号[3]	3.3V
VGA_B[4]	PIN_A11	蓝色 VGA 信号[4]	3.3V
VGA_B[5]	PIN_C12	蓝色 VGA 信号[5]	3.3V
VGA_B[6]	PIN_D11	蓝色 VGA 信号[6]	3.3V
VGA_B[7]	PIN_D12	蓝色 VGA 信号[7]	3.3V
VGA_CLK	PIN_A12	VGA 时钟信号	3.3V
VGA_BLANK_N	PIN_F11	VGA 消隐信号	3.3V
VGA_HS	PIN_G13	VGA 水平同步信号输出	3.3V
VGA_VS	PIN_C13	VGA 垂直同步信号输出	3.3V
VGA_SYNC_N	PIN_C10	VGA 同步信号输出	3.3V

表 A-8　音频编解码芯片引脚配置

信 号 名 称	FPGA 引脚编号	功 能 说 明	I/O 标准
AUD_ADCLRCK	PIN_C2	音频编解码 AD 转换器左/右时钟	3.3V
AUD_ADCDAT	PIN_D2	音频编解码 AD 转换器数字音频数据输出	3.3V
AUD_DACLRCK	PIN_E3	音频编解码 DA 转换器左/右时钟	3.3V
AUD_DACDAT	PIN_D1	音频编解码 AD 转换器数字音频数据输入	3.3V
AUD_XCK	PIN_E1	音频编解码芯片时钟信号	3.3V
AUD_BCLK	PIN_F2	数字音频位时钟,提供位同步信号	3.3V
I2C_SCLK	PIN_B7	I^{2}C 时钟信号	3.3V
I2C_SDAT	PIN_A8	I^{2}C 数据信号	3.3V

表 A-9　PS/2 引脚配置

信 号 名 称	FPGA 引脚编号	功 能 说 明	I/O 标准
PS2_CLK	PIN_G6	PS/2 接口时钟信号	3.3V
PS2_DAT	PIN_H5	PS/2 接口数据信号	3.3V
PS2_CLK2	PIN_G5	PS/2 时钟信号(预留给第 2 个 PS/2 设备)	3.3V
PS2_DAT2	PIN_F5	PS/2 数据信号(预留给第 2 个 PS/2 设备)	3.3V

表 A-10　以太网芯片引脚配置

信 号 名 称	FPGA 引脚编号	功 能 说 明	I/O 标准
ENET0_GTX_CLK	PIN_A17	GMII 传输时钟 Clock 1	2.5V
ENET0_INT_N	PIN_A21	中断开路输出 1	2.5V
ENET0_LINK100	PIN_C14	100BaseT 链接的并行 LED 输出 1	3.3V
ENET0_MDC	PIN_C20	管理数据时钟参考 1	2.5V
ENET0_MDIO	PIN_B21	管理数据 1	2.5V
ENET0_RST_N	PIN_C19	硬件复位信号 1	2.5V
ENET0_RX_CLK	PIN_A15	GMII 和 MII 接收时钟 1	2.5V
ENET0_RX_COL	PIN_E15	GMII 和 MII 碰撞检测 1	2.5V
ENET0_RX_CRS	PIN_D15	GMII 和 MII 载波侦听 1	2.5V
ENET0_RX_DATA[0]	PIN_C16	GMII 和 MII 接收数据[0] 1	2.5V
ENET0_RX_DATA[1]	PIN_D16	GMII 和 MII 接收数据[1] 1	2.5V
ENET0_RX_DATA[2]	PIN_D17	GMII 和 MII 接收数据[2] 1	2.5V
ENET0_RX_DATA[3]	PIN_C15	GMII 和 MII 接收数据[3] 1	2.5V
ENET0_RX_DV	PIN_C17	GMII 和 MII 接收数据有效 1	2.5V
ENET0_RX_ER	PIN_D18	GMII 和 MII 接收错误 1	2.5V
ENET0_TX_CLK	PIN_B17	MII 发送时钟 1	2.5V
ENET0_TX_DATA[0]	PIN_C18	MII 发送数据[0] 1	2.5V
ENET0_TX_DATA[1]	PIN_D19	MII 发送数据[1] 1	2.5V
ENET0_TX_DATA[2]	PIN_A19	MII 发送数据[2] 1	2.5V
ENET0_TX_DATA[3]	PIN_B19	MII 发送数据[3] 1	2.5V
ENET0_TX_EN	PIN_A18	GMII 和 MII 发送数据使能 1	2.5V
ENET0_TX_ER	PIN_B18	GMII 和 MII 发送错误 1	2.5V
ENET1_GTX_CLK	PIN_C23	GMII 发送时钟 2	2.5V
ENET1_INT_N	PIN_D24	中断开路输出 2	2.5V
ENET1_LINK100	PIN_D13	100BaseT 链接的并行 LED 输出 2	2.5V
ENET1_MDC	PIN_D23	管理数据时钟参考 2	2.5V
ENET1_MDIO	PIN_D25	管理数据 2	2.5V
ENET1_RST_N	PIN_D22	硬件复位信号 2	2.5V
ENET1_RX_CLK	PIN_B15	GMII 和 MII 接收时钟 2	2.5V
ENET1_RX_COL	PIN_B22	GMII 和 MII 碰撞检测 2	2.5V
ENET1_RX_CRS	PIN_D20	GMII 和 MII 载波侦听 2	2.5V
ENET1_RX_DATA[0]	PIN_B23	GMII 和 MII 接收数据[0] 2	2.5V
ENET1_RX_DATA[1]	PIN_C21	GMII 和 MII 接收数据[1] 2	2.5V
ENET1_RX_DATA[2]	PIN_A23	GMII 和 MII 接收数据[2] 2	2.5V
ENET1_RX_DATA[3]	PIN_D21	GMII 和 MII 接收数据[3] 2	2.5V
ENET1_RX_DV	PIN_A22	GMII 和 MII 接收数据有效 2	2.5V
ENET1_RX_ER	PIN_C24	GMII 和 MII 接收错误 2	2.5V
ENET1_TX_CLK	PIN_C22	MII 发送时钟 2	2.5V
ENET1_TX_DATA[0]	PIN_C25	MII 发送数据[0] 2	2.5V
ENET1_TX_DATA[1]	PIN_A26	MII 发送数据[1] 2	2.5V

续表

信 号 名 称	FPGA 引脚编号	功 能 说 明	I/O 标准
ENET1_TX_DATA[2]	PIN_B26	MII 发送数据[2] 2	2.5V
ENET1_TX_DATA[3]	PIN_C26	MII 发送数据[3] 2	2.5V
ENET1_TX_EN	PIN_B25	GMII 和 MII 发送数据使能 2	2.5V
ENET1_TX_ER	PIN_A25	GMII 和 MII 发送错误 2	2.5V
ENETCLK_25	PIN_A14	以太网时钟源	3.3V

表 A-11　TV 解码芯片引脚配置

信 号 名 称	FPGA 引脚编号	功 能 说 明	I/O 标准
TD_DATA[0]	PIN_E8	TV 解码数据信号[0]	3.3V
TD_DATA[1]	PIN_A7	TV 解码数据信号[1]	3.3V
TD_DATA[2]	PIN_D8	TV 解码数据信号[2]	3.3V
TD_DATA[3]	PIN_C7	TV 解码数据信号[3]	3.3V
TD_DATA[4]	PIN_D7	TV 解码数据信号[4]	3.3V
TD_DATA[5]	PIN_D6	TV 解码数据信号[5]	3.3V
TD_DATA[6]	PIN_E7	TV 解码数据信号[6]	3.3V
TD_DATA[7]	PIN_F7	TV 解码数据信号[7]	3.3V
TD_HS	PIN_E5	TV 解码器水平同步	3.3V
TD_VS	PIN_E4	TV 解码器垂直同步	3.3V
TD_CLK27	PIN_B14	TV 解码器时钟输入	3.3V
TD_RESET_N	PIN_G7	TV 解码器复位信号	3.3V
I2C_SCLK	PIN_B7	I^2C 时钟信号	3.3V
I2C_SDAT	PIN_A8	I^2C 数据信号	3.3V

表 A-12　I^2C 总线（EEPROM）引脚配置

信 号 名 称	FPGA 引脚编号	功 能 说 明	I/O 标准
EEP_I^2C_SCLK	PIN_D14	EEPROM 接口时钟信号	3.3V
EEP_I^2C_SDAT	PIN_E14	EEPROM 接口数据信号	3.3V

表 A-13　红外线接收器 IR 引脚配置

信 号 名 称	FPGA 引脚编号	功 能 说 明	I/O 标准
IRDA_RXD	PIN_Y15	IR 接收信号	3.3V

表 A-14　USB（ISP1362）引脚配置

信 号 名 称	FPGA 引脚编号	功 能 说 明	I/O 标准
OTG_ADDR[0]	PIN_H7	地址信号 A0 用于决定控制器处于命令状态还是数据状态	3.3V
OTG_ADDR[1]	PIN_C3	地址信号 A1 用于决定控制器处于主机控制模式还是设备控制模式，0 表示主机控制模式（HC），1 表示设备控制模式（DC）	3.3V

续表

信 号 名 称	FPGA 引脚编号	功 能 说 明	I/O标准
OTG_DATA[0]	PIN_J6	连接到 ISP1362 内部寄存器和缓冲存储器的数据总线信号[0]	3.3V
OTG_DATA[1]	PIN_K4	连接到 ISP1362 内部寄存器和缓冲存储器的数据总线信号[1]	3.3V
OTG_DATA[2]	PIN_J5	连接到 ISP1362 内部寄存器和缓冲存储器的数据总线信号[2]	3.3V
OTG_DATA[3]	PIN_K3	连接到 ISP1362 内部寄存器和缓冲存储器的数据总线信号[3]	3.3V
OTG_DATA[4]	PIN_J4	连接到 ISP1362 内部寄存器和缓冲存储器的数据总线信号[4]	3.3V
OTG_DATA[5]	PIN_J3	连接到 ISP1362 内部寄存器和缓冲存储器的数据总线信号[5]	3.3V
OTG_DATA[6]	PIN_J7	连接到 ISP1362 内部寄存器和缓冲存储器的数据总线信号[6]	3.3V
OTG_DATA[7]	PIN_H6	连接到 ISP1362 内部寄存器和缓冲存储器的数据总线信号[7]	3.3V
OTG_DATA[8]	PIN_H3	连接到 ISP1362 内部寄存器和缓冲存储器的数据总线信号[8]	3.3V
OTG_DATA[9]	PIN_H4	连接到 ISP1362 内部寄存器和缓冲存储器的数据总线信号[9]	3.3V
OTG_DATA[10]	PIN_G1	连接到 ISP1362 内部寄存器和缓冲存储器的数据总线信号[10]	3.3V
OTG_DATA[11]	PIN_G2	连接到 ISP1362 内部寄存器和缓冲存储器的数据总线信号[11]	3.3V
OTG_DATA[12]	PIN_G3	连接到 ISP1362 内部寄存器和缓冲存储器的数据总线信号[12]	3.3V
OTG_DATA[13]	PIN_F1	连接到 ISP1362 内部寄存器和缓冲存储器的数据总线信号[13]	3.3V
OTG_DATA[14]	PIN_F3	连接到 ISP1362 内部寄存器和缓冲存储器的数据总线信号[14]	3.3V
OTG_DATA[15]	PIN_G4	连接到 ISP1362 内部寄存器和缓冲存储器的数据总线信号[15]	3.3V
OTG_CS_N	PIN_A3	片选信号,低电平有效,用于控制 HC/DC 驱动器访问对应的寄存器和缓冲存储器	3.3V
OTG_RD_N	PIN_B3	读信号,低电平时表示 HC/DC 驱动器需要读数据到相应的寄存器和缓冲存储器	3.3V
OTG_WR_N	PIN_A4	写信号,低电平时表示 HC/DC 驱动器需要写数据到相应的寄存器和缓冲存储器	3.3V
OTG_RST_N	PIN_C5	复位输入	3.3V

续表

信 号 名 称	FPGA 引脚编号	功 能 说 明	I/O 标准
OTG_INT[0]	PIN_A6	连接到外部微处理器的中断信号 0，使 ISP1362 处于中断服务程序（ISRS）	3.3V
OTG_INT[1]	PIN_D5	连接到外部微处理器的中断信号 1，使 ISP1362 处于中断服务程序（ISRS）	3.3V
OTG_DACK_N[0]	PIN_C4	DMA 确认输入 0，表明来自 HC 的 DMA 传输请求已被 DMA 控制器确认	3.3V
OTG_DACK_N[1]	PIN_D4	DMA 确认输入 1，表明来自 DC 的 DMA 传输请求已被 DMA 控制器确认	3.3V
OTG_DREQ[0]	PIN_J1	DMA 请求输出 0，当它有效时，通知 DMA 控制器 HC 正在请求数据传输	3.3V
OTG_DREQ[1]	PIN_B4	DMA 请求输出 1，当它有效时，通知 DMA 控制器 DC 正在请求数据传输	3.3V
OTG_FSPEED	PIN_C6	USB 全速模式，0＝使能，Z＝禁止	3.3V
OTG_LSPEED	PIN_B6	USB 低速模式，0＝使能，Z＝禁止	3.3V

表 A-15　SRAM 引脚配置

信 号 名 称	FPGA 引脚编号	功 能 说 明	I/O 标准
SRAM_ADDR[0]	PIN_AB7	SRAM 地址信号[0]	3.3V
SRAM_ADDR[1]	PIN_AD7	SRAM 地址信号[1]	3.3V
SRAM_ADDR[2]	PIN_AE7	SRAM 地址信号[2]	3.3V
SRAM_ADDR[3]	PIN_AC7	SRAM 地址信号[3]	3.3V
SRAM_ADDR[4]	PIN_AB6	SRAM 地址信号[4]	3.3V
SRAM_ADDR[5]	PIN_AE6	SRAM 地址信号[5]	3.3V
SRAM_ADDR[6]	PIN_AB5	SRAM 地址信号[6]	3.3V
SRAM_ADDR[7]	PIN_AC5	SRAM 地址信号[7]	3.3V
SRAM_ADDR[8]	PIN_AF5	SRAM 地址信号[8]	3.3V
SRAM_ADDR[9]	PIN_T7	SRAM 地址信号[9]	3.3V
SRAM_ADDR[10]	PIN_AF2	SRAM 地址信号[10]	3.3V
SRAM_ADDR[11]	PIN_AD3	SRAM 地址信号[11]	3.3V
SRAM_ADDR[12]	PIN_AB4	SRAM 地址信号[12]	3.3V
SRAM_ADDR[13]	PIN_AC3	SRAM 地址信号[13]	3.3V
SRAM_ADDR[14]	PIN_AA4	SRAM 地址信号[14]	3.3V
SRAM_ADDR[15]	PIN_AB11	SRAM 地址信号[15]	3.3V
SRAM_ADDR[16]	PIN_AC11	SRAM 地址信号[16]	3.3V
SRAM_ADDR[17]	PIN_AB9	SRAM 地址信号[17]	3.3V
SRAM_ADDR[18]	PIN_AB8	SRAM 地址信号[18]	3.3V
SRAM_ADDR[19]	PIN_T8	SRAM 地址信号[19]	3.3V
SRAM_DQ[0]	PIN_AH3	SRAM 数据信号[0]	3.3V

信 号 名 称	FPGA 引脚编号	功 能 说 明	I/O 标准
SRAM_DQ[1]	PIN_AF4	SRAM 数据信号[1]	3.3V
SRAM_DQ[2]	PIN_AG4	SRAM 数据信号[2]	3.3V
SRAM_DQ[3]	PIN_AH4	SRAM 数据信号[3]	3.3V
SRAM_DQ[4]	PIN_AF6	SRAM 数据信号[4]	3.3V
SRAM_DQ[5]	PIN_AG6	SRAM 数据信号[5]	3.3V
SRAM_DQ[6]	PIN_AH6	SRAM 数据信号[6]	3.3V
SRAM_DQ[7]	PIN_AF7	SRAM 数据信号[7]	3.3V
SRAM_DQ[8]	PIN_AD1	SRAM 数据信号[8]	3.3V
SRAM_DQ[9]	PIN_AD2	SRAM 数据信号[9]	3.3V
SRAM_DQ[10]	PIN_AE2	SRAM 数据信号[10]	3.3V
SRAM_DQ[11]	PIN_AE1	SRAM 数据信号[11]	3.3V
SRAM_DQ[12]	PIN_AE3	SRAM 数据信号[12]	3.3V
SRAM_DQ[13]	PIN_AE4	SRAM 数据信号[13]	3.3V
SRAM_DQ[14]	PIN_AF3	SRAM 数据信号[14]	3.3V
SRAM_DQ[15]	PIN_AG3	SRAM 数据信号[15]	3.3V
SRAM_OE_N	PIN_AD5	SRAM 输出使能信号	
SRAM_WE_N	PIN_AE8	SRAM 写使能信号	
SRAM_CE_N	PIN_AF8	SRAM 芯片选择信号	
SRAM_LB_N	PIN_AD4	SRAM 低位字节数据掩码信号	
SRAM_UB_N	PIN_AC4	SRAM 高位字节数据掩码信号	

表 A-16　DRAM 引脚配置

信 号 名 称	FPGA 引脚编号	功 能 说 明	I/O 标准
DRAM_ADDR[0]	PIN_R6	SDRAM 地址信号[0]	3.3V
DRAM_ADDR[1]	PIN_V8	SDRAM 地址信号[1]	3.3V
DRAM_ADDR[2]	PIN_U8	SDRAM 地址信号[2]	3.3V
DRAM_ADDR[3]	PIN_P1	SDRAM 地址信号[3]	3.3V
DRAM_ADDR[4]	PIN_V5	SDRAM 地址信号[4]	3.3V
DRAM_ADDR[5]	PIN_W8	SDRAM 地址信号[5]	3.3V
DRAM_ADDR[6]	PIN_W7	SDRAM 地址信号[6]	3.3V
DRAM_ADDR[7]	PIN_AA7	SDRAM 地址信号[7]	3.3V
DRAM_ADDR[8]	PIN_Y5	SDRAM 地址信号[8]	3.3V
DRAM_ADDR[9]	PIN_Y6	SDRAM 地址信号[9]	3.3V
DRAM_ADDR[10]	PIN_R5	SDRAM 地址信号[10]	3.3V
DRAM_ADDR[11]	PIN_AA5	SDRAM 地址信号[11]	3.3V
DRAM_ADDR[12]	PIN_Y7	SDRAM 地址信号[12]	3.3V
DRAM_DQ[0]	PIN_W3	SDRAM 数据信号[0]	3.3V
DRAM_DQ[1]	PIN_W2	SDRAM 数据信号[1]	3.3V
DRAM_DQ[2]	PIN_V4	SDRAM 数据信号[2]	3.3V
DRAM_DQ[3]	PIN_W1	SDRAM 数据信号[3]	3.3V
DRAM_DQ[4]	PIN_V3	SDRAM 数据信号[4]	3.3V
DRAM_DQ[5]	PIN_V2	SDRAM 数据信号[5]	3.3V

续表

信 号 名 称	FPGA 引脚编号	功 能 说 明	I/O 标准
DRAM_DQ[6]	PIN_V1	SDRAM 数据信号[6]	3.3V
DRAM_DQ[7]	PIN_U3	SDRAM 数据信号[7]	3.3V
DRAM_DQ[8]	PIN_Y3	SDRAM 数据信号[8]	3.3V
DRAM_DQ[9]	PIN_Y4	SDRAM 数据信号[9]	3.3V
DRAM_DQ[10]	PIN_AB1	SDRAM 数据信号[10]	3.3V
DRAM_DQ[11]	PIN_AA3	SDRAM 数据信号[11]	3.3V
DRAM_DQ[12]	PIN_AB2	SDRAM 数据信号[12]	3.3V
DRAM_DQ[13]	PIN_AC1	SDRAM 数据信号[13]	3.3V
DRAM_DQ[14]	PIN_AB3	SDRAM 数据信号[14]	3.3V
DRAM_DQ[15]	PIN_AC2	SDRAM 数据信号[15]	3.3V
SRAM_OE_N	PIN_AD5	SRAM 输出使能信号	3.3V
SRAM_WE_N	PIN_AE8	SRAM 写使能信号	3.3V
SRAM_CE_N	PIN_AF8	SRAM 芯片选择信号	3.3V
SRAM_LB_N	PIN_AD4	SRAM 低位字节数据掩码信号	3.3V
SRAM_UB_N	PIN_AC4	SRAM 高位字节数据掩码信号	3.3V

表 A-17　SDRAM 引脚配置

信 号 名 称	FPGA 引脚编号	功 能 说 明	I/O 标准
DRAM_ADDR[0]	PIN_R6	SDRAM 地址信号[0]	3.3V
DRAM_ADDR[1]	PIN_V8	SDRAM 地址信号[1]	3.3V
DRAM_ADDR[2]	PIN_U8	SDRAM 地址信号[2]	3.3V
DRAM_ADDR[3]	PIN_P1	SDRAM 地址信号[3]	3.3V
DRAM_ADDR[4]	PIN_V5	SDRAM 地址信号[4]	3.3V
DRAM_ADDR[5]	PIN_W8	SDRAM 地址信号[5]	3.3V
DRAM_ADDR[6]	PIN_W7	SDRAM 地址信号[6]	3.3V
DRAM_ADDR[7]	PIN_AA7	SDRAM 地址信号[7]	3.3V
DRAM_ADDR[8]	PIN_Y5	SDRAM 地址信号[8]	3.3V
DRAM_ADDR[9]	PIN_Y6	SDRAM 地址信号[9]	3.3V
DRAM_ADDR[10]	PIN_R5	SDRAM 地址信号[10]	3.3V
DRAM_ADDR[11]	PIN_AA5	SDRAM 地址信号[11]	3.3V
DRAM_ADDR[12]	PIN_Y7	SDRAM 地址信号[12]	3.3V
DRAM_DQ[0]	PIN_W3	SDRAM 数据信号[0]	3.3V
DRAM_DQ[1]	PIN_W2	SDRAM 数据信号[1]	3.3V
DRAM_DQ[2]	PIN_V4	SDRAM 数据信号[2]	3.3V
DRAM_DQ[3]	PIN_W1	SDRAM 数据信号[3]	3.3V
DRAM_DQ[4]	PIN_V3	SDRAM 数据信号[4]	3.3V
DRAM_DQ[5]	PIN_V2	SDRAM 数据信号[5]	3.3V
DRAM_DQ[6]	PIN_V1	SDRAM 数据信号[6]	3.3V
DRAM_DQ[7]	PIN_U3	SDRAM 数据信号[7]	3.3V
DRAM_DQ[8]	PIN_Y3	SDRAM 数据信号[8]	3.3V
DRAM_DQ[9]	PIN_Y4	SDRAM 数据信号[9]	3.3V
DRAM_DQ[10]	PIN_AB1	SDRAM 数据信号[10]	3.3V

续表

信 号 名 称	FPGA 引脚编号	功 能 说 明	I/O 标准
DRAM_DQ[11]	PIN_AA3	SDRAM 数据信号[11]	3.3V
DRAM_DQ[12]	PIN_AB2	SDRAM 数据信号[12]	3.3V
DRAM_DQ[13]	PIN_AC1	SDRAM 数据信号[13]	3.3V
DRAM_DQ[14]	PIN_AB3	SDRAM 数据信号[14]	3.3V
DRAM_DQ[15]	PIN_AC2	SDRAM 数据信号[15]	3.3V
DRAM_DQ[16]	PIN_M8	SDRAM 数据信号[16]	3.3V
DRAM_DQ[17]	PIN_L8	SDRAM 数据信号[17]	3.3V
DRAM_DQ[18]	PIN_P2	SDRAM 数据信号[18]	3.3V
DRAM_DQ[19]	PIN_N3	SDRAM 数据信号[19]	3.3V
DRAM_DQ[20]	PIN_N4	SDRAM 数据信号[20]	3.3V
DRAM_DQ[21]	PIN_M4	SDRAM 数据信号[21]	3.3V
DRAM_DQ[22]	PIN_M7	SDRAM 数据信号[22]	3.3V
DRAM_DQ[23]	PIN_L7	SDRAM 数据信号[23]	3.3V
DRAM_DQ[24]	PIN_U5	SDRAM 数据信号[24]	3.3V
DRAM_DQ[25]	PIN_R7	SDRAM 数据信号[25]	3.3V
DRAM_DQ[26]	PIN_R1	SDRAM 数据信号[26]	3.3V
DRAM_DQ[27]	PIN_R2	SDRAM 数据信号[27]	3.3V
DRAM_DQ[28]	PIN_R3	SDRAM 数据信号[28]	3.3V
DRAM_DQ[29]	PIN_T3	SDRAM 数据信号[29]	3.3V
DRAM_DQ[30]	PIN_U4	SDRAM 数据信号[30]	3.3V
DRAM_DQ[31]	PIN_U1	SDRAM 数据信号[31]	3.3V
DRAM_BA[0]	PIN_U7	SDRAM 区地址信号[0]	3.3V
DRAM_BA[1]	PIN_R4	SDRAM 区地址信号[1]	3.3V
DRAM_DQM[0]	PIN_U2	SDRAM 字节数据掩码信号[0]	3.3V
DRAM_DQM[1]	PIN_W4	SDRAM 字节数据掩码信号[1]	3.3V
DRAM_DQM[2]	PIN_K8	SDRAM 字节数据掩码信号[2]	3.3V
DRAM_DQM[3]	PIN_N8	SDRAM 字节数据掩码信号[3]	3.3V
DRAM_RAS_N	PIN_U6	SDRAM 行地址选题信号	3.3V
DRAM_CAS_N	PIN_V7	SDRAM 列地址选题信号	3.3V
DRAM_CKE	PIN_AA6	SDRAM 时钟使能信号	3.3V
DRAM_CLK	PIN_AE5	SDRAM 时钟信号	3.3V
DRAM_WE_N	PIN_V6	SDRAM 写使能信号	3.3V
DRAM_CS_N	PIN_T4	SDRAM 片选信号	3.3V

表 A-18 Flash 引脚配置

信 号 名 称	FPGA 引脚编号	功 能 说 明	I/O 标准
FL_ADDR[0]	PIN_AG12	FLASH 地址信号[0]	3.3V
FL_ADDR[1]	PIN_AH7	FLASH 地址信号[1]	3.3V
FL_ADDR[2]	PIN_Y13	FLASH 地址信号[2]	3.3V
FL_ADDR[3]	PIN_Y14	FLASH 地址信号[3]	3.3V
FL_ADDR[4]	PIN_Y12	FLASH 地址信号[4]	3.3V
FL_ADDR[5]	PIN_AA13	FLASH 地址信号[5]	3.3V

续表

信号名称	FPGA引脚编号	功能说明	I/O标准
FL_ADDR[6]	PIN_AA12	FLASH 地址信号[6]	3.3V
FL_ADDR[7]	PIN_AB13	FLASH 地址信号[7]	3.3V
FL_ADDR[8]	PIN_AB12	FLASH 地址信号[8]	3.3V
FL_ADDR[9]	PIN_AB10	FLASH 地址信号[9]	3.3V
FL_ADDR[10]	PIN_AE9	FLASH 地址信号[10]	3.3V
FL_ADDR[11]	PIN_AF9	FLASH 地址信号[11]	3.3V
FL_ADDR[12]	PIN_AA10	FLASH 地址信号[12]	3.3V
FL_ADDR[13]	PIN_AD8	FLASH 地址信号[13]	3.3V
FL_ADDR[14]	PIN_AC8	FLASH 地址信号[14]	3.3V
FL_ADDR[15]	PIN_Y10	FLASH 地址信号[15]	3.3V
FL_ADDR[16]	PIN_AA8	FLASH 地址信号[16]	3.3V
FL_ADDR[17]	PIN_AH12	FLASH 地址信号[17]	3.3V
FL_ADDR[18]	PIN_AC12	FLASH 地址信号[18]	3.3V
FL_ADDR[19]	PIN_AD12	FLASH 地址信号[19]	3.3V
FL_ADDR[20]	PIN_AE10	FLASH 地址信号[20]	3.3V
FL_ADDR[21]	PIN_AD10	FLASH 地址信号[21]	3.3V
FL_ADDR[22]	PIN_AD11	FLASH 地址信号[22]	3.3V
FL_DQ[0]	PIN_AH8	FLASH 数据信号[0]	3.3V
FL_DQ[1]	PIN_AF10	FLASH 数据信号[1]	3.3V
FL_DQ[2]	PIN_AG10	FLASH 数据信号[2]	3.3V
FL_DQ[3]	PIN_AH10	FLASH 数据信号[3]	3.3V
FL_DQ[4]	PIN_AF11	FLASH 数据信号[4]	3.3V
FL_DQ[5]	PIN_AG11	FLASH 数据信号[5]	3.3V
FL_DQ[6]	PIN_AH11	FLASH 数据信号[6]	3.3V
FL_DQ[7]	PIN_AF12	FLASH 数据信号[7]	3.3V
FL_CE_N	PIN_AG7	FLASH 芯片使能	3.3V
FL_OE_N	PIN_AG8	FLASH 输出使能	3.3V
FL_RST_N	PIN_AE11	FLASH 复位信号	3.3V
FL_RY	PIN_Y1	FLASH 闲/忙输出	3.3V
FL_WE_N	PIN_AC10	FLASH 写使能信号	3.3V
FL_WP_N	PIN_AE12	FLASH 写保护/编程加速	3.3V

表A-19　SD卡插槽引脚配置

信号名称	FPGA引脚编号	功能说明	I/O标准
SD_CLK	PIN_AE13	SD 卡时钟信号	3.3V
SD_CMD	PIN_AD14	SD 卡命令信号	3.3V
SD_DAT[0]	PIN_AE14	SD 卡数据信号[0]	3.3V
SD_DAT[1]	PIN_AF13	SD 卡数据信号[1]	3.3V
SD_DAT[2]	PIN_AB14	SD 卡数据信号[2]	3.3V
SD_DAT[3]	PIN_AC14	SD 卡数据信号[3]	3.3V
SD_WP_N	PIN_AF14	SD 卡写保护	3.3V

表 A-20　GPIO 引脚配置信息

信 号 名 称	FPGA 引脚编号	功 能 说 明	I/O 标准
GPIO[0]	PIN_AB22	GPIO 接口连接数据信号[0]	由跳线 JP6 决定
GPIO[1]	PIN_AC15	GPIO 接口连接数据信号[1]	由跳线 JP6 决定
GPIO[2]	PIN_AB21	GPIO 接口连接数据信号[2]	由跳线 JP6 决定
GPIO[3]	PIN_Y17	GPIO 接口连接数据信号[3]	由跳线 JP6 决定
GPIO[4]	PIN_AC21	GPIO 接口连接数据信号[4]	由跳线 JP6 决定
GPIO[5]	PIN_Y16	GPIO 接口连接数据信号[5]	由跳线 JP6 决定
GPIO[6]	PIN_AD21	GPIO 接口连接数据信号[6]	由跳线 JP6 决定
GPIO[7]	PIN_AE16	GPIO 接口连接数据信号[7]	由跳线 JP6 决定
GPIO[8]	PIN_AD15	GPIO 接口连接数据信号[8]	由跳线 JP6 决定
GPIO[9]	PIN_AE15	GPIO 接口连接数据信号[9]	由跳线 JP6 决定
GPIO[10]	PIN_AC19	GPIO 接口连接数据信号[10]	由跳线 JP6 决定
GPIO[11]	PIN_AF16	GPIO 接口连接数据信号[11]	由跳线 JP6 决定
GPIO[12]	PIN_AD19	GPIO 接口连接数据信号[12]	由跳线 JP6 决定
GPIO[13]	PIN_AF15	GPIO 接口连接数据信号[13]	由跳线 JP6 决定
GPIO[14]	PIN_AF24	GPIO 接口连接数据信号[14]	由跳线 JP6 决定
GPIO[15]	PIN_AE21	GPIO 接口连接数据信号[15]	由跳线 JP6 决定
GPIO[16]	PIN_AF25	GPIO 接口连接数据信号[16]	由跳线 JP6 决定
GPIO[17]	PIN_AC22	GPIO 接口连接数据信号[17]	由跳线 JP6 决定
GPIO[18]	PIN_AE22	GPIO 接口连接数据信号[18]	由跳线 JP6 决定
GPIO[19]	PIN_AF21	GPIO 接口连接数据信号[19]	由跳线 JP6 决定
GPIO[20]	PIN_AF22	GPIO 接口连接数据信号[20]	由跳线 JP6 决定
GPIO[21]	PIN_AD22	GPIO 接口连接数据信号[21]	由跳线 JP6 决定
GPIO[22]	PIN_AG25	GPIO 接口连接数据信号[22]	由跳线 JP6 决定
GPIO[23]	PIN_AD25	GPIO 接口连接数据信号[23]	由跳线 JP6 决定
GPIO[24]	PIN_AH25	GPIO 接口连接数据信号[24]	由跳线 JP6 决定
GPIO[25]	PIN_AE25	GPIO 接口连接数据信号[25]	由跳线 JP6 决定
GPIO[26]	PIN_AG22	GPIO 接口连接数据信号[26]	由跳线 JP6 决定
GPIO[27]	PIN_AE24	GPIO 接口连接数据信号[27]	由跳线 JP6 决定
GPIO[28]	PIN_AH22	GPIO 接口连接数据信号[28]	由跳线 JP6 决定
GPIO[29]	PIN_AF26	GPIO 接口连接数据信号[29]	由跳线 JP6 决定
GPIO[30]	PIN_AE20	GPIO 接口连接数据信号[30]	由跳线 JP6 决定
GPIO[31]	PIN_AG23	GPIO 接口连接数据信号[31]	由跳线 JP6 决定
GPIO[32]	PIN_AF20	GPIO 接口连接数据信号[32]	由跳线 JP6 决定
GPIO[33]	PIN_AH26	GPIO 接口连接数据信号[33]	由跳线 JP6 决定
GPIO[34]	PIN_AH23	GPIO 接口连接数据信号[34]	由跳线 JP6 决定
GPIO[35]	PIN_AG26	GPIO 接口连接数据信号[35]	由跳线 JP6 决定

表 A-21   HSMC 接口引脚配置

信 号 名 称	FPGA 引脚编号	功 能 说 明	I/O 标准
HSMC_CLKIN0	PIN_AH15	专用时钟输入	由跳线 JP6 决定
HSMC_CLKIN_N1	PIN_J28	LVDS RX 或 CMOS I/O 或差分时钟输入	由跳线 JP7 决定
HSMC_CLKIN_N2	PIN_Y28	LVDS RX 或 CMOS I/O 或差分时钟输入	由跳线 JP7 决定
HSMC_CLKIN_P1	PIN_J27	LVDS RX 或 CMOS I/O 或差分时钟输入	由跳线 JP7 决定
HSMC_CLKIN_P2	PIN_Y27	LVDS RX 或 CMOS I/O 或差分时钟输入	由跳线 JP7 决定
HSMC_CLKOUT0	PIN_AD28	专用时钟输出	由跳线 JP7 决定
HSMC_CLKOUT_N1	PIN_G24	LVDS TX 或 CMOS I/O 或差分时钟输入输出	由跳线 JP7 决定
HSMC_CLKOUT_N2	PIN_V24	LVDS TX 或 CMOS I/O	由跳线 JP7 决定
HSMC_CLKOUT_P1	PIN_G23	LVDS TX 或 CMOS I/O 或差分时钟输入输出	由跳线 JP7 决定
HSMC_CLKOUT_P2	PIN_V23	LVDS TX 或 CMOS I/O 或差分时钟输入输出	由跳线 JP7 决定
HSMC_D[0]	PIN_AE26	LVDS TX 或 CMOS I/O	由跳线 JP7 决定
HSMC_D[1]	PIN_AE28	LVDS TX 或 CMOS I/O	由跳线 JP7 决定
HSMC_D[2]	PIN_AE27	LVDS TX 或 CMOS I/O	由跳线 JP7 决定
HSMC_D[3]	PIN_AF27	LVDS TX 或 CMOS I/O	由跳线 JP7 决定
HSMC_RX_D_N[0]	PIN_F25	LVDS RX bit 0n 或 CMOS I/O	由跳线 JP7 决定
HSMC_RX_D_N[1]	PIN_C27	LVDS RX bit 1n 或 CMOS I/O	由跳线 JP7 决定
HSMC_RX_D_N[2]	PIN_E26	LVDS RX bit 2n 或 CMOS I/O	由跳线 JP7 决定
HSMC_RX_D_N[3]	PIN_G26	LVDS RX bit 3n 或 CMOS I/O	由跳线 JP7 决定
HSMC_RX_D_N[4]	PIN_H26	LVDS RX bit 4n 或 CMOS I/O	由跳线 JP7 决定
HSMC_RX_D_N[5]	PIN_K26	LVDS RX bit 5n 或 CMOS I/O	由跳线 JP7 决定
HSMC_RX_D_N[6]	PIN_L24	LVDS RX bit 6n 或 CMOS I/O	由跳线 JP7 决定
HSMC_RX_D_N[7]	PIN_M26	LVDS RX bit 7n 或 CMOS I/O	由跳线 JP7 决定
HSMC_RX_D_N[8]	PIN_R26	LVDS RX bit 8n 或 CMOS I/O	由跳线 JP7 决定
HSMC_RX_D_N[9]	PIN_T26	LVDS RX bit 9n 或 CMOS I/O	由跳线 JP7 决定
HSMC_RX_D_N[10]	PIN_U26	LVDS RX bit 10n 或 CMOS I/O	由跳线 JP7 决定
HSMC_RX_D_N[11]	PIN_L22	LVDS RX bit 11n or CMOS I/O	由跳线 JP7 决定
HSMC_RX_D_N[12]	PIN_N26	LVDS RX bit 12n 或 CMOS I/O	由跳线 JP7 决定
HSMC_RX_D_N[13]	PIN_P26	LVDS RX bit 13n 或 CMOS I/O	由跳线 JP7 决定
HSMC_RX_D_N[14]	PIN_R21	LVDS RX bit 14n 或 CMOS I/O	由跳线 JP7 决定
HSMC_RX_D_N[15]	PIN_R23	LVDS RX bit 15n 或 CMOS I/O	由跳线 JP7 决定
HSMC_RX_D_N[16]	PIN_T22	LVDS RX bit 16n 或 CMOS I/O	由跳线 JP7 决定
HSMC_RX_D_P[0]	PIN_F24	LVDS RX bit 0 或 CMOS I/O	由跳线 JP7 决定
HSMC_RX_D_P[1]	PIN_D26	LVDS RX bit 1 或 CMOS I/O	由跳线 JP7 决定
HSMC_RX_D_P[2]	PIN_F26	LVDS RX bit 2 或 CMOS I/O	由跳线 JP7 决定
HSMC_RX_D_P[3]	PIN_G25	LVDS RX bit 3 或 CMOS I/O	由跳线 JP7 决定

续表

信 号 名 称	FPGA 引脚编号	功 能 说 明	I/O 标准
HSMC_RX_D_P[4]	PIN_H25	LVDS RX bit 4 或 CMOS I/O	由跳线 JP7 决定
HSMC_RX_D_P[5]	PIN_K25	LVDS RX bit 5 或 CMOS I/O	由跳线 JP7 决定
HSMC_RX_D_P[6]	PIN_L23	LVDS RX bit 6 或 CMOS I/O	由跳线 JP7 决定
HSMC_RX_D_P[7]	PIN_M25	LVDS RX bit 7 或 CMOS I/O	由跳线 JP7 决定
HSMC_RX_D_P[8]	PIN_R25	LVDS RX bit 8 或 CMOS I/O	由跳线 JP7 决定
HSMC_RX_D_P[9]	PIN_T25	LVDS RX bit 9 或 CMOS I/O	由跳线 JP7 决定
HSMC_RX_D_P[10]	PIN_U25	LVDS RX bit 10 或 CMOS I/O	由跳线 JP7 决定
HSMC_RX_D_P[11]	PIN_L21	LVDS RX bit 11 或 CMOS I/O	由跳线 JP7 决定
HSMC_RX_D_P[12]	PIN_N25	LVDS RX bit 12 或 CMOS I/O	由跳线 JP7 决定
HSMC_RX_D_P[13]	PIN_P25	LVDS RX bit 13 或 CMOS I/O	由跳线 JP7 决定
HSMC_RX_D_P[14]	PIN_P21	LVDS RX bit 14 或 CMOS I/O	由跳线 JP7 决定
HSMC_RX_D_P[15]	PIN_R22	LVDS RX bit 15 或 CMOS I/O	由跳线 JP7 决定
HSMC_RX_D_P[16]	PIN_T21	LVDS RX bit 16 或 CMOS I/O	由跳线 JP7 决定
HSMC_TX_D_N[0]	PIN_D28	LVDS TX bit 0n 或 CMOS I/O	由跳线 JP7 决定
HSMC_TX_D_N[1]	PIN_E28	LVDS TX bit 1n 或 CMOS I/O	由跳线 JP7 决定
HSMC_TX_D_N[2]	PIN_F28	LVDS TX bit 2n 或 CMOS I/O	由跳线 JP7 决定
HSMC_TX_D_N[3]	PIN_G28	LVDS TX bit 3n 或 CMOS I/O	由跳线 JP7 决定
HSMC_TX_D_N[4]	PIN_K28	LVDS TX bit 4n 或 CMOS I/O	由跳线 JP7 决定
HSMC_TX_D_N[5]	PIN_M28	LVDS TX bit 5n 或 CMOS I/O	由跳线 JP7 决定
HSMC_TX_D_N[6]	PIN_K22	LVDS TX bit 6n 或 CMOS I/O	由跳线 JP7 决定
HSMC_TX_D_N[7]	PIN_H24	LVDS TX bit 7n 或 CMOS I/O	由跳线 JP7 决定
HSMC_TX_D_N[8]	PIN_J24	LVDS TX bit 8n 或 CMOS I/O	由跳线 JP7 决定
HSMC_TX_D_N[9]	PIN_P28	LVDS TX bit 9n 或 CMOS I/O	由跳线 JP7 决定
HSMC_TX_D_N[10]	PIN_J26	LVDS TX bit 10n 或 CMOS I/O	由跳线 JP7 决定
HSMC_TX_D_N[11]	PIN_L28	LVDS TX bit 11n 或 CMOS I/O	由跳线 JP7 决定
HSMC_TX_D_N[12]	PIN_V26	LVDS TX bit 12n 或 CMOS I/O	由跳线 JP7 决定
HSMC_TX_D_N[13]	PIN_R28	LVDS TX bit 13n 或 CMOS I/O	由跳线 JP7 决定
HSMC_TX_D_N[14]	PIN_U28	LVDS TX bit 14n 或 CMOS I/O	由跳线 JP7 决定
HSMC_TX_D_N[15]	PIN_V28	LVDS TX bit 15n 或 CMOS I/O	由跳线 JP7 决定
HSMC_TX_D_N[16]	PIN_V22	LVDS TX bit 16n 或 CMOS I/O	由跳线 JP7 决定
HSMC_TX_D_P[0]	PIN_D27	LVDS TX bit 0 或 CMOS I/O	由跳线 JP7 决定
HSMC_TX_D_P[1]	PIN_E27	LVDS TX bit 1 或 CMOS I/O	由跳线 JP7 决定
HSMC_TX_D_P[2]	PIN_F27	LVDS TX bit 2 或 CMOS I/O	由跳线 JP7 决定
HSMC_TX_D_P[3]	PIN_G27	LVDS TX bit 3 或 CMOS I/O	由跳线 JP7 决定
HSMC_TX_D_P[4]	PIN_K27	LVDS TX bit 4 或 CMOS I/O	由跳线 JP7 决定
HSMC_TX_D_P[5]	PIN_M27	LVDS TX bit 5 或 CMOS I/O	由跳线 JP7 决定
HSMC_TX_D_P[6]	PIN_K21	LVDS TX bit 6 或 CMOS I/O	由跳线 JP7 决定
HSMC_TX_D_P[7]	PIN_H23	LVDS TX bit 7 或 CMOS I/O	由跳线 JP7 决定
HSMC_TX_D_P[8]	PIN_J23	LVDS TX bit 8 或 CMOS I/O	由跳线 JP7 决定
HSMC_TX_D_P[9]	PIN_P27	LVDS TX bit 9 或 CMOS I/O	由跳线 JP7 决定
HSMC_TX_D_P[10]	PIN_J25	LVDS TX bit 10 或 CMOS I/O	由跳线 JP7 决定
HSMC_TX_D_P[11]	PIN_L27	LVDS TX bit 11 或 CMOS I/O	由跳线 JP7 决定

续表

信 号 名 称	FPGA 引脚编号	功 能 说 明	I/O标准
HSMC_TX_D_P[12]	PIN_V25	LVDS TX bit 12 或 CMOS I/O	由跳线 JP7 决定
HSMC_TX_D_P[13]	PIN_R27	LVDS TX bit 13 或 CMOS I/O	由跳线 JP7 决定
HSMC_TX_D_P[14]	PIN_U27	LVDS TX bit 14 或 CMOS I/O	由跳线 JP7 决定
HSMC_TX_D_P[15]	PIN_V27	LVDS TX bit 15 或 CMOS I/O	由跳线 JP7 决定
HSMC_TX_D_P[16]	PIN_U22	LVDS TX bit 16 或 CMOS I/O	由跳线 JP7 决定

表 A-22　扩展接口引脚配置信息

信 号 名 称	FPGA 引脚编号	功 能 说 明	I/O标准
EX_IO[0]	PIN_J10	扩展 I/O 接口[0]	3.3V
EX_IO[1]	PIN_J14	扩展 I/O 接口[1]	3.3V
EX_IO[2]	PIN_H13	扩展 I/O 接口[2]	3.3V
EX_IO[3]	PIN_H14	扩展 I/O 接口[3]	3.3V
EX_IO[4]	PIN_F14	扩展 I/O 接口[4]	3.3V
EX_IO[5]	PIN_E10	扩展 I/O 接口[5]	3.3V
EX_IO[6]	PIN_D9	扩展 I/O 接口[6]	3.3V

表 A-23　RS-232 引脚配置

信 号 名 称	FPGA 引脚编号	功 能 说 明	I/O标准
UART_RXD	PIN_G12	UART 接口接收信号	3.3V
UART_TXD	PIN_G9	UART 接口发送信号	3.3V
UART_CTS	PIN_G14	UART 清除发送	3.3V
UART_RTS	PIN_J13	UART 请求发送	3.3V

参 考 文 献

[1] 刘昌华. EDA 技术与应用——基于 Quartus Ⅱ 和 VHDL[M]. 北京：北京航空航天大学出版社,2012.

[2] 刘昌华,管庶安. 数字逻辑原理与 FPGA 设计[M]. 北京：北京航空航天大学出版社,2009.

[3] Altera Corportation. TimeQuest User Guid. http://www.altera.com.cn.

[4] 曾繁态,等. EDA 工程概论[M]. 北京：清华大学出版社,2003.

[5] David R. Coelho. The VHDL Handbook[M]. Boston：Vantage Analysis. inc,1993.

[6] 杨旭,等. EDA 技术基础与实验教程[M]. 北京：清华大学出版社,2010.

[7] Ronald J. Tocci. Digital Systems Principles and Applications[M]. 11th ed. Upper Saddle River：Prentice Hall,2010.

[8] Peter J. Ashenden. Digital Design：An Embedded System Approach Using VHDL[M]. Amsterdam：Elsevier,2008.

[9] 张志刚. FPGA 与 SOPC 设计教程——DE2 实践[M]. 西安：西安电子科技大学出版社,2007.

[10] 任爱锋,等. 基于 FPGA 的嵌入式系统设计——Altera SoC FPGA[M]. 2 版. 西安：西安电子科技大学出版社,2014.

[11] Altera Corporation. Nios Ⅱ Software Developer's Handbook. http://www.altera.com.cn.

[12] 教育部高等学校计算机科学与技术教学指导委员会. 高等学校计算机科学与技术专业实践教学体系与规范[M]. 北京：高等教育出版社,2008.

图书资源支持

感谢您一直以来对清华版图书的支持和爱护。为了配合本书的使用，本书提供配套的素材，有需求的用户请到清华大学出版社主页(http://www.tup.com.cn)上查询和下载，也可以拨打电话或发送电子邮件咨询。

如果您在使用本书的过程中遇到了什么问题，或者有相关图书出版计划，也请您发邮件告诉我们，以便我们更好地为您服务。

我们的联系方式：

地　　址：北京海淀区双清路学研大厦 A 座 707

邮　　编：100084

电　　话：010-62770175-4604

资源下载：http://www.tup.com.cn

电子邮件：weijj@tup.tsinghua.edu.cn

QQ：883604(请写明您的单位和姓名)

扫一扫

资源下载、样书申请

新书推荐、技术交流

用微信扫一扫右边的二维码，即可关注清华大学出版社公众号"书圈"。